FUTURA

Hrsg. Petra Eisele, Annette Ludwig, Isabel Naegele

FUTURA

verlag hermann schmidt

FUTURA. DIE SCHRIFT.

BAUERSCHE GIESSEREI
FUTURA
BLACK
fu

FÜR
FUTURA
DIE
SICH DIE WELT
EROBERTE
MAPPE
2
OTO
AGE
RA

FÜR
FOTO
MONTAGE
FUTURA
GIES
AM

FUTURA
FUTURA NEGRA
FUNDICIÓN TIPOGRÁFICA
BAUER
FRANKFURT · M (ALEMANIA)
SERRA HERMANOS
Representantes Exclusivos
para los Estados del Plata
BUENOS AIRES · MONTEVIDEO

futura

FÜR
TO
GE
A
FUTURA
BAUER TYPE
FOUNDRY · INC
235 EAST 45TH STREET · NEW YORK
Frankfurt am Main, Germany · Madrid and Barcelona, Spain

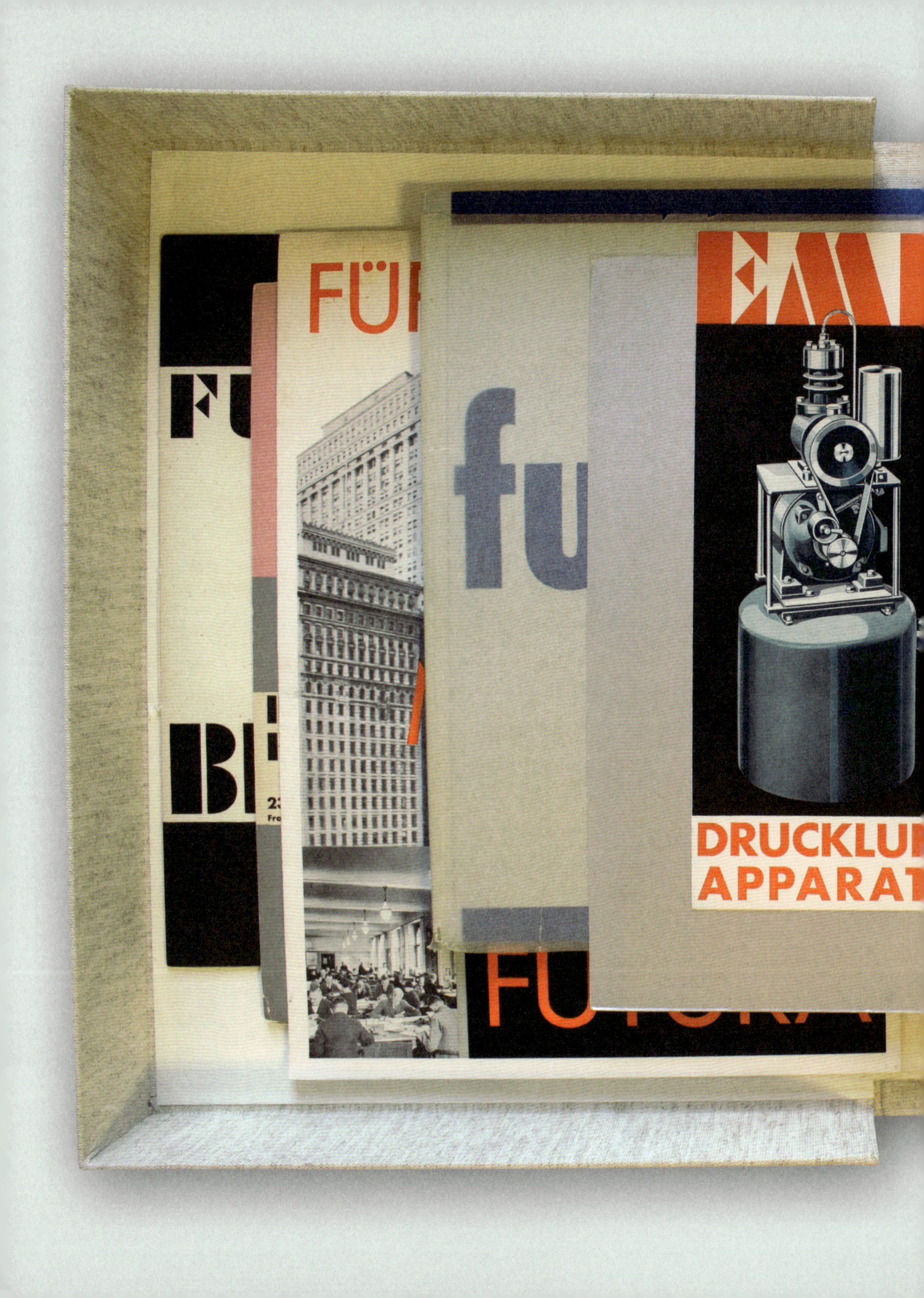
FÜ
fu
DRUCKLU
APPARAT

DA
NEUE
BES

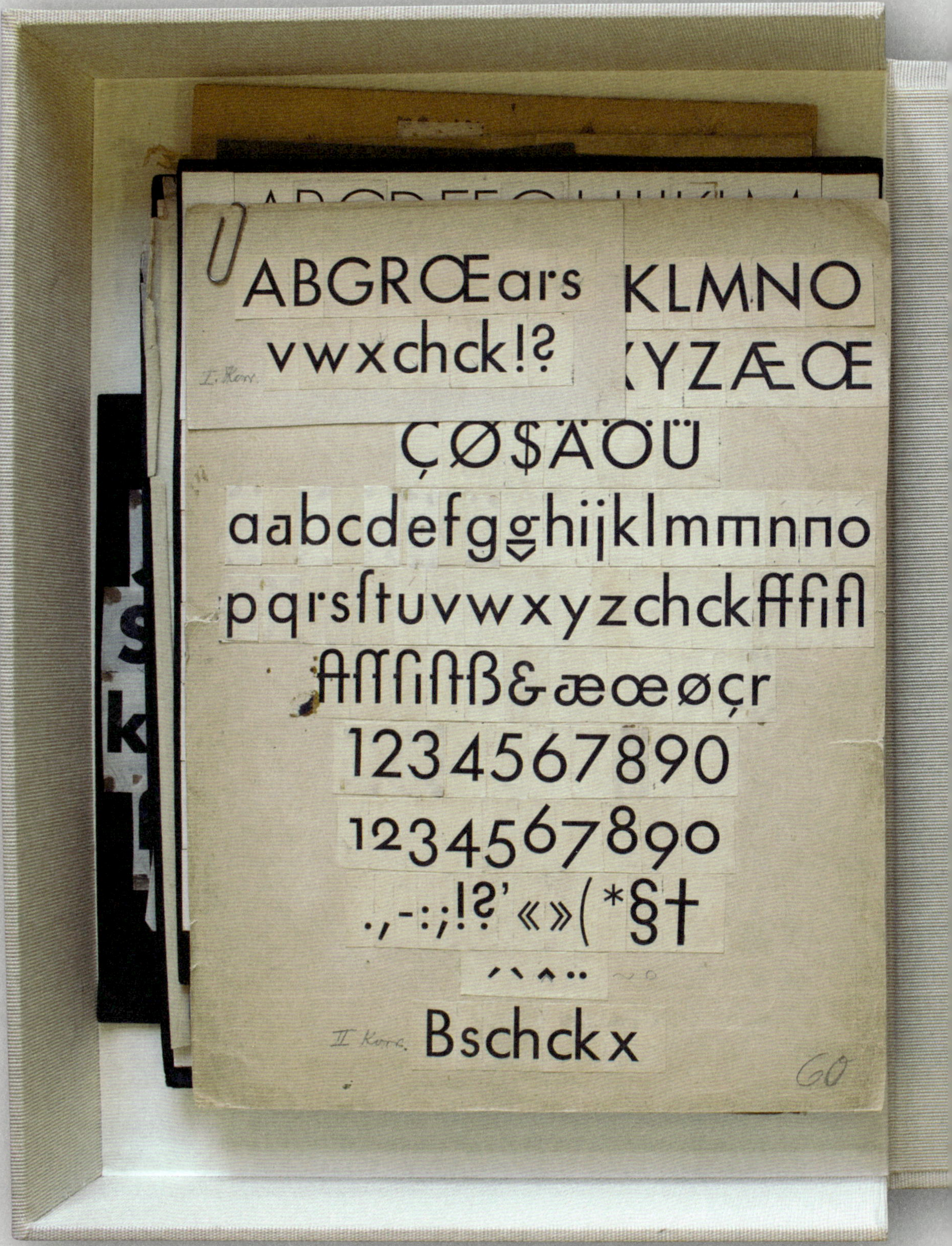
ABGRŒars
vwxchck!?
I. Korr.
KLMNO
YZÆŒ
ÇØ$ÄÖÜ
abcdefghijklmno
pqrsftuvwxyzchck
&æœøçr
1234567890
1234567890
.,-:;!?'«»(*§†
II. Korr.
Bschckx
60

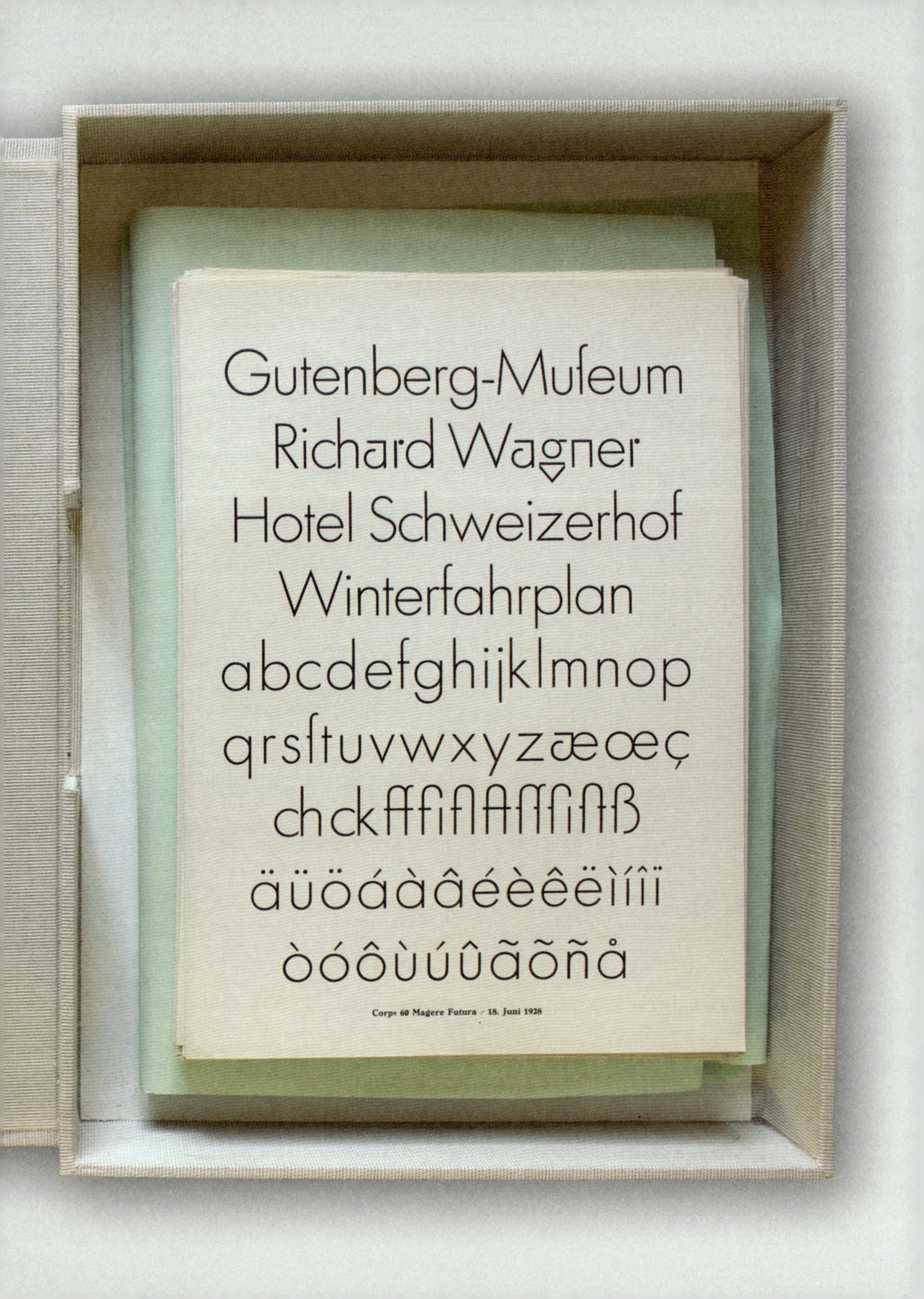
Gutenberg-Muſeum
Richard Wagner
Hotel Schweizerhof
Winterfahrplan
abcdefghijklmnop
qrsſtuvwxyzæœç
chckfffiſlflſſſiſtß
äüöáàâéèêëìíîï
òóôùúûãõñå
Corps 60 Magere Futura / 18. Juni 1928

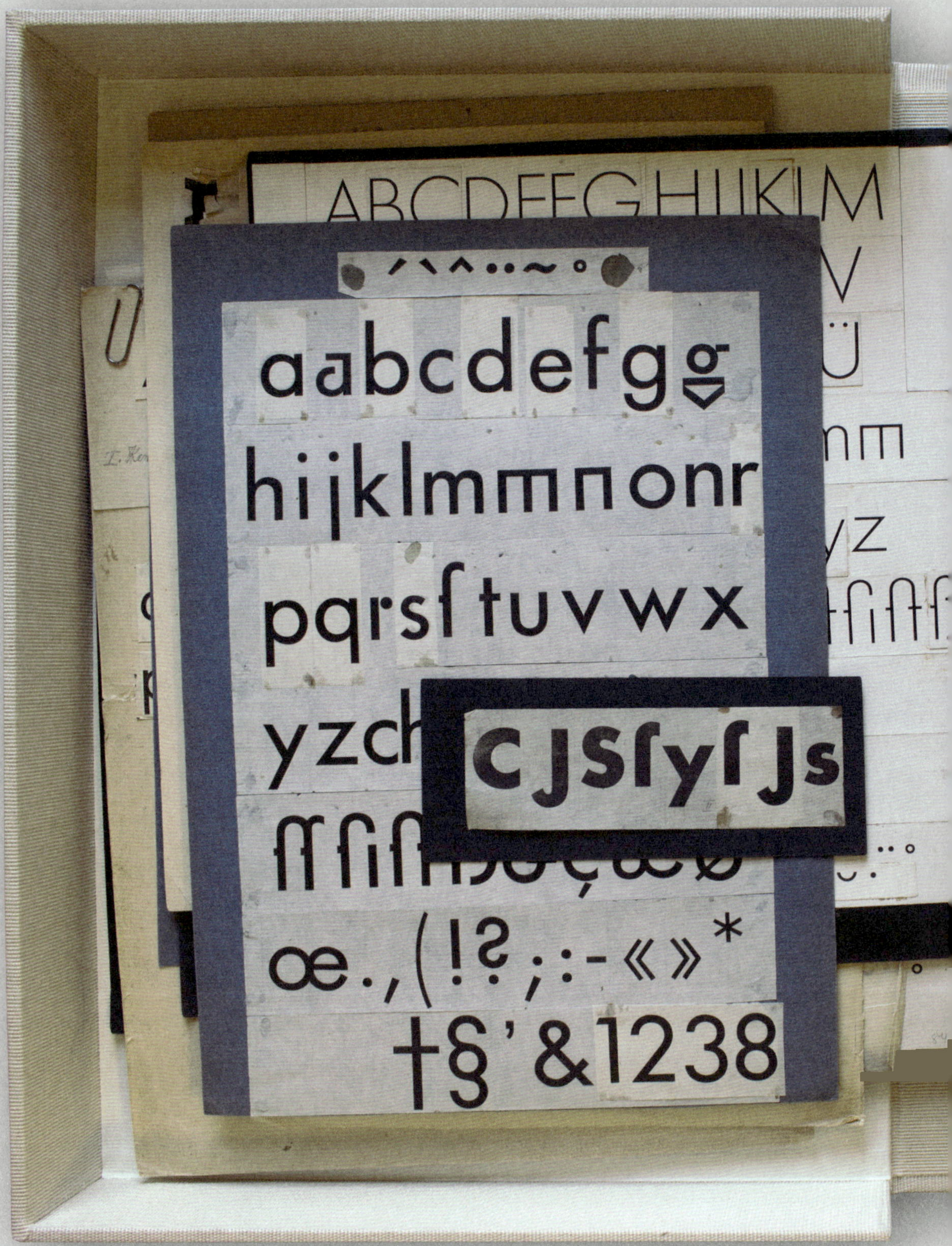
ABCDEFGHIJKLM
aabcdefgg
hijklmmmnonr
pqrsftuvwx
yzch
CJSfyfJs
œ.,(!?;:-«»*
†§'&1238

MORGENLIED
QUO VADIS
DREHBÜNHE
Wilhelm Bufch
Rigoletto
Zeitungshalter
Präsidium
Corps 84 Magere Futura / 12. Oktober 1928

S. 4ff. Schriftproben und Korrekturabzüge der Futura.

VORWORT

Der vorliegende Band versteht sich als Hommage an die Futura, die sich einem Künstler und einem Unternehmer verdankt, und an alle, die sie zum Welterfolg geführt haben. Er wurde als Referenzwerk für die gleichnamige Sonderausstellung im Gutenberg-Museum erarbeitet. Beide Formate sind identisch strukturiert – als Reise um die Welt in verschiedenen Kapiteln, die den Zirkel von Frankfurt aus über Hannover, Berlin und München nach Wien, Prag, Paris und New York schließlich bis hinauf zum Mond schlagen und Topographisches zum Auftakt für Biographisches werden lassen. ›Reisend‹ soll die dezentrale Organisation der Avantgarde in den 1920er und 1930er Jahren erfahrbar gemacht werden: gestalterische Innovationen wurden in Deutschland auch jenseits der Metropole Berlin, in geografischen Zentren, entwickelt. Die Futura wurde zum Synonym für Aufbruch, Überzeitlichkeit und Zukunft – und metallisch glänzendes Silber ihre eigentliche Farbe. Die ikonische Optik des ›futurologischen‹ Weltraumdesigns und die Pastelltöne der zeitgenössischen Anwendungsbeispiele bestimmen daher auch die Gestaltung des Katalogs.

Ausstellung und Begleitbuch verdanken sich wertvollen Leihgaben und basieren auf den gewachsenen Beständen des Gutenberg-Museums, das Ende des Jahres 2010 rund 2.000 Schriftmuster aus dem Nachlass des Buchgestalters Philipp Bertheau (1927–2009) übernehmen konnte. Zeitgleich begründete das ›Weltmuseum der Druckkunst‹ mit Sonderausstellungen und Symposien seinen neuen Schwerpunkt Typografie.

1928 postulierte Jan Tschichold, dass es nur einer Gruppe gelingen könne, die Schrift der Zukunft zu entwickeln: Ausstellung und Katalog, die ihr nun die Referenz erweisen, sind daher ebenfalls ein echtes Gemeinschaftswerk. Für die freundschaftliche Zusammenarbeit danke ich den Mitherausgeberinnen und Mitkuratorinnen Prof. Dr. Petra Eisele und Prof. Dr. Isabel Naegele von der Hochschule Mainz sehr herzlich. Mein aufrichtiger Dank gilt darüber hinaus allen öffentlichen und privaten Leihgeberinnen und Leihgebern für ihre Großzügigkeit und ihr Vertrauen, den Autorinnen und Autoren für ihre kenntnisreichen Aufsätze und den Trägern und Förderern für die Bereitstellung finanzieller Mittel. Ein herzliches Dankeschön richtet sich an das Museumsteam für seinen engagierten Einsatz. Ganz besonders ist Herrn Senator Wolfgang Hartmann zu danken. Schon sein Großvater Georg Hartmann gehörte als ›Patron‹ zu den Förderern der von Museumsdirektor Aloys Ruppel herausgegebenen Gutenberg-Festschrift 1925. Bereits in dieser Publikation, zu deren Beiträgern neben László Moholy-Nagy, El Lissitzky und anderen Typografen auch Paul Renner gehörte, sind die Aufgaben des Gutenberg-Museums skizziert, die der Futura-Katalog und die -Präsentation einmal mehr unter Beweis stellen: Das 1900 gegründete Museum »sammelt (...) nicht nur Erzeugnisse der Wiegendruckzeit, sondern auch die Entwicklung der schwarzen Kunst bis in unsere heutigen Tage«, die es »durch Proben und Werkzeuge anschaulich zu machen sucht.« Möge FUTURA. DIE SCHRIFT. zahlreiche Besucher und begeisterte Leser gewinnen und möge das Haus auf seinem Weg zum ›Museum der Zukunft‹ – dem Geleitwort von 1925 entsprechend – »viele Freunde, Mitarbeiter und Helfer finden«.

Dr. Annette Ludwig, Direktorin Gutenberg-Museum

EINLEITUNG

Mit seiner Futura avancierte Paul Renner (1878–1956) Ende der zwanziger Jahre zu einem der bekanntesten Typografen seiner Zeit. Als führendes Mitglied des Deutschen Werkbundes und Leiter der Münchner Meisterschule für Deutschlands Buchdrucker stand er im Zentrum einer neuen Medien- und Werbebranche – eine Position, die er auch nutzte, um die Propagandastrategien der Nationalsozialisten zu kritisieren.

»FUTURA – Schrift unserer Zeit.« FIG.26 S.48

Allerdings ist Renner nicht bedingungslos den radikalen gestalterischen Tendenzen am Bauhaus oder der Neuen Typografie zuzuordnen, auch wenn er der typografischen Avantgarde wohlwollend gegenüberstand – zu sehr war er selbst in den gestalterischen Traditionen des humanistisch-liberalen Bürgertums verhaftet. Aus dieser Haltung heraus entstand auch die Konzeption seiner Futura: Diese Schrift entwickelte Renner eben nicht aus den bekannten Groteskschriften, die bis dato für einfache Drucksachen eingesetzt worden waren und daher als minderwertig galten. Vielmehr orientierte sie sich an antiken Inschriften, insbesondere der römischen Capitalis Monumentalis.

»FUTURA – ein Welterfolg.« FIG.48 S.126

Im Gegensatz zu vielen Avantgarde-Gestaltern, die ihre experimentellen Schriftentwürfe als Manifestationen einer neuen geistigen Haltung begriffen und Schriften entweder manuell zeichneten oder vorhandenes Satzmaterial spielerisch einsetzten, agierte Renner als typografischer Fachmann. Sein großer

Erfahrungsschatz im Umgang mit Satzschriften hatte ihm deutlich gemacht, dass eine Schrift nur gelingen kann, wenn Groß- und Kleinbuchstaben eine formalästhetische Einheit bilden. Dieser Erkenntnis folgend, leitete er die Konstruktionen seiner Kleinbuchstaben systematisch aus den geometrischen Prinzipien der römischen Versal-Antiqua ab. Mit diesem Rückgriff auf die Antike gelang Renner tatsächlich der Entwurf einer ›modernen‹ geometrischen Schrift, mit der zum einen die Forderungen der Neuen Typografie, aber auch die Vorstellungen eher konservativer Gestalter erfüllt werden konnten. Damit stellt die Futura aus typografiehistorischer Perspektive tatsächlich eine schriftgestalterische Innovation dar, die aus ihrer Zeit heraus in die Zukunft verweist.

»FUTURA – eine Schrift erobert die Welt.« FIG.12 S.184

Der enorme Erfolg der Futura ist der Risikobereitschaft Georg Hartmanns, der professionellen Betreuung der Schrift durch Heinrich Jost und der Vermarktung durch die Marketingstrategen der Bauerschen Giesserei in Frankfurt geschuldet. Genial war sicherlich auch Fritz Wicherts Idee, der neuen Schrift den Namen Futura – die Zukünftige – zu geben. Es ist kein Zufall, dass dieser Name im Kontext des Neuen Frankfurt gefunden wurde, schließlich avancierte diese Stadt zu eben dieser Zeit zum Hot Spot innovativer Gestaltungsideen.

Mit verantwortlich für den schnellen nationalen Erfolg war die gute wirtschaftliche Lage, die eine boomende, sich schnell professionalisierende Werbeszene forcierte. Mit ihrer zugleich elegant-modernen wie auch klassischen Anmutung war die Futura geradezu dafür prädestiniert, den Look der ›Moderne‹ typografisch zu unterstützen. Mit der Internationalisierung dieses neuen

Lebensgefühls wurde auch die Schrift, die von der Bauerschen Giesserei schnell zu einer vielfältig einsetzbaren Schriftfamilie ausgebaut wurde, zum Exportschlager.

FUTURA – eine Schrift reist um die Welt.

Diese Publikation möchte einladen zu einem visuellen Streifzug durch ausgewählte internationale Metropolen, der am Beispiel einer einzigen Schrift die differenzierten typografischen Ideen- und Diskurswelten von den 1920er bis in die 1960er Jahre aus ganz unterschiedlichen Perspektiven beleuchtet.

Dazu wurden in bedeutenden Privatsammlungen, öffentlichen Archiven, Bibliotheken, Museen und Institutionen Entwürfe, Zeichnungen, Dokumente und Schriftstücke gesichtet, die zum Teil erstmalig dokumentiert und in ihren designhistorischen Kontext eingebunden werden. Ergänzt werden diese Originale durch Paul Renners eigene Texte, die Einblicke in seine theoretischen Auseinandersetzungen bei der Entwicklung seiner Schrift erlauben. Vor allem freuen wir uns über die zahlreichen beeindruckenden Futura-Anwendungen, die nicht nur die herausragende typografische Qualität dieser Schrift vermitteln, sondern auch noch nach 90 Jahren die enorme gestalterische Innovationskraft der ›Moderne‹ erlebbar machen, die von dieser Schrift so maßgeblich unterstützt wurde.

Petra Eisele, Annette Ludwig, Isabel Naegele

Das Atelier und der Auftrag 1920–1924
Zwischen Antike und Avantgarde
Die Sterne der klassischen Schriften verblassen

FRANKFURT
Das Neue Frankfurt und die Neue Typografie

HANNOVER
Typographie kann unter Umständen Kunst sein

BERLIN
Die neue Reklame

MÜNCHEN
Avantgarde und Nationalsozialismus

WIEN
Futura für die Aufklärung

PRAG
Neue tschechische Typografie

PARIS
Liegt die Zukunft in Europa?

NEW YORK
Futura goes international

MOND
We came in peace for all mankind

FUTURA. EINE REISE UM DIE WELT

»An der Spitze der europäischen Schriften stehen die römischen Versalien, aufgebaut aus Kreis, Dreieck und Geviert, den denkbar einfachsten und denkbar gegensätzlichsten Formen. Seltsam leuchtet die edle Schlichtheit dieser Schrift in unserer Zeit, wie ein letzter Schimmer von der hellen Geistigkeit des alten Roms.
Das Einfachste ist es, was der römischen Schrift ihren unvergleichlichen Elan gibt.«

PAUL RENNER
Typografie als Kunst, 1922.

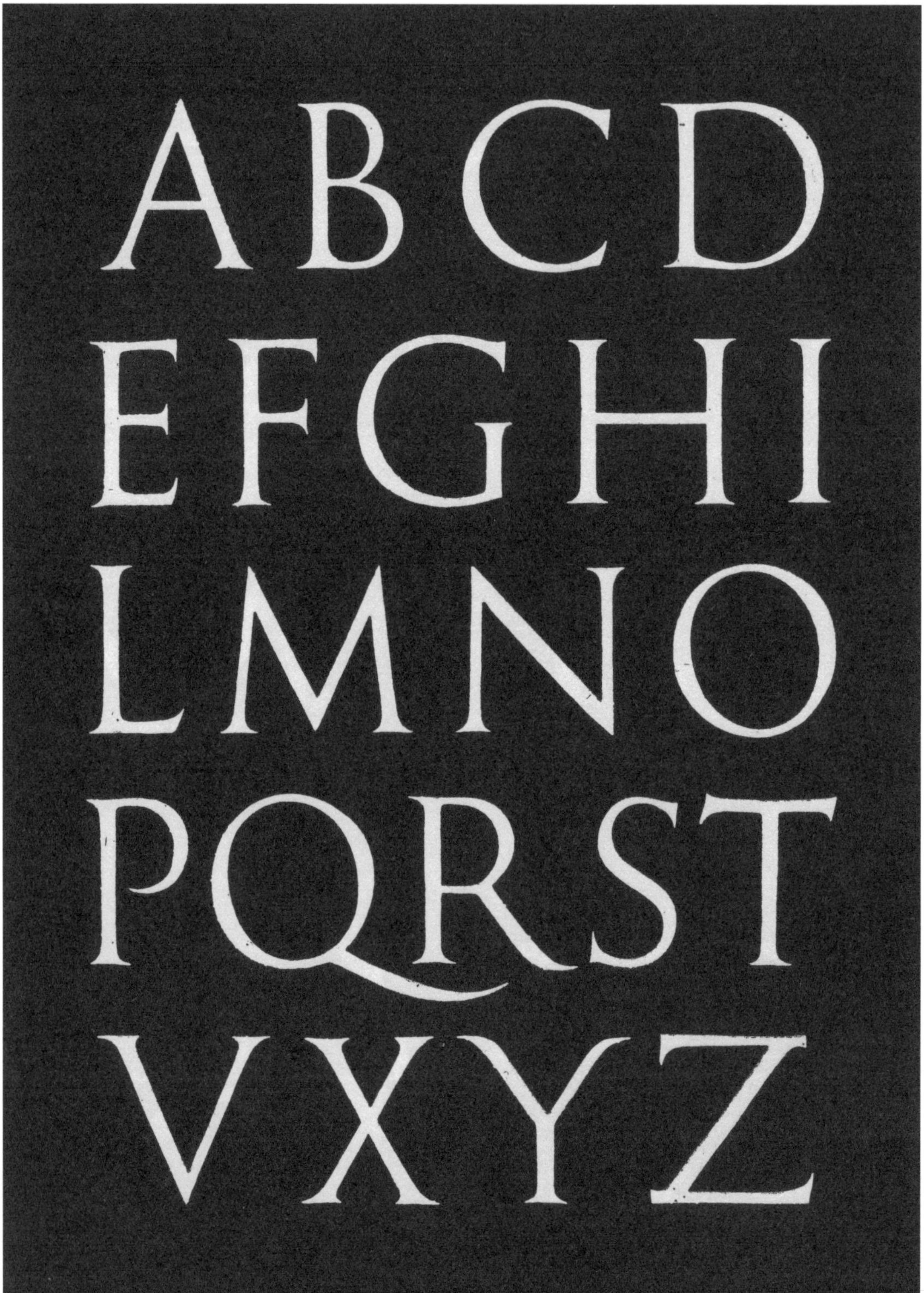

2

PETRA EISELE

DAS ATELIER UND DER AUFTRAG 1920–1924

Wie viele Typografen seiner Zeit hat Renner nach seinem Studium zunächst als Maler begonnen und war als Illustrator tätig, unter anderem für die seit 1896 erscheinende Münchner Satire-Zeitschrift *Simplicissimus*, die sich gegen bürgerliche Moralvorstellungen sowie die wilhelminische Politik auflehnte.

Inspiriert von den zeitgenössischen Forderungen Kunst in den anwendungsorientierten Bereich zu überführen, wandte sich der junge Künstler zudem der Buchgestaltung zu. Zwischen 1907 und 1917 war er als künstlerischer Leiter des eng mit der so genannten Buchkunstbewegung verbundenen Georg-Müller-Verlags in München als Hersteller und Buchausstatter tätig.[1]

Parallel dazu gründete Renner zusammen mit Emil Preetorius 1911 die ›Münchner Schule für Illustration und Buchgewerbe‹, eine Privatschule, die später mit der Debschitzschule für freie und angewandte Kunst zusammengelegt wurde. Hier war Heinrich Jost, der später in der Bauerschen Giesserei eine wichtige Rolle einnehmen sollte, Renners Schüler.

Schon vor der Konzeption seiner Futura hatte sich Renner mit typografischen Detailfragen in seinem 1922 erschienenen Standardwerk *Typografie als Kunst* auseinandergesetzt.[2] Hier stellte er nicht nur kenntnisreich die historische Entwicklung der Schrift, sondern auch die typografischen Regeln vor – das Thema Groteskschrift tauchte hier jedoch noch nicht einmal im Register auf.

Insofern hatte sich Renner bereits als Typograf einen Namen gemacht, als ihn Siegfried Buchenau[3] und Jakob Hegner[4] im Sommer 1924 in seinem Pasinger Atelier besuchten.[5] Nachdem die beiden Renners Bilder begutachtet hatten, habe Hegner, so die Berichte im Nachhinein, spontan gesagt, Renner müsse nun an die Arbeit gehen, mit der er selbst schon zwei andere Maler beauftragt habe.[6] Er solle eine Druckschrift entwerfen, die als ›Schrift unserer Zeit‹ gelten könne.[7]

Mit seinem Briefing hat Hegner offensichtlich das richtige Stichwort gegeben. Renner zeichnete in den nächsten Tagen die Sentenz ›Die Schrift unserer Zeit‹ in fünf verschiedenen Varianten und Buchenau wählte eine Fassung aus, aus der sich später die Futura entwickeln sollte.[8] Renner sandte die Zeichnungen an Hegner, der sich besonders begeistert von der Ligatur **ft** zeigte, die ihn an einen Hufeisenmagnet erinnerte. In der Folge zeichnete Renner die restlichen Buchstaben auf blauem Millimeterpapier und Hegner versprach, sie sofort der Schriftgießerei vorzulegen.[9]

So wurden die ersten Zeichnungen der Schrift, die später die Futura werden sollte, im Sommer 1924 angefertigt.FIG.3 S.30 Da Renner dann jedoch mehrere Monate nichts mehr hörte, forderte er seine Zeichnung zurück und schickte sie an seinen ehemaligen Schüler Heinrich Jost,[10] der seit 1922 künstlerischer Leiter der Bauerschen Giesserei in Frankfurt am Main war. Im Spätherbst legte dieser Renners Zeichnungen für die ›Schrift unserer Zeit‹ Georg Hartmann vor, damals Inhaber der Bauerschen Giesserei, der sie akzeptierte.

Im Winter 1924/25 lagen erste Versuchsschnitte mit noch ungewohnten, zum Teil sehr exzentrischen Schriftzeichen vor. In der Folge wurde die Schrift überarbeitet und einzelne Buchstaben-Alternativen entwickelt.

1

S.27 – Portrait Paul Renner, um 1930.

2

Römische Monumentalschrift, klassische Form aus der Zeit Trajans.

3

3

Denis Megaw publizierte diese Abbildung 1938 in seinem Artikel *20th Century Sans Serif Types* im britischen Periodikum *Typography* als Paul Renners ›first designs for Futura‹. Laut Christopher Burke war Megaw ein Typograph aus Belfast mit guten Verbindungen zu deutschen Schriftgießereien. Er hält es deswegen für nicht ganz abwegig, dass er die Originale oder eine Reproduktion der Futura von der Bauerschen Giesserei für seinen Artikel erhalten haben könnte. Die Originalzeichnungen von 1924 sind nicht mehr auffindbar. Die Abbildung gilt als der früheste Nachweis der sogenannten ›Ur-Futura‹. Wahrscheinlich wurden die Originalzeichnungen zerstört durch einen Bombenangriff am 11. Februar 1944 auf Frankfurt-Bockenheim, bei dem – wie Heinrich Jost in einem Brief an Paul Renner berichtet – die Bauersche Giesserei große Verluste erlitten hat.

unten rechts:
Die Futura in einer Fassung nach 1930.

ABCDEFG
HIJKLMN
OPQRST
UVWXYZ
1234567890
3 &-»!?*§(„

ABCDEFGHIJKLMNO
PQRSTUVWXYZabcd
efghijklmnopqrſstuvwxyz
1234567890ffckß£«»*§!()

ZWISCHEN ANTIKE UND AVANTGARDE

Paul Renner war ein erwiesener Kenner der Schriftgeschichte und nahm in zahlreichen Publikationen zum Fraktur-Antiqua-Streit bzw. zur Frage nach der Deutschen Schrift eine dezidierte, historisch begründete Position ein. Bereits 1922, zwei Jahre vor dem Auftrag zur ›Schrift der Zeit‹, publizierte er in *Typografie als Kunst* seine Gedanken zur Schreibkunst und Druckschrift und beschrieb, wie er in den römischen Inschriften ein Muster jener Vollkommenheit sah, die niemals altern kann.[11] Paul Renner bezeichnete die römische Capitalis als wichtigste Inspiration und Grundlage für die Formfindung der Futura:

»Im Gegensatz zu den damals modisch gewordenen Konstruktivisten wollte ich [...] nicht den Zirkel als Werkzeug verherrlichen, sondern die Form aus ihrer Formverwilderung zurückführen zu ihren Ursprüngen. In der klassischen römischen Kapitalschrift sah ich die geistvollste Verbindung der geometrischen Grundform mit allen höheren Ansprüchen, die an eine Schrift zu stellen sind.«[12] Der konkrete Vergleich mit der Capitalis Monumentalis der Trajansäule belegt den Willen Renners zu einer konzeptionellen Lösung mit den geometrischen Ausgangsformen als Grundlage. Dabei gilt es aber zu beachten, dass die Capitalis nur die Großbuchstaben umfasste. So sieht Renner 1925 in einem Artikel über *Neue Ziele des Schriftschaffens* beim Vergleich der Versalien und Kleinbuchstaben der Antiqua »zwei grundverschiedene Formengesetze und zwei ebenso verschiedene Anschauungen des Menschen über sein Verhältnis zum Nächsten und zum Welt-Ganzen«.[13] Und: »Unsere lateinischen Kleinbuchstaben sind zwar aus der römischen Kapitalschrift hervorgegangen, aber erst nach einer tausendjährigen Entwicklung. Sie sind eine Schrift für sich und folgen ihren eigenen Bildungsgesetzen. Aus **H**, **M**, **N** sind **h**, **m**, **n** geworden; der Gegensatz der Grundformen ist gemildert, aber der Lesbarkeit kommt die Ausbildung von Ober- und Unterlängen zuhilfe, die den Wortbildern einprägsame Umrisse verleiht. Die Senkrechten und Waagrechten herrschen vor und machen sich auch in den Rundungen selbst geltend; die Schrägführung beschränkt sich auf die Buchstaben **k**, **v**, **w**, **x**, **y**, **z**, hier sind die Entsprechungen schon in den unverzierten Formen der Futura vorhanden ...«[14] Denn: »So lange wir groß- und kleinbuchstaben nebeneinander verwenden, steht der künstler vor der aufgabe, in diesen beiden ganz verschiedenen alphabeten das gleiche formale motiv durchzuführen. Da die form der römischen versalien kaum anzutasten ist, liegt es nahe, das motiv ihres formkontrastes auch auf die kleinbuchstaben zu übertragen.«[15]

Die Übertragung des formalen Motivs, wie Renner es nennt, von den römischen Versalien

4

Georg Hartmann zollte der Capitalis Monumentalis später mit einer Inschrift der Trajansäule (113 n. Chr.) am Eingang der Bauerschen Giesserei in der Hamburger Allee in Frankfurt seinen Tribut.

auf die Kleinbuchstaben ist der sicher originärste und revolutionärste Anteil an Renners Schriftentwurf. Ensprechend versucht er nicht nur den Versaliensatz, sondern eben auch die Kleinbuchstaben zurückzuführen auf die »einfachsten, elementarsten, geometrischen Grundformen.«[16]

Der Erstentwurf FIG.3 S.30 verzeichnet zahlreiche interessante und innovative Minuskel-Figuren. Darunter noch vier Variationen des kleinen **a** (drei Versionen als doppelgeschossiges **a**, eine Version schon nahe am späteren einäugigen **a**).

Zwei Versionen des kleinen **g** sind noch dreigeschossig und in ihrer Konstruktion sehr markant. Das kleine **e** weist noch kein geschlossenes Auge auf und erinnert an das kleine **e** der Stephan-George-Schrift.[17] Die Minuskeln **o**, **b**, **d**, **p** und **q** probieren noch verschiedene Variationen in den Größenverhältnissen durch. Das **m** und **n** sind rechtwinklig konstruiert ohne Bögen, die zwei Varianten des kleinen **r** bestehen aus Stamm und einem Punkt in zwei verschiedenen Größen. Das **f** ist insgesamt noch sehr breit mit breitem An- und Querstrich. Das **v**, **w** und **z** besitzen bereits spitz zulaufende Spitzen und Scheitel – die Versalien **A**, **M** und **N** der Futura mager und halbmager erhalten dieses elegante Attribut erst in einer Überarbeitung um 1925. FIG.19 S.42

1940 beschreibt Paul Renner seine gestalterische Herangehensweise in einem Brief an die Bauersche Giesserei und unter dem Eindruck von Urheberrechtsstreitigkeiten mit Berthold so: »ich verzichtete einfach auf die Unterscheidung von Grund- und Haarstrichen und auf die Ausbildung von Füssen und kam so zu einer äußersten Vereinfachung, die nun freilich einige Ähnlichkeiten mit der Grotesk hatte, obwohl ich nicht von der Grotesk ausgegangen war, sondern klaren, folgerichtig durchdachten Grundsätzen folgend von der römischen Kapitalschrift.«

DIE SCHRIFT DER ZEIT IST EXAKT, PRÄZIS UND UNPERSÖNLICH

Paul Renners zweite Inspiration war dem Formgefühl der Zeit geschuldet, denn die »Schrift unserer Zeit kann nicht aus der Schreibschrift kommen.«[18] »Eine Schrift, die diesem Zeitgefühl entspricht, müßte also exakt, präzis und unpersönlich sein. Sie müßte sich sinnvoll und ohne Umschweife als das darstellen, was sie ist. Ist sie Drucktype, so darf sie keine Schreibschrift nachahmen wollen. Unsere Druckschrift ist der maschinelle Abdruck maschinell hergestellter Metalllettern, die mehr Lesezeichen sind als Schrift. Unsere Drucktype ist keine Ausdrucksbewegung, wie es die Handschrift ist; alle von links nach rechts drängende Dynamik, alles Breiter- und Schmalerwerden, das erst durch die geschnittene Rohr- oder Kielfeder in die Schrift hineingekommen ist, hat bei der Drucktype keinen Sinn. Wir müssen endlich einmal die Konsequenz aus der Erfindung des Letterngusses ziehen.«[19]

Der Entwurf der Ur-Futura verzichtet entsprechend dieser Idee auf jegliche Auf- und Abstriche und ist durch die Reduktion der Striche auf ein Minimum gekennzeichnet. Die Kleinbuchstaben sind überwiegend aus Kreisen, Strichen, rechten Winkeln, Diagonalen und wenigen Bögen konstruiert. Renner argumentiert dazu mit seiner ganz eigenen Theorie des Leseprozesses: »Wir müssen uns an den Gedanken gewöhnen, dass die Druckschrift nichts mit Schreiben zu tun hat, dass sie Abdruck ist von Metall-(Buch)-Staben, von Lese-Zeichen, die sich zu Wortbildern fügen. Das lesende Auge folgt nicht den Zügen des einzelnen Schriftzeichens, es läßt sich nicht vom Duktus der Einzelform führen, sondern es erfaßt die auf dem Papier ruhenden Wortbilder im Fluge von oben.«[20]

»Die Futura hat diesen Versuch zum ersten Male gewagt. Sie hat den Kleinbuchstaben ihre von links nach rechts drängende Dynamik genommen, und ihnen dadurch Ruhe gegeben, die den Großbuchstaben von jeher eigen waren.«[21]

Das große und kleine **O/o** bestehen aus geometrischen Kreisen, ebenso das kleine **a**, **b**, **d**, **p** und **q** – jeweils um einen geraden Strich (Schaft) ergänzt. Das kleine **t** besteht aus zwei gekreuzten Geraden. Ein Charakteristikum der Futura, das lange gerade **j** – ist bereits vorhanden, aber noch mit einem quadratischen Punkt versehen.

Laut Renner sind es eben nicht die kleinen Häkchen (Auf- und Abstriche), sondern es ist ein »geistiges Band«, das die zahlreichen Einzelformen der Lettern zusammenhält und zu einem Formenzusammenhang verbindet.[22] Entsprechend

5
Die Sonderzeichen/Alternates der Ur-Futura (1924) und die letztlich umgesetzten Versionen der Kleinbuchstaben in der Bearbeitung von Neufville Digitale (Futura ND), 2015.

sind alle An- und Abstriche, Häkchen und Fähnchen, die an die Schreibschrift erinnern könnten, im Erstentwurf auf ein Minimum reduziert.FIG.6 S.37

SCHRIFTREFORM UND DIE BESONDERHEITEN DER DEUTSCHEN RECHTSCHREIBUNG

Die dritte prägende Idee für die Futura war Renners intensiver Auseinandersetzung mit der deutschen Rechtschreibung geschuldet. Renner setzte sich seit 1920 intensiv mit Fragen der Schriftreform und im Speziellen mit dem Thema der ›zwei Alfabete‹ – Groß- und Kleinbuchstaben – auseinander. Im Gutenberg-Jahrbuch 1925 schreibt er dazu: »Wir Deutschen beehren ja leider seit Ende des siebzehnten Jahrhunderts jedes Hauptwort mit einem Großbuchstaben. Es ist dringend zu wünschen, daß bald eine wahre Demokratie mit der subalternen Gewohnheit aufräumen werde.«[23] Er propagierte entsprechend: »Beschränken wir also die Großbuchstaben auf Satzanfänge und Eigennamen, so wie es früher bei uns Brauch war und wie es überall sonst in der Welt üblich ist. Die Lesbarkeit der Schrift wird nach kurzer Umgewöhnung nur besser werden, weil ihr die Hervorhebung des Satzanfangs ebenso zu statten kommen wird, wie die Kennzeichnung der Namen.«[24] Doch trotz zahlreicher prominenter Vor- und Mitstreiter für eine Schriftreform blieb die deutsche Rechtschreibung weitestgehend beim Alten. Auch die Vorschläge der Lautreduktion: **sh** statt **sch**, **f** statt **ph**, **v** statt **w** und Verzicht auf lange Vokale wurden nicht allgemeingültig durchgesetzt.[25] Der Häufung von **Ch**-, **ch**- und **ck**-Kombinationen in der deutschen Sprache zollte Renner mit senkrechten Enden des versalen **C** und gemeinen **c** Tribut, der eine enge Verbindung der beiden Buchstabenpaare **c-h** und **c-k** ermöglichte.FIG.14 S.39

Gestalterisch versuchte Renner mit dem Schriftentwurf die beiden Alphabete so harmonisch abzustimmen, dass sie direkt nebeneinanderstehen können und die gleiche Konzeption und Formensprache atmen. Paul Renner erklärt in dem Text *Drei Jahre Futura* 1930 die ausgeprägten Oberlängen einiger Kleinbuchstaben wie **b**, **d**, **f**, **h**, **k**, **l**, **ß** und der Ligaturen, die sogar die Versalien überragen, als Reaktion auf die Besonderheiten der deutschen Rechtschreibung mit ihrer Häufung von Großbuchstaben. Argumentativ bezieht er sich dabei auf die historischen Vorbilder der humanistischen Antiqua: »mit welcher Kraft sich dort die Kleinbuchstaben gegen die Versalien behaupten.«[26]

Eine Besonderheit ist dann auch das eher ›kurze‹ **t**. Doch diese eher diskrete Besonderheit verschaffte der Bauerschen Giesserei viele – nicht nur positive – Rückmeldungen: »Wieviele Briefe habe ich nach dem Erscheinen der Schrift bekommen, in denen ich beschworen wurde, diesen einzigen Fehler der Schrift zu verbessern. Georg Hartmann hat sich durch solche Briefe nicht beirren lassen; er fand wie ich selbst diesen Längenunterschied gut und dachte nicht daran, das Gute seinem Feinde, dem vermeintlich Besseren zu opfern.«[27] FIG.7 S.37

Zusammengefasst lassen sich beim Entwurf der Futura von 1924 drei grundlegende Ideen ausmachen. Zum einen wäre da der Rückgriff auf »das älteste Alphabet der heute noch gebräuchlichen Schriften«; die römische Versalie. Dann zweitens der Verzicht auf alle Handschriftlichkeit in den Minuskeln sowie schließlich die Beschäftigung mit den Besonderheiten der deutschen Rechtschreibung. Entstanden ist eine Schrift, die zeitlose Eleganz des römischen Formenkanons und eine formale Reduktion beider Alphabete in sich vereint.

FUTURA – ENTWICKLUNG DER SCHRIFT UNSERER ZEIT

Im Winter 1924/25 begann eine langjährige Zusammenarbeit zwischen Paul Renner und der Bauerschen Giesserei. Mit Heinrich Jost wurde der Entwurf über fast drei Jahre auch auf optische Phänomene hin überarbeitet und ausgeglichen. Im Frühjahr 1925 wird Paul Renner an die Kunstschule in Frankfurt berufen, d. h. er ist vor Ort in Frankfurt. Doch bereits im Mai 1926 übernimmt er in München die Leitung der Berufsschule für das Graphische Gewerbe. Die Korrekturen laufen spätestens ab diesem Termin auf dem Postwege. Die Zwischenstadien sind mit zahlreichen Probeabzügen belegt.VGL. S.369FF.

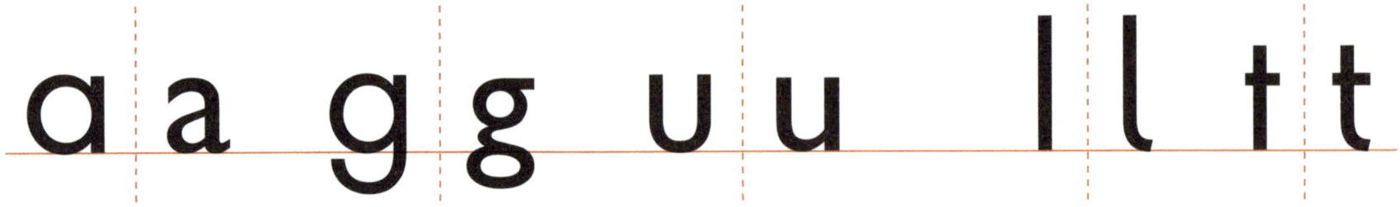

6

7

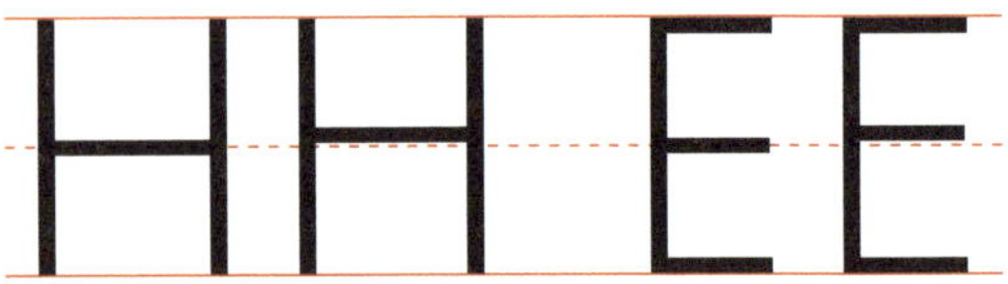

8

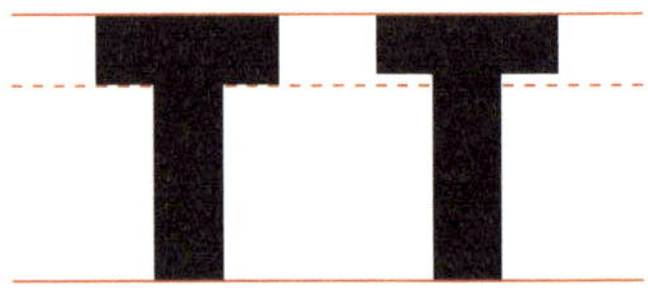

9

10

6

Paul Renner befreit die Kleinbuchstaben von allen handschriftlichen Remineszenzen wie Auf- und Abstrichen und unterdrückt die Dynamik der Schreibrichtung mit einer Reduktion der Striche auf ein Minimum. Hier gegenübergestellt Futura/Gill Sans und Futura/Futura ND alternate.

7

Ein besonderes Charakteristikum der Futura sind die langen Oberlängen der Kleinbuchstaben **b**, **d**, **f**, **h**, **k** und **l**, die über die Versalhöhe hinausragen und zu Beginn auch viel Kritik einbrachten. Davon abweichend die Minuskel **t**, mit dem asymmetrischen Querstrich und der deutlich geringeren Oberlänge.

8

Die Querbalken jeweils links in mathematischer Mitte und rechts in optischer Mitte. Die Querbalken wirken etwas angehoben optisch mittig.

9

Links monolinear und rechts optisch korrigiert. Bei gleicher Strichstärke wirkt die Horizontale breiter als Vertikale, entsprechend wurde hier die Waagerechte in der optisch korrigierten Version etwas schmaler ausgeführt.

10

Bei gleicher Höhe wirken Dreieck und Kreis kleiner als das Quadrat. Um dies optisch auszugleichen, sind in der zweiten Zeile der Apex des **A** und die Rundung des **O** etwas über die Versalhöhe und beim **O** auch unterhalb der Grundlinie gezogen.

11

Um die sogenannnten Flecken, bzw. ›Irradiationen‹ zu vermeiden, gilt es beim Zusammentreffen von Kurven und Stamm durch Verjüngung der Bögen bzw. Einläufe vorzubeugen. Entsprechend verändert sich mathematisch die Strichstärke, wirkt aber optisch monolinear.

12

Das kleine **ö** ist optisch ausgeglichen. Die äußere Lineatur ist kreisrund, die Punze ist eher oval als rund. Waagerechte wirken breiter als Senkrechte, entsprechend wurde hier optisch korrigiert.

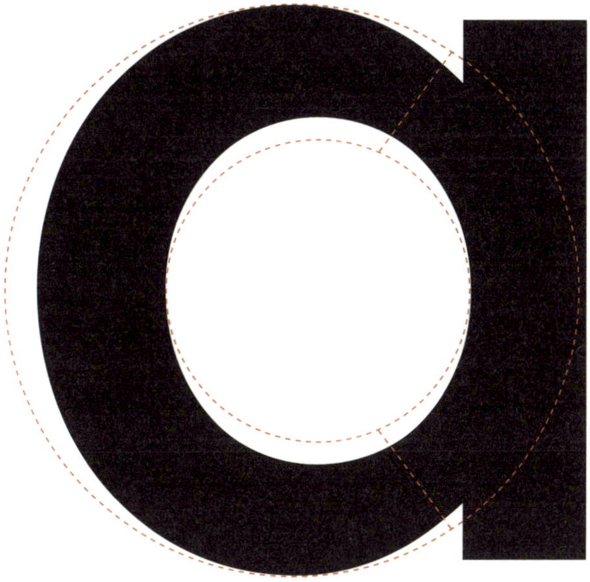

11

12

ABCDEFGHIJKLM
NOPQRSTUVW
XYZÆŒÇÄÖÜ
1234567890
1234567890

13

13

Futura mager, Korrekturabzug, um 1926. Bögen mit aufgeklebten Buchstaben der Probe-Schnitte, wobei manche Versuche durch spätere Versionen überklebt wurden. Zahlreiche Alternativzeichen, Ligaturen und Mediävalziffern.

14

Futura halbfett, Korrekturabzug, um 1926/1927. 1. Korrektur mit Bleistiftmarkierungen zu den Korrekturen am kleinen **s**, **x** und **c**.

15

Futura halbfett, Korrekturabzug, um 1926/1927. 2. Korrektur. Gesondert aufgeführt die Korrekturen **B**, **s**, **ch**, **ck** und **x**.

14

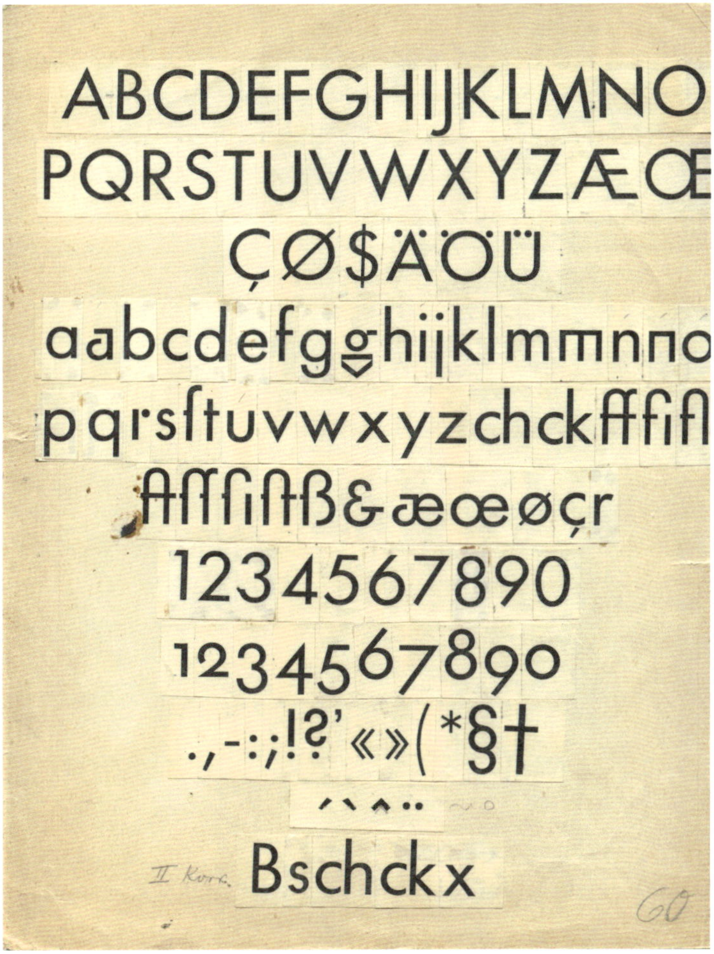

15

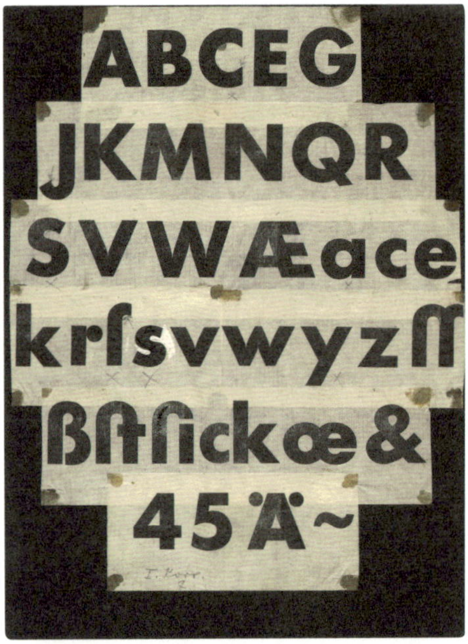

16

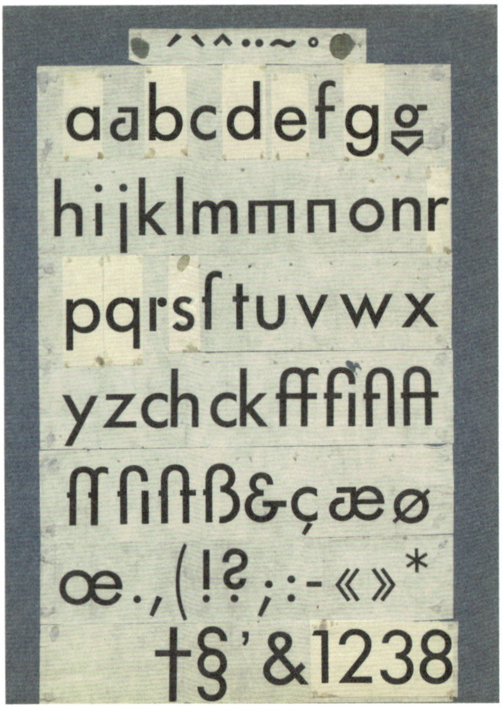

17

16

Korrekturabzüge Futura fett, ca. 1926/27, 1. und 2. Korrektur, aufgeklebt und teilweise mit Bleistiftmarkierungen und Korrekturen durch weiße Tusche versehen, wie beim **s**. Interessant sind die Versuche mit dem langen **s** und langen **ss**, sowie einer **s-t**-Ligatur. Das **J** weist noch eine lange Unterlänge auf.

17

Korrekturabzüge Futura halbfett, ca. 1927/28, einige frühe alternative Figuren sind noch aufgeführt. Überklebt und damit auf hellerem Grund die korrigierten Kleinbuchstaben **a**, **b**, **d**, **e**, **g**, **p**, **q** und **s**, sowie am Rand dazu geklebt eine konventionellere Version des **r**.

18

Korrekturabzüge Futura halbfett, ca. 1927/28, einige frühe alternative Figuren sind noch aufgeführt. Überklebt und damit auf hellerem Grund die überarbeiteten Zeichen wie **E**, **F**, **Q**, **S** und die Minuskeln **a**, **b**, **d**, **g**, **k**, **p**, **q**, die allesamt etwas weniger rund sind als zur Erstveröffentlichung 1927. In der sechsten Zeile ergänzt: die konventionellere Ausgabe des **r**. Die Ziffern **1**, **2**, **3** und **8** sind bereits deutlich verändert im Vergleich zur Erstveröffentlichung 1927. Bei der Ziffer **1** scheint der noch längere horizontale Aufstrich der **1** durch.

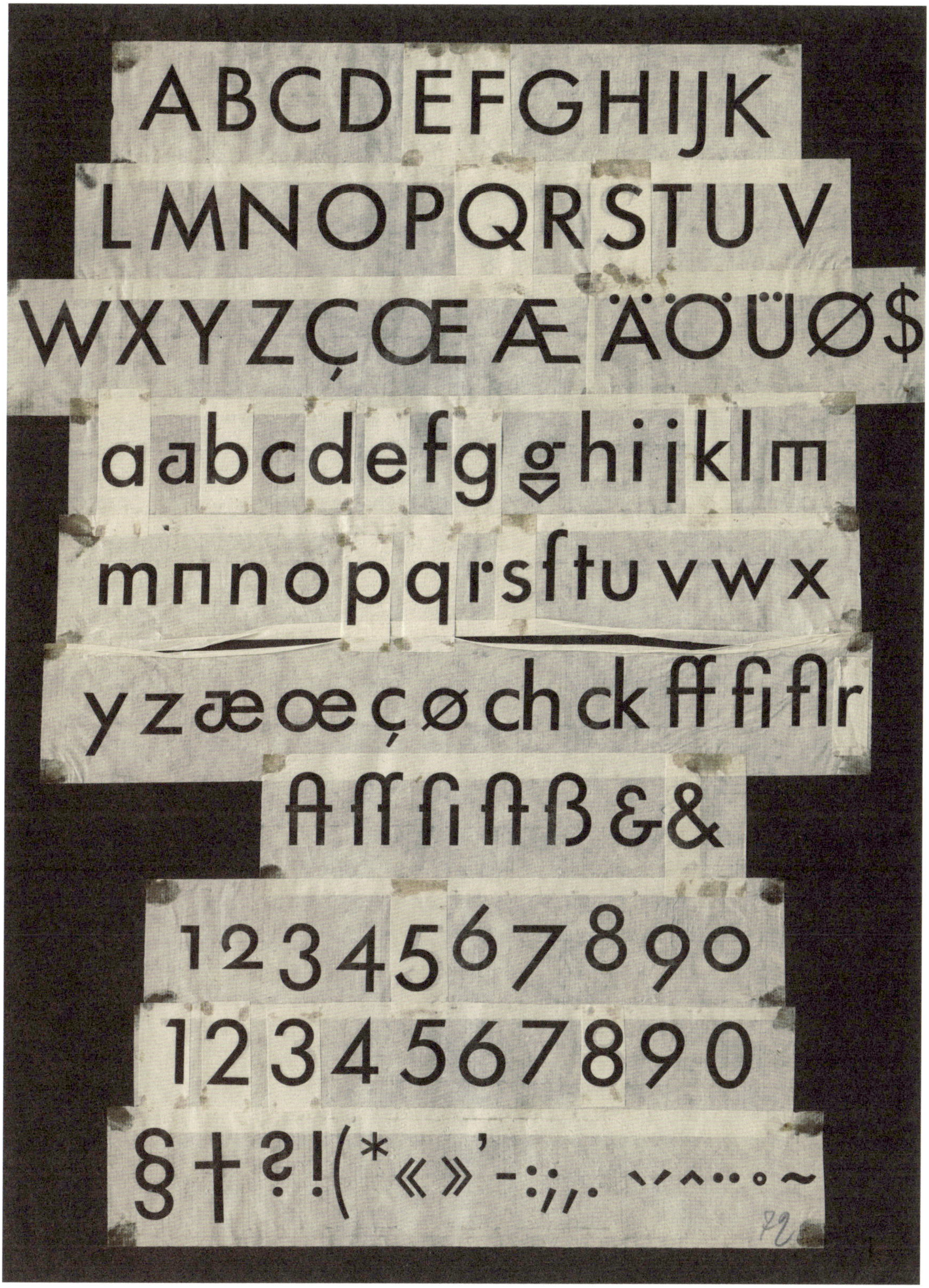
ABCDEFGHIJK
LMNOPQRSTUV
WXYZÇŒÆÄÖÜØ$
abcdefghijklm
mnopqrsftuvwx
yzæœçøchckfffifl
ßɛ&
1234567890
1234567890
§†?!(*«»'-:;,.

18

Renners Konzeption entsprach einer monolinearen Sans Serif, die auch in den Kleinbuchstaben von allen handschriftlichen Remineszenzen wie Auf- und Abstriche befreit ist, aber auch eine Dynamik der Schreibrichtung »unterdrückt und ausmerzt«[28] und mit einer Reduktion der Striche auf ein Minimum auskommt. Bis zur Erstveröffentlichung wurde die Futura optisch korrigiert und zahlreichen Testläufen unterzogen. Dies betraf insbesondere die originären alternativen Kleinbuchstaben.

IRRADIATION

»Nun sind auch bei der FUTURA die Striche (unter der Lupe gemessen) niemals ganz gleich. Aber diese Verschiedenheit hat ihren Grund nicht in der Erinnerung an die technischen Bedingungen des Schreibens, also nicht außerhalb des Werkbestandes der Druckschrift. Die verschiedenen Stärken des Strichs ist genau so gewählt, daß alle Striche gleich stark aussehen.«[29] Und »wir verlangen ferner von einer druckschrift gleichmäßig perlendes grau; kein buchstabe soll schwärzer sein, als der andere, und keine stelle in einem buchstaben soll fleckig erscheinen.«[30]

Paul Renner befasst sich bereits in seinem 1922 erschienenen Buch *Typografie als Kunst* mit dem Problem der Irradiation. »Überall dort, wo zwei kräftige balken sich rechtwinklig oder gar im spitzen winkel schneiden, bildet sich eine zone, die von der irradiation nicht oder minder stark aufgehellt wird. da entstehen dunklere flecken; man kann sie bei fast allen druckschriften bemerken.«[31]

Beim Zusammentreffen von Kurven mit Geraden oder Schrägen entstehen wahrnehmungstechnisch sogenannte Knoten bzw. Flecken, die durch Ausgleich der Strichstärke im Einlauf optisch ausgeglichen werden können.[32] Entsprechend ist die Linienstärke auch nach der Überarbeitung der Futura streng genommen nicht mehr monolinear, wirkt aber dadurch einheitlicher. FIG.11 S.37

WAAGERECHTE UND SENKRECHTE

Nach den optischen Gesetzen wirken gleiche Strichstärken in der Waagerechten breiter als in der Senkrechten. Um dies optisch auszugleichen und gleich breit wirkende Strichstärken zu erzeugen, muß die Waagerechte etwas schmaler sein. Dies gilt aber nicht nur für gerade Striche, sondern auch für runde Formen und Diagonalen. Wobei in der optischen Korrektur die Rechtsdiagonale etwas breiter, die Linksdiagonale etwas schmäler gehalten werden muß als die Vertikale.[33] FIG.9 S.36

DIE OPTISCHE MITTE

Bei der mathematisch exakten horizontalen Halbierung einer Fläche wirkt die obere Hälfte optisch größer als die untere Hälfte. Für den Schriftentwurf bedeutet dies, dass z.B. beim versalen **H** der Querbalken rechnerisch etwas höher sitzt, damit er optisch gemittelt wirkt. Dies betrifft auch die Kreuzung des **X** und den waagerechten mittleren Balken des **E**.[34] FIG.8 S.36

KREIS, DREIECK, QUADRAT

Gerade die kreisförmigen und dreieckigen Versalien wirken, bei mathematisch gleicher Höhe, verglichen mit einem rechteckigen Zeichen kleiner. Entsprechend sind z.B. das **G** oder **A** etwas größer zu halten, so dass sie über Kopf- und Grundlinie hinaus gehen um optisch die gleiche Größe einzunehmen wie die rechteckigen Lettern (z.B. **H**, **T**, **U**). Dies gilt besonders für den spitzem Apex des **A**, **N** und **M** (der Futura mager, halbfett und Buchschrift), der ab 1925 in den Probegraden und ersten Drucksachen, wie der Einladung zum Vortrag am 3. Juli 1925 in Frankfurt, zu finden ist.

In den Probeabzügen aus den Jahren 1926 und 1927 kann man die Feinarbeit an der optischen Korrektur ablesen.

19

Probeabzug Renner-Futura halbfett, ca. 1925/26. Der Scheitel des **A**s ist bereits spitz, aber der obere Bogen des kleinen **f** ist noch sehr breit.
Die Alternates **a**, **g**, **r**, **m** und **n** werden gegeneinander getestet, wobei das ›Strich-Punkt‹-**r** gesetzt scheint.

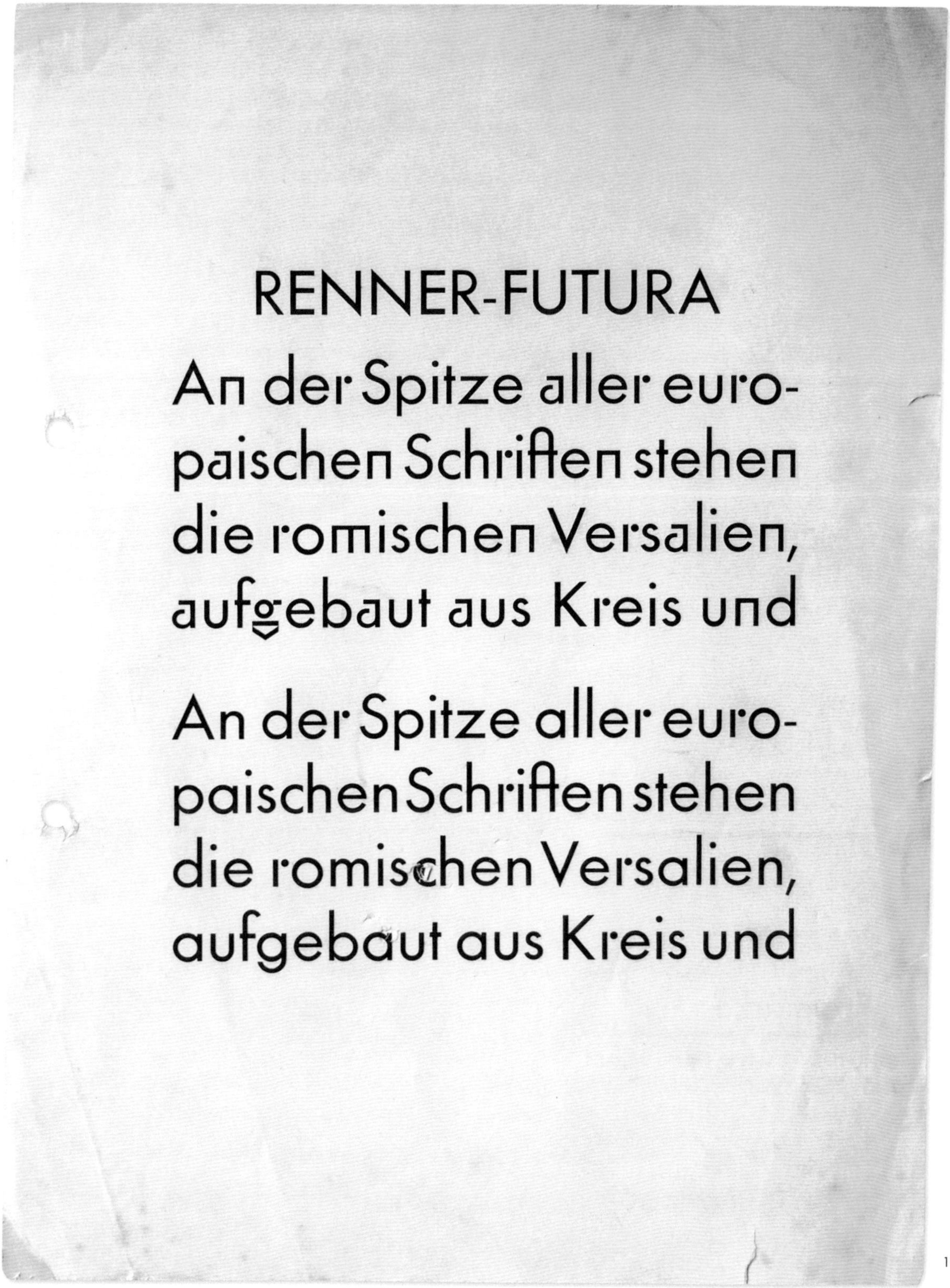

RENNER-FUTURA

An der Spitze aller euro-
paischen Schriften stehen
die romischen Versalien,
aufgebaut aus Kreis und

An der Spitze aller euro-
paischen Schriften stehen
die romischen Versalien,
aufgebaut aus Kreis und

19

20

FUTURA

BAUERSCHE GIESSEREI
FRANKFURT·M · BARCELONA · NEW YORK

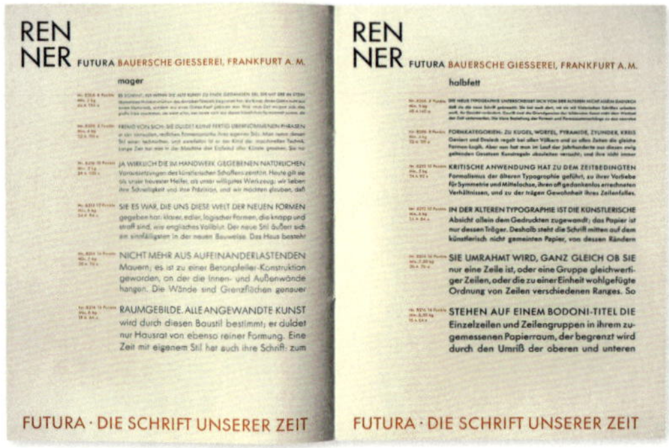
RENNER FUTURA BAUERSCHE GIESSEREI FRANKFURT A. M.

mager

FUTURA · DIE SCHRIFT UNSERER ZEIT

RENNER FUTURA BAUERSCHE GIESSEREI FRANKFURT A. M.

halbfett

FUTURA · DIE SCHRIFT UNSERER ZEIT

RENNER FUTURA BAUERSCHE GIESSEREI FRANKFURT A. M.

mager

DER OZEANFLUG CHAMBERLINS
Empfang auf dem Tempelhofer Feld
Besuch des Fliegers in Frankfurt a. M.

PUNKT UND LINIE ZU FLÄCHE
Technische Lehranstalten Dessau

MODERNE TYPOGRAPHIE
Die alte und neue Buchkunst

LIGNOSE FILM-PACK
Der werbende Trickfilm

REKLAME-BÜRO
Ein Bauhausbuch

FUTURA · DIE SCHRIFT UNSERER ZEIT

RENNER FUTURA BAUERSCHE GIESSEREI FRANKFURT A. M.

halbfett

ERFOLGREICHE BUCH-AUTOREN
Wilhelm Speyer Lion Feuchtwanger
Radierungen zeitgemäßer Künstler

PRESSA KÖLN AM RHEIN 1928
Die heutige Zeitungsillustration

DIE RATIONELLE KÜCHE
Internationale Ausstellung

KULTUR UND PRESSE
Arbeitsgemeinschaft

KÜNSTLERHEIM
Niederlahnstein

FUTURA · DIE SCHRIFT UNSERER ZEIT

21

Um die Verwendungs-Möglichkeiten der
FUTURA
zu erhöhen, schnitten wir neben dieser
ersten Form des r
noch ein zweites r

Kraftsport-Verein Trier
Die drei Grenadiere
Der Frankfurter Hof
Führer durch Worms
Reit-Turnier
Freimarke

BAUERSCHE GIESSEREI
FRANKFURT A. M. · BARCELONA · NEW YORK

RENNER FUTURA BAUERSCHE GIESSEREI FRANKFURT A. M.

mager

ABCDEFGHIJKLMNOP
QRSTUVWXYZÄÖÜÆŒÇ
abcdefghijklmnopqrſstuvw
xyzäöüchckfffiflſſſiſtß æœç
1234567890&.,-:;·!?('«»§†*

halbfett

ABCDEFGHIJKLMNOP
QRSTUVWXYZÄÖÜÆŒÇ
abcdefghijklmnopqrſstuvw
xyzäöüchckfffiflſſſiſtß æœç
1234567890&.,-:;·!?('«»§†*

FUTURA · DIE SCHRIFT UNSERER ZEIT

RENNER FUTURA BAUERSCHE GIESSEREI FRANKFURT A. M.

PROF. DR. EMIL PREETORIUS

WILLY HAAS

FUTURA · DIE SCHRIFT UNSERER ZEIT

20

Bauersche Giesserei, Frankfurt a. M.: Futura-Schriftprobe, 1927 mit den Schnitten mager und halbfett. Die Futura fett wird als ›in Vorbereitung‹ angekündigt.

21

Einlegeblatt zur Lieferung eines ›konventionelleren‹ **r**, neben dem ›Strich-Punkt‹-**r**.

22

Futura-Probeabzug Corps 16, Futura halbfett, 11. Februar 1927. Im Fließtext werden die Alternates getestet. Besonders die zwei Versionen des **s** sind in Varianten gegeneinandergesetzt. Das lange **s** mit den zahlreichen Ligaturen verändert das Schriftbild deutlich mit Betonung der Oberlängen. Die Alternates zu **a**, **g**, **m**, **n** und das **&** sind noch in der Testphase. Das Strich-Punkt-**r** und lange **s** sind auch in der Erstveröffentlichung im November 1927 im regulären Zeichensatz vorgesehen. Die übrigen Alternates nur mehr auf Wunsch lieferbar. Der Bogen des **f** ist noch sehr breit und die **2** fast kreisrund geschlossen.

23

Futura-Probeabzug mit Wortkombinationen aus den vorhanden Typen. Futura mager 60 pt, 18. Juni 1928. Auch nach der zweiten Veröffentlichung mit den Schriftproben Anfang 1928, die außer dem langen **s** keine Alternates mehr offeriert, werden doch noch Tests mit den innovativen Kleinbuchstaben durchgeführt.

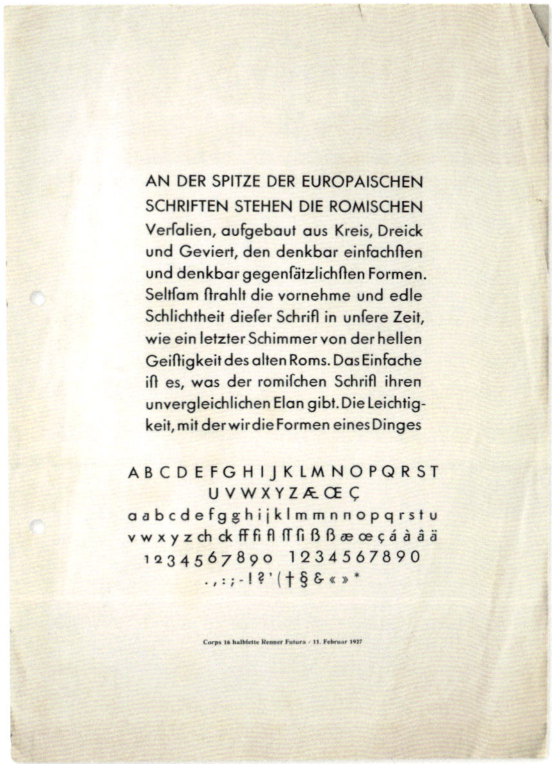

AN DER SPITZE DER EUROPAISCHEN SCHRIFTEN STEHEN DIE ROMISCHEN Verſalien, aufgebaut aus Kreis, Dreick und Geviert, den denkbar einfachſten und denkbar gegenſätzlichſten Formen. Seltſam ſtrahlt die vornehme und edle Schlichtheit dieſer Schriſt in unſere Zeit, wie ein letzter Schimmer von der hellen Geiſtigkeit des alten Roms. Das Einfache iſt es, was der romiſchen Schriſt ihren unvergleichlichen Elan gibt. Die Leichtigkeit, mit der wir die Formen eines Dinges

A B C D E F G H I J K L M N O P Q R S T
U V W X Y Z Æ Œ Ç
a a b c d e f g g h i j k l m m n n o p q r s t u
v w x y z ch ck ff fi fl ſſ ſi ß ß æ œ ç á à â ä
1 2 3 4 5 6 7 8 9 0 1 2 3 4 5 6 7 8 9 0
. , : ; - ! ? ' († § & « » *

Corps 16 halbfette Renner Futura / 11. Februar 1927

22

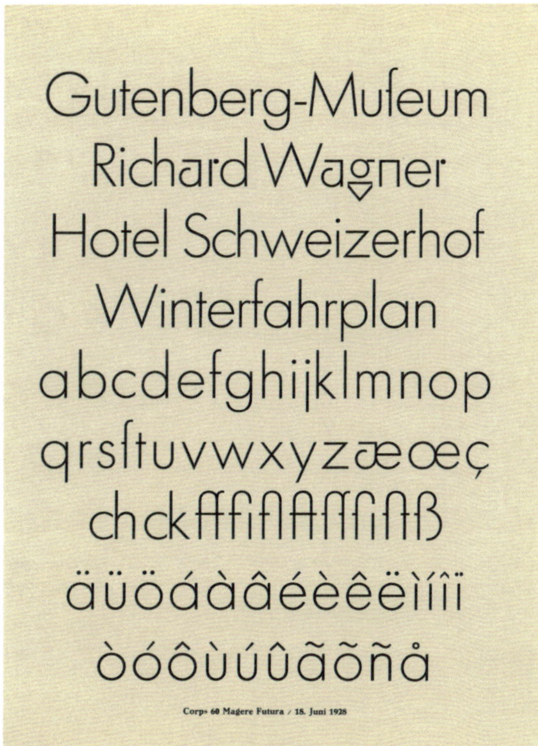

Gutenberg-Muſeum
Richard Wagner
Hotel Schweizerhof
Winterfahrplan
abcdefghijklmnop
qrsſtuvwxyzæœç
chckffſiſlſſſſiſtß
äüöáàâéèêëìíîï
òóôùúûãõñå

Corps 60 Magere Futura / 18. Juni 1928

23

FUTURA Figuren-Verzeichnis

A B C D E F G H I J K L M N O
P Q R S T U V W X Y Z Ä Ö Ü
a b c d e f g h i j k l m n o p q r ſ s t
u v w x y z ä ö ü ch ck ff fi fl ft ſſ ſi ſt ß
mager 1 2 3 4 5 6 7 8 9 0 & . , - : ; · ! ? ' (* † « » §
Auf Wunsch liefern wir Mediäval-Ziffern 1 2 3 4 5 6 7 8 9 0

A B C D E F G H I J K L M N O
P Q R S T U V W X Y Z Ä Ö Ü
a b c d e f g h i j k l m n o p q r ſ s t
u v w x y z ä ö ü ch ck ff fi fl ft ſſ ſi ſt ß
halbfett 1 2 3 4 5 6 7 8 9 0 & . , - : ; · ! ? ' (* † « » §
Auf Wunsch liefern wir Mediäval-Ziffern 1 2 3 4 5 6 7 8 9 0

A B C D E F G H I J K L M N O
P Q R S T U V W X Y Z Ä Ö Ü
a b c d e f g h i j k l m n o p q
r ſ s t u v w x y z ä ö ü ch ck
ff fi fl ft ſſ ſi ſt ß
1 2 3 4 5 6 7 8 9 0
fett **& . , - : ; · ! ? ' (* † « » §**

24

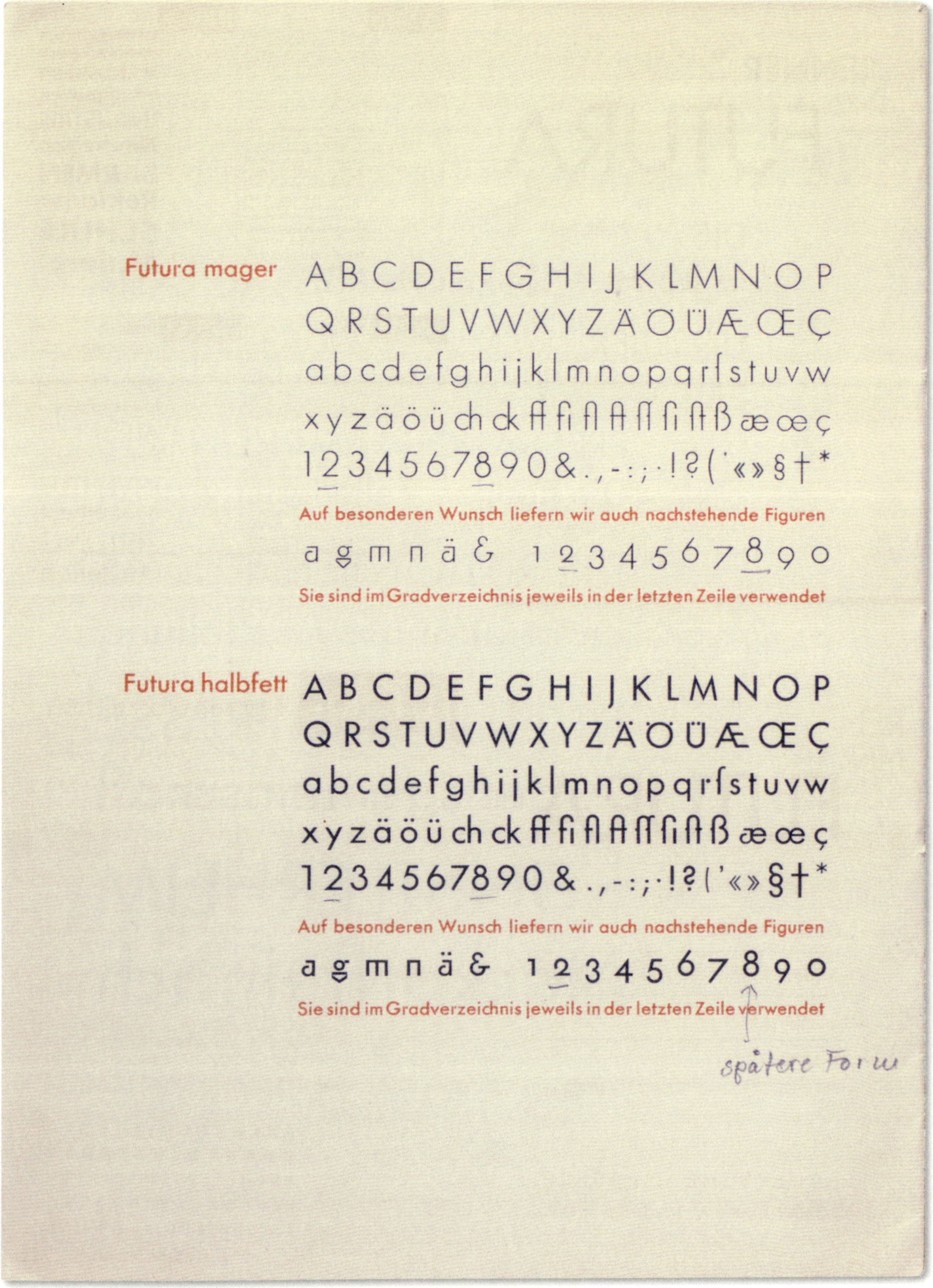

Futura mager

A B C D E F G H I J K L M N O P
Q R S T U V W X Y Z Ä Ö Ü Æ Œ Ç
a b c d e f g h i j k l m n o p q r ſ s t u v w
x y z ä ö ü ch ck ff fi fl ft ſſ ſi ſt ß æ œ ç
1 2 3 4 5 6 7 8 9 0 & . , - : ; · ! ? (' « » § † *

Auf besonderen Wunsch liefern wir auch nachstehende Figuren

a g m n ä & 1 2 3 4 5 6 7 8 9 0

Sie sind im Gradverzeichnis jeweils in der letzten Zeile verwendet

Futura halbfett

A B C D E F G H I J K L M N O P
Q R S T U V W X Y Z Ä Ö Ü Æ Œ Ç
a b c d e f g h i j k l m n o p q r ſ s t u v w
x y z ä ö ü ch ck ff fi fl ft ſſ ſi ſt ß æ œ ç
1 2 3 4 5 6 7 8 9 0 & . , - : ; · ! ? (' « » § † *

Auf besonderen Wunsch liefern wir auch nachstehende Figuren

a g m n ä & 1 2 3 4 5 6 7 8 9 0

Sie sind im Gradverzeichnis jeweils in der letzten Zeile verwendet

spätere Form

25

RENNER
FUTURA
DIE
SCHRIFT
UNSERER
ZEIT
BAUERSCHE GIESSEREI
FRANKFURT A·M·NEW YORK

FUTURA fett
FUTURA fett
MEISTERKURSUS
Handwerkskunst
MANUSKRIPT
Schriftproben
INDUSTRIE
Neuheiten
BARMEN
Reklame
SCHULE
Malerei

FUTURA halbfett
FUTURA halbfett
KULTUR UND PRESSE
Deutsche Möbelkunst
BUCHBINDEREI
Niederlahnstein
ALTENBURG
Farbenfabrik
INVENTUR
Monument
ZEITUNG
Porzellan

26

REN
NER
FUTURA
DIE ERGÄNZUNGS-GARNITUREN
DREIVIERTELFETT
SCHRÄG / MAGER UND HALBFETT
SCHMALFETT
BLACK
BAUERSCHE GIESSEREI
FRANKFURT A·M·NEW YORK

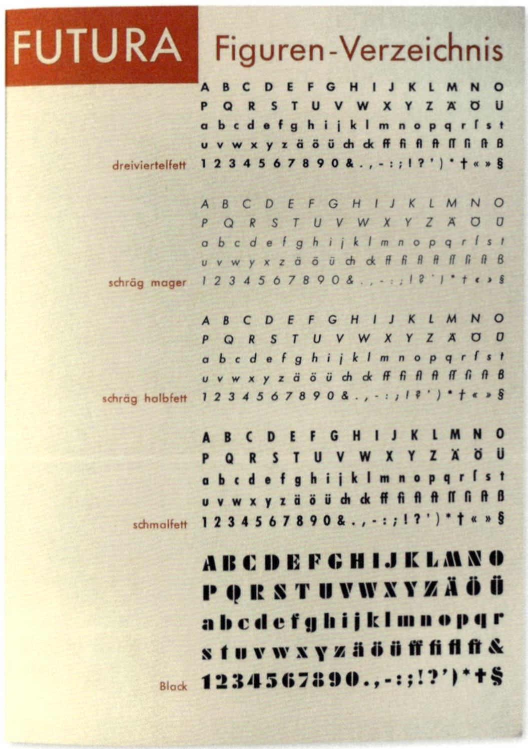
FUTURA
Figuren-Verzeichnis
dreiviertelfett
schräg mager
schräg halbfett
schmalfett
Black

27

24

S. 46 – Bauersche Giesserei, Frankfurt a. M.: Futura-Schriftprobe, 1930. Übersichtsdarstellung des Figurenverzeichnisses für die Futura mager, halbfett und fett. In dieser Veröffentlichung ist das Strich-Punkt-**r** durch das konventionelle **r** ersetzt und die innovativen Alternates werden nicht mehr angeboten. Auf Wunsch können Mediävalziffern geordert werden. Einige Lettern sind diskret überarbeitet worden: so sind das kleine **b**, **d**, **p** und **q** weniger rund als in der ersten Edition und die Ziffern **2** und **8** wurden ebenfalls überarbeitet.

25

S. 47 – Bauersche Giesserei, Frankfurt a. M.: Futura-Schriftprobe, 1927. Übersichtsdarstellung des Zeichensatzes für die Schnitte mager und halbfett. Auf der dazugehörigen rechten Seite wird die Futura fett als in Vorbereitung angekündigt. Die zwei Sonderformen, das Strich-Punkt-**r** und das lange **s**, sind fester Bestandteil des Zeichensatzes. Auf besonderen Wunsch werden die innovativen Alternates und die Mediävalziffern angeboten.

26

Bauersche Giesserei, Frankfurt a. M.: Futura – Die Schrift unserer Zeit, Schriftprobe, 1930.

27

Bauersche Giesserei, Frankfurt a. M.: Futura. Die Ergänzungs-Garnituren, Schriftprobe, 1930.

28

Bauersche Giesserei, Frankfurt a. M.: Futura. Die grossen Grade, um 1930.

28

SONDERFIGUREN / ALTERNATES

Während die Versalien des Erstentwurfs nur geringfügig überarbeitet wurden, gab es im Bereich der Kleinbuchstaben zahlreiche Änderungen und Überarbeitungen. Die skurrilsten Figuren der Ur-Futura wie **g**, **a**, **ϵ** und die verschiedenen **b**-Versionen wurden bereits früh im Produktionsprozess aussortiert. **a**, **g**, **m**, **n**, **ä**, **&** und das lange **s** wurden bis zur Veröffentlichung im November 1927 parallel zu den konventionelleren Figuren getestet.

In der einschlägigen Literatur wird immer wieder vom gemeinsamen Veröffentlichungstermin der Schnitte mager, halbfett und fett geschrieben.

De facto meldete die Bauersche Giesserei die Renner-Futura mager und halbfett aber zeitlich versetzt vom fetten Schnitt bereits am 26. Februar 1926 beim Verein der Schriftgiessereien, Leipzig/Offenbach an. Die Veröffentlichung folgte am 14. November 1927 und wurde sogleich von Vertretern angeboten.[35]

In der Zeichenübersicht wurden **a**, **g**, **m**, **n**, **ä**, **&** sowie die Mediävalziffern als nur auf besonderen Wunsch lieferbar verzeichnet.

Der fette Schnitt wurde in den Werbeheften November 1927 bereits angekündigt. Das einäugige **a** und zweigeschossige **g** hatten sich etabliert. Das kleine unkonventionelle **r**, bestehend aus einem Grundstrich und einem Punkt, hatte es bis zur Erstveröffentlichung geschafft.

Die Futura mager, halbfett und fett wurden ab Februar 1928 in den einschlägigen Zeitschriften wie der Gebrauchsgraphik beworben. Das Schriftproben-Heft mit dem Titel *Futura – die Schrift unserer Zeit* bot dann auch exklusiv die fette Futura an. Im Figuren-Verzeichnis der fetten Futura waren das **r** und das lange **s** als Standard geführt. Die Mediävalziffern wurden in den Garnituren mager und halbfett auf Wunsch angeboten. Die Mappe 1 bot zahlreiche Akzidenzdrucke in Futura mager und halbfett zur Anschauung an.

In der programmatischen silbernen Mappe 2 *Futura – die sich die Welt erobert* wurden 1930 einige Buchstaben und Ziffern überarbeitet. Das versale **J** ist gekürzt, das kleine ›Strich-Punkt‹-**r** ist der konventionelleren Form mit Fähnchen gewichen und die Ziffern **2**, **3** und **8** sind weniger markant. Die Proportionen der Kleinbuchstaben **a**, **b**, **d**, **g**, **q** und **p** wurden weiter überarbeitet zu Lasten ihrer geometrischen Grundform: aus dem Kreis ist inzwischen ein Oval geworden. Die Mediävalziffern sind in den Standardsatz integriert, und die Sonderfiguren/Alternates werden nicht mehr aufgeführt.

Renner scheint noch eine Weile an den alternativen Figuren **m**, **n** und besonders an dem eigenwilligen **r** festgehalten zu haben. In Probeabzügen und seinem Buch *Mechanisierte Grafik*[36] von 1931 kommt die Figur des ›Strich-Punkt‹-**r** zum Einsatz.

Name der Schrift: Renner-Futura, Halbfett
Angemeldet am: 26. Februar 1926
Firma und Ort: Bauersche Giesserei, Frankfurt a. M.
Abzug gesandt am: 4. November 1927
Eingereiht als:
II. Brief vom: 14. November 1927

Einigkeit macht stark
ABCDEFGHIJKLMNOPQRSTUVWXYZ
abcdefghijklmnopqrstuvwxyz
1234567890
Norddeutsche Automobil-Werke A-G
Maschinen für die Holzwarenbranche

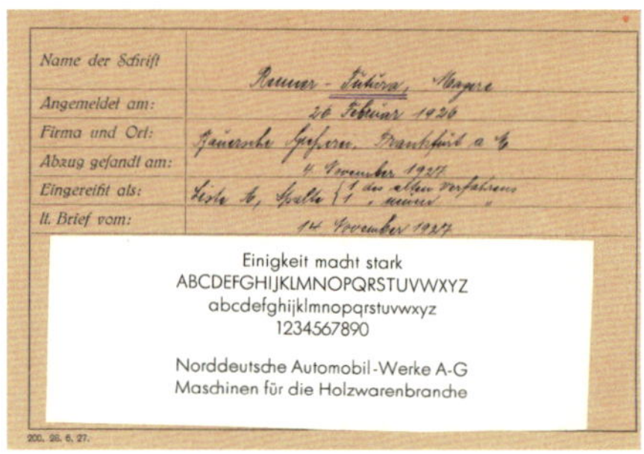
Name der Schrift: Renner-Futura, Magere
Angemeldet am: 26. Februar 1926
Firma und Ort: Bauersche Giesserei, Frankfurt a. M.
Abzug gesandt am: 4. November 1927
Eingereiht als:
II. Brief vom: 14. November 1927

Einigkeit macht stark
ABCDEFGHIJKLMNOPQRSTUVWXYZ
abcdefghijklmnopqrstuvwxyz
1234567890
Norddeutsche Automobil-Werke A-G
Maschinen für die Holzwarenbranche

29

Karteikarten des Vereins Deutscher Schriftgießereien mit Anmeldedaten neuer Schriften und eingereichten Schriftproben. Die Renner-Futura mager und halbfett wurden am 26. Februar 1926 angemeldet, der Abzug am 4. November eingereicht. Die Hauptaufgabe des Vereins war u. a. die Schlichtung von Streitigkeiten zwischen den Schriftgießereien. Georg Hartmann war 1926 bis 1934 Stellvertretender Vorsitzender des Vereins.

30

Bauersche Giesserei, Frankfurt a. M.: Die schräge Futura weist neue Wege, Schriftprobe, 1930.

FUTURA
KURSIV
DIE SCHRÄGE FUTURA WEIST NEUE WEGE
Die Ergänzung unserer Futura-Schriften durch einen schrägen Schnitt wurde von den Notwendigkeiten typographischer Technik gefordert. Der Buchdrucker braucht als Auszeichnungsschrift eine der Futura ebenbürtige Type, eine Schrift von gleicher Prägnanz und Schönheit. Aus der folgerichtigen Gestaltung klar erkannter Gesetzmäßigkeiten entstand eine Schrift von ausgezeichneter Wirkung, die dem Druckwerk Kraft und Leben verleiht. Jene kristallklare Reinheit der Form, die das typische Kennzeichen der Futura-Schriften ist, offenbart in diesem schrägen Schnitt neue Schönheiten. Der modernen Satzgestaltung sind durch die schräge Futura neue Wege eröffnet worden.
BAUERSCHE GIESSEREI · FRANKFURT A·M
30

»Nichts lag mir ferner, als eine Groteskschrift entwerfen zu wollen.«

PAUL RENNER
Vom Georg-Müller-Buch bis zur Futura und Meisterschule. Erinnerungen Paul Renners aus dem Jahrzehnt 1918 bis 1927. (1940)

PETRA EISELE

DIE STERNE DER KLASSISCHEN SCHRIFTEN VERBLASSEN

VON DER KLASSISCHEN ANTIQUA ZUR MODERNEN GROTESK

Zwar waren in Deutschland im 19. Jahrhundert bereits Groteskschriften entwickelt worden; insgesamt waren ihre Proportionen jedoch an fette Antiqua-Schriften angelehnt und wenig geachtet, vor allem weil sie deutlich der Ästhetik der Industrialisierung des 19. Jahrhunderts verpflichtet waren. So schrieb Renner rückblickend:

»Als ich diese Schrift [i. e. die Futura, P. E.] entwarf, gab es das Wort Groteskschrift in meinem Sprachschatz noch nicht; (...) Die Grotesken waren für den, der durch seine Arbeit am schönen Buch mit den Druckschriften bekannt geworden war, eine proletarische Schriftenfamilie ohne ruhmvolle Ahnen, gut für Zeitungsanzeigen; welcher Buchkünstler aber hätte damals in der typografischen Formgebung einer Anzeige eine künstlerische Aufgabe gesehen? Nichts lag mir ferner, als eine Groteskschrift entwerfen zu wollen. Nein, ich war von der römischen Kapitale ausgegangen.«[37]

Wie kam es in Deutschland zu einer positiven Neubewertung der bis dato als qualitativ minderwertig eingestuften Groteskschrift, die schließlich dazu führte, dass diese von avantgardistischen Gestaltern propagiert wurde? Was veranlasste Renner dazu, sich dem Thema Groteskschrift zu nähern?

Wie viele seiner fortschrittlichen Zeitgenossen war Renner der Meinung, die größtmögliche Objektivität eines Buchstabens könne erreicht werden, indem er sich an den Grundformen (Kreis, Quadrat und Dreieck) orientiere. Die Rückkehr zu den Grundformen und Farben verdeutlicht den Versuch zu den Ursprüngen des Gestaltens zurückzukehren. Ziel war es, durch die Konzentration auf abstrakte Formen den historistischen Ballast abzuwerfen und Gestaltung von Grund auf zu erneuern.

So war die Auseinandersetzung mit geometrischen Grundformen zu Beginn des zwanzigsten Jahrhunderts eine wesentliche Grundlage in der fortschrittlichen künstlerischen bzw. gestalterischen Ausbildung.[38] Der Wiener Schriftpädagoge Rudolf von Larisch beispielsweise hatte die Form der Buchstaben auf Kreis, Strich, Dreieck und Rechteck zurückgeführt;[39] Adolf Hölzel hatte elementare Gestaltungsgesetze der Kunst aufgestellt und unter anderem Kreis, Quadrat und Dreieck untersucht – eine Tradition, die sein Schüler Johannes Itten am Bauhaus weiterführte.[40]

In seiner Publikation *Über das Geistige in der Kunst* hatte Wassily Kandinsky 1912 geometrische Formen wie Quadrat, Kreis, Dreieck, Rhombus oder Trapez als rein abstrakte Wesen und »gleichberechtigte Bürger des abstrakten Reiches« beschrieben.[41] In seiner Lehre am Bauhaus systematisierte und konkretisierte er diese kunsttheoretischen Überlegungen und wies Kreis, Quadrat und Dreieck jeweils eine bestimmte Grundfarbe zu: Das dynamische Dreieck dem Gelb, das statische Quadrat dem Rot und der ruhige Kreis dem Blau.[42] In der Folge avancierte die Kopplung dieser drei Grundformen und -farben zum Leit- und Erkennungsmotiv des Bauhauses.

Aus typografiehistorischer Perspektive ist zudem Walter Porstmanns Publikation *Sprache und Schrift* aufschlussreich, in der er 1920 eine noch weiter reichende »vereinfachung der zeichen« gefordert hatte: »auf strichkombung [i. e. strichkombination] beruhen alle versuche von neuschriften und kurzschriften. die letzte einheit der staben, wie auch die jeder geometrischen figur und aller kunstformen ist der einfache strich, die linie, gerade oder gebogen.«[43]

In Renners 1922 publiziertem, in der Unger-Fraktur gesetzten, Lehrbuch *Typografie als Kunst* spielte das Thema Groteskschrift keine Rolle. Stattdessen konzentrierte er sich ganz auf der Höhe der aktuellen kunst- und gestaltungspädagogischen Überlegungen seiner Zeit auf die elementaren geometrischen Grundformen: »Wenn wir uns prüfen, welche Formen es sind, die am sichersten in unserem Vorstellungsbesitz ruhen, die wir uns jederzeit am schnellsten und deutlichsten vergegenwärtigen können, so werden wir wohl alle zum gleichen Ergebnis kommen: Es sind die einfachsten Körper: Kugel, Zylinder, Kegel, Würfel, Spindel und dergleichen.«[44] Bezogen auf Schriftgestaltung favorisiert Renner dementsprechend die römischen Versalien.

Die Bauhaus-Ausstellung, für die Walter Gropius das Motto »Kunst und Technik – eine neue Einheit« ausgegeben hatte, markiert einen entscheidenden Wendepunkt: Der neue (typo-)grafische Auftritt der Schule verfolgte bis dato unbekannte gestalterische Leitmotive, die sich der Organisation elementarer gestalterischer Mittel verschrieben und selbst typografische Fachleute wie Jan Tschichold überzeugten: Serifenlose, mit dem Lineal konstruierte Versalien, Verwendung der bis dato in der Buchgestaltung kaum gebräuchlichen Groteskschriften – bevorzugt die Venus[45] und Akzidenz-Grotesk –, Blocksatz sowie Einsatz des Satzmaterials als gliedernde senkrechte oder waagerechte Balken. Die Rhythmisierung der Fläche fand zudem durch große geometrische Zeichen wie Kreis, Quadrat oder Dreieck statt, oft in Kombination mit Rot oder den beiden anderen Grundfarben.

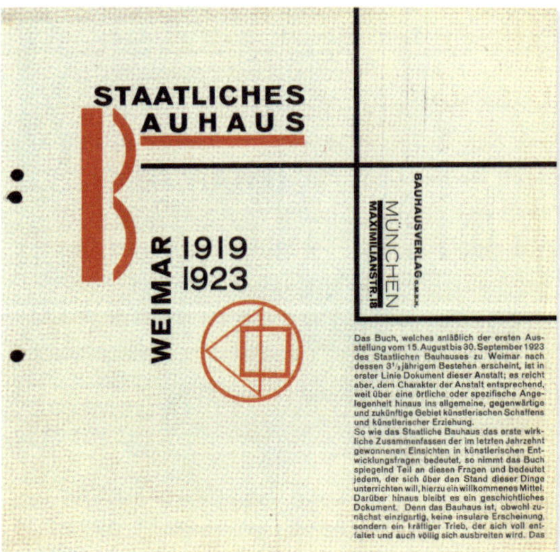

31

Obwohl individuell abgewandelt und verschieden, avancierte die Variation dieser elementaren Gestaltungsmittel und des neuen

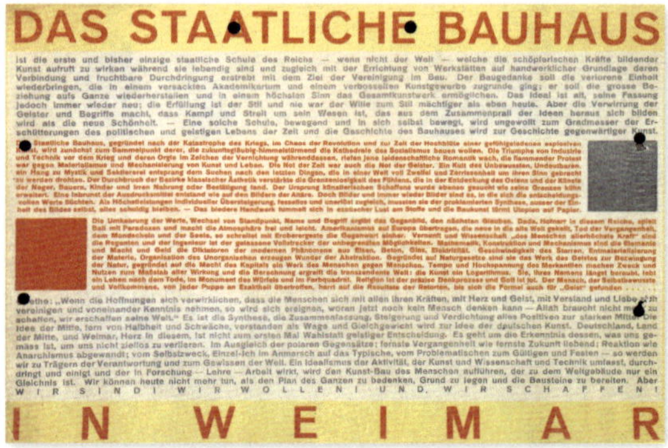

32

›Satzstils‹[46] zum Erkennungsmotiv und definierte das öffentliche Erscheinungsbild der Schule, die dadurch als einheitlich wahrgenommen wurde.

Offensichtlich lag Renners Motivation für die Schaffung eines neuen Schrifttyps darin, der »maschinelle(n) Glätte, zu der die heutige Technik ohne Schwierigkeiten befähigt«[47] mit einem neuen »Antiquatypus« zu entsprechen. So stellt er 1925, wenn auch noch zweifelnd, zu Beginn seiner Suche fest: »... vielleicht wird eines Tages auch der Versuch gelingen, Groß- und Kleinbuchstaben auf ein und dasselbe formale Prinzip zurückzuführen. Von dieser Möglichkeit hoffe ich in einigen Monaten sprechen zu können, wenn meine erste eigene Schrift vorliegen wird.«[48]

Das eigentliche Problem, dem sich Renner bei der Gestaltung seiner Futura stellte, lag also darin, die Kleinbuchstaben aus den Formgesetzen der aus der römischen Kapitalschrift abgeleiteten Großbuchstaben heraus zu gestalten. So ist die eigentliche Innovation der Futura darin zu sehen, dass Groß- und Kleinbuchstaben konsequent einer einheitlichen elementaren Formensprache folgen. Damit entsprach die Futura den Forderungen ihrer Zeit nach radikaler Formreduktion auch im Type Design.

33

31

László Moholy-Nagy: Prospekt 1925 (Aufforderung zur Subskription des Katalogbuches *Staatl. Bauhaus in Weimar 1919–1923)*.

32

Oskar Schlemmer: Erste Seite eines vierseitigen Prospekts *Das staatliche Bauhaus*, 1922.

33

Herbert Bayer: Covergestaltung *1923 Staatliches Bauhaus in Weimar 1919–1923*, Katalog zur Bauhaus-Ausstellung, 1923.

Alternative Entwürfe für das kleine **b**
Ur-Futura 1924.

1

Wie umfangreich und verantwortungsvoll seine Tätigkeit dort war, verdeutlicht exemplarisch die enorm hohe Zahl von 287 Verlagstiteln allein im Jahr 1913.

2

Zuvor hatte Renner typografische Regeln in der Fachpresse veröffentlicht, die in Fachkreisen heftig diskutiert wurden. Renners *Typografie als Kunst* begründete und kommentierte diese Regeln nochmals. Vgl. [Paul Renner]: *Vom Georg-Müller-Buch bis zur Futura und Meisterschule. Erinnerungen Paul Renners aus dem Jahrzehnt 1918 bis 1927.* In: Imprimatur (München), Jg. IX, 1940, S. 2–3 [Beilage].

3

Buchenau war Verleger, Buchgestalter und Herausgeber des Jahrbuchs *Imprimatur*, dem Zentralorgan der Bibliophilen, vgl. Anm. 2.

4

Jakob Hegner war ein Verleger aus der Gartenstadt Hellerau bei Dresden, der dort 1913 einen eigenen Verlag gegründet hatte, vgl. Georg Kurt Schauer: *Das Bauhaus und Paul Renner.* In: Deutsche Buchkunst 1890 bis 1960 (Bd. 1), Hamburg 1963, S. 236f.

5

Vgl. Günter Gerhard Lange: *Weg, Werk und Zeitgenossen Paul Renners.* In: Luidl, Philipp/Lange, Günter Gerhard (Hrsg.): Paul Renner. Eine Jahresgabe der Typographischen Gesellschaft München. München 1978, S. 48.

6

Die beiden Maler sollen Lyonel Feininger und Karl Schmidt-Rottluff gewesen sein.

7

Paul Renner: *Vom Georg-Müller-Buch bis zur Futura und Meisterschule.* In: Gebrauchsgraphik (Berlin), 20. Jg., Mai 1943/44, H. 5, o. Pg. sowie [Paul Renner]: *Vom Georg-Müller-Buch bis zur Futura und Meisterschule. Erinnerungen Paul Renners aus dem Jahrzehnt 1918 bis 1927.* In: Imprimatur (München), Jg. IX, 1940, S. 5. – Hegner war überzeugt, dass nur ein Maler die ›Schrift unserer Zeit‹ erschaffen könne; vgl. Christopher Burke: *Paul Renner. The Art of Typography.* London 1998, S. 87; Andreas Hansert: *Georg Hartmann (1870–1954). Biografie eines Frankfurter Schriftgießers, Bibliophilen und Kunstmäzens.* Wien/Köln/Weimar 2009, S. 84–85.

8

[Paul Renner]: *Vom Georg-Müller-Buch bis zur Futura und Meisterschule. Erinnerungen Paul Renners aus dem Jahrzehnt 1918 bis 1927.* In: Imprimatur (München), Jg. IX., 1940, S. 5; Günter Gerhard Lange: *Weg, Werk und Zeitgenossen Paul Renners.* In: Paul Renner. Eine Jahresgabe der Typografischen Gesellschaft München, hrsg. von Philipp Luidl. München 1978, S. 48; vgl. zudem Christopher Burke: Paul Renner. The Art of Typography. London 1998, S. 87 sowie Andreas Hansert: Georg Hartmann (1870–1954). Biografie eines Frankfurter Schriftgießers, Bibliophilen und Kunstmäzens. Wien/Köln/Weimar 2009, S. 85.

9

[Paul Renner]: *Vom Georg-Müller-Buch bis zur Futura und Meisterschule. Erinnerungen Paul Renners aus dem Jahrzehnt 1918 bis 1927.* In: Imprimatur (München), Jg. IX., 1941, S. 5 sowie Paul Renner: *Vom Georg-Müller-Buch bis zur Futura und Meisterschule.* In: Gebrauchsgraphik (Berlin), 20. Jg., Mai 1943/44, H. 5, o. Pg.

10

Heinrich Jost besuchte in München die von Paul Renner und Emil Preetorius geleitete ›Schule für Illustration und Buchgewerbe‹ und die ›Debschitzschule‹, ebenfalls in München. Vgl. Robert Diehl: *Heinrich Jost (Deutsche Buchkünstler und Gebrauchsgraphiker der Gegenwart)*, Leipzig 1926, S. XVII.

11

1940 erklärt Paul Renner rückblickend seine Begegnung mit den in Stein gemeißelten Inschriften während eines Aufenthalts in Rom im ersten Jahr seiner Ehe als seinen stärksten künstlerischen Eindruck. In fast allen Schrifthandbüchern seit Edward Johnstons Lehrbuch *Schreibschrift, Zierschrift & angewandte Schrift*, übersetzt von Anna Simons und veröffentlicht 1910, gilt die Inschrift der Trajansäule als schönstes Beispiel der römischen Monumentalschrift. Paul Renner hat das Werk sicher gekannt. Später beschreibt er, wie seine Schüler die römische Kapitale immer zuerst schrieben, mit »einem Werkzeug, das nach jeder Richtung hingeführt gleiche Strichstärken ergibt.«

12

Brief Paul Renners an die Bauersche Giesserei vom 14. März 1940 – Archiv Andrea Haushofer, München.

13

Paul Renner: *Neue Ziele des Schriftschaffens.* In: Die Bücherstube (München), 4. Jg. 1925, H. 1., S. 18–28.

14

Paul Renner: *Die Kunst der Typografie.* Berlin 1939.

15

Paul Renner: *Das Formproblem der Druckschrift.* In: Imprimatur (München), Bd. I, Jan. 1930, S. 27–33.

16

Brief Renners an die Bauersche Giesserei vom 14. März 1940.

17

Die sogenannte Stefan-George-Schrift orientierte sich an Georges Handschrift. Sie wurde 1903 entwickelt und kam erstmals 1904 zum Einsatz. Seit 2003 gibt es eine digitalisierte Version der George-Schrift. Als Vorlage diente eine Schriftmuster-Sammlung des Berliner Verlags Otto von Holten von 1907. Das Schriftmusterbuch blieb wohl durch einen glücklichen Zufall in der Berliner Stadtbibliothek erhalten; Verlag und Druckerei wurden Ende des Zweiten Weltkriegs zerstört. Vgl. Roland Reuss/Institut für Textkritik Heidelberg 2003: www.textkritik.de.

18

Paul Renner: *Die Schrift unserer Zeit.* In: Die Form (Berlin), 2. Jg., 1927, H. 4, S. 109–10.

19

Ebenda.

20

[Paul Renner]: *Paul Renner über seine Schrift ›Futura‹.* In: Börsenblatt für den deutschen Buchhandel (Leipzig), 94. Jg., 20. Sept. 1927, Nr. 220, S. 1134–1135.

21

Ebenda.

22

Renner, *Über die Schrift der Zukunft* (1928), S. 189–192.

23

Renner, Paul: *Revolution der Buchschrift.* In: Gutenberg-Festschrift zur Feier des 25jährigen Bestehens des Gutenbergmuseums in Mainz 1925, hrsg. von A[loys] Ruppel. Mainz, 1925, S. 279–282.

24

Paul Renner: *Schrift und Rechtschreibung.* In: Pandora (Ulm), 1946, S. 31–37.

25

Ebenda.

26

Paul Renner: *Drei Jahre Futura.* In: Type specimen Futura: die Ergänzungsgarnituren. Frankfurt a. M.: Bauersche Giesserei, 1930/31.

27

Paul Renner: *Aus der Geschichte der neuen deutschen Typografie.* Vortrag Paul Renners auf der Jahresversammlung des Grafischen Gewerbes in Freiburg i. Br. 1947. Kopie eines maschinenschriftlichen Manuskripts, 13 S. – Gutenberg-Museum Mainz.

28

Brief Paul Renner an die Bauersche Giesserei vom 14. März 1940.

29

Paul Renner: *Über die Schrift der Zukunft.* In: Typographische Mitteilungen (Berlin), 25. Jg., August 1928, H. 8, S. 189–192.

30

Paul Renner: *Schrift und Rechtschreibung.* In: Pandora (Ulm), 1946, S. 31–37.

31

Paul Renner: *Das Formproblem der Druckschrift.* In: Imprimatur (München), Bd. I, Jan. 1930, S. 27–33.

32

Jost Hochuli: *Das Detail in der Typografie. Buchstabe, Buchstabenabstand, Wort, Wortabstand, Zeile, Zeilenabstand, Kolumne.* München 1990, S. 20–23.

33

Ebenda.

34

Ebenda.

35

Am 25. November 1927 schreibt der Generalvertreter der Bauerschen Giesserei an die Firma Kreysing in Leipzig, dass er die magere und halbfette Futura mit Probe anbieten könne, aber auch die fette Futura in Arbeit sei.

36

Paul Renner: *Mechanisierte Grafik: Schrift, Typo, Foto, Film, Farbe.* Berlin 1931.

37

[Paul Renner]: *Vom Georg-Müller-Buch bis zur Futura und Meisterschule. Erinnerungen Paul Renners aus dem Jahrzehnt 1918 bis 1927.* In: Imprimatur (München), Jg. IX., 1940, S. 5 sowie Paul Renner: *Vom Georg-Müller-Buch bis zur Futura und Meisterschule.* In: Gebrauchsgraphik (Berlin), 20. Jg., Mai 1943/44, H. 5, o. Pg.

38

Diese fußen wiederum auf der Reformpädagogik des 19. Jahrhunderts, nach deren Lehren auch führende Vertreter der späteren gestalterischen und/oder künstlerischen Avantgarde – unter anderem auch Wassily Kandinsky – erzogen worden waren. Vgl. J. Abbott Miller: *Elementar-Schule.* In: Ellen Lupton und J. Abbott Miller (Hrsg.): *Dreieck, Quadrat und Kreis. Bauhaus und Design-Theorie heute.* Berlin 1994, S. 6 ff.

39

Albert Kapr: *Schriftkunst. Geschichte, Anatomie und Schönheit der lateinischen Buchstaben,* Dresden 1996, S. 209.

40

Ittens Untersuchungen entsprangen dem ›Geist der Primäruntersuchung‹ und waren ganz im Geiste des Expressionismus durch den Versuch geprägt, zu den ursprünglichen Erfahrungen der Kindheit zurückzukehren, vgl. J. Abbott Miller: *Elementar-Schule.* In: Lupton/Miller: Dreieck, Quadrat und Kreis. Bauhaus und Design-Theorie heute. Berlin 1994, S. 20; zudem betont Rainer Wick, dass Itten auch Kandinskys *Über das Geistige in der Kunst* besessen hätte und daher dieselbe Farbzuordnung wie Kandinsky gelehrt habe. Vgl. Rainer Wick: *Bauhaus - Kunstschule der Moderne.* Ostfildern-Ruit 2000, S. 214.

41

Wassily Kandinsky: *Über das Geistige in der Kunst.* Mit e. Einf. von Max Bill. 10. Aufl., Bern 1980, S. 70 – Das Buch war Ende 1911 erschienen, wurde aber auf 1912 datiert; das Manuskript wurde bereits 1910 fertiggestellt.

42

Um Zweifeln zu begegnen, hatte Kandinsky in der Studentenschaft wie auch in der Bevölkerung Umfragen durchgeführt. Das Kondensat seiner Bauhaus-Lehre hatte Kandinsky 1926 in *Punkt und Linie zu Fläche* zusammengefasst. Vgl. Wassily Kandinsky: *Punkt und Linie zu Fläche.* Beitrag zur Analyse der malerischen Elemente (Bauhaus-Buch Nr. 9). München 1926.

43

Walter Porstmann: *Sprache und Schrift,* Berlin 1920, S. 82–83.

44

Paul Renner: *Typografie als Kunst.* München 1922, S. 33.

45

Die Venus spielt eine wichtige Rolle für die Neue Typografie, siehe Abb. 50, S. 478 Venus in Futura Schmuck-Specimen mit einem Zitat von Moholy-Nagy zur Venus.

46

Heinrich Jost: *Zweifel.* In: Klimschs Jahrbuch (Frankfurt a. M.), 1933, S. 6.

47

Paul Renner: *Das Ende des Historismus.* In: Gebrauchsgraphik (Berlin), Jg. 1, September 1925, H. 9, S. 47.

48

Vgl. Paul Renner: *Neue Ziele des Schriftschaffens.* In: Die Bücherstube (München), 4. Jg., 1925, H. 1, S. 23.

Alternative Entwürfe für das kleine **a**
Ur-Futura 1924.

KAMA
DER
ELEGANTE
SCHUH
KARL
MATTHIAE
KAMA
SCHUHHAUS
KAMA
SCHUHHAUS
KARL MATTHIAE
KARL MATTHIAE

FRANK
FURT

DAS NEUE FRANKFURT UND DIE NEUE TYPOGRAFIE

Ab Mitte der zwanziger Jahre wird ein Neues Bauen sichtbar: In Dessau wurden das neue Bauhausgebäude mit seiner spektakulären ›curtain wall‹ sowie die Meisterhäuser eröffnet.

In Stuttgart wurde mit Hochdruck an den Vorbereitungen für die Werkbund-Ausstellung auf dem Weißenhof gearbeitet, die unter der Leitung von Mies van der Rohe »die Anwendung der neuen Produktionsweise auf den Wohnungsbau« demonstrierte.[1]

1925–1930 war Ernst May Stadtbaurat und Planungsdezernent in Frankfurt am Main. Unter seiner Leitung wurde das größte Experiment des ›Neuen Bauens‹ realisiert, indem mehrere eigenständige Trabantenstädte am Rande der Großstadt mit circa 12.000 modernen Wohnungen gebaut wurden, für die die Wiener Architektin Margarete Schütte-Lihotzky eine rational durchgeplante Einbauküche, die so genannte Frankfurter Küche, entwickelte.[2]

In der ›Brigade May‹ versammelten sich namhafte Architekten der Zeit, unter anderem Martin Elsässer, Max Bromme, Ferdinand Kramer, Herbert Boehm und Adolf Meyer; daneben waren für einzelne Projekte international renommierte Architekten wie Walter Gropius, Max Taut oder Mart Stam tätig. Nicht nur die städtebauliche Konzeption der Siedlungen, sondern vor allem die ästhetische und funktionale Qualität der Wohn- und Nutzbauten, inklusive der Innenausstattung, waren auf Typisierung ausgerichtet und zielten mit ihrem Seriencharakter auf Vorbildlichkeit: Große Sonderausstellungen wie *Die neue Wohnung und ihr Innenausbau*, die 1927 anlässlich der Frankfurter Frühjahrsmesse veranstaltet wurde, demonstrierten eindrücklich die Vorteile des Neuen Wohnens.[3]

Dass diese Bemühungen um eine sozial orientierte Auffassung von Gestaltung, die auf Rationalisierung und Typisierung basiert,

Renner stark beeindruckten, verdeutlicht folgendes Statement aus seiner Frankfurter Zeit: »... wir brauchen viele neue und billige Wohnungen. Unsere Ansprüche an den Komfort sind nicht gar verschieden. Es muß deshalb möglich sein, den Hausbau durch Serienfabrikation nach sorgfältig erprobtem Modell zu verbessern und zu verbilligen, wie man es beim Fahrrad oder Automobil getan hat. Das führt zur Typisierung der Bauteile.«[4]

Die Gespräche mit den Architekten und die gestalterischen Projekte der ›Brigade May‹ begeisterten Renner und beeinflussten auch seine Argumentation bezogen auf seine Futura, die er noch stärker aus einer technisch-funktionalen Argumentationsweise heraus mit durchaus revolutionärer Verve begründete: Um etwas Neues schaffen zu können, sei ein klarer Bruch mit dem Alten erforderlich. Diesen Bruch wollte er erreichen, indem er die Form eines jeden Buchstabens auf ihren Nutzen reduzierte. Weiter sollten die technischen Parameter wie der Rohstoff der Type, die Drucktechnik und der Gebrauchszweck in die ›objektive‹ Gestaltung einfließen: »Eine Schrift, die diesem Zeitgefühl entspricht, müßte [...] exakt, präzis und unpersönlich sein. Sie müßte sich sinnvoll und ohne Umschweife als das darstellen, was sie ist. Ist sie Drucktype, so darf sie keine Schreibschrift nachahmen wollen.« [5]

PE

1

2

3

1
Margarete Schütte-Lihotzky: Frankfurter Küche.

2
1927 Teilansicht der Siedlung Am Höhenblick Frankfurt a. M. Architekt: Ernst May, Mitarbeiter Carl-Hermann Rudloff.

3
Ausschnitt aus der Siedlung Bruchfeldstrasse vom Gartenhofe aus gesehen. Architekt: Ernst May, Mitarbeiter Carl-Hermann Rudloff.

PETRA EISELE
ISABEL NAEGELE

NEUES FRANKFURT – NEUES BAUEN

Renner erinnert sich, dass direkt nach der Annahme durch die Bauersche Giesserei im Winter 1924/25 am ersten Probegrad der Futura gearbeitet wurde und seine Schrift noch vor seiner Berufung an die Frankfurter Kunstschule »auf allen Straßen zu sehen und in den Kreisen des Buchgewerbes lebhaft erörtert« worden sei.[6] Da er im Februar in zwei großen Kölner Druckereien, sowie in Mönchen-Gladbach Kurse gehalten habe und auch zu Vorträgen in rheinischen Städten eingeladen worden sei, habe er »unbedenklich Lichtbilder von den ersten Schriftversuchen« mitgenommen und aller Welt vorgeführt, was ihn zu dieser neuen Schriftform geführt habe.[7] Der Probegrad seiner Futura habe auch schon im Satz der Einladungen Verwendung gefunden.[8]

In der Tat erschienen im Sommer 1925 Anwendungen der Futura-Vorproben: Zum einen ist eine Einladungskarte für einen Vortrag Renners am 3. Juli bei der Frankfurter Ortsgruppe des Bildungsverbandes der Deutschen Buchdrucker zum Thema »Tote oder lebende Schrift?« erhalten, die mit den Probegraden der Futura, vermutlich in der Frankfurter Kunstschule von Philipp Albinus, gesetzt wurde;[9] zum anderen erschien im Juli 1925 eine »Vorprobe der noch unfertigen Renner-Futura« in F. H. Ehmckes Buch *Schrift*.[10]

DIE FRANKFURTER KUNSTSCHULE

Nachdem der Kunsthistoriker Fritz Wichert 1923 zum Leiter der Frankfurter Kunstschule berufen worden war, reformierte er die Schule nach dem Vorbild des Weimarer Bauhauses. Er fusionierte Kunstschule und Kunstgewerbeschule mit dem Ziel, als »Hochschule für freie und angewandte Kunst« anerkannt zu werden – letztlich wurde sie als »Frankfurter Kunstschule« bekannt.[11] Auch wenn es Wichert nicht gelungen war, das Bauhaus 1924 nach Frankfurt zu holen, konnte er, bedingt durch den Umzug des Bauhauses nach Dessau, doch wichtige Bauhäusler wie Josef Hartwig, Christian Dell und Karl Peter Röhl gewinnen sowie Adolf Meyer, einen engen Mitarbeiter im privaten Baubüro von Walter Gropius. Er wird bis zu seinem frühen Tod 1929 an der Schule nicht nur als Leiter der Klasse für Hochbau, sondern auch als Chef der Bauberatung am Städtischen Hochbauamt tätig sein.

Einen Vergleich mit dem Bauhaus brauchte die Frankfurter Schule keineswegs zu scheuen: Wie am Bauhaus wurde eine Zusammenarbeit mit der Industrie angestrebt und freie und angewandte Kunst wurden als gleichrangig verstanden, und ebenso wie am Bauhaus durchliefen die Studierenden zunächst eine zweisemestrige Vorklasse, um ihre Ausbildung dann im Wesentlichen in den Werkstätten fortzusetzen.

Während in Dessau Architektur erst 1927 als Lehrfach eingeführt werden konnte, existierte in Frankfurt bereits 1926 die von Meyer geleitete Fachklasse für Architektur;[12] Ernst May persönlich leitete

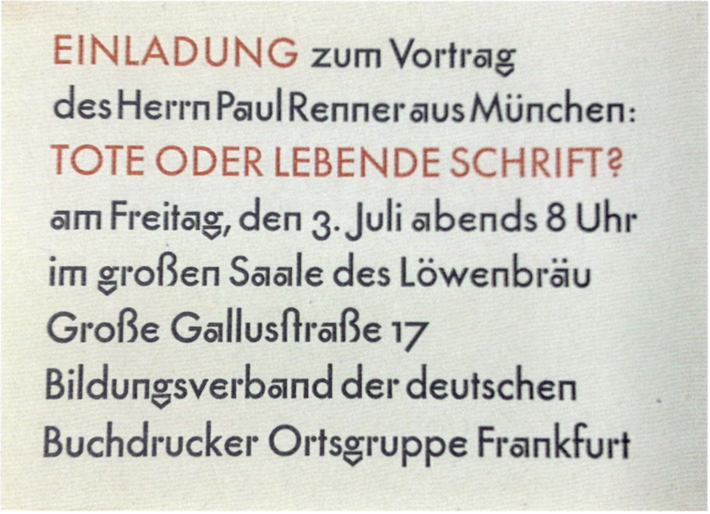

EINLADUNG zum Vortrag
des Herrn Paul Renner aus München:
TOTE ODER LEBENDE SCHRIFT?
am Freitag, den 3. Juli abends 8 Uhr
im großen Saale des Löwenbräu
Große Gallusſtraße 17
Bildungsverband der deutschen
Buchdrucker Ortsgruppe Frankfurt

4

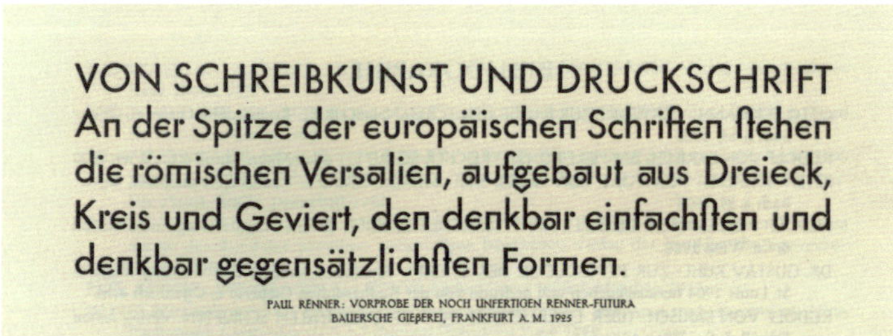

VON SCHREIBKUNST UND DRUCKSCHRIFT
An der Spitze der europäischen Schriften ſtehen
die römischen Versalien, aufgebaut aus Dreieck,
Kreis und Geviert, den denkbar einfachſten und
denkbar gegensätzlichſten Formen.

PAUL RENNER: VORPROBE DER NOCH UNFERTIGEN RENNER-FUTURA
BAUERSCHE GIEßEREI, FRANKFURT A. M. 1925

5

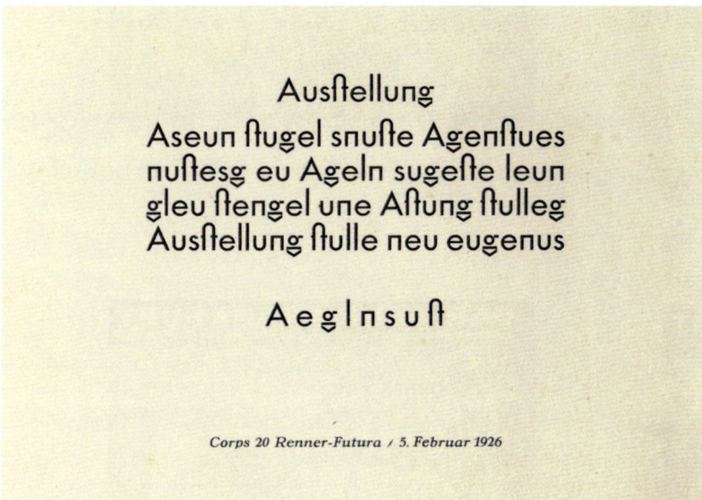

Ausſtellung
Aseun ſtugel snuſte Agenſtues
nuſtesg eu Ageln sugeſte leun
gleu ſtengel une Aſtung ſtulleg
Ausſtellung ſtulle neu eugenus

A e g l n s u ſt

Corps 20 Renner-Futura / 5. Februar 1926

6

4

Anwendung des Probeschnitts der Futura auf einer Einladungskarte zu einem Vortrag von Paul Renner zum Thema »Tote oder lebende Schrift?«, 24 Punkt Originalgröße, Juli 1925 – bei beiden Vorproben sind spitzer Apex und Vertex bei **A**, **N** und **M** klar ausgebildet; der Abgang des Beins beim **R** ist diagonal und nahe des Stamms. Frühe Versionen der innovativen Alternates wie das kleine **a**, **e**, **g**, **n**, **r** und **s** kommen zum Einsatz.

5

›Vorprobe der noch unfertigen Renner-Futura‹, in: Ehmcke, F. H.: *Schrift. Ihre Gestaltung und Entwicklung in neuerer Zeit.* München 1925, S. 66.

6

Futura Probeabzug mit Wortkombinationen aus den vorhanden Typen.
20 pt, 5. Februar 1926. Anagrammatisch sind die Lettern des Wortes Ausstellung rekombiniert. Dafür kommen die innovativen Alternates **n**, **g** und die **s-t** Ligatur zum Einsatz. Das Schriftbild ist noch sehr unausgewogen und fleckig.

VERLAG ENGLERT UND SCHLOSSER IN FRANKFURT AM MAIN
1
DAS NEUE FRANKFURT
MONATSSCHRIFT FÜR DIE FRAGEN DER GROSSTADT-GESTALTUNG 1926-1927

ERLAG ENGLERT UND SCHLOSSER IN FRANKFURT AM MAIN
2
DAS NEUE FRANKFURT
MONATSSCHRIFT FÜR DIE FRAGEN DER GROSSTADT-GESTALTUNG 1926-1927

VERLAG ENGLERT UND SCHLOSSER IN FRANKFURT AM MAIN
4
DAS NEUE FRANKFURT
MONATSSCHRIFT FÜR DIE FRAGEN DER GROSSTADT-GESTALTUNG 1926-1927

VERLAG ENGLERT UND SCHLOSSER IN FRANKFURT AM MAIN
5
DAS NEUE FRANKFURT
MONATSSCHRIFT FÜR DIE FRAGEN DER GROSSTADT-GESTALTUNG 1926-1927

VERLAG ENGLERT UND SCHLOSSER IN FRANKFURT AM MAIN
6
DAS NEUE FRANKFURT
MONATSSCHRIFT FÜR DIE FRAGEN DER GROSSTADT-GESTALTUNG 1926-1927

VERLAG ENGLERT UND SCHLOSSER IN FRANKFURT AM MAIN
SONDERNUMMER
DAS FLACHE DACH
7
DAS NEUE FRANKFURT
MONATSSCHRIFT FÜR DIE FRAGEN DER GROSSTADT-GESTALTUNG 1926-1927

7

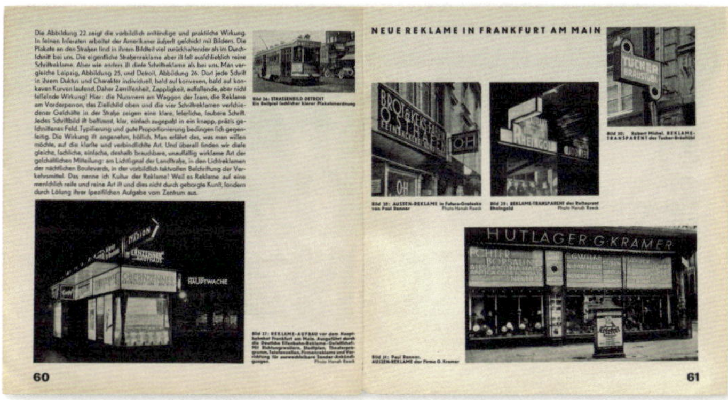

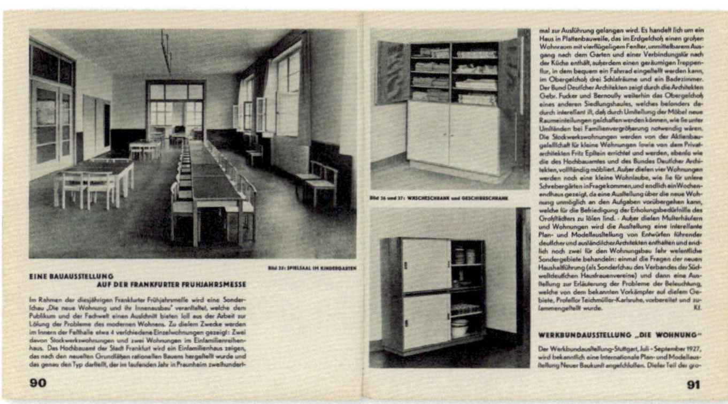

7

Das Neue Frankfurt. Monatsschrift für die Fragen der Grosstadt-Gestaltung, Cover H. 1 (1926/27) bis 7 (Okt./Dez. 1927) sowie Doppelseite ›Neue Reklame in Frankfurt am Main‹ S. 60–61 und ›Eine Bauausstellung auf der Frankfurter Frühjahrsmesse‹, S. 90–91/H. 3.

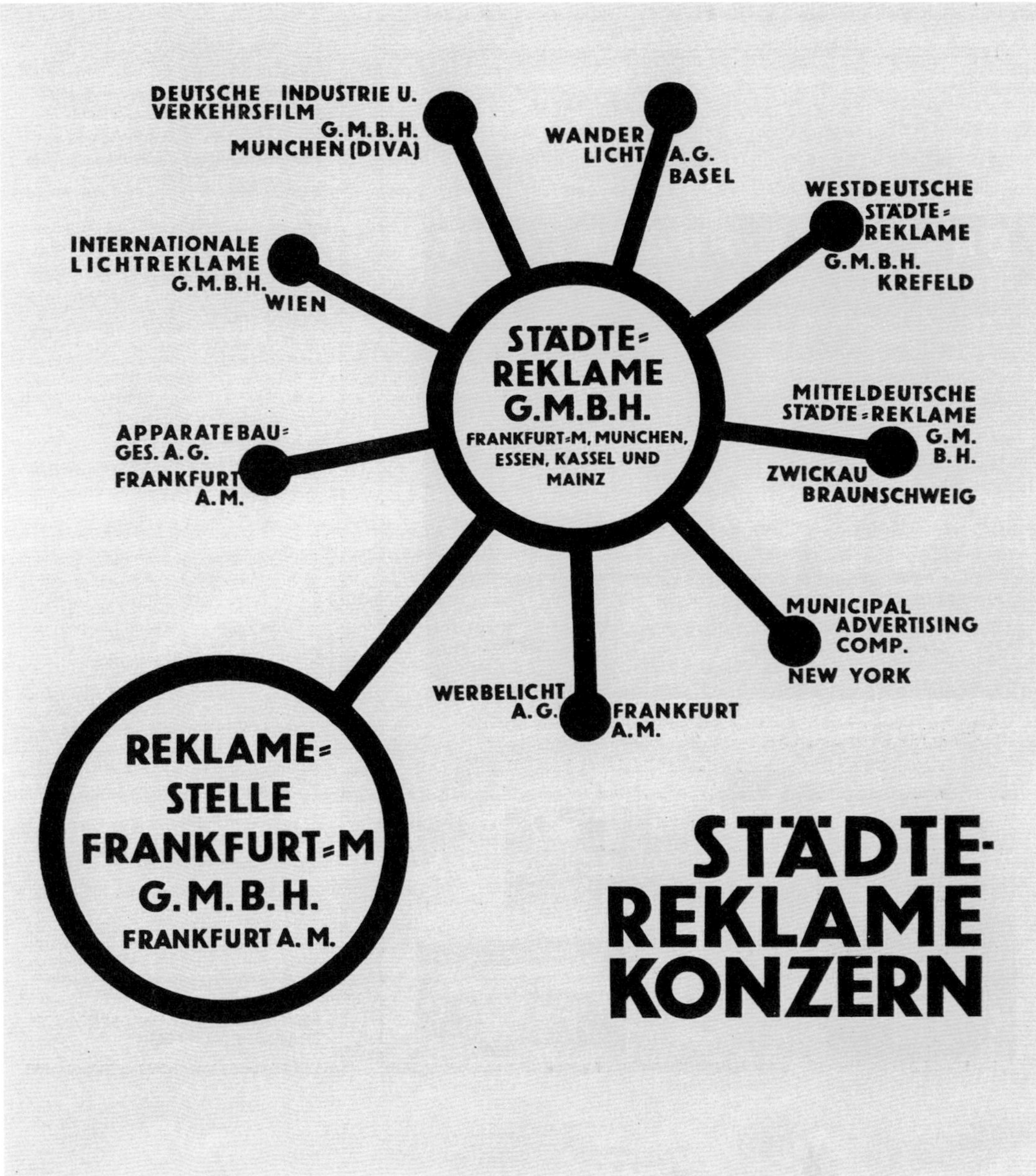

8

8

Der Städte-Reklame-Konzern in Frankfurt am Main, DNF, H. 3, 1926/27.

9

Walter Dexel:
Telefon-Uhren-Säule bei Tag und bei Nacht, Frankfurt am Main, 1928.

das Meisteratelier.[13] Besonders wichtig war die ab 1928 von Franz Schuster geleitete Klasse für Wohnungsbau und Innenausstattung, in der Gebrauchsmöbel erarbeitet wurden, die auf die industrielle Produktion hin ausgerichtet und so für breite Bevölkerungsschichten erschwinglich sein sollten. Auch hier lohnt ein Vergleich mit dem Bauhaus, denn hier führte Hannes Meyer getreu seiner Devise »Volksbedarf statt Luxusbedarf« erst 1929 die Werkstätten für Metall, Tischlerei und Wandmalerei zur so genannten Ausbauwerkstatt zusammen. Zudem übernahmen in Frankfurt wichtige Mitarbeiter des Städtischen Hochbauamts wie Martin Elsässer oder Ferdinand Kramer Lehraufträge und führten gemeinsam mit den Studierenden Projekte durch.[14]

Auch bezogen auf Typografie und Reklame war die Frankfurter Kunstschule gut aufgestellt: Während am Bauhaus erst nach dem Umzug nach Dessau eine Werkstatt für Druck und Reklame eingerichtet werden konnte, wurde in Frankfurt bereits ab 1924 Typografie und Werbegrafik[15] angeboten. Für die Leitung dieser Fachklasse wird Paul Renner im Mai 1925, zeitgleich mit Max Beckmann und Adolf Meyer, an die Frankfurter Kunstschule berufen, wo er seine Futura-Proben öffentlich präsentierte.[16]

In dieser Klasse für Typografie und Werbegrafik, die »stets zu den zahlenmäßig stärksten Abteilungen der Schule« gehörte,[17] ging es inhaltlich um »Allgemeine Ausbildung in der künstlerischen Flächenbehandlung. Elementare Kompositionen mit Schwarzweiß, Farbe, Linie, Schrift, Figur, Foto, Aktzeichnen. Entwürfe für das gesamte Werbegebiet unter der Berücksichtigung der Vervielfältigungsmethoden. Technische Ausbildung in Satz, Druck, Holz- und Linolschnitt.«[18]

Nicht nur zwischen dem Hochbauamt und den Architekten bzw. Innenarchitekten der Schule, sondern auch zwischen dem Hochbauamt und der Typografie- und Grafik-Klasse war Austausch erwünscht: Hans Leistikow, Leiter des grafischen Büros der Stadt, unterrichtete an der Frankfurter Kunstschule und auch Renner berichtet, er habe seine Futura als Vorlage dem Städtischen Hochbauamt zur Verfügung gestellt.[19]

TYPOTEKTUR:[20] WALTER DEXEL

Reklame spielte in der zweiten Hälfte der zwanziger Jahre auch im Städtebau eine immer bedeutendere Rolle. Entsprechend wurde im Hochbauamt eine »Städtische Beratungsstelle« eingerichtet, die von Adolf Meyer geleitet wurde. Ihre Aufgabe war es, die städtische Reklame nach den aktuellen gestalterischen Vorstellungen als »organisierte Werbekunst«[21] zu vereinheitlichen.

1926 wurde der Kunsthistoriker, Grafiker, Maler und ehemalige Leiter des Jenaer Kunstvereins Walter Dexel zum

9

Hochbauamt als »Berater für Reklamegestaltung im Stadtbild« berufen. Für Frankfurt entwickelte er nicht nur eine einheitliche Reklamegestaltung für den öffentlichen Raum, sondern auch grundlegende Richtlinien für eine städtische Reklameordnung.[22]

Als überzeugter Vertreter der »Neuen Typografie«[23] kämpfte Dexel insbesondere gegen »Kunstschriften, imitierte Hand- und Schnörkelschriften«, da sie »wohl den Blick des Passanten auf sich lenken, aber seine Gedankengänge knüpfen sich an das Schriftbild statt an den Inhalt des Gesagten. Solche Art Schrift nimmt zuviel Aufmerksamkeit für sich in Anspruch, die Form überwiegt den Inhalt, das Mittel den Zweck, die ›Kunst‹ drängt sich vor und die Wirkung bleibt aus.«[24] Entsprechend wandte sich Dexel dezidiert gegen bildliche Komponenten und plädiert für eine rein typografische Gestaltung.[25] Seine Reklameordnung, die er ab 1927 erarbeitete und die 1928 in abgeschwächter Form verabschiedet wurde, sah im Außenbereich nur wenige Groteskschriften vor. Als Vorbild verstand er das »Café de Unie« von Jacobus Johannes Pieter Oud sowie den »Wachthof« von Arthur Korn für die Berliner Wach- und Schließgesellschaft.[26] Dexel selbst entwarf für Frankfurt beleuchtete Straßenschilder, Reklameuhren[27], Leuchtwerbung, Telefonhäuschen und Straßenbahnhaltestellen – alle in einfachen, mit dem Lineal konstruierten Groteskschriften.

Als Renner in Frankfurt sein Amt antrat, so berichtet er, habe er »für das städtische Hochbauamt die Alphabete der Futura neu« gezeichnet; sie seien »vervielfältigt und allen Schriftenmalern als Vorlage für die Beschriftungen der Stadt ausgehändigt« worden.[28]

In der Tat finden sich in der zweiten Hälfte der zwanziger Jahre die damals ungewohnt wirkenden ›modernen‹ Groteskschriften im öffentlichen Raum in unterschiedlichster Qualität und Ausführung. Sie alle wurden im Versalsatz gestaltet und weisen formal große Ähnlichkeiten auf.

10

10

links: Jacobus Johannes Pieter Oud: Café de Unie, Rotterdam, 1925/1926
rechts: Reklamefassade der Berliner Wach- und Schließgesellschaft, ›Der Wachthof‹. Architekt: Arthur Korn.

11

Walter Dexel: Jenaer Reklame-Lampe, hergestellt durch die Mechanischen Werkstätten des Städtischen Gaswerks Jena.

12

Walter Dexel: Reklame-Lichtsäule, hergestellt durch die Mechanischen Werkstätten des Städtischen Gaswerks Jena.

13

Walter Dexel: Öffentlicher Kiosk in Frankfurt am Main, 1927.

HOTEL
JOHANNISPLATZ 14
GEWERKSCHAFTSHAUS
ZUM
LÖWEN

11

HAUPTWACHE
Löbdergraben 28
MANGNER
LEBENSMITTEL
Wilh. Kirchner
KAFFEE
WIENKE
BILLARDSAAL
KONDITOREI
KONSUM
BÄCKEREI JENA
Zieh
Schuhe
an
von
Dannemann
Jena

12

NACH DEM
STADION
KAUFHAUS
OBERNZENNER
GEGRÜNDET 1878 · ZEIL 71-79
RÖMERHOF
NACH DER
HAUPTWACHE

13

14

Doppelseite aus *DNF*, H. 3, 1927 mit Reklame-Beispielen von Werner Epstein, Arch. Wiehl sowie Hans Leistikow.

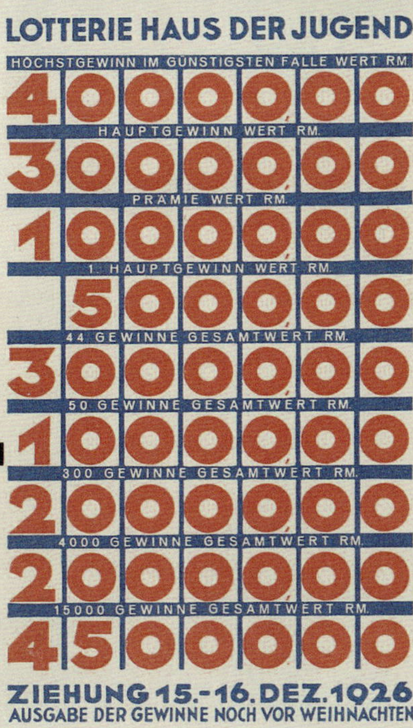

Bild 19: Hans Leistikow, **WERBEDRUCKSACHEN** für die Lotterie „Haus der Jugend“, Frankfurt a·M.

15
Doppelseite aus *DNF*, H. 3, 1927 mit
Reklame-Uhren von Walter Dexel.

Bild 20 und 21: Walter Dexel,
REKLAMEUHREN
der Sternwartezeit G. m. b. H.

56

ß123456
7890ABC
DEFGHIJKL
EMNOPQ
RSTUVW
XYZAKW

16

HUTLAGER·G·KRAMER
ECHTER
BORSALINO
ALESSANDRIA ITALIA
ANTICA CASA FONDATA
NEL 1857
P.&C. HABIG
WIEN
C.G.WILKE
GUBEN
A.J.WHITE
LONDON
VICTOR JAY & C
LONDON
MAYSER
ULMAD
F.ROUSSELET
Telefon
Anlagen
FRANKFURTER
PRIVAT TELEFON GESELLSCHAFT

17

Insgesamt ist zu bemerken, dass Groteskschriften im Versalsatz aufgrund ihrer einfachen Konstruktion seit dem 19. Jahrhundert von Schildermalern von Hand gemalt oder nach Vorlagen in verschiedenen Materialien gefertigt an Fassaden und in Auslagen eingesetzt wurden – eine Tendenz, die sich, unterstützt durch die Forderungen der Neuen Typografie, in den zwanziger Jahren verstärkte.

FERDINAND KRAMER

In diesem Kontext ist auch Ferdinand Kramers Beschilderung des elterlichen Hutgeschäfts »Hutlager G. Kramer« zu sehen, die er im Zuge des Umbaus des Hutgeschäftes hatte anfertigen lassen. Es handelt sich um ein Versal-Alphabet, das den Versalien der Futura ähnelt.[29]

Überliefert ist zudem eine auf 98% verkleinerte Lichtpause einer Konstruktionszeichnung auf Millimeterpapier, die wohl vor dem Umbau entstanden ist und Versalien mit Korrekturen einzelner Buchstaben zeigt. Dieses Blatt hat Anlass zu vielfältigen Spekulationen gegeben, die sich im Kern um die Frage drehen, ob Kramer selbst diese Versalien für diese Beschilderung entworfen hat und inwieweit ihre Form die Futura beeinflusst haben könnte[30] bzw. vice versa, ob es sich bei der Konstruktionszeichnung um eine der Vorlagen handelt, die Renner dem Städtischen Hochbauamt zur Verfügung gestellt hat.[31]

Die Tatsache, dass die einzig bekannte Abbildung des Kramerschen Hutladens in der Zeitschrift *Das Neue Frankfurt* Paul Renner zugeschrieben wird,[32] legt den Schluss nahe, dass Renner auch von Kramer als Urheber verstanden wurde.[33] Auch dass auf derselben Seite eine weitere Versalbeschilderung an der Fassade einer Feinbäckerei/Konditorei gezeigt wird, »die die gleichen typografischen Merkmale beinhaltet« und die ebenfalls Renner zugeschrieben wurde,[34] unterstützt die Annahme, dass auch diese Beschilderungen nach Vorlagen von Paul Renner entstanden sind.

18

16

Konstruktionszeichnung eines Versalalphabets auf Millimeterpapier.

17

Paul Renner: Außen-Reklame der Fa. G. Kramer.
Das versale **R**, **K** und **A** der obersten Zeile weichen von der Futura und der Konstruktionszeichnung Fig. 16 ab.

18

Außen-Reklame in Futura-Grotesk von Paul Renner.

Klar ist auf jeden Fall, dass Renner über Ernst May frühestens im Frühjahr 1925 in Kontakt mit Ferdinand Kramer kam. In dieser Zeit wurde an den ersten Probegraden der Futura gearbeitet und erste Drucksachen FIG.4 S.67 vorbereitet. Kramer war 1925 als Leiter der neu gegründeten Abteilung Typisierung eingestellt worden, wo er unter anderem preiswerte Gebrauchsgegenstände sowie typisierte Kasten- und Kombinationsmöbel für die Städtische Hausrat GmbH entwarf, die den Maßen der Siedlungsbauten des Neuen Frankfurts angepasst waren.

Dass die neuen Ideen und die kompromisslos moderne Ästhetik des Neuen Bauens, wie sie Kramer und seine Kollegen des Neuen Frankfurts in ihren Bauten und Einrichtungen manifestierten, Renner begeisterten und die zweijährige Entwicklungsphase seiner Schrift beflügelten und prägten, verdeutlichen Renners Vorträge Ende 1925, von denen ein Bericht einige Sätze überliefert hat: »gerade aus der maschinenstarrenden technik, weitab vom weg des künstlers, sind ingenieur-leistungen entstanden, die den anfang einer neuen stilperiode verkünden. Neues formgefühl strahlt aus den maschinen, den automobilen und flugzeugen, den glashäusern, den betonklötzen, radiotürmen usw. ... Auch bei der schriftgestaltung heißt es: zurück zum anfang, den elementen, zum kreis, zum quadrat und dreieck.«[35]

Sicher ist auch, dass Renner und Kramer ein offenes freundschaftliches Verhältnis pflegten und Renner von den Arbeiten und der gestalterischen Haltung des Frankfurter Architekten beeindruckt war. Dies zeigt ein Artikel »zu den Arbeiten von Ferdinand Kramer«,[36] in dem ihn Renner als »Schulbeispiel« des neuen Stils vorstellt, der sich vollkommen vom Historismus, aber auch von einem »dogmatischen Formalismus« befreit habe,[37] um zu funktionalen Möbeln zu gelangen: »Er durchdenkt leidenschaftlich die praktische Verwendbarkeit, neue Möglichkeiten des Werkstoffes und der Technik. Und so sind seine Möbel modernster Komfort.«[38] Und Renner weiter: »Kramers Möbel sind der denkbar beste Hausrat in den einfachen, kubischen, relieflosen Räumen des neuen Hauses, mit den glatten Sperrholzplatten seiner Türen; sie sind von dem modernen Stilgefühl beseelt, mit dem die Bewohner dieser Häuser ihre trainierten Körper kleiden.«[39]

Renner lobte Kramer als vorbildlichen Produkt- und Möbelgestalter, nahm ihn aber weder als Typograf noch als Schriftgestalter wahr. In der Tat ist Kramer kaum als Typograf hervorgetreten. Wie viele seiner Architekten-Kollegen konzipierte er passend zum Charakter seiner Um- und Einbauten Schriftzüge für die Fassaden, so dass der Umgang mit Schrift eine zwar wichtige, aber eher marginale Rolle in seinem architektonischen Schaffen einnahm. Dass Kramer in dieser Zeit offensichtlich keine besondere Schrift favorisiert hat, lässt die Verwendung verschiedener Versalschriften vermuten, die er beim Umbau für die Stempel- und Schilderfabrik Mosthaf und das Pelzgeschäft Rosenblum & Co. in der Frankfurter Bibergasse sowie für Bender Zigaretten an der Frankfurter Hauptwache benutzt hat.[40]

Dem Einsatz von Typografie für Beschilderung bzw. Signaletik steht die handwerklich aufwendige Entwicklungsarbeit einer Schrifttype in Blei gegenüber: In unzähligen Entwurfsschritten und Korrekturschleifen müssen die verschiedensten Grade und Schnitte gezeichnet und geschnitten werden, um dann gegossen und vertrieben werden zu können. Dabei steht das harmonische Zusammenspiel von Groß- und Kleinbuchstaben mit einem geschlossenen Schriftbild im Sinne einer Lesetypografie im Mittelpunkt.

Entsprechend sah Renner in der formalen Angleichung der Minuskeln an die Majuskeln die eigentliche schriftgestalterische Herausforderung, die er zu meistern hatte: »Sie [i. e. die Futura] hat die Kleinbuchstaben auf das formale Prinzip der einfachsten, elementaren Flächen gebracht, denen die römischen Versalien ihre leichte Faßlichkeit (...) verdanken. Der Großbuchstabe fällt nun nicht mehr durch eigenen Rhythmus und fremde Formgebung aus dem Bild der Kleinbuchstaben heraus; das ist ein Vorteil, der besonders den deutschen Texten mit ihrer Häufung von Großbuchstaben zugute kommt.«[41]

In der Tat ist es als Renners originäre Leistung anzusehen, dass er die aus der römischen Antiqua abgeleiteten Formprinzipien seiner Majuskeln auf die Minuskeln übertragen hat. Dabei hat er nicht – wie von den Neuerern der Schriftgestaltung etwa von Herbert Bayer gefordert – eine Schrift aus reinen geometrischen Grundformen mit gleicher Linienstärke konstruiert, sondern das gesamte Alphabet auf optischen Ausgleich hin ausgerichtet. Er habe, so schreibt Renner rückblickend in einem Brief, im »Gegensatz zu den damals modisch gewordenen Konstruktivisten (...) nicht den Zirkel als Werkzeug verherrlichen« wollen, »sondern die Form aus ihrer Formverwilderung zurückführen« wollen »zu ihren Ursprüngen«. Die Eigenart der Futura bestehe »nicht auf dem Zirkel und Kreis; sondern auf dem Zurückführen aller Formen, auch der Kleinbuchstabenformen, auf die einfachsten, elementarsten, geometrischen Grundformen, nicht in dem Sinne, daß nun anstelle irgendeiner komplizierteren Form die mit dem Zirkel konstruierte träte.«[42]

DER
NEUE GEI
IN
FRANKFU
AM MA

Beilage des Kreiſes Frankfurt a
Entwurf, Photos (mit Ausnahme
Innenaufnahmen) und Photor
vom Kreisvorſtand. Druck de
Druckerei (Volksſtimme). Kliſch
erſten und vierten Seite von de
ſchen Gießerei (Abtlg. Chemig
Kliſchees der zweiten und drit
von der Kunſtanſtalt Guhl & C
war die Firma Wellhauſen (A
Induſtrie-Photographie) an de
beteiligt. Jlluſtrationsdruck-Pa
Poensgen & Heyer; alle in Fr

CARINA DANZER

FRITZ WICHERT

1923 berief die Stadt Frankfurt den Kunsthistoriker Fritz Wichert als Gründungsdirektor an die Frankfurter Kunstschule. Unter seiner Leitung erfolgte die Zusammenführung der Städtischen Kunstgewerbeschule mit der Städelschule sowie die Neukonzeption und Umsetzung eines reformierten Schulkonzepts.

Zum Zeitpunkt seiner Berufung hatte der 1878 in Mainz-Kastel geborene Wichert bereits verschiedene berufliche Stationen absolviert. Er war als Assistent von Georg Swarzenski am Städelschen Kunstinstitut und als Kulturjournalist bei der *Frankfurter Zeitung* in Frankfurt tätig, bevor er 1909 Direktor der Mannheimer Kunsthalle wurde, wo er eine Sammlung moderner Kunst aufbaute und eine stetig wachsende Kunst- und Kulturszene mobilisierte.

Als Schule für Gestaltung konzipiert, in der freie und angewandte Kunst zusammengefasst werden sollte, war der Unterricht an der Kunstschule praxisorientiert ausgerichtet. Da ihr aus wirtschaftlicher Sicht große Bedeutung zukam, lag Wichert viel am Ausbau der 1925 eingerichteten Abteilung für Werbegrafik und Typografie. Als Leiter sollte Paul Renner die Entwurfsklasse und die angegliederte Werkstatt aufbauen.[43]

Dass für Wichert Renners gute Verbindungen zur Industrie wichtig waren, verdeutlicht ein Schreiben an den Frankfurter Magistrat: »Hervorgetan hat sich Herr Renner durch seine Bemühungen, das Buchgewerbe und die Buchkunst mithilfe von Verlegern, Schriftgießereien und Druckereien sowie durch Beziehungen zur Arbeiterschaft neu und im Sinne höherer Qualität zu organisieren. Gerade in Frankfurt, einem Zentrum der Buchgestaltung und Schrifterzeugung, wird eine Lehrkraft mit dieser Einstellung segensreich wirken können.«[44]

Renner wurde zunächst für zwei Monate als ›Gastlehrer‹ eingestellt; währenddessen sollte er seine pädagogischen Fähigkeiten unter Beweis stellen. Nach Beendigung dieser ›Testphase‹ berichtete Wichert an die Stadtverwaltung, es habe sich gezeigt, »daß Herr Renner als Lehrer und Künstler in den Organisationsplan der Schule gut eingefügt werden kann«.[45] Mit Renner als anerkannter Lehrpersönlichkeit beabsichtigte Wichert, in Konkurrenz zu der benachbarten Offenbacher Schule treten zu können.

Der Direktor hatte Renner ursprünglich für fünf Jahre an die Schule binden wollen, bereits nach einem Jahr wechselte Renner jedoch nach München, um die Leitung der dortigen Buchdruckerschule zu übernehmen.[46] Während dieser kurzen Zeitspanne in Frankfurt konzipierte Renner die Futura, deren Vorprobe im Rahmen der ersten Ausstellung der Kunstschule im Herbst 1925 präsentiert wurde.[47] Der Name der Schrift ging auf Wichert zurück,[48] der sie in den Probedrucken der Bauerschen Druckerei würdigte, indem er schrieb: »Ganz allein in der neuen Schrift von Paul Renner sehe ich das Werdende, wie in der gültigen Baukunst der Zukunft aus geistiger Notwendigkeit heraus geformt. Als Ganzes genommen ist diese Schrift die erste, die wirklich dem neuen Lebensgefühl entspricht, und im einzelnen ist sie, ohne an Lesbarkeit oder Flüssigkeit einzubüßen, rassig und fein. Das Wesentliche aber liegt darin, daß diese Type im wahren Sinne abstrakt ist, das heißt, mit äußerster Zurückdrängung individualistischer Expression ein neues hartes Dienen verkündet.«[49]

Neben seiner Tätigkeit als Kunstschuldirektor war Wichert auch Bezirkskonservator der Denkmalpflege und fungierte als Stadtkunstwart. Er verfasste zahlreiche Artikel zu kulturpolitischen Themen und trat für die Gestaltungsmoderne in Frankfurt ein. Wichert engagierte sich im Kulturbeirat des Südwestdeutschen Rundfunks und übernahm von 1928 bis 1930 die Herausgeberschaft der Zeitschrift *Das Neue Frankfurt*. Seine vielversprechenden kulturpolitischen Tätigkeiten am Main bildeten die letzte Station seiner beruflichen Laufbahn vor dem abrupten Karriereende: Im März 1933 wurde Wichert durch die Nationalsozialisten all seiner Ämter enthoben. Bis zu seinem Tod 1951 lebte er in der inneren Emigration in Kampen auf Sylt.

19

S. 83 – Beilage der *Typographischen Mitteilungen*, August 1928.

20

Futura-Anzeige mit einem Statement von Fritz Wichert zur Futura, *Typographische Mitteilungen*, Juni 1928.

21

S. 86 f. – Internationale Ausstellung: *Musik im Leben der Völker*: Blick vom Platz der Republik (jetzt Ludwig-Erhard-Anlage) Richtung Süden auf den Eingangsbereich des Messegeländes, Juli od. August 1927, Fotograf: unbekannt.

FUTURA

DIE SCHRIFT UNSERER ZEIT

Ganz allein in der neuen Schrift von Paul Renner sehe ich das Werdende, wie in der gültigen Baukunst der Zukunft aus geistiger Notwendigkeit heraus geformt. Als Ganzes genommen ist diese Schrift die erste, die wirklich dem neuen Lebensgefühl entspricht, und im einzelnen ist sie, ohne an Lesbarkeit oder Flüssigkeit einzubüßen, rassig und fein. Das Wesentliche aber liegt darin, daß diese Type im wahren Sinne abstrakt ist, das heißt, mit äußerster Zurückdrängung individualistischer Expression ein neues hartes Dienen verkündet. PROFESSOR DR. FRITZ WICHERT · Direktor der Städtischen Kunstschule in Frankfurt a. M.

mager

halbfett

fett

BAUERSCHE GIESSEREI

F R A N K F U R T A M M A I N

INTERNATIONALE AUSSTELLUNG
LKER

INTERNATIONALE AUSSTELLUNG
MUSIK IM LEBEN DER VÖLKER

SOMMER DER MUSIK

FRANKFURT AM MAIN 1927

11. JUNI BIS 28. AUGUST

6. WOCHE

IM BACHSAAL
TÄGLICH 16 UHR
ORGELKONZERTE

Sonntag 17. Juli	Morgenfeier des Hessischen Sängerbundes Teatro dei Piccoli, Marionettenspiele Gamelan-Orchester und Javanische Tänze Tanz- und Gesangsgruppen aus Rußland	Bachsaal 9 Uhr Bachsaal 20 U. Saxophon 17 U. Opernh. 20 Uhr
Montag 18. Juli	Tanzabend »La Argentina«, Span. Tänze Quartett »Pro Arte«, Belg. Kammermusik Teatro dei Piccoli, Marionettenspiele Gamelan-Orchester und Javanische Tänze	Opernh. 20 Uhr Beethovensaal Bachsaal 20 U. Saxophon 17 U.
Dienstag 19. Juli	Tanzabend »La Argentina«, Span. Tänze Quartett »Pro Arte«, Belg. Kammermusik Teatro dei Piccoli, Marionettenspiele Gamelan-Orchester und Javanische Tänze	Opernh. 20 Uhr Beethovensaal Bachsaal 20 U. Saxophon 17 U.
Mittwoch 20. Juli	Tanz- und Gesangsgruppen aus Rußland Teatro dei Piccoli, Marionettenspiele Gamelan-Orchester und Javanische Tänze Hausfrauen-Nachmittag mit »Küchenmusik«	Opernh. 20 Uhr Bachsaal 20 U. Saxophon 17 U. Unterhalt.-Park
Donnerstag 21. Juli	Tage für mechan. Musik, Leitg. P. Hindemith Teatro dei Piccoli, Marionettenspiele Gamelan-Orchester und Javanische Tänze Streichorchester-Konzert, Leitg. Joh. Strauß	Beethovensaal Bachsaal 20 U. Saxophon 17 U. Unterhalt.-Park
Freitag 22. Juli	Tanz- und Gesangsgruppen aus Rußland Tage für mechan. Musik, Leitg. P. Hindemith Teatro dei Piccoli, Marionettenspiele Gamelan-Orchester und Javanische Tänze	Opernh. 20 Uhr Beethovensaal Bachsaal 20 U. Saxophon 17 U.
Samstag 23. Juli	Tanz- und Gesangsgruppen aus Rußland Teatro dei Piccoli, Marionettenspiele Tage für mechan. Musik, Leitg. P. Hindemith Streichorchester-Konzert, Leitg. Joh. Strauß	Opernh. 20 Uhr Bachsaal 20 U. Beethovensaal Unterhalt.-Park

IM
UNTERHALTUNGS
PARK: JEDEN TAG
KONZERT U. TANZ

TYP: LEISTIKOW

MUSIK IM LEBEN DER VÖLKER

INTERNAT. AUSSTELLUNG

KLAUS KLEMP

HANS UND GRETE LEISTIKOW

Zu den wichtigsten Protagonisten im Neuen Frankfurt gehörte der am 4. Mai 1892 in Elbing, nahe Danzig als Neffe des bekannten Berliner Sezessionisten Walter Leistikow geborene Hans Leistikow. Mit 15 Jahren begann er ein Studium an der Breslauer Kunstakademie. Dessen Direktor Hans Poelzig brachte ihn in Kontakt mit dem Stadtbaurat Max Berg, der den Maler und Zeichner mit angewandten Aufträgen versah: mit dem Entwurf von architekturbezogenen Farbgestaltungen, Wandgemälden, Glasfenstern, Leuchten, Teppichen und Werbegrafiken.[50] 1922 entstand auch ein erster Arbeitskontakt zu dem dort ebenfalls tätigen, aus Frankfurt stammenden Architekten Ernst May. Bis 1924 lebte Leistikow aber auch immer wieder als freier Maler unter dem Künstlernamen Hans Hal im damals niederschlesischen Tampadel.

Bei der Wahl Ernst Mays zum Stadtbaurat in Frankfurt im Juni 1925 nahm dieser neben anderen Mitarbeitern auch Leistikow mit an die neue Wirkungsstätte, wo er Leiter des grafischen Büros der Stadt werden sollte. Da es sich in Frankfurt nicht nur um ein Bauprojekt, sondern um einen ganzheitlichen politischen Anspruch zur neuen Stadt und zu einer neuen Gesellschaft auch durch eine neue Formgebung handelte, kann man die Bedeutung von Design, vor allem auch des Grafikdesigns im Neuen Frankfurt kaum überschätzen. Neben den radikal sachlichen Einrichtungsentwürfen etwa von Kramer, Schuster, Schütte-Lihotzky oder Dell, spielte der gesamte Bereich der visuellen Kommunikation eine herausragende Rolle. Das betraf zunächst das Corporate Design der Kommune selbst, das stark von Leistikow geprägt wurde und an dem auch Walter Dexel, Robert Michel, Werner Epstein, Max Bittrof u. a. arbeiteten. Leistikow entwarf eine Geschäftspapierausstattung mit starken Lineaturen und Groteskschriften, zahlreiche Plakate und Akzidenzen, er betreute 12 Ausstellungen (u. a. eine jeweils große Musik-, Foto- und Bauausstellung), die Werbung für die Städtischen Bühnen und die Städtischen Wirtschaftsbetriebe und entwarf nicht zuletzt das konstruktivistische Adlersignet FIG. 25 S. 92, das in der Bauverwaltung schon seit 1926 zum Einsatz kam und 1930 gegen den starken Widerstand konservativer Politiker und der Medien für weite Teile der Stadtverwaltung als Signet benutzt wurde. Leistikow war zudem als Lehrer an der städtischen Kunstgewerbeschule tätig und bildete dabei eine von mehreren Verbindungen zwischen Schule und Hochbauamt, auch um Aufträge an fähige Studierende zu vermittelten. Darüber hinaus gab er Abendkurse für junge Buchdrucker. Sie »sicherten mir den für das Drucksachenwesen der Stadt nötigen Einfluss auf die privaten Druckereien«, wie er in einem Rückblick schrieb.[51] Groteskschriften sollten als Symbol der angestrebten Modernität zum neuen Standard in Frankfurt werden.

Die seit Oktober 1926 von Ernst May herausgegebene Zeitschrift *Das Neue Frankfurt* wurde von Leistikow als Schwarz-Weiß-Druck konzipiert und weitgehend in Zusammenarbeit mit seiner jüngeren Schwester Grete (1893–1989) bis zum Heft 9/1930 gestaltet. Die ausgebildete Fotografin Grete Leistikow, ebenfalls durch May nach Frankfurt berufen, war neben Paul Wolff, Hermann, Marta Hoepffner und Ilse Bing als Fotografin für das Projekt ›Neues Frankfurt‹ tätig. Das Medium Fotografie hatte hier eine besondere Bedeutung, denn eine attraktive Werbung, ja Propaganda für die Frankfurter Gestaltungsmoderne war mehr als nötig. Weite Teile der Bevölkerung wurden mit völlig ungewohnten Formen konfrontiert, was zunächst auf wenig positive Resonanz stieß. Leistikow verwendete bei all seinen Ausgaben die Schrift Erbar Grotesk im Blocksatz mit Marginalspalte, sehr breite horizontale und vertikale Linien und große extrafette Paginierungen. Ab 1928 verzichtete er dann jedoch auf die breiten Vertikallinien und in den späten Heften finden sich kaum noch Lineaturen. Auf der Titelseite wurde zunächst nur die Heftnummer in großer, farbiger Type hervorgehoben. Diese Schmuckfarbe auf Vorder- und Rückseite des Heftes wurde später in die gesamte Titelgestaltung einbezogen. Oft handelte es sich dabei um Fotografien oder Kollagen von Grete Leistikow. Zahlreiche Anzeigen in den Heften scheinen wegen ihrer formalen Ähnlichkeit mit dem redaktionellen Layout ebenfalls von Leistikow zu stammen oder von ihm beeinflusst zu sein.

Bereits im 1. Heft vom Oktober/November 1926 erschien eine Bildstrecke *Die Schrift als Ausdruck der Kultur,* was auf die Bedeutung der Typografie im Gesamtprojekt des Neuen Frankfurts deutlich hinweisen sollte. Sie endete mit einem Formularentwurf Leistikows für die Bauverwaltung als Höhepunkt der Entwicklung. Und bereits das 3. Heft widmete sich ausschließlich der Reklamegestaltung und dem Grafikdesign. Dazu erschienen zwei große Aufsätze von Walter Dexel und Adolf Behne.

Nicht nur ein Fachpublikum sollte mit der Zeitschrift angesprochen werden, sondern breiteste Bevölkerungskreise. Möglichst leicht verständliche Texte, eine großzügige Typografie und ein großer Weiß- und Bildanteil sollten viele Leser ansprechen, was die Fachkritik jedoch durchaus auch zu tadelte wusste: »Die Anordnung (der Texte) aber ist eine Platzverschwendung, was bei einem Programm, das für Rationalisierung eintritt, seltsam berührt«, kritisierte die Werkbundzeitschrift *Die Form* 1927.[52]

Der Frankfurter Verlag Englert & Schlosser, bei dem *Das Neue Frankfurt* erschien, wurde dabei für Leistikow auch zu einem wichtigen privaten Auftraggeber. Die Zeitschrift selbst wurde sowohl inhaltlich als auch gestalterisch zu einem Paradigma der Moderne in der Weimarer Republik. Herausgeber, Redaktion und Gestalter operierten dabei auf Augenhöhe miteinander. Leistikow hat dieses Verhältnis später treffend formuliert: »Lange bevor Sie zu entwerfen beginnen, müssen Sie versuchen, gewissermaßen durch den Kopf des Auftraggebers zu denken. ...

23

22

S.88 – Sommer der Musik/Typ. Leistikow; Das Plakat von Leistikow wurde als Beilage für die 1. Futura-Mappe 1927 in Futura nachgesetzt.

23

Hans und Grete Leistikow: Cover der Zeitschrift *Das Neue Frankfurt*, 3. Jg., H. 2, 1929.

Es gibt wohl keine gebrauchsgrafische Arbeit, die nur vom Künstler gemacht wird. In Wirklichkeit zeichnen immer zwei verantwortlich, Künstler und Auftraggeber. Der Auftraggeber ist also Vorbedingung für diese Art, denn er verkörpert die Bindung, die derartige Arbeiten von rein künstlerischen unterscheidet. Ich will damit sagen, daß es falsch ist den Auftraggeber als notwendiges Übel zu bezeichnen und daß seine Niederkämpfung durch den Künstler die Gewähr für eine erstklassige Arbeit ist. Es besteht im Gegenteil die Gefahr, daß derartige Dinge zu Gebilden werden, die keine Grafik mehr sind und noch keine Kunst.«[53]

Nach 1945 strebte Leistikow wieder eine ähnliche Position in Frankfurt an wie vor 1930, was 1947 zunächst auch scheinbar gelang. Aber schon nach gut einjähriger Tätigkeit kündigte die Stadt den neuen Vertrag und nach einem anschließenden kurzen Zwischenspiel als Lehrbeauftragter für Schriftgestaltung am städtischen Kulturinstitut für Modeschaffen übernahm Leistikow 1950 einen Lehrauftrag an der staatlichen Werkakademie in Kassel, behielt seinen Lebens- und Arbeitsschwerpunkt jedoch in Frankfurt. Die Gestaltungsmentalität in der Stadtverwaltung nach 1945 war eine völlig andere als in der euphorischen Phase von 1925–1929. Eine nüchterne und funktionsorientierte Gestaltung war nun Standard, auch in Abgrenzung zum Bauen des Nationalsozialismus, was aber nicht unbedingt auch zu überzeugenden ästhetischen Qualitäten führte. Und eine besondere grafische Gestaltung fand bei den Pragmatikern in den Ämtern kaum noch Interesse.

Am 22. März 1962 verstarb Hans Leistikow in Frankfurt.

24

DEUTSCHE PHOTOGRAPHISCHE AUSSTELLUNG 1926 FRANKFURT A. MAIN

DAS PREISGERICHT DER DEUTSCHEN PHOTOGRAPHISCHEN AUSSTELLUNG FRANKFURT A. M. HAT der Firma F. Suhl & Co. Frankfurt a. M. FÜR HERVORRAGENDE LEISTUNGEN AUF DEM GEBIETE der Reproduktionstechnik die Medaille der Stadt Frankfurt a. M. ZUERKANNT

FRANKFURT A. MAIN IM AUGUST 1926

DER VORSTAND DES PREISGERICHTS

DAS DIREKTORIUM DER AUSSTELLUNG

25

24

Blätter der Städtischen Bühnen Frankfurt a. M., 1930.

25

Urkunde der Stadt Frankfurt zur Deutschen Photographischen Ausstellung, Frankfurt a. M., August 1926.

26

Freischwimmerpass der Städtischen Bäder Frankfurt mit dem von Hans Leistikow gestalteten Adlersignet, 1932.

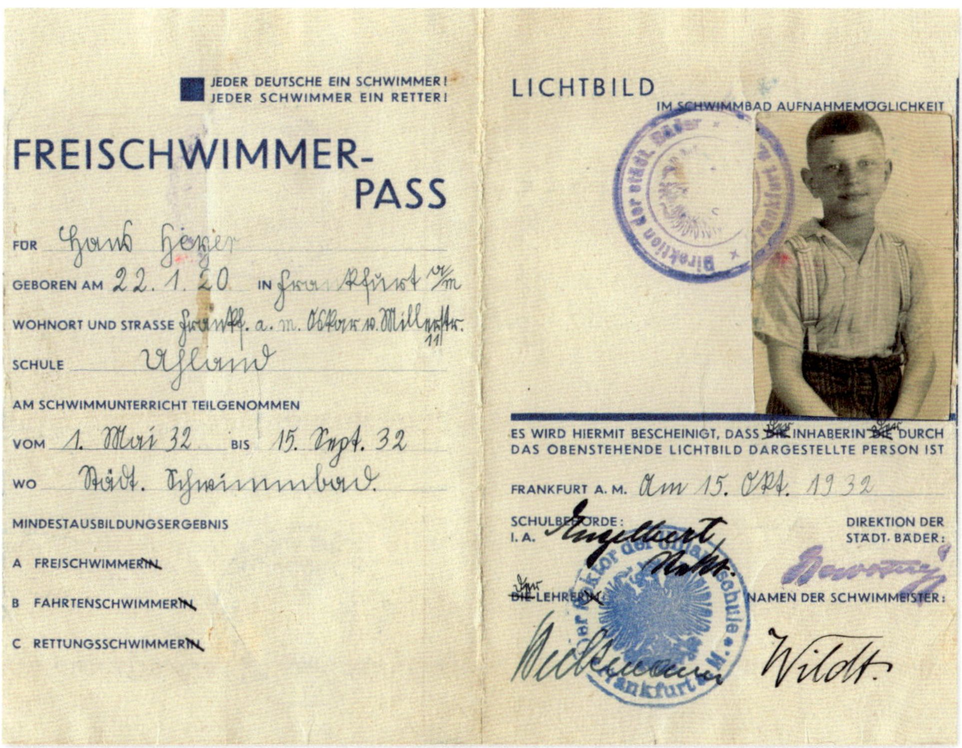

26

wirke

zum jahreswechsel übermitteln wir allen kollegen und funktionären die herzlichsten glück- und segenswünsche. zielbewußte arbeit am gemeinsamen werke soll uns auch im neuen jahre durch alle hemmungen weiter vorwärts und aufwärts führen

ortsgruppe frankfurt am main im bildungsverband der deutschen buchdrucker

KONZEPTIONEN UND REAKTIONEN

»Neuerdings ist es nun auch auf dem Gebiet der neueren Schriftgestaltung aus den verschiedensten Anregungen heraus wieder lebendig geworden, und die Bauersche Giesserei hat in Erkenntnis der Notwendigkeit, auch dieser Zeitrichtung zu der ihr gemäßen Schrift zu verhelfen, es unternommen, eine Schrift Paul Renners herauszubringen. Ganz im Geist der Neuen Sachlichkeit gestaltet, verspricht sie nicht eine Sensation, sondern eine wirkliche Bereicherung auf dem Gebiet der sonst nicht immer guten Groteskschriften zu werden. ›Futura‹ wird sie heißen.«[54]

1926 wurde die Futura weiterentwickelt und zur Marktreife gebracht. Im November 1927 erschien die geometrische Sans Serif bei der Bauerschen Giesserei in Frankfurt am Main als magerer und halbfetter Schnitt.[55] Dazu ist zu bemerken, dass sich Paul Renner in einem Vertrag mit der Bauerschen Giesserei vom 18. Juli 1927 nicht nur das Copyright, sondern auch eine Vergütung von 2½ Prozent im Inland und 1 Prozent im Ausland für den Verkauf seiner Schrift gesichert hat,[56] was Renner finanziell absicherte.

In der Erstveröffentlichung von 1927 waren noch Sonderformen enthalten. Sie umfassten das **a**, **g**, **m**, **n**, **ä**, das **&**-Zeichen und Mediäval-Ziffern. Die Formen für die genannten Lettern setzten sich nicht durch, wurden jedoch zusätzlich als Sonderfiguren zu den überarbeiteten Lettern angeboten. In der überarbeiteten Version der endgültigen Futura-Fassung wurde auch das **r** an das Schriftbild angeglichen.[57]

In einem Brief wies Christ. Eich, Generalvertreter der Bauerschen Giesserei, 1927 darauf hin, dass Renner mit seiner Futura »der sehr richtigen Erkenntnis« folge, »dass zwischen Schrift und Architektur ein enges inneres Verhältnis besteht, auf die Formen zurückgegangen [seien], die auch die moderne Baukunst ihren Schöpfungen zugrunde legt, auf die einfachen geometrischen Figuren: Kreis, Quadrat, Dreieck.«[58]

Die Futura wurde in ihrer Zeit sehr gefeiert. Zwar arbeiteten viele Schriftgestalter an einer Schrift, die den Zeitgeist fassen sollte; die Futura war aber letztlich die Schrift, die sich durchsetzte. Zwar basiert ihre Idee auf geometrischen Grundformen und sie erscheint auf den ersten Blick, als sei sie aus Kreisen und geraden Linien konstruiert. Dennoch waren Renner und die Bauersche Giesserei von einer einfach konstruierten Schrift abgerückt, indem sie auf optischen Ausgleich setzten. Dadurch war eine Schrift entstanden, die vielseitig einsetzbar war.

Entsprechend konnten zur Vermarktung der Schrift zwei Zielgruppen angesprochen werden: Zum einen wurde die Schrift für die Verwendung in der Neuen Typografie empfohlen, wie sie insbesondere Jan Tschichold seit Mitte der zwanziger Jahre propagiert hatte.[59] Zum anderen wurden aber auch diejenigen angesprochen, »welche der neuen Setzweise weniger zugeneigt sind« mit dem Hinweis: »Für Figuren extremer Zeichnung haben wir eine zweite Form geschnitten, die sich der überkommenen Form annähert, ohne der Eigenart der Schrift zuwider zu sein. Bei den Versalien waren solche Doppelfiguren nicht notwendig.«[60]

Insbesondere nachdem Herbert Bayer 1926 seinen Text *Versuch einer neuen Schrift*[61] und Willi Baumeister seinen typografietheoretisch wichtigen Artikel *Neue Typographie* veröffentlicht hatte,[62] entwickelten sich Diskussionen über die Vor- und Nachteile der Groteskschrift. So vermerkte Konrad Ferdinand Bauer im Anschluss an die Thesen des Bauhauses von einer neuen Schrift und in Auseinandersetzung mit Renners Überlegungen zur Futura 1927: »Der Weg zur Schrift der Zukunft geht (...) gewiß nicht über die Grotesk. (...) Die Grotesk Schriften – auch die besten – sind der klare Beweis dafür, wie notwendig Schraffierungen in der Werkschrift sind. Der unbefangene Laie empfindet es noch viel stärker als der Fachmann, welch Qual es ist, einen Grotesktext zu lesen, in dem sich die einzelnen Buchstaben nicht zu geschlossenen Wortbildern vereinen und das Auge ständig von einer Zeile in die andere gerät, weil jede Betonung der Waagrechten fehlt.«[63] Kritik kam auch aus gemäßigten Fachkreisen, so von Fritz Helmuth Ehmcke in seinem Aufsatz »Wandlungen des Schriftgefühls« 1930: »Während alle Schrifterfinder bisher bestrebt waren, die aus der Steinschrift entwickelten Großbuchstaben der Antiqua den von der Federschrift herkommenden, später geborenen Kleinbuchstaben anzupassen, sucht umgekehrt Paul Renner bei seiner ›Futura‹ die Kleinbuchstaben unter Verleugnung ihrer Herkunft des fließenden handschriftlichen Charakters zu entkleiden und in Formen umzumodeln, die den nach allen Seiten abgeschlossenen, in sich beruhenden Formen der Majuskeln ähneln.«[64]

Auch Konrad Ferdinand Bauer hatte eine einseitige Favorisierung der Grotesk, wie von der Neuen Typografie gefordert, kritisiert: »Konstruktiv ist nicht primitiv, aber primitiv wäre es, wollten wir uns (...) wie es die Theoretiker der konstruktiven Reklame verlangten, (...) nur auf die Verwendung von Groteskschrift beschränken.«[65]

In den späten zwanziger Jahren setzten sich Schriftmischungen immer stärker durch. Die Futura wurde immer seltener für lange Fließtexte eingesetzt und stattdessen insbesondere im Layout von Zeitschriften mehr und mehr als Auszeichnungsschrift verwendet. So fasste Peter Meyer Anfang der dreißiger Jahre wohl die gängige Meinung bezogen auf die Futura folgendermaßen zusammen: »eine höchst anständige, ruhige ›Grotesk‹, die sich jedoch wie andere Groteskschriften auch als ›Brotschrift‹ doch nicht recht eignet.«[66]

28

29

30

27

S. 94 – *wirke*, Neujahrsgrüße der Ortsgruppe Frankfurt, Bildungsverband der Deutschen Buchdrucker, ca. 1925/26.

28

Dr. Nestles Kindermehl, Gebrauchsanweisung, aus der Sammlung Albinus, Frankfurt a. M.

29

Einladung zum Kreistag in Kassel, aus der Sammlung Albinus, Frankfurt a. M. 1928.

30

Einladungskarte Chaos und Idyll, 1930, aus der Sammlung Albinus, Frankfurt a. M.

DIE BAUERSCHE GIESSEREI IM KANON DER GROSSEN SCHRIFT-GIESSEREIEN

Georg Hartmann (1870–1954), mein Großvater, war 28 Jahre alt, als er im Jahre 1898 die Bauersche Giesserei übernahm. Der Kauf könnte rückblickend als Wagnis bezeichnet werden, aber er erwies sich als eine überaus glückliche Entscheidung.

Die Schriftgießerei wurde im Jahre 1837 von Johann Christian Bauer gegründet. Zur Zeit der Übernahme durch Hartmann war die Firma besonders mit dem Guss von Werkschriften beschäftigt,

31
Hauptportal der Bauerschen Giesserei, Hamburger Allee, Frankfurt a. M., um 1927. Vgl. Inschrift Trajansäule S. 28.

32
Beilage der *Typographischen Mitteilungen*, August 1928.

also Schriften für den Satz von Zeitungen und von Büchern. In der Firma arbeiteten damals mehr als 100 Mitarbeiter; sie besaß auch seit 1885 eine Niederlassung in Barcelona mit eigenen Gießmaschinen, die Firma Neufville, nachdem sich Druckereien in Spanien als hervorragende Kunden der Antiqua V erwiesen hatten.

Das wären damals gewiss Voraussetzungen gewesen, um Opfer des technischen Fortschritts zu werden: Ottmar Mergenthaler erfand 1886 die Setzmaschine, die den Mengensatz sehr viel rentabler machte und in wenigen Jahren in allen Zeitungsdruckereien eingeführt wurde. 1896 kam dann auch die Monotype auf den Markt, die den Handsatz bei der Herstellung von Büchern ersetzte. Schon bald reduzierte sich die Zahl der Gießereien: zählte man noch mehr als hundert Stempelschneidereien und Schriftgießereien in Ländern ›deutscher Zunge‹ zu Zeiten der Entstehung der Bauerschen Giesserei, so waren es nur noch 40 Firmen, die sich im Jahre 1903 zusammentaten, um den Verein Deutscher Schriftgießereien zu gründen.

In den folgenden Jahren gab es noch andere Gründe für die Reduzierung der Zahl der Gießereien, diesmal waren es unvorhersehbare Katastrophen: Der erste Weltkrieg, die internationale Wirtschaftskrise, schließlich der zweite Weltkrieg. Betriebsgebäude wurden 1945 zum Teil zerstört, die Produktion musste für längere Zeit eingestellt werden; auch war zuvor der Export in Feindesländer verboten worden. Nach dem zweiten Weltkrieg mussten Lieferungen in den Osten sogar ganz eingestellt werden.

DAS HAUPTGEBÄUD

der Bauerschen Gießerei in Frankfurt a. M., das Zentrum einer weitgreifenden Verkau
organisation, umfaßt zirka 5000 qm Arbeitsfläche. Über 1000 Angestellte und Arbe
werden in dem Betrieb beschäftigt und mehr als 150 Gießmaschinen sind erforderlich,
den Bedarf der Kundschaft decken zu können. Zahlreiche Zweigstellen und Vertretung
in fast allen Kulturstaaten der Welt dienen der Erleichterung des geschäftlichen Verke

BAUERSCHE GIESSEREI · FRANKFURT AM MAI

32

futur

a

in zeichnung und schnitt gleich vollkommen, besteht vor der strengsten kritik. der typograph läßt sich nicht mehr durch schlagwörter verleiten. seine augen sind geschärft, und mit den künstlern der gegenwart teilt er den sinn für reine, große form. der knappen, ehrlichen gestaltung zuliebe verzichtet er gerne auf jeden dekor. er sucht nach einer schrift von zuchtvoller schönheit, die dem gedanken des typendruckes vollkommenen und reinen ausdruck verleiht. unsere zeit will höchstleistungen. rücksichtslos verwirft sie alles mittelmäßige. sie will eine bessere schrift. schriftkunst und schrifttechnik haben ihr bestes getan. die exakten, edlen formen der futura sind in gewissenhafter arbeit so vollkommen durchgebildet, daß die reinheit der schlichten linie allein überzeugt. die aufgabe war schwer, aber sie wurde gelöst: der typograph verfügt jetzt über eine schrift, die der besten kunst unserer zeit ebenbürtig ist

Satzmuster aus der bekannten Schrift »Futura« der Bauerschen Gießerei Frankfurt a. M.

Nach Kriegsende konnte Georg Hartmann weitere neun Jahre dem Betrieb vorstehen und erlebte noch kurze Zeiten großer Blüte. Außer der Bauerschen hatten nur sieben andere Gießereien diese bewegten Zeiten überlebt: es waren die Stempel AG, Berthold, Ludwig & Mayer, Wagner Ingolstadt, Klingspor (bis 1956), C. E. Weber und Gensch & Heyse, wobei diese letzte Gießerei aus Hamburg der Bauerschen Giesserei und den zwei erst genannten Firmen zu je einem Drittel gehörte.

Alle Widrigkeiten konnte die Bauersche Giesserei mit Erfolg überstehen, immer wieder erlebte sie unter Hartmanns Leitung Glanzzeiten. Wie kam es dazu?

›Aventur und Kunst‹: Mit diesem Namen gründete Gutenberg sein Unternehmen für die Erfindung der Buchdruckerkunst. Georg Hartmann bestimmte mit diesen Worten den Titel des Sonderdruckes, den die Bauersche Giesserei 1940 anlässlich ihres 70. Geburtstages herausgebracht hatte. Wie es in der Einleitung heißt, steht ›Aventur‹ für Abenteuer, das Wagnis ins Ungewisse, das kaufmännische Unternehmen, während ›Kunst‹ auf das handwerkliche Können, aber vor allem in diesem Fall das Formengefühl, die richtige Beurteilung der Schriften verweist.

Das passt zu Georg Hartmann. Fangen wir mit dem zweiten Begriff an, der Kunst. Um erfolgreich im Schriftengeschäft zu sein, gehört das Gespür für die Wahl der richtigen Schrift dazu. Viel zu aufwendig war zu damaligen Zeiten die Herstellung einer neuen Schrift: die Gravur der Matrizen, der Guss der Buchstaben für viele Sprachen, der Ziffern und Punkturen, und dies in mehreren Größen und Garnituren. Fehlentscheidungen konnten an die Substanz des Unternehmens gehen. Und das beherrschte Hartmann. Er fühlte sich als Verleger von Schriften, der das Risiko ihrer Erfolge oder Misserfolge auf sich nahm. Er beauftragte herausragende Künstler für den Entwurf der Schriften. Die Zusammenarbeit mit Professor Emil Rudolf Weiss reichte bis ins Jahr 1905 zurück. Die Weiss Antiqua, die halbfette, kursiv mit und ohne geschwungene Versalien, die fette, Kapitale mager und kräftig wurden ein Welterfolg. Aus der Weiss-Schule ging die Schrift von Elisabeth Friedländer hervor, aus Tschechien kollaborierte mit seinen Schöpfungen Oldrich Menhart, aus Ungarn Imre Reiner. Prof. F. H. Ernst Schneidler brachte später für Bauer die Schneidler Antiqua heraus, sowie eine sehr erfolgreiche Auszeichnungsschrift, die Legende. Das sind alles charaktervolle Schriften, die für den Druck festlicher Publikationen sowie Werbedrucksachen geeignet sind, womit sie sich von damals noch eintönigen Setzmaschinenschriften abheben konnten.

Sehr entscheidend für den Erfolg des Hauses war 1922 die Einstellung von Heinrich Jost. Er wurde zuständig für die künstlerische Leitung, damit verantwortlich für die technische Verwirklichung der Neuheiten, der typografischen Gestaltung der Webedrucksachen sowie der Privatdrucke. Er war auch Vermittler bei der glücklichen Wahl der erfolgreichsten Schrift aller Zeiten, der Futura. Paul Renner wandte sich nämlich an seinen ehemaligen Schüler, Jost, als er 1924 eine Schriftgießerei suchte, die aus den ersten Skizzen die ›Schrift unserer Zeit‹ herstellen sollte, die später als Futura bekannt wurde. Jost selbst entwarf zwei Schriften, die Beton und die Bodoni. Diese letzte Schrift wurde vor allem in den USA ein Erfolg, bekannt ist sie dort als ›Bauer‹ Bodoni.

34

Als Nachfolger von Jost übernahm im Jahre 1948 Dr. Konrad Bauer die künstlerische Leitung. Seit 1928 war der Kunsthistoriker für die Texte der Sonderdrucke und der Werbung verantwortlich. Unter seiner Gilde entstanden die Schriften Folio, Imprimatur, Volta, Alpha und Beta.

Georg Hartmann liebte den Umgang mit Künstlern. Das tat er auch in seiner Privatsphäre, als Kunstsammler. Er besaß eine der bedeutendsten deutschen Sammlungen mittelalterlicher Bilder und Skulpturen, zudem Meisterwerke von französischen Impressionisten. Auch pflegte er freundschaftliche Kontakte zu Malern, die Illustrationen zu den Sonderdrucken seiner Firma lieferten, beispielsweise Max Beckmann, Gunter Böhmer oder Fritz Kredel.

Er wusste die richtigen unternehmerischen Entscheidungen zu treffen. Zur Größe des Hauses trug bei, dass er verschiedene Gießereien übernahm, etwa im Jahre 1912 die Firma A. Numrich & Co in Leipzig, die eine Abteilung für die Herstellung von Messinglinien besaß. Damit konnte Bauer eine komplette Produktion von Handsatzmaterial anbieten. Im Jahre 1916 gewann die Firma mit dem Erwerb der Schriftgießerei Flinsch aus Frankfurt am Main an Prestige, die Schriften von berühmten Künstlern wie Fritz Helmuth Ehmke und Prof. Lucian Bernhard in ihrem Programm führte.

Bei der Wahl des Vertreternetzes im Ausland entschied er sich für Firmen, die auch namhafte Buchdruckmaschinen in ihrem Verkaufsprogramm hatten, vor allem die der Schnellpressenfabrik Heidelberg. Das sicherte den Schriften die beste Einführung und eine sichere Versorgung des Marktes. In den USA eröffnete er 1927 ein Büro, um die Schriften in eigener Regie verkaufen zu können.

Noch wenige Jahre nach demTod von Georg Hartmann erlebte die Bauersche Giesserei eine Glanzzeit. In den Jahren um 1960 war der Auftragseingang so hoch, dass die eigene Produktionskapazität nicht ausreichte, um alle Schriften pünktlich an die Kunden zu liefern.

33

S. 100f. – Futura-Anzeige in den *Graphischen Nachrichten*, 1931. Der Mann mit dem weißen Kittel, der die Futura-Zeichnung hält, ist – so Christopher Burke – Adolf Bernd, der unter Heinrich Jost bei der Bauerschen Giesserei arbeitete, der Mann in der Mitte ist der spanische Drucker Francisco P. Custodio, der dritte Mann konnte nicht identifiziert werden. – Die Anzeige erschien in Rot bereits 1929 auch in der Zeitschrift *Gebrauchsgraphik*.

34

Specimen-Heft zu Heinrich Josts Schrift Beton.

FRANKFURT AM MAIN

DIE
SCHRIFT
UNSERER
ZEIT

FUTURA

Nicht die Anpassung der Letter an die maschinelle Arbeitsweise ist das Entscheidende, sondern daß die Schrift selber den klaren und sauberen Stil der Maschine trägt. - Um das Prinzip allein willen wäre sie höchstens ein interessanter Versuch. Aber in Wahrheit ist sie mehr, nämlich ein sehr geglückter Versuch; sie ist in Wahrheit auch mehr als ein neues und ausdrucksloses Maschinenprodukt, nämlich eine Schrift von bestimmtem Ausdruckswert. Es gibt viele Antiqua-Groteskschriften, die an technischer Vereinfachung der Futuraschrift kaum nachstehen, dagegen keine, die ihr an klassischer Reinheit des Satzbildes gleichkommt. - Das Bemerkenswerte an dieser Schrift ist nicht der Versuch der Reduktion der Buchstaben auf abstrakte Formelemente, sondern daß das Schriftbild im Ganzen trotz den abstrakten Formen im Einzelnen einen harmonischen und doch nicht langweiligen Charakter trägt. / Hermann Herrigel im »Kunstwart«

NIEDERLASSUNGEN IN ALLEN TEILEN DER WELT

BAUERSCHE
GIESSEREI

mager
halbfett
und fett

Zu Hilfe kam die englische Gießerei Stephenson & Blake, die die Futura im Auftrag von Bauer auf englischen Kegel goss.

Aber sehr bald veränderte sich die Situation dramatisch. Die Druckereien stellten ihre Produktion auf Offsetmaschinen um. Im Satz löste der wesentlich billigere Fotosatz, später vor allem die Digital-Fonts den Bleisatz vollkommen ab. Im Jahre 1972, 18 Jahre nach dem Tod von Georg Hartmann, musste die Bauersche Giesserei liquidiert werden. Die Produktion übernahm die Schwesterfirma in Spanien, die Fundición Tipográfica Neufville, SA, später umbenannt in Bauer Types, SL, die dann auch die internationalen Rechte an den Schriften erwarb. Dort konnten Bleischriften noch bis zum Jahre 2008 gegossen werden, dann wurde die Produktion endgültig eingestellt. Einige Stahlstempel und Matrizen befinden sich heute im Museum für Druckkunst Leipzig, die meisten sind als Leihgabe in der Uni versität Barcelona hinterlegt, und schließlich konnten die Matrizen aus dem Gussprogramm der letzten Jahre von der Imprenta Municipal – Museo del Libro in Madrid erworben werden.

Alle Schriften der Bauerschen Giesserei erfreuen sich heute noch im digitalen Zeitalter größter Aktualität. Die Futura beispielsweise gehört international noch immer zu den meistverkauften Schriften im Internet. Sie ist überall zu finden, als Font für den Desktop, für Webanwendungen, aber auch auf Tablets und Handys. Georg Hartmann hat sich in seiner Rolle als erfolgreicher Verleger von Schriften unsterblich gemacht.

36

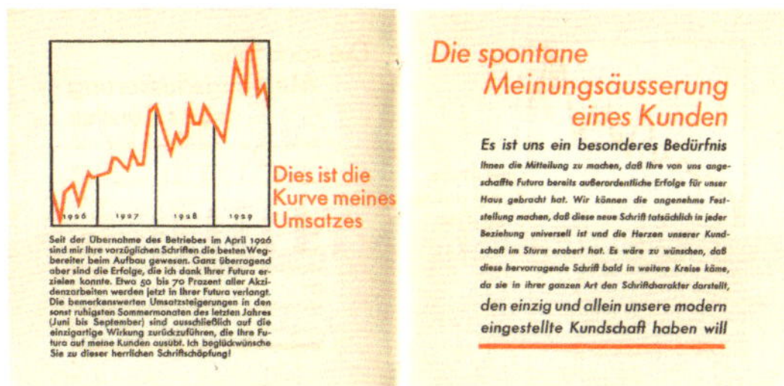

35

Anzeige für die Futura in der Zeitschrift *Gebrauchsgraphik*, 1929.

36

»Futura. Die Schrift unserer Zeit im Urteil des Fachmanns. Tatsachen sprechen für die Futura«, Prospekt der Bauerschen Giesserei mit Statements und Informationen über die Schrift, Frankfurt a. M., 1930.

HEINRICH JOST

Entscheidender Einfluss auf den Erfolg der Futura ist Heinrich Jost (1889–1949) zuzuschreiben, der Schüler an der von Paul Renner und Emil Preetorius gegründeten »Schule für Illustration und Buchgewerbe« und später der »Debschitzschule« war und seinem ehemaligen Lehrer Zeit seines Lebens freundschaftlich verbunden war. Jost, der die künstlerische Leitung verschiedener Verlage übernommen und bereits als Buch- und Schriftgestalter tätig gewesen war, wurde 1922 künstlerischer Leiter der Bauerschen Giesserei, wo er die »im Neuschnitt befindlichen Typen« betreute, Schriftproben zusammenstellte und »die neuen Schriften in den verschiedenartigsten Anwendungsmöglichkeiten« vorführte.[67] Er überwachte die Arbeit der Bauerschen Giesserei an jenen Stellen, »an der die künstlerische Schöpfung zur technischen Verwirklichung geführt wird, und er ist für die typographische Gestaltung aller Druckwerke verantwortlich, die der Werbung der Bauerschen Giesserei dienen: der Schriftproben, Werbedrucksachen, Anzeigen und Privatdrucke.«[68]

Dabei stand Jost ein gut eingespieltes Mitarbeiterteam zur Verfügung: »Die Mitarbeiter kennen seine Absichten, und wie an einer gut geleiteten Bühne fügt sich der einzelne der Idee des Regisseurs, ohne daß ehrgeizige Anweisungen erforderlich wären.«[69] Zu Josts Rolle bei der Gestaltung der Schriften hieß es: »Und auch während des Schnittes bleibt die entstehende Schrift unter der ständigen Obhut des künstlerischen Leiters, der alle jene unzähligen Versuche anzugehen und zu überwachen hat, durch die eben der gezeichnete Entwurf zur druckfähigen Type wird. Daß diese mühsame Arbeit von der Öffentlichkeit schließlich dem angerechnet wird, dessen Name die Type trägt, wird Jost zu verschmerzen wissen. Das gleiche Schicksal haben ja die vielbewunderten Probehefte der neuen Schriften, deren Ausstattung nicht immer von den Schriftkünstlern, sondern meistens vom künstlerischen Leiter der Bauerschen Giesserei angegeben und überwacht wird.«[70]

37–39

S. 107ff. – Heinrich Jost (Entwurf): Futura. Für Fotomontage, Faltblatt als Beilage in der 1. Futura-Mappe, 1927 sowie Anzeige in der Zeitschrift *Gebrauchsgraphik*, 1929.

–

»durch ‚die neue typographie' von jan tschichold kam ich ans bauhaus. ließ mir'n prospekt kommen, sprach mit herrn beyer sowie mit herrn grün [...] und beide rieten mir dessau. schilderten mir dessau als einzige schule, die mit der zeit mitgeht. das suche ich ja. [...] am 24.4.30 bin ich bauhäusler.«[*]

* (Rose an Noack, 9.3.1930, Inv.-Nr. 12762/33, Bauhaus-Archiv Berlin)

(UB) Dieser Bauhäusler, der unbedingt mit der Zeit gehen wollte, hieß Hajo Rose. Er wurde Fotograf und Gebrauchsgrafiker und nahm sich diese beiden Futura-Schriftproben mit ins niederländische Exil. Er hielt sie offenbar für so vorbildlich, dass er sie wieder mit nach Deutschland zurückbrachte, denn man fand sie in seinem Nachlass.

FÜR
FOTO
MONTAGE
FUTURA

BAUERSCHE
GIESSEREI

FRANKFURT A·M

Fotomontage

ist ein neues Ausdrucksmittel, das die Präzision der fotografischen Aufnahme mit den optischen Reizen freier Raumgestaltung vereinigt. In EINEM Bildzentrum faßt die Fotomontage Eindrücke zusammen, die das menschliche Auge vor den Gegenständen nur in räumlicher Trennung aufnehmen kann. Aneinanderreihung von Teilbildern wirkt leicht ermüdend. Fotomontage packt den Beschauer mit einem Blick. Es gibt kein Mittel, Wesentliches in überzeugenderer Weise bildhaft zu konzentrieren. Wenn Sie auf einem Plakat, in einer Anzeige, in einem Prospekt die Größe, das Wesen und das vielseitige Getriebe Ihres Unternehmens packend und eindringlich darstellen wollen, so ist

Fotomontage das Ausdrucksmittel unserer Zeit

Zur Fotomontage gehört ein knapper Text, oft genügt ein Schlagwort, das die Bedeutung des Ganzen blitzartig erhellt oder dem Sinn eine überraschende Wendung gibt. Dieser Text muß zur Komposition gehören. Wort und Bild müssen sich in der Gestaltung durchdringen, wie sie im Sinn eine neue Einheit schaffen. Deshalb brauchen Sie zur Beschriftung der Fotomontage eine Type, die dem Wesen dieses neuen Ausdrucksmittels gewachsen ist. Eine Schrift, exakt und unpersönlich wie die fotografische Aufnahme. Eine Schrift, die das Bedeutungsvolle der Drucktype knapp und überzeugend zusammenfaßt, wie Fotomontage das Wesentliche der Dinge zu neuer, sinnvoller Einheit gestaltet. Diese Schrift ist die

Futura · die Schrift unserer Zeit

FUTURA

die Schrift unserer Zeit

BEGLEITE

das Bild unserer Zeit

40

1. Futura-Mappe, Bauersche Giesserei, Frankfurt a. M., 1927.

41

Persil, das ideale Waschmittel, Faltblatt als Beilage in der 1. Futura-Mappe, 1927.

40

41

Renner hat über seinen ehemaligen Schüler Jost den Weg zur Bauerschen Giesserei gefunden. Jost betreute dort die Entwicklung der neuen Schrift professionell, indem er zwischen den Formvorstellungen des Schriftkünstlers und dem Schriftgießerwissen vermittelte und so den Entwurf »ohne den Verlust an Charakter zu dem angestrebten Grad von Lesbarkeit und Harmonie führte.«[71]

In seinem Beitrag mit dem Titel *Zweifel* hat Jost 1933 auch kritisch Position bezogen zu den »Versuchen einer neuen Schrift«, wie sie von Vertretern der Neuen Typografie vorgetragen worden waren: »Mit kindlicher Naivität wird hier versucht, angeblich logisch Durchdachtes auf die Praxis zu übertragen, wo natürlich alle Voraussetzungen fehlen: eine neue Seherziehung in der Schule, eine vollständig andere Erziehung zum optischen Sehen und als letzte Konsequenz eine vollständig neue Sprache.«[72] Aus dieser Kritik heraus formulierte Jost die gestalterischen Entscheidungen bezogen auf die Konzeption der Futura folgendermaßen: »Auch die ›Futura‹ ging von den einfachen Grundformen, Kreis, Dreieck und Quadrat, aus. Sie mußte aber, um eine brauchbare, lesbare, sogar sehr gut lesbare Schrift zu werden, die konstruierte Form zu Gunsten der optisch erfaßbaren oft aufgeben, und Renner war aus seiner buchkünstlerischen Erfahrung heraus tolerant genug, die aus der Tradition gewonnene Erkenntnis nicht dem neuen Dogma zu opfern.«[73]

42

42
Liselotte Müller, Anzeige
Bauersche Giesserei 1929/31.

ſt

s-t-Ligatur, Futura halbfett.

r und **n** Alternates, Futura halbfett.

FUTURA UND DIE NEUE TYPOGRAFIE

»ist es etwa ökonomisch gleichgiltig (sic!), ob der schriftsetzer sich nur mit der hälfte der lettern abzugeben hat, ob der guss der lettern durch die großbuchstaben belastet ist, ob letternmetall brach liegt, ob raumersparnis bei der aufbewahrung der lettern, kürzerer arbeitsweg bei ihrer verwendung und verminderung an aufbewahrungsgerät eintritt, ob schliesslich bei der korrektur eine ständige quelle fehler und kosten bedingt! welch kräfte werden gespart, wenn die schreibmaschine die großen staben fallen lässt?«[74]

KLEINSCHREIBUNG UND GROTESKSCHRIFT

Die entscheidende Anregung für die Diskussion um die Kleinschreibung wie sie im Kontext der Neuen Typografie geführt wurde, lieferte der Berliner Mathematiker und Ingenieur Walter Porstmann mit seiner Publikation *Sprache und Schrift*, in der er bereits 1920 eine Sprachreform propagiert hatte, die zu einer Weltsprache führen sollte. Voraussetzung bildete die Idee des Taylorismus, der auch bezogen auf den Umgang mit Schrift Zeit, Material und Geld einsparen helfen sollte. Es ist bekannt, dass Porstmann am Bauhaus Vorträge gehalten hat – wahrscheinlich hat László Moholy-Nagy ihn 1925 eingeladen, da in diesem Jahr eine entscheidende Wende am Bauhaus hin zu Ökonomisierung und Rationalisierung zu diagnostizieren ist.[75]

Im September 1925 bezieht sich Moholy-Nagy in seinem Artikel »bauhaus und typografie« explizit auf Porstmanns Publikation, aus der er sogar wörtlich zitiert.[76] Kurz darauf, im Oktober 1925, veröffentlichte der erst 23jährige Jan Tschichold seine *elementare typografie* als Sonderheft der *Typographischen Mitteilungen*. Herausgegeben vom Bildungsverband der Deutschen Buchdrucker, richtete sich diese Zeitschrift in erster Linie an die Vertreter des Druckgewerbes. Damit stellte Tschicholds Publikation einen ersten Versuch dar, die Vorstellungen der gestalterischen Avantgarde professionellen Typografen vorzustellen.[77] Hier war wiederum mit Verweis auf Porstmann zu lesen: »Eine außerordentliche Ersparnis würde durch die ausschließliche Verwendung des kleinen Alphabets unter Ausschaltung aller Großbuchstaben erreicht, eine Schreibweise, die von den Neuerern der Schrift als unsre Zukunftsschrift empfohlen wird. (...) durch kleinschreibung verliert unsre schrift nichts, wird aber leichter lesbar, leichter lernbar, wesentlich wirtschaftlicher. warum für einen laut, z. b. a zwei zeichen A und a? ein laut ein zeichen. warum zwei alfabete für ein wort, warum die doppelte menge zeichen, wenn die hälfte dasselbe erreicht?«[78] FIG. 45 S. 120

Gleichzeitig plädierte Tschichold für den Einsatz von Groteskschriften: »Elementare Schriftform ist die Groteskschrift aller Variationen: mager – halbfett – fett – schmal bis breit.«[79]

Im von Moholy-Nagy zusammengestellten, so genannten Bauhaus-Heft der Zeitschrift *Offset, Buch und Werbekunst* beklagte der Bauhausmeister im Sommer 1926: »Vorläufig haben wir nicht einmal eine Werkschrift in richtiger Größe, äußerst klar lesbar, ohne individuelle Eigenart, ausgehend von der funktionellen optischen Erscheinungsform, ohne Verzerrungen und Schnörkel.«[80] Für Auszeichnungs- und Titelschriften stünden mit der Venus-Grotesk und Lapidar zwar »annähernd brauchbare und gute Schriften, deren geometrische und fonetische Urform, wie Quadrat oder Kreis, ohne Verzerrung zur Geltung« komme;[81] er stellte aber fest: »in größerer Menge verwendet, flimmern sie.«[82]

Moholy-Nagy betonte, »die Annahme von Grundformen, wie Kreis, Quadrat, Dreieck, führt heute bei der Schriftgestaltung gewiß zu interessanten fomalen, sogar notwendig praktischen Ergebnissen;«[83] Mit diesen Bemerkungen spielte er offensichtlich auf Schriftentwürfe der beiden Bauhaus-Jungmeister Herbert Bayer und Josef Albers an, die im selben Heft vorgestellt wurden: FIG.44 S.119

»Zeit ist Geld: das Geschehen ist ökonomisch bestimmt.«[84] In seinen Schriftentwürfen beschäftigte sich Josef Albers mit Zeitökonomie bezogen auf Sprechen und Schreiben. Um Satzmaterial verringern und Material und Zeit einsparen zu können, veröffentlichte Albers 1926 den Entwurf seiner »Schablonenschrift«, die sich auf drei geometrische Grundformen konzentriert, aus denen seiner Meinung nach jeder Buchstabe konstruiert werden kann: »dem Quadrat, dem Dreieck, als dessen Hälfte, und dem Viertelkreis, dessen Radius der Quadratseite entspricht«.[85]

Bei der Konzeption seines Schriftentwurfes ›universal‹ folgte Bayer ähnlichen Richtlinien: FIG.43 S.118 Um eine Vereinheitlichung der Schriftzeichen erreichen zu können, orientierte er sich an den Primärformen Kreis und Quadrat in gleicher Balkenstärke ohne optischen Ausgleich. Zudem konzipierte er seine Schrift als Minuskelalphabet: »Es gibt kein großes und kleines Alfabet. Es ist nicht nötig für einen Laut ein großes und ein kleines Zeichen zu haben.«[86] Seine Ausführungen gipfelten in der Aussage: »Den heutigen Forderungen am meisten entsprechend ist die sogenannte Groteskschrift. Sie wird auch international verwendet, doch ist sie noch unvollkommen und kompliziert, weil willkürlich entwickelt. Aber es ist die Schrift, auf der hier weiter gebaut wird. Sie besteht heute noch aus zwei Alfabeten, nämlich Versalien: reine klassische Form, und Minuskeln. Diese Buchstabenform ist somit die zur Weiterentwicklung gegebene.«[87]

An erster Stelle stand für Bayer wiederum in Anlehnung an Porstmann die Idee der Weltschrift, deren einfache und klare Schriftzeichen zur internationalen Verständigung beitragen sollten. Diese Einheitsschrift sollte als Druck-, Hand-, Maschinen- und Schablonenschrift universal einsetzbar sein.[88] Um eine »Einheit in der Konstruktion der Staben« erreichen zu können, sollten sie aus »den primären Formen Kreis, Quadrat« mit durchgehend gleicher Balkenstärke konstruiert werden. Wie Renner strebte Bayer, ausgehend von der Überlegung: »In der Maschine

»So wie moderne Maschinen, Architektur und Kino Ausdruck unserer exakten Zeit sind, muß es auch die Schrift sein.«

HERBERT BAYER
Versuch einer neuen Schrift, 1926.

abcdefghi
jklmnopqr
stuvwxyz

HERBERT BAYER: Abb. 1. Alfabet
„g" und „k" sind noch als
unfertig zu betrachten

Beispiel eines Zeichens
in größerem Maßstab
Präzise optische Wirkung

sturm blond

Abb. 2. Anwendung

399

43

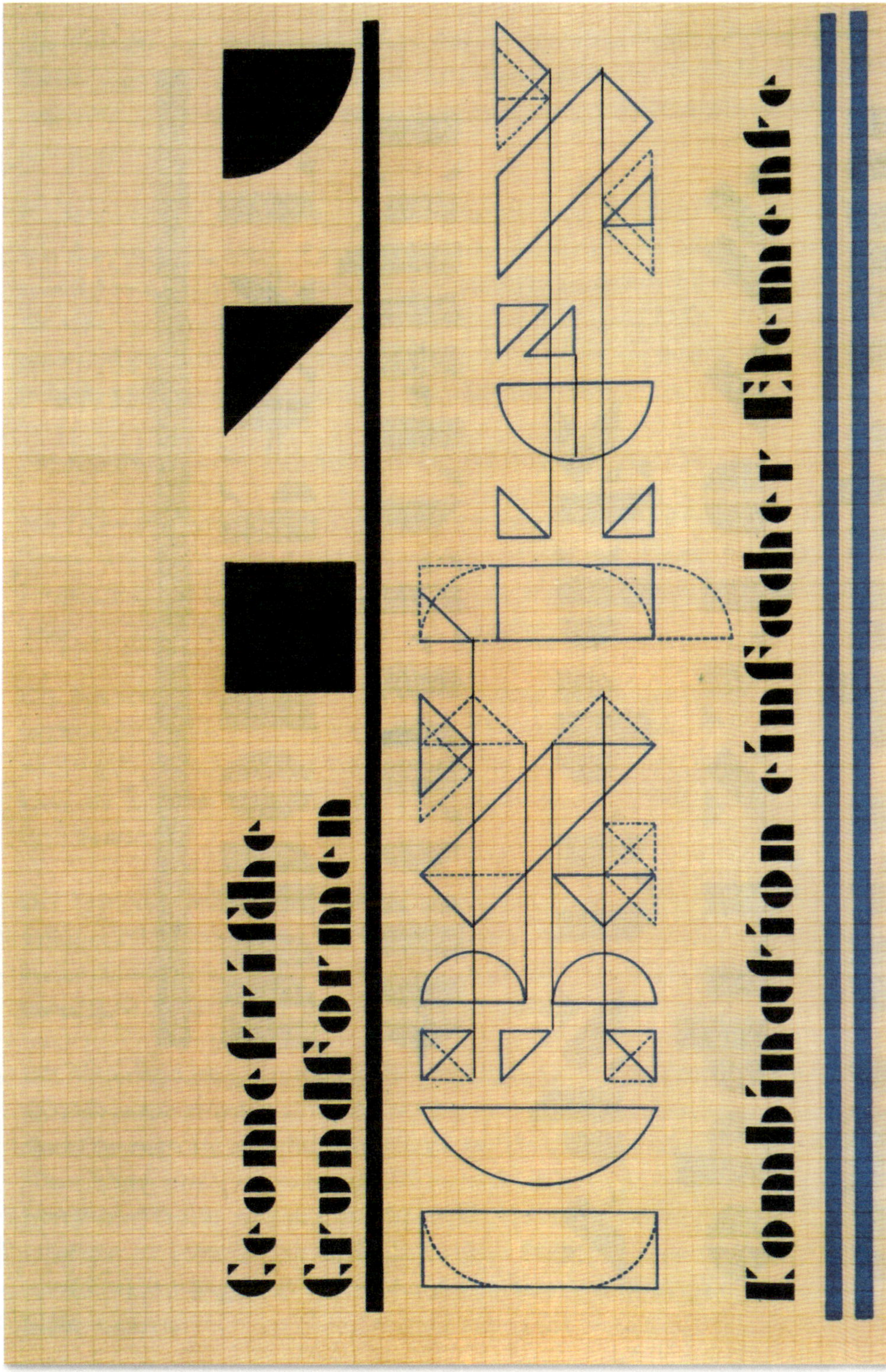
Geometrische Grundformen
Kombination einfacher Elemente

44

45

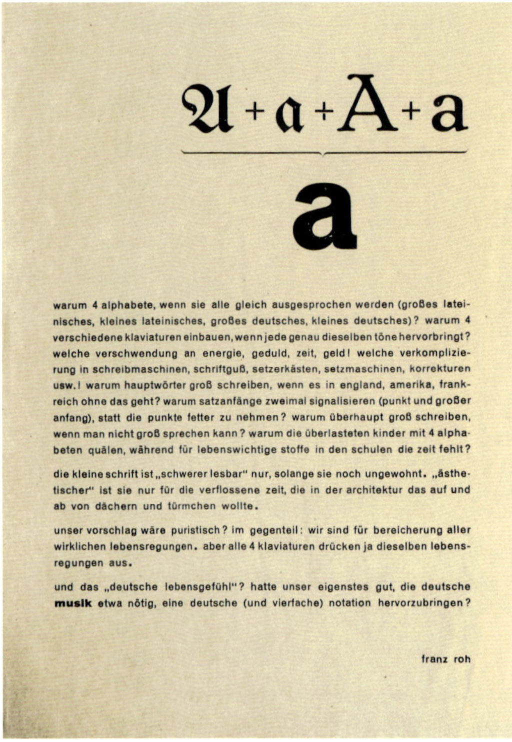

𝔄 + 𝔞 + A + a

a

warum 4 alphabete, wenn sie alle gleich ausgesprochen werden (großes lateinisches, kleines lateinisches, großes deutsches, kleines deutsches)? warum 4 verschiedene klaviaturen einbauen, wenn jede genau dieselben töne hervorbringt? welche verschwendung an energie, geduld, zeit, geld! welche verkomplizierung in schreibmaschinen, schriftguß, setzerkästen, setzmaschinen, korrekturen usw.! warum hauptwörter groß schreiben, wenn es in england, amerika, frankreich ohne das geht? warum satzanfänge zweimal signalisieren (punkt und großer anfang), statt die punkte fetter zu nehmen? warum überhaupt groß schreiben, wenn man nicht groß sprechen kann? warum die überlasteten kinder mit 4 alphabeten quälen, während für lebenswichtige stoffe in den schulen die zeit fehlt?

die kleine schrift ist „schwerer lesbar" nur, solange sie noch ungewohnt. „ästhetischer" ist sie nur für die verflossene zeit, die in der architektur das auf und ab von dächern und türmchen wollte.

unser vorschlag wäre puristisch? im gegenteil: wir sind für bereicherung aller wirklichen lebensregungen. aber alle 4 klaviaturen drücken ja dieselben lebensregungen aus.

und das „deutsche lebensgefühl"? hatte unser eigenstes gut, die deutsche **musik** etwa nötig, eine deutsche (und vierfache) notation hervorzubringen?

franz roh

43

S. 118 – Herbert Bayer: *Versuch einer neuen Schrift*, in: Offset, Buch- und Werbekunst, 1926 (Sonderheft Bauhaus).

44

S. 119 – Josef Albers: *Schablonenschrift, 1923–26*, in: Offset, Buch- und Werbekunst, 1926 (Sonderheft Bauhaus).

45

Handzettel zur Kleinschreibung und Groteskschrift, Beilage zu Franz Rohs und Jan Tschicholds Publikation *Foto-Auge*, 1929.

eine Handschrift zu drucken, ist falsche Romantik«, eine »größtmöglichste Konzentration«, d. h. größtmöglichste formale Reduktion an.[89]

Aus der Perspektive der Neuen Typografie sollte sich aus den Forderungen nach Kleinschreibung und einer formalästhetischen Reduktion im Schriftentwurf auf möglichst wenige Primärformen eine einheitliche (›universale‹), international verständliche Einheitsschrift ergeben: »eine Einheitsschrift, ohne Minuskeln und Majuskeln; nur Einheitsbuchstaben – nicht der Größe, sondern der Form nach«, so beschrieb sie Moholy-Nagy.[90]

Seit Beginn der zwanziger Jahre hatte sich Paul Renner mit der Geschichte sowie den Vor- und Nachteilen der Druckschriften auseinandergesetzt und sich dezidiert gegen gebrochene Schriften ausgesprochen.[91] Als Vorbild für seine Futura verstand er die »römischen Versalien« mit ihrem »Nebeneinander der denkbar einfachsten Formen: Kreis, Dreieck, Quadrat«, denen er eine »leichte Faßlichkeit« und eine »kristalline Klarheit« zuschrieb.[92]

Während die Vertreter der Neuen Typografie ihren Forderungen nach Groteskschriften Nachdruck verleihen, setzte sich Paul Renner intensiv mit der klassischen Antiqua auseinander, die er durch ihre »Verschiedenheit der Groß- und Kleinbuchstaben« als der deutschen Sprache nicht angemessen und daher als entwicklungsfähig begriff.[93] In den so genannten ›Groteskschriften‹ sah Renner einen neuen ›Antiquatypus‹ und hoffte, dass der Versuch gelingen möge, »Groß- und Kleinbuchstaben auf ein- und dasselbe formale Prinzip zurückzuführen.«[94] Ähnlich äußert sich Renner in der *Gutenberg-Festschrift 1925:* Es gehe darum, eine Buchschrift zu entwickeln, die der deutschen Sprache entspreche. Dafür sei die Fraktur nicht geeignet, und auch die Antiqua werde in deutschen Texten »zum schlecht sitzenden, geliehenen Gewand.«[95] Es gelte, die Kleinbuchstaben an die in sich ruhende römische Versalie, »aufgebaut aus den elementarsten Ur-Flächen: Kreis, Geviert, Dreieck«,[96] anzunähern, »ihnen die Dynamik zu nehmen und sie auf das formale Prinzip der einfachsten und gegensätzlichsten Flächen zurückzuführen.«[97]

Wie erwähnt führte Bayer 1925 in den bauhauseigenen Drucksachen die radikale Kleinschreibung ein. Insbesondere am Fuße der Normbriefbogen, die im Namen des Bauhauses in alle Welt verschickt wurden, rechtfertigte er die Kleinschreibung in über die Jahre immer knapperer Form.[98]

1928 meldete sich Renner bezogen auf das Bauhaus-Statement »wir schreiben alles klein, denn wir sparen damit zeit. außerdem, warum zwei alfabete, wenn eins dasselbe erreicht? warum groß schreiben, wenn man nicht groß sprechen kann?«[99] zu Wort. Allerdings richtete er sich nicht gegen die Kleinschreibung, sondern gegen die seiner Meinung nach »unlogische Begründung«: »Wir wollen den Dessauer Bauhäuslern von Herzen dafür dankbar sein, daß sie die so oft theoretisch erhobenen Forderungen wieder einmal zur Tat gemacht haben; nur bitten wir sie, der guten Sache nicht durch untriftige und mißverständliche Argumente zu schaden.«[100]

Bezogen auf die zeitgenössischen Forderungen nach radikaler Kleinschreibung gab sich Renner moderat modern: »Selbst wenn einmal eine wahre Demokratie die (...) unerträgliche und subalterne Häufung der Großbuchstaben abgeschafft haben wird, so wird dennoch, auch bei der Jakob-Grimmschen Einschränkung der Großbuchstaben auf Satzanfänge und Eigennamen, deutscher Text in Antiqua nicht so gut aussehen als lateinischer, weil der deutschen Sprache die vielen n's, m's und u's fehlen und weil sie mehr Rundungen, Ober- und Unterlängen hat als die lateinische. Auch die schönste klassische Antiqua ist noch nicht die Schrift, die unserer Sprache angemessen ist.«[101] In der Gutenberg-Festschrift schreibt Renner 1925: »Wir Deutschen beehren ja leider seit Ende des siebzehnten Jahrhunderts jedes Hauptwort mit einem Großbuchstaben. Es ist dringend zu wünschen, daß bald eine wahre Demokratie mit der subalternen Gewohnheit aufräumen werde.«[102] Vorläufig allerdings, so betonte er, sei noch mit der alten Schreibweise zu rechnen, bei der »jedes Hauptwort mit einem Großbuchstaben« beginne. Es gelte daher entweder »die Versalien bescheidener und unauffälliger in die Gemeinen« einzureihen oder den Versuch zu wagen, »die Kleinbuchstaben ihrerseits der römischen Versalie anzunähern, ihnen die Dynamik zu nehmen und sie auf das formale Prinzip der einfachsten und gegensätzlichsten Flächen zurückzuführen.«[103]

Renner befürwortet die Kleinschreibung also grundsätzlich, plädiert jedoch für eine gemäßigte Kleinschreibung und akzeptierte durchaus realitätsorientiert den Umstand, dass es in deutschen Texten immer Großbuchstaben geben wird.[104]

So ist Renners Futura auch aus diesen Diskussionen heraus zu begreifen: Renner passte seine Futura bewusst dem Umstand an, dass deutsche Texte durch den Rhythmus von Klein- und Großbuchstaben charakterisiert sind, indem er die Kleinbuchstaben formal an die Großbuchstaben anglich.

Bezogen auf Schriftgestaltung wurden von der gestalterischen Avantgarde jedoch weitaus radikalere Lösungen eingefordert, so etwa von Jan Tschichold, der in seiner Publikation *Die Neue Typographie* 1928 ein scharfes Urteil fällte: »Es ist keine Frage, daß die heute vorhandenen Groteskschriften den Ansprüchen, die an eine vollkommene Schrift gestellt werden müssen, noch nicht ganz genügen. Die spezifischen Eigentümlichkeiten dieser Schrift sind noch kaum herausgearbeitet, die Formen insbesondere der Kleinbuchstaben sind noch zu sehr von der humanistischen Minuskel abhängig. Die meisten, und gerade die neuesten künstlerischen Groteskschriften (z. B. Erbar-Grotesk und Kabel) zeigen, zu ihrem Nachteil gegenüber den namenlosen älteren Grotesken, individuell modifizierte Bewegungen, die sie grundsätzlich in eine Linie mit den anderen Künstlerschriften stellen. Als Brotschriften sind sie weniger gut als die alten Grotesken. Einen wesentlichen Schritt nach vorwärts bedeutet die Futura von Paul Renner.«[105]

Trotz des Lobes schwingt auch Kritik mit. Tschichold impliziert, dass mit der Futura das Optimum noch nicht erreicht worden sei, wenn er schreibt: »... allen bisherigen Bemühungen, die Schrift der neuen Zeit zu schaffen, gehen nur um eine ›Verbesserung‹ der bisherigen Grotesk; es fehlt allen diesen Versuchen, die noch viel zu artistisch, zu ›künstlerisch‹ im früheren Sinne sind, die notwendige grundsätzliche Einstellung. Ich persönlich glaube, daß es nicht einem einzelnen vorbehalten sein kann, die Schrift unserer Zeit zu schaffen, die von jeder persönlichen Linienführung frei sein müßte. Sie wird das Werk mehrerer sein, unter denen sich auch ein Ingenieur befinden müßte.«[106]

OPTOPHONETISCHE REFORMBEWEGUNGEN

Impulsgebend für optophonetische Reformüberlegungen im Type Design war wieder Porstmanns Publikation *Sprache und Schrift*, in der er nicht nur für eine radikale Einsparung von Buchstaben, sondern auch für eine stärkere Orientierung der Schriftzeichen an den Lauten plädiert hatte.[107] Auch damit zielte Porstmann auf eine Weltsprache ab. Zudem dürften Moholy-Nagys Überlegungen zur Zukunft typografischer Mitteilungen in Fachkreisen kontrovers diskutiert worden sein. Der Bauhausmeister hatte durch die Verbreitung von Film, Grammofon und Radio grundlegende Umwälzungen prognostiziert: »Mit der Vervollkommnung des grammofonischen

46
Max Burger (Gestaltung): Cover der Zeitschrift *Typographische Mitteilungen*, August 1928 – das Cover in konsequenter Kleinschreibung und gesetzt mit Futura-Alternates war beim Internationalen Pressa-Wettbewerb mit dem 3. Preis ausgezeichnet worden.

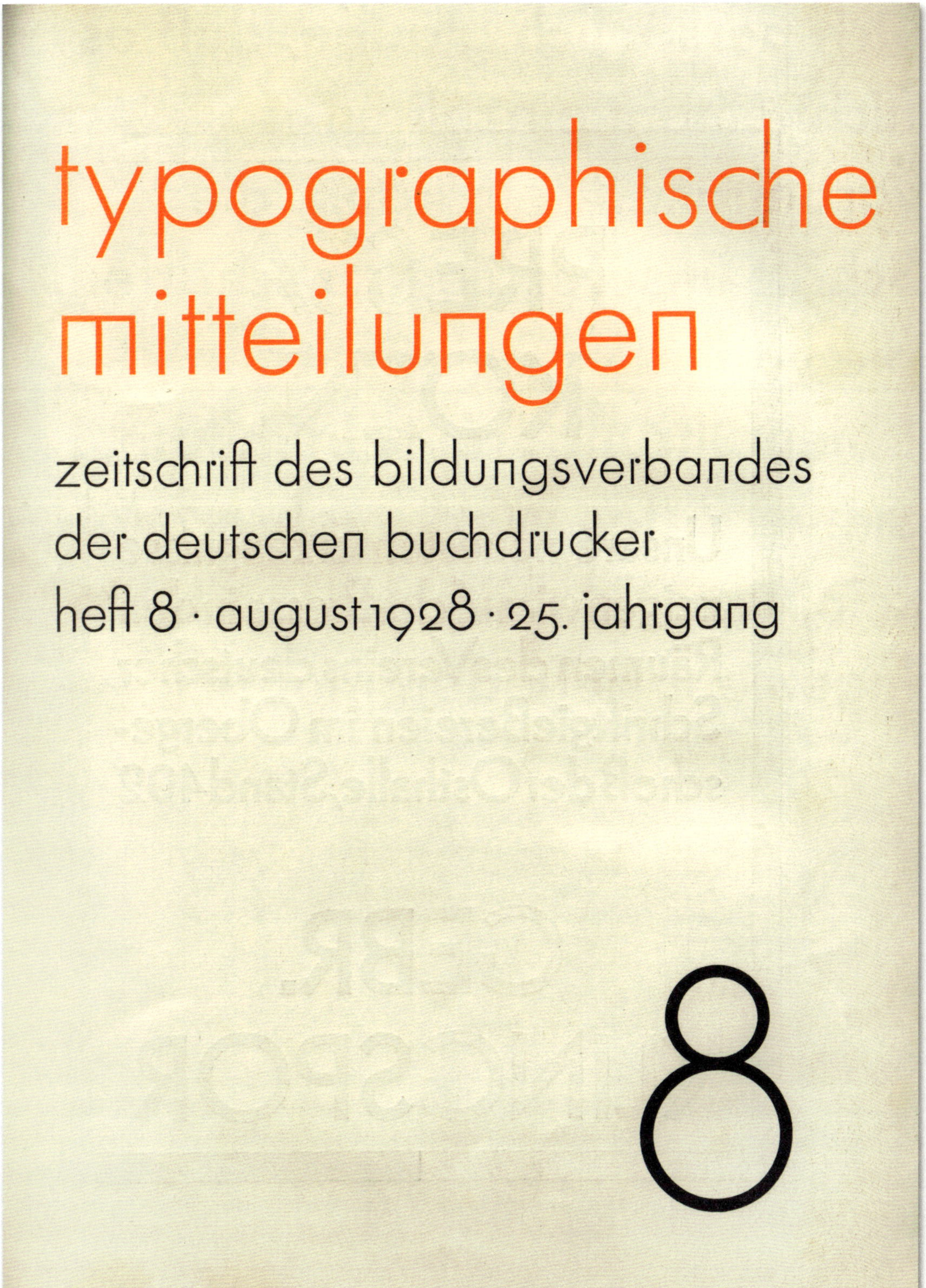

typographische mitteilungen

zeitschrift des bildungsverbandes der deutschen buchdrucker

heft 8 · august 1928 · 25. jahrgang

8

46

»Ich persönlich glaube, daß es nicht einem einzelnen vorbehalten sein kann, die Schrift unserer Zeit zu schaffen, die von jeder persönlichen Linienführung frei sein müßte. Sie wird das Werk mehrerer sein, unter denen sich auch ein Ingenieur befinden müßte.«

JAN TSCHICHOLD
Die Neue Typografie, 1928.

Verfahrens und der Verstärkerröhre und mit der Ausarbeitung einer für derartige Instrumente klanglich am besten geeigneten mechanischen Sprache wird es wahrscheinlich dahin kommen, daß die künftigen Autoren ihre literarischen Arbeiten nicht mehr optisch-typografisch, sondern fonetisch-mechanisch (...) oder möglicherweise auch optophonetisch (...) veröffentlichen.«[108]

Renner scheint sich ebenfalls mit der Frage beschäftigt zu haben, inwieweit die gesprochene Sprache Einfluss auf die Gestaltung der Buchstaben haben könnte: »Der Reichtum unserer Sprache an Lauten, denen in der Antiqua runde Formen entsprechen, rechtfertigt das Bestreben, die Rundungen in die Senkrechte hineinzuziehen. Das hat von selbst zur Folge ein kräftigeres Absetzen der oberen und unteren Grenze der Zeile (der m-Höhe), wie es schon in der römischen Rustica und später in der gotischen Minuskel vorgebildet ist.«[109]

Nach dem Erscheinen der Futura wurden intensivere Überlegungen zu phonetischen Alphabeten publiziert, die allerdings nicht umgesetzt wurden: Schwitters gab 1927 »Anregungen zur Erlangung einer Systemschrift« und Tschichold stellte 1930 ein phonetisches Alphabet vor.[110]

Renners typografietheoretische und -historische Betrachtungen unterschieden sich also von den radikalen Forderungen der Neuen Typografie: Zwar konzipierte er eine neue Groteskschrift. Diese entwickelte er jedoch nicht frei aus geometrischen Formen wie es Herbert Bayer mit seiner ›universal‹ versuchte, sondern aus klassischen Vorbildern. Auch bezogen auf Kleinschreibung verhält sich Renner moderat modern, indem er für eine gemäßigte Kleinschreibung plädierte – eine innere Überzeugung, der er trotz politischer Widerstände treu blieb. So schrieb er noch 1946: »Beschränken wir (...) die Großbuchstaben auf Satzanfänge und Eigennamen, so wie es früher bei uns Brauch war und wie es überall sonst auf der Welt üblich ist.«[111] Eben dieser Forderung entspricht seine Futura, indem er die Kleinbuchstaben an die Großbuchstaben angleicht, um so ein optisch ausgewogeneres Bild erreichen zu können.

FUTURA – DIE SCHRIFT DER MODERNE

Der semantische Impetus bei Groteskschriften der 1920er Jahre ist durch ein mechanistisch-funktionalistisches Weltbild geprägt, das auf die geometrische Konstruktion einer Schrift durch Lineal und Zirkel als Ausdruck eines rationalen Geistes setzt. Renner schuf mit seiner Futura eine geometrisch konstruierte Groteskschrift, die den Geist der Maschine und des Ingenieurs in geradezu idealer Weise zum Ausdruck brachte. Entsprechend wurde diese erste geometrische Groteskschrift, die sich durch eine klare Konstruktion sowie aus einem rationalen Ingenieurdenken herleitet, von der typografischen Avantgarde grundsätzlich begrüßt.

Indem Renner die Minuskeln ebenso geometrisch konstruierte wie die römischen Majuskeln, setzte er sich deutlich vom handschriftlichen Duktus individueller Künstlerschriften ab. In dieser, vom individuellen Duktus befreiten Schrift wurde die

Futura tatsächlich zur überindividuellen ›Schrift ihrer Zeit‹ – in ihrer zeitlosen und perfekten Geometrie symbolisierte sie Mechanisierung und Industrialisierung, Arbeitsteilung und Taylorismus.

Gleichzeitig basiert die Konstruktion der Schrift aber auch auf antiken Vorbildern und orientierte sich an den Wahrnehmungsgesetzen der Schriftgestaltung, so dass sich die Schrift – deutlich stärker als die Schriftexperimente am Bauhaus – in den Kanon und das Selbstverständnis professioneller Schriftgestalter einbinden ließ. Damit beinhaltet die Futura ein integratives Moment: Sie visualisiert Vorstellungen der Neuen Typografie, war aber auch für Typografen akzeptabel, die einer eher moderaten Moderne aufgeschlossen gegenüberstanden.

Gerade weil die Futura die Ideen der Avantgarde mit den Qualitätsanforderungen der Praxis vereinigt, avancierte sie zu ›der‹ Schrift der Moderne. Sie ist nicht absolut geometrisch, wie von Herbert Bayer mit seiner ›universal‹ angedacht, verbindet jedoch abstrakte Formgebung mit klassischen Vorbildern zu einer modernen Schrift mit edler Anmutung.

47

47

Anzeige Bauersche Giesserei 1930 in der *Gebrauchsgraphik*, Vol.7 Heft 8.

48

Futura, ein Welterfolg, Anzeige der Bauerschen Giesserei, gesetzt in konsequenter Kleinschreibung für Jan Tschicholds Beilage der *Typografischen Mitteilungen ›noch eine neue schrift. beitrag zur frage der Ökonomie der schrift‹*, 1930.

FUTURA

ein welterfolg

mager

halbfett

fett

schräg mager

halbfett

black

die futura hat im laufe weniger jahre in europa wie in amerika eine überraschend weite verbreitung gefunden, und die zahl ihrer freunde mehrt sich stetig. die uneingeschränkte anerkennung, die diese schrift fand, war nicht vorauszusehen, denn man weiß, wie sehr in dingen der typografie die anschauungsweise der völker und kontinente auseinandergeht. worin beruht das geheimnis dieses erfolges? soviel ist gewiß: die futura ist keine modische schrift, weder im besseren noch im minderen sinne des wortes. sie erzwang nicht durch verblüffende formen beachtung, sie dient nicht nur dem augenblick, und sie deckt mehr als die absichten des tages. in der futura gelang die vollendete sichtbarmachung eines großen formgedankens. ihre schönheit gründet sich auf die reinheit ihrer gesinnung, und sie überzeugt mit der kraft, mit der ein vollkommenes werk überzeugt.

bauersche giesserei

frankfurt am main

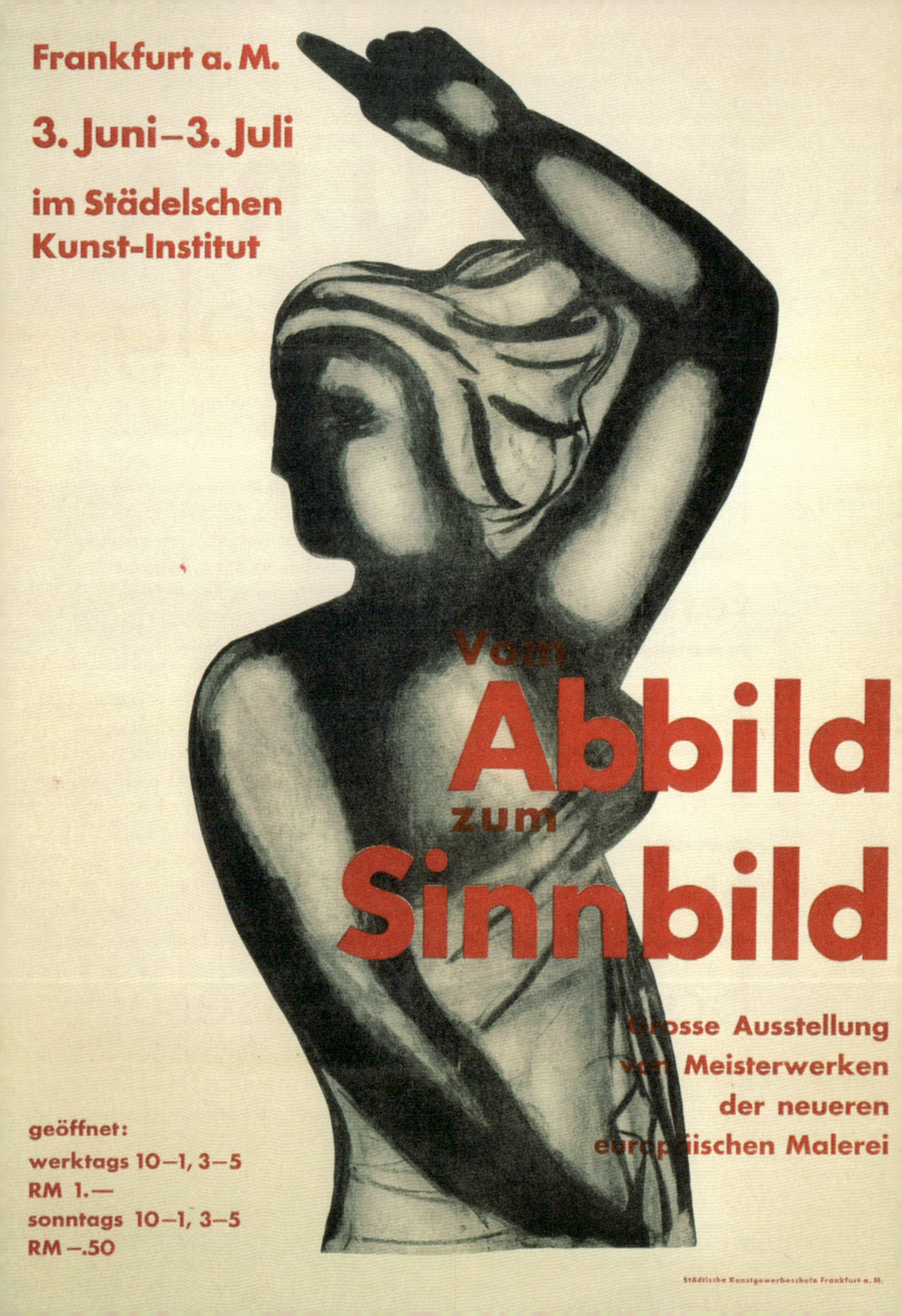
Frankfurt a. M.
3. Juni–3. Juli
im Städelschen
Kunst-Institut
Vom
Abbild
zum
Sinnbild
Grosse Ausstellung
von Meisterwerken
der neueren
europäischen Malerei
geöffnet:
werktags 10–1, 3–5
RM 1.—
sonntags 10–1, 3–5
RM –.50
Städtische Kunstgewerbeschule Frankfurt a. M.

ANNETTE LUDWIG

WILLI BAUMEISTER

DER SCHWÄBISCHE AVANTGARDIST IN DER STADT DER SCHRIFTGIESSER (1928–1933)

»In Frankfurt habe ich nicht nur die Entstehung eines neuen Baustils miterlebt, sondern auch als Lehrer einer Kunstschule gearbeitet, die es sich zur Aufgabe gestellt hatte, Formen und Gestalten im Geiste der Neuen Zeit zu lehren – Kunstschulen sind in Fachkreisen nicht sehr beliebt. Und doch haben sie der Typografie unschätzbare Dienste geleistet, schon deshalb, weil sie im Schriftverkehr gewandte und im typografischen Skizzieren geübte Gebrauchsgrafiker ausbilden.«[112]

Mit diesen Worten skizzierte Paul Renner seine einjährige Tätigkeit an der Städtischen Kunstgewerbeschule, die zwei Jahre vor seiner Berufung aus dem Zusammenschluss des Städelschen Kunst-Instituts mit der vom Kunstgewerbeverein getragenen Kunstgewerbeschule entstanden war. Unter dem Direktorat des ›Stadtkunstwarts‹ Fritz Wichert und in einer Zeit, in der mit dem ›Neuen Frankfurt‹ ein beispielloses gestalterisches Modernisierungsvorhaben umgesetzt wurde, war die Lehre interdisziplinär und ganz auf die Erfordernisse der Praxis ausgerichtet. Der von Renner geleiteten Abteilung für Werbegrafik und Typografie kam daher eine besondere Bedeutung zu, die sich nicht zuletzt auch den großen ortsansässigen Schriftgießereien und deren ökonomischem Potenzial verdankte.[113] Die Fachklasse erlebte nach Renners Weggang eine Zäsur, bis am 1. April 1928 der Stuttgarter Künstler Willi Baumeister (1889–1955) als dessen Nachfolger berufen wurde.

Der 39-Jährige war national wie international als freier Künstler anerkannt, was sich in viel beachteten Ausstellungen und Ankäufen niederschlug; er konnte im zurückliegenden Jahrzehnt jedoch auch gleichermaßen im Bereich der angewandten Kunst reüssieren, was sich in herausragenden Gestaltungslösungen manifestierte – darunter Drucksachen und Raumgestaltungen für die Stuttgarter Bauausstellung 1924 und die Werkbund-Ausstellung *Die Wohnung*, die 1927 in Verbindung mit der Eröffnung der Weißenhofsiedlung entstand.

Diese von Baumeister selbst als »Werkkunst«[114] bezeichnete Arbeit fand in Frankfurt eine konsequente Fortsetzung und wurde schon nach sechsmonatigem Unterricht in den von Fachlehrern[115] begleiteten Klassen für Gebrauchsgrafik, Typografie und Stoffdruck durch die Verleihung des Professorentitels honoriert. Als ein dem Konstruktivismus und der Abstraktion verpflichteter Maler lotete Baumeister in seinen verschriftlichten gestalterischen Maximen die ›Bildhaftigkeit‹ der Neuen Typografie aus: »Der Typograph steht am Beginn seiner werkbewußten Tätigkeit vor derselben Aufgabe wie

49
Willi Baumeister: Ausstellungsplakat *Vom Abbild zum Sinnbild*, Städelsches Kunst-Institut, Frankfurt/Main, 1931.

der Maler. Die Grundsätze der Flächenaufteilung sind verschieden. Die Druckseite enthält Bildhaftes und Mitteilungen. (...) Bei der Typographie ist die Mitteilung bildhaft zu gestalten.«[116] Die Umsetzung dieser Ästhetik offenbarte sich seinen zahlreichen Schülern gerade auch im vergleichenden Sehen, wie es zum Beispiel die Akzidenzen der Firma Hartmann & Braun erlauben, für die Baumeister in seiner Frankfurter Zeit die »Umstellung auf die modernen Erfordernisse«[117] vornahm.

Auch als er im Oktober 1930 mit der Aufgabe betraut wurde, die 1926 von Stadtbaurat Ernst May begründete und ab dem zweiten Jahrgang gemeinsam mit Fritz Wichert herausgegebene Zeitschrift *Das Neue Frankfurt/die neue stadt* typografisch zu optimieren, folgte er seinen Normativen: »Viele ›moderne‹ Anzeigen, Briefköpfe usw. sind nach den Kompositionsprinzipien des Gemäldes aufgebaut, sei es auch in konstruktivistischem Sinn. (...) Das Gemälde wird beschaut. Die Anzeige, die Druckzeile usw. muß aber abgelesen werden. Wir wissen, daß das Lesen eine Bewegung ist. Alles, was Bewegung, d. h. Richtung hat, ist ausgleichslos. Die Anordnung eines Druckkomplexes hat ganz im Gegensatz zur Endruhe der Gemäldekomposition eine ganz bestimmte Richtung. Im Schriftsatz darf also nicht in erster Linie der schöne Ausgleich des freien Gleichgewichts erstrebt werden, sondern der Fahrtlinie muß im gegebenen Fall alles geopfert werden.«[118] Dementsprechend ›beruhigte‹ Baumeister das Layout des bis dato für die Gestaltung der Monatsschrift zuständigen städtischen Drucksachenberaters Hans Leistikow, der mit der ›Brigade May‹ nach Moskau ging. FIG. 23 S. 91 Für den Innentitel von Heft 4/11 entwickelte er aus der Futura licht das neue ›dnf‹-Signet; der internationale Anspruch artikulierte sich bis Dezember 1932 jedoch vor allem in den Titelseiten, »in denen sich Heftinhalte zu prägnanten Signalen verdichteten«.[119] Hier verzichtete Baumeister auf den wiederholt kritisierten Versalsatz und kombinierte Farbfelder und Fotografien mit der fetten, rechtsbündig gesetzten Futura.

Bereits 1926 hatte er sich über die »Bevorzugung von Groteskschriften« geäußert und seine seinerzeit auf die neu erschienene Erbar-Grotesk ausgerichtete Präferenz damit begründet, »daß der exakte Schnitt eine Klarheit des Wortbildes ergibt, die Pinselschriften, kunstgewerbliche Schriften und die Fraktur niemals erreichen. Der Schriftblock kommt klar zum Ausdruck, was gegenüber anderen Typen ein exemplarisches Gestalten ermöglicht.«[120] Als Verfechter künstlerischer Individualität legte er sich jedoch, ähnlich wie Kurt Schwitters, dem er auch als Mitglied des »ring neue werbegestalter« VGL. S. 157 verbunden war, nicht auf die Futura fest. Er setzte sie ein, wo sie ihm, wie bei dem 1931 geschaffenen Bildplakat für die von Fritz Wichert konzipierte Kunstausstellung *Vom Abbild zum Sinnbild*, geeignet erschien. FIG. 49 S. 128 So verwendete er die Frankfurter Schrift auch noch, als er von den Nationalsozialisten verfemt, aus dem Professorenamt entlassen und mit Ausstellungsverbot belegt, zur Bestreitung seines Lebensunterhaltes werbegrafisch für die Wuppertaler Lackfabrik Dr. Kurt Herberts tätig war.[121]

Kleine os in Futura mager, halbfett und fett. Vorlagen: Schriftproben 1927/28.

1

[Vortrag von] Paul Renner, in: *Kampf um München als Kulturzentrum. Sechs Vorträge von Thomas Mann, Heinrich Mann, Leo Weismantel, Willi Geiger, Walter Courvoisier und Paul Renner.* München, o.J. [1926], S. 49.

2

Vgl. Grete Lihotzky: *Rationalisierung im Haushalt.* In: Das Neue Frankfurt (Frankfurt/M.), 1. Jg., April/Juni 1927, H. 5, S. 120–123.

3

Im Inneren der Festhalle wurden vier verschiedene Einzelwohnungen gezeigt. Zwei davon entsprachen den Typen, die in Praunheim realisiert wurden. Vgl. Kf.: *Eine Bauausstellung auf der Frankfurter Frühjahrsmesse.* In: Das Neue Frankfurt (Frankfurt/M.) 1. Jg., Februar/März 1927, H. 4, S. 90–91; Werner Nosbisch: *Die neue Wohnung und ihr Innenausbau. Der neuzeitliche Haushalt.* In: Das Neue Frankfurt (Frankfurt/M.), 1. Jg., 1927, H. 6, S. 129–133.

4

Paul Renner: *Entbehrliche Künste, notwendige Kunst.* In: Die Bücherstube (München), 4. Jg., 1925, S. 244.

5

Paul Renner: *Die Schrift unserer Zeit.* In: Die Form (Berlin), 2. Jg., 1927, H. 4, S. 110.

6

[Paul Renner]: *Aus der Geschichte der neuen deutschen Typografie.* Vortrag von Paul Renner auf der Jahresversammlung des Grafischen Gewerbes in Freiburg i. Br. 1947, Masch. Ex., S. 8.

7

[Paul Renner]: *Vom Georg-Müller-Buch bis zur Futura und Meisterschule. Erinnerungen Paul Renners aus dem Jahrzehnt 1918 bis 1927.* In: Imprimatur (München), Jg. IX., 1940, S. 7.

8

[Paul Renner]: *Aus der Geschichte der neuen deutschen Typografie.* Vortrag von Paul Renner auf der Jahresversammlung des Grafischen Gewerbes in Freiburg i. Br. 1947, Masch. Ex., S. 9.

9

Im Nachlass Albinus im MAK befinden sich zwei Einladungskarten und zahlreiche Akzidenzien, die mit demselben Satzmaterial gedruckt wurden.

10

Das Nachwort datiert die Publikation auf den 3. Juli 1925; die Probe findet sich in: F. H. Ehmcke: *Schrift. Ihre Gestaltung und Entwicklung in neuerer Zeit.* München 1925, S. 66.

11

Wichert berichtet, dass es bei der Zusammenlegung der beiden Institutionen versäumt worden sei, der neuen Schule einen entsprechenden Namen zu geben. Die Bezeichnungen Kunstgewerbeschule, Städtische Kunstschule und Hochschule für freie und angewandte Kunst seien gleichbedeutend nebeneinander benutzt worden. Vgl. Hans M. Wingler (Hrsg.): *Kunstschulreform* 1900–1933, Berlin 1977, S. 146, zudem: Heike Drummer: *Reform und Destruktion – die Geschichte der Städelschule während Weimarer Zeit und Nationalsozialismus.* In: Hubert Salden (Hrsg.): Die Städelschule Frankfurt am Main von 1817 bis 1995, Mainz 1995, S. 139.

12

Ab 1927 geleitet von dem Wiener Franz Schuster, vgl. Klaus Klemp: *design in frankfurt 1920–1990*, hrsg. von Matthias Wagner K. [Ausstellungskatalog Museum Angewandte Kunst Frankfurt/M.], Stuttgart 2014, S. 34.

13

Ebenda.

14

Heike Drummer: *Reform und Destruktion – die Geschichte der Städelschule während Weimarer Zeit und Nationalsozialismus.* In: Hubert Salden (Hrsg.): Die Städelschule Frankfurt am Main von 1817 bis 1995, Mainz 1995, S. 143.

15

1924 wurde die Abteilung unter der Bezeichnung ›Typografie und Buchbinderei‹ gegründet und zunächst von Windisch, Albinus und Rehbein geleitet. Renner wurde wohl auch eingestellt, um der Konkurrenz aus Offenbach begegnen zu können. Vgl. Hans M. Wingler (Hg.), *Kunstschulreform* 1900–1933, Berlin 1977, S. 157–158. – Der Setzermeister Philipp Albinus spielte eine wichtige Rolle an der Frankfurter Schule. Er war Lehrer an der Fachklasse für Gebrauchsgraphik, die von Renner und dann Willi Baumeister geleitet wurde und sammelte Akzidenzien. Zudem war er Vorsitzender des Frankfurter Bundes des Bildungsverbandes der Deutschen Buchdrucker – jener Institution, die 1925 Jan Tschicholds Sonderheft *elementare typografie* herausgebracht und damit die ›Neue Typografie‹ in den Fachkreisen entscheidend popularisiert hat. Zudem fasste Albinus in seiner im Januar 1929 veröffentlichten Publikation *Grundsätzliches zur Neuen Typographie* die Entwicklungen der letzten fünf Jahre zusammen. Vgl. Philipp Albinus: *Grundsätzliches zur Neuen Typographie.* Berlin 1929; vgl. zudem: Paul Renner: *Aus meinem Leben.* Frankfurt/M. o.J. [ca. 1945], S. 5 sowie *Alles neu! 100 Jahre neue Typografie und neue Grafik in Frankfurt am Main*, hrsg. von Klaus Klemp, Matthias Wagner K. u. a. Kat. Museum Angewandte Kunst Frankfurt/M. Stuttgart 2016.

16

Bei einer Ausstellung der Kunstschule im November 1925 wurde eine Vorprobe der Renner-Futura ausgestellt, die leider nicht erhalten ist. Vgl. Städtische Kunstgewerbeschule Frankfurt am Main: 1. Ausstellung. Grafische, malerische, plastische Kräfte (Nr. 23) [Ausstellungskatalog Kunstgewerbemuseum/Neue Mainzer Strasse 49, Frankfurt/M.], Frankfurt/M. 1925.

17

Hans M. Wingler (Hrsg.): *Kunstschulreform* 1900–1933, Berlin 1977, S. 158–159.

18

DNF, 1929, H. 5, zit. n. Hans M. Wingler (Hrsg.), Kunstschulreform 1900–1933, Berlin 1977, S. 157.

19

Paul Renner: *Vom Georg-Müller-Buch bis zur Futura und Meisterschule.* In: Gebrauchsgraphik (Berlin), 20. Jg., Mai 1943, H. 5, o. Pg.; Paul Renner: *Aus meinem Leben.* Frankfurt/M. o.J. [ca. 1945], S. 5; [Paul Renner]: Aus der Geschichte der neuen deutschen Typografie. Vortrag von Paul Renner auf der Jahresversammlung des Grafischen Gewerbes in Freiburg i. Br. 1947, Masch. Ex., S. 9.

20

Zum Begriff Typotektur vgl. Harald Wanetzky: *Typotektur. Architektur und Typografie im 20. Jahrhundert – der Modellfall einer Zusammenführung.* Diss. Freiburg i. Br. 1995.

21

E[rnst] M[ay]: *Reklamereform.* In: Das Neue Frankfurt (Frankfurt/M.), 1. Jg., 1927, H. 3, S. 64.

22

Walter Dexel: *Reklame im Stadtbilde.* In: Das Neue Frankfurt (Frankfurt/M.), 1. Jg., 1927, H. 3, S. 45 ff.

23

Dexel hat während seiner Zeit im Frankfurter Hochbauamt am 1.2.1927 seinen Artikel *Was ist neue Typographie* in der Frankfurter Zeitung veröffentlicht.

24

Walter Dexel: *Reklame im Stadtbilde*. In: Das Neue Frankfurt (Frankfurt/M.), 1.Jg., 1927, H.3, S.46.

25

Ebenda, S.45ff.

26

Ebenda.

27

Ebenda.

28

Paul Renner: *Vom Georg-Müller-Buch bis zur Futura und Meisterschule*. In: Gebrauchsgraphik (Berlin), 20.Jg., Mai 1943, H.5, o.Pg.; Renner, Aus meinem Leben, [ca.1945], S.5; [Paul Renner]: *Aus der Geschichte der neuen deutschen Typografie*. Vortrag von Paul Renner auf der Jahresversammlung des Grafischen Gewerbes in Freiburg i. Br. 1947, Masch. Ex., S. [Renner], S.9 – So betont auch Christopher Burke, Renner habe 1925/26 Vorlagen für städtische Beschilderungen gezeichnet, so dass seine Futura nicht nur im Frankfurter Bauamt, sondern auch im öffentlichen Raum vor allem des Neuen Frankfurt präsent war. Vgl. Christopher Burke: *Paul Renner. The Art of Typography*. London 1998, S.88, Anm.39.

29

Vgl. Kopie im Bauhaus-Archiv mit der Bemerkung »Schrifttyp ›Kramer Grotesk‹, 1925, für die Stadt Frankfurt am Main, weiterentwickelt von Paul Renner, 2 Bl., Kopien-Mappe Ferdinand Kramer (BHA)« sowie Andreas Hansert: Georg Hartmann (1870–1954). *Biografie eines Frankfurter Schriftgießers, Bibliophilen und Kunstmäzens*. Wien/Köln/Weimar 2009, S.88.

30

Hier positioniert sich insbesondere die ältere Forschung: Eckhard Neumann schreibt, Kramer habe gesprächsweise angedeutet, dass »auch er sich als einer der ›Väter‹ der Futura sehe«, betont aber, dass dies nicht wörtlich zu nehmen sei und nicht die Urheberschaft von Renner tangiere. Es habe zwischen den ersten Studien und der konfektionierten Schriftform erhebliche formale Abweichungen gegeben, die »durchaus ein Ergebnis der Dialoge zwischen Kramer und Renner gewesen sein« könnten. Er berichtet, in Kramers Nachlass befinde sich ein auf 1925 datiertes, vor Gestaltung des Hutladens entstandenes »Studienblatt mit Schriftentwürfen für Versalien, die alle ästhetischen Vorgaben der Futura-Versalien vorgibt.« Vgl. Eckhard Neumann: *Frankfurter Typografie*. Bemerkungen zur Futura und zur angeblichen Kramer-Grotesk. In: Claude Lichtenstein (Hrsg.): Ferdinand Kramer. *Der Charme des Systematischen. Architektur, Einrichtung, Design*. Gießen 1991, S.32–33. Eben dieses Blatt mit den Korrekturen auf Karopapier ist bei Willberg als Kramerentwurf abgebildet. Vgl. Hans Peter Willberg: *Ungedruckte Illustrationen von Willi Baumeister. Schrift im Bauhaus. Die Futura von Paul Renner (Monographien und Materialien zur Buchkunst II)*. Neu-Isenburg 1969, Abb.15.

31

Laut Stresow existiert in einer Broschüre der Bauerschen Giesserei der Vermerk »eine der ersten Zeichnungen der Futura von Paul Renner (1925)«. Vgl. Gustav Stresow: *Paul Renner und die Konzeption der Futura*. In: Buchhandelsgeschichte (Frankfurt/M.), 2/1995 [Beilage Börsenblatt für den Deutschen Buchhandel, Nr.51, 27. Juni 1995, B 44].

32

Neue Reklame in Frankfurt am Main. In: Das Neue Frankfurt (Frankfurt/M.), Jg.1, 1927, H.3, S.61.

33

Die Abbildung des Hutladens findet sich im Sonderheft *Reklame im Stadtbilde* der Zeitschrift *Das Neue Frankfurt*. Neumann verweist darauf, dass auf derselben Seite noch eine weitere Abbildung die Fassade einer Feinbäckerei/Konditorei mit denselben typografischen Merkmalen zu sehen sei, die ebenfalls Renner zugeschrieben worden sei. Vgl. Neue Reklame in Frankfurt am Main. In: Das Neue Frankfurt (Frankfurt/M.), Jg.1, 1927, H.3, S.61 sowie Eckhard Neumann: *Frankfurter Typografie. Bemerkungen zur Futura und zur angeblichen Kramer-Grotesk*. In: Claude Lichtenstein (Hrsg.): Ferdinand Kramer. *Der Charme des Systematischen. Architektur, Einrichtung, Design*. Gießen 1991, S.33.

34

Ebenda. – Auch Burke verweist auf das logische Argument, der Nennung von Renner als Schöpfer der ›AUSSEN-REKLAME der Firma G. Kramer‹, was sicherlich nicht so geschehen wäre, wenn Kramer selbst die Schrift entworfen hätte. Vgl. Christopher Burke: *Paul Renner. The Art of Typography*. London 1998.

35

[Rudolf] Conrad: *[Bericht über Ausführungen von Paul Renner]*, in: Klimschs, Nr.12, zit.n. Hermann Hoffmann, *Reform und Bolschewismus*. In: Zeitschrift für Deutschlands Buchdrucker und verwandte Gewerbe (Leipzig), 38.Jg., 1926, H.23, S.191.

36

Paul Renner: *Zu den Arbeiten von Ferdinand Kramer*. In: Die Form (Berlin), 2.Jg., 1927, H.10, S.320–322.

37

Ebenda, S.320.

38

Ebenda, S.322.

39

Ebenda.

40

Gerda Breuer (Hrsg.): *Kramer, Ferdinand. Design für variablen Gebrauch*. Tübingen/Berlin 2014, S.194–195.

41

Paul Renner: *Futura. Die Schrift unserer Zeit*. Specimen der Bauerschen Giesserei Frankfurt am Main, o.J. [1927], S.4.

42

Brief Renners an die Bauersche Giesserei vom 14. März 1940.
Archiv Andrea Haushofer, München.

43

Rolf Bothe (Hrsg.): *Kunstschulreform 1900–1933*. Bauhaus Weimar, Dessau, Berlin, Kunstschule Debschitz, München, Frankfurter Kunstschule, Akademie Breslau, Reimann-Schule Berlin [Ausstellungskatalog Bauhaus-Archiv Berlin 1977], Berlin 1977, S.157f.

44

Wichert an den Magistratspersonaldezernenten am 15.07.1925. Institut für Stadtgeschichte Frankfurt (ISG) Mag.-Akte S.1753 I, Bl. 47 b.

45

Ebenda.

46

Vgl. Rolf Bothe (Hrsg.): *Kunstschulreform 1900–1933.* Bauhaus Weimar, Dessau, Berlin, Kunstschule Debschitz, München, Frankfurter Kunstschule, Akademie Breslau, Reimann-Schule Berlin [Ausstellungskatalog Bauhaus-Archiv Berlin 1977], Berlin 1977, S. 157 f.

47

Siehe Liste der ausgestellten Werke im Katalog der ersten Schulausstellung 1925: Städtische Kunstgewerbeschule Frankfurt am Main: 1. Ausstellung. Grafische, malerische, plastische Kräfte (Nr. 23) [Ausstellungskatalog Kunstgewerbemuseum/ Neue Mainzer Strasse 49, Frankfurt/M.], Frankfurt/M. 1925.

48

Christopher Burke: *Paul Renner. The Art of Typography.* London 1998, S. 88, Anm. 38.

49

Futura. Bauersche Giesserei. Frankfurt. Barcelona. New York, o. J. – Bauhaus-Archiv Berlin, NL Paul Renner, Inv. Nr. 10364/1.

50

Vgl. Tobias Picard: *Durch den Kopf des Auftraggebers denken. Der Gestalter Hans Leistikow,* in: Archiv für Frankfurts Geschichte und Kunst (Bd. 69), hrsg. von Dieter Rebentisch und Evelyn Hills. Frankfurt/M. 2003, S. 99–126, hier S. 102.

51

Institut für Stadtgeschichte Frankfurt (ISG), Personalakte (PA 205.749) Leistikow, fol. 8.

52

Die Form, 1927, H. 1, S. 32.

53

Heinz und Bodo Rasch (Hrsg.): *Gefesselter Blick.* 25 kurze Monografien und Beiträge über neue Werbegestaltung, mit Unterstützung d. ›Ringes d. Werbegestalter d. Schweizer Werkbundes‹ u. a., Stuttgart 1930, Reprint Baden (CH) 1996, S. 61 f.

54

Rudolf Conrad: *Frankfurt-Offenbach und die Deutsche Schriftentwicklung seit der Jahrhundertwende/Frankfurt-Offenbach and the Development of German Type Since the Beginning of the New Century.* In: Gebrauchsgraphik (Berlin), 3. Jg., März 1926, H. 3, S. 41.

55

Vgl. Justina Schreiber: *Die Avantgarde der Buchstaben. Vor 80 Jahren erfand Paul Renner die Futura. Nach einer steilen Karriere treibt die Schrift ihren Fans noch heute Tränen in die Augen.* In: Süddeutsche Zeitung (München), 16.03.2006 (Beilage Wochenende) – Bauhaus-Archiv Berlin.

56

Am 18. Juli 1927 wurde der Vertrag über die Urheberrechte mit der Bauerschen Giesserei über die Verkäufe der Futura im In- und Ausland geschlossen – Archiv Andrea Haushofer, München.

57

Justina Schreiber: *Die Avantgarde der Buchstaben. Vor 80 Jahren erfand Paul Renner die Futura. Nach einer steilen Karriere treibt die Schrift ihren Fans noch heute Tränen in die Augen.* In: Süddeutsche Zeitung (München), 16.03.2006 (Beilage Wochenende); Andreas Hansert: Georg Hartmann (1870–1954). *Biografie eines Frankfurter Schriftgießers, Bibliophilen und Kunstmäzens.* Wien/Köln/Weimar 2009, S. 91.

58

Brief der Bauerschen Giesserei vom 16. November 1927 an die Firma G. Kreysing, Leipzig – Gutenberg-Museum, Mainz.

59

So heißt es in dem Brief »Die Futura ist also eine elementare Schrift« Vgl. ebenda.

60

Ebenda.

61

Herbert Bayer: *Versuch einer neuen Schrift.* In: Offset, Buch- und Werbekunst (Leipzig), 1926, Nr. 7 (sog. Bauhaus-Heft), S. 398 ff.

62

Willi Baumeister: *Neue Typographie.* In: Die Form (Berlin), 1. Jg., Juli 1926, H. 10, S. 215–217.

63

Konrad Friedrich Bauer: *Zukunft der Schrift.* In: Klimschs Druckereianzeiger (Frankfurt/M.), 54. Jg., 1927, H. 56, S. 1329–1330.

64

Fritz Helmuth Ehmcke: *Wandlung des Schriftgefühls.* In: Hans H. Bockwitz (Hrsg.): Buch und Schrift – Schriftprobleme. Jahrbuch des Deutschen Vereins für Buchwesen und Schrifttum zu Leipzig, 4. Jg., Leipzig 1930, S. 13.

65

Konrad Ferdinand Bauer: *Elementare Typographie.* In: Klimschs allgemeiner Anzeiger für Druckereien (Frankfurt/M.), 52. Jg., 1925, Nr. 8, S. 3.

66

[Peter Meyer:] *Mechanisierte Grafik.* In: Das Werk (Zürich), 19. Jg., April 1932, S. 118–120.

67

Rudolf Conrad: *Heinrich Jost als Typograph.* In: Klimschs Jahrbuch des graphischen Gewerbes (Frankfurt/M.) 26. Jg., 1933, S. 39.

68

Conrad Friedrich Bauer: *Werden und Wachsen einer deutschen Schriftgießerei.* Zum hundertjährigen Bestehen der Bauerschen Giesserei Frankfurt am Main 1837–1937, hrsg. im Jubiläumsjahr 1937, Frankfurt/M. 1937, S. 49.

69

Konrad Bauer: *Heinrich Jost.* In: Gebrauchsgraphik (Berlin), 7. Jg., April 1930, H. 4, S. 47.

70

Ebenda, S. 46.

71

Gustav Stresow: *Gedenkblatt für Heinrich Jost.* In: Philobiblon (Stuttgart), Jg. 33, 1989, S. 219.

72

Heinrich Jost: *Zweifel.* In: Klimschs Jahrbuch des graphischen Gewerbes (Frankfurt/M.), 1933, S. 9.

73

Ebenda, S. 10. – Jost hatte während des Ersten Weltkrieges als künstlerischer Berater und Mitarbeiter für Graphikfragen bei den *Münchner Neuesten Nachrichten* gearbeitet, war also mit Anzeigengestaltung und Öffentlichkeitsarbeit vertraut.

74

Walter Porstmann: *Sprache und Schrift,* Berlin 1920, o. Pg. [S. 70].

75

Zudem existiert ein Brief von Herbert Bayer an Walter Porstmann, datiert auf den 26.07.1925, in dem er ihn wegen der Idee einer »einheitsschrift« anschreibt, »in der es eben keine minuskeln und majuskeln gibt.« – Sammlung Bernd Freese, Frankfurt/M.

76

László Moholy-Nagy: *Bauhaus und Typographie.* In: Anhaltische Rundschau, 14. Sept. 1925. Ern. abgedr. in: Wingler, Hans M.: *Das Bauhaus 1919–1933. Weimar, Dessau, Berlin und die Nachfolge in Chicago seit 1937.* 6. Aufl., Köln 2009, S. 124.

77

Das Sonderheft *elementare typografie* löste zunächst einen wahren »Sturm der Entrüstung« aus und wurde auch in den folgenden Ausgaben der Zeitschrift heftig diskutiert. Vgl. Philipp Albinus: *Grundsätzliches zur Neuen Typographie*, Berlin 1929, S. 5; Friedrich Friedl: *Echo und Reaktionen auf das Sonderheft Elementare Typographie* in der Faksimile-Ausgabe: Iwan Tschichold: *Elementare Typographie.* Faksimile-Ausgabe der Ausg. 1925, Mainz 1968, S. 8–12.

78

Iwan Tschichold: *Elementare Typographie.* In: Typographische Mitteilungen (Leipzig), 122. Jg., Oktober 1925, H. 10, S. 198.

79

Ebenda, S. 198 – Tschichold bemerkte allerdings, dass noch keine Schrift in zufriedenstellender Qualität entworfen worden sei: »Solange noch keine, auch im Werksatz gut lesbare elementare Form geschaffen ist, ist zweckmässig eine unpersönliche, sachliche, möglichst wenig aufdringliche Form der Mediäval-Antiqua (...) der Grotesk vorzuziehen.«

80

László Moholy-Nagy: *Zeitgemäße Typographie (Ziele, Praxis, Kritik).* In: Offset-, Buch und Werbekunst (Leipzig; Sonderheft Bauhaus) 1926, Nr. 7 (sog. Bauhaus-Heft), S. 380 – der Text ist mit 1924 datiert. Er wurde bereits 1925 in der Gutenberg-Festschrift publiziert. Vgl. Ladislaus Moholy-Nagy: *Zeitgemäße Typographie – Ziele, Praxis, Kritik.* In: Gutenberg-Festschrift zur Feier des 25jährigen Bestehens des Gutenbergmuseums in Mainz 1925, hrsg. von A[loys] Ruppel. Mainz 1925, S. 307–317.

81

Ebenda.

82

Ebenda, S. 380; 382.

83

Ebenda, S. 380.

84

Josef Albers: *Zur Ökonomie der Schriftform.* In: Offset, Buch- und Werbekunst (Leipzig), 1926, Nr. 7 (sog. Bauhaus-Heft), S. 395.

85

Jede Kantenlänge entsprach der des Quadrates. Bestand ein Buchstabe aus zwei kombinierten Flächen, standen sie unverbunden nebeneinander. Das Verhältnis der Abstände war mit 1:3 festgelegt, also kein optischer Ausgleich vorgesehen. Um die schlechte Lesbarkeit auf Entfernung, ein Defizit vieler Schriften, auszugleichen, sollte Albers Schablonenschrift nur in großen Punktgrößen gesetzt und als Plakat- und Reklameschrift eingesetzt werden. Vgl. ebenda, S. 397.

86

Herbert Bayer: *Versuch einer neuen Schrift.* In: Offset, Buch- und Werbekunst (Leipzig), 1926, Nr. 7 (sog. Bauhaus-Heft), S. 400.

87

Ebenda – umso erstaunlicher erscheint, dass Bayer für den vertikalen Schriftzug am Dessauer Bauhausgebäude Großbuchstaben verwendet, bei dem einzelne Buchstaben, z. B. das **S**, modifiziert wurden.

88

Ebenda, S. 398.

89

Ebenda, S. 400.

90

László Moholy-Nagy: *Zeitgemäße Typographie (Ziele, Praxis, Kritik).* In: Offset-, Buch und Werbekunst (Leipzig; Sonderheft *Bauhaus*) 1926, Nr. 7 (sog. Bauhaus-Heft), S. 379.

91

Vgl. Paul Renner: *Typographie als Kunst.* München 1922, S. 39 ff.; Paul Renner: *Neue Ziele des Schriftschaffens.* In: Die Bücherstube (München), 4. Jg. 1925, H. 1, S. 21–23.

92

Paul Renner: *Die Zukunft unserer Druckschrift.* In: Typographische Mitteilungen (Leipzig), 22. Jg., 1925, H. 5, S. 86.

93

Paul Renner: *Neue Ziele des Schriftschaffens.* In: Die Bücherstube (München), 4. Jg. 1925, H. 1, S. 18–19 – Während die römischen Versalien aus den denkbar einfachsten Formen Kreis, Quadrat und Dreieck konstruiert sind, stammen die Kleinbuchstaben aus der römischen Kursive sowie ihre Veränderungen in Unziale, Halbunziale, der Karolingischen und schließlich humanistischen Minuskel.

94

Vgl. Paul Renner: *Die Zukunft unserer Druckschrift.* In: Typographische Mitteilungen (Leipzig), 22. Jg., 1925, H. 5, S. 87.

95

Paul Renner: *Revolution der Buchschrift.* In: Gutenberg-Festschrift zur Feier des 25jährigen Bestehens des Gutenbergmuseums in Mainz 1925, hrsg. von A[loys] Ruppel. Mainz 1925, S. 280.

96

Ebenda.

97

Ebenda, S. 281.

98

Zunächst waren längere Ausführungen nötig: »versuch einer vereinfachten schreibweise: 1. diese schreibweise wird von allen neuerern der schrift als unsere zukunftsschrift empfohlen. vergl. das buch ›sprache der schrift‹ von dr. porstmann, verlag des vereins deutscher ingenieure, berlin 1920. 2. durch kleinschreibung verliert unsere schrift nichts, wird aber leichter lesbar, leichter lernbar, wesentlich wirtschaftlicher. 3. warum für einen laut, z. b. a zwei zeichen A und a? ein laut ein zeichen. warum zwei alfabete für ein wort, warum die doppelte menge an zeichen, wenn die hälfte das selbe erreicht?«, zit. n. Magdalena Droste: *Herbert Bayers künstlerische Entwicklung 1918–1938.* In: Hans Maria Wingler/Magdalena Droste: Herbert Bayer. *Das künstlerische Werk 1918–1938* [Ausstellungskatalog Bauhaus-Archiv Berlin], Berlin 1982, S. 40; um 1927 war dann zu lesen: »wir schreiben alles klein, denn wir sparen damit zeit«.

99

Diese Aussage war ab 1927 auf den von Herbert Bayer gestalteten Briefbögen des Bauhauses zu lesen.

100

Paul Renner: *Gegen den Dogmatismus in der Kunst.* In: Die Form (Berlin), 3. Jg. 1928, H. 11, S. 313.

101

Paul Renner: *Neue Ziele des Schriftschaffens.* In: Die Bücherstube (München), 4. Jg. 1925, H. 1, S. 19.

102

Paul Renner: *Revolution der Buchschrift.* In: Gutenberg-Festschrift zur Feier des 25jährigen Bestehens des Gutenbergmuseums in Mainz 1925, hrsg. von A[loys] Ruppel. Mainz 1925, S. 280.

103

Ebenda, S. 281.

104

Paul Renner: *Kunst und Technik im Buchgewerbe.* Vortragsreihe des Deutschen Buchgewerbevereins im Winter 1928. 2. Vortrag *Type und Typographie.* In: Archiv für Buchgewerbe und Gebrauchsgraphik (Leipzig), Bd. 65, Jg. 1928, H. 6, S. 462.

105

Jan Tschichold: *Die neue Typografie. Ein Handbuch für zeitgemäss Schaffende.* (Org. Berlin 1928) 2. Aufl., Berlin 1987, S. 75–76.

106

Ebenda, S. 76.

107

»ain laut – ain zeichen«, In: Walter Porstmann: Sprache und Schrift, Berlin 1920, o. Pg. [S. 74].

108

László Moholy-Nagy: *Zeitgemäße Typographie (Ziele, Praxis, Kritik).* In: Offset-, Buch und Werbekunst (Leipzig; Sonderheft *Bauhaus*) 1926, Nr. 7 (sog. Bauhaus-Heft), S. 375.

109

Paul Renner: *Die Zukunft unserer Druckschrift.* In: Typographische Mitteilungen (Leipzig), 22. Jg., 1925, H. 5, S. 87.

110

Kurt Schwitters: *Anregungen zur Erlangung einer Systemschrift.* In: i 10. Internationale Revue (Amsterdam), 1. Jg., August/September 1927, H. 8/9, S. 312–316; Jan Tschichold: *Noch eine neue Schrift. Beitrag zur Frage der Ökonomie der Schrift.* In: Typografische Mitteilungen (Berlin), 27. Jg., März 1930, H. 3, Beilage.

111

Paul Renner: *Schrift und Rechtschreibung.* In: Pandora (Ulm), 1946, S. 34.

112

Paul Renner: *Aus der Geschichte der deutschen Typografie.* Vortrag auf der 12. Jahresversammlung der Fachvereinigung Papierverarbeitende Industrie und Grafisches Gewerbe für Baden, Freiburg i. Br. 1947, Typoskript, 13 S., hier S. 9.

113

Hier sind v. a. die Bauersche Giesserei, in der mehr als 1.300 Personen arbeiteten, sowie die Stempel AG und Ludwig & Mayer, zu nennen. Vgl. die jüngst erschienene Publikation zur Neuen Typografie in Frankfurt: Ausst.kat. Alles neu. 100 Jahre Typografie und neue Grafik in Frankfurt am Main, hrsg. v. Klaus Klemp und Matthias Wagner K, Museum Angewandte Kunst, Frankfurt/M., Stuttgart 2016 sowie den Ausst.kat. Willi Baumeister. Die Frankfurter Jahre 1928–1933. Zum 50. Todestag, hrsg. v. Museum Giersch, Museum Giersch, Frankfurt/M., Frankfurt/M. 2005.

114

Zit. nach: Wolfgang Kermer: *Zur Kunstlehre Willi Baumeisters.* Ein Vorschlag Willi Baumeisters zur Reform des künstlerischen Elementarunterrichts aus dem Jahre 1949. Die Studierenden Willi Baumeisters an der Staatlichen Akademie der Bildenden Künste Stuttgart 1946–1955, in: Ausst.kat. Willi Baumeister 1945–1955, Württembergischer Kunstverein Stuttgart, Stuttgart 1979, S. 129–134.

115

Hier sind insbesondere der Typograf und Drucker Philipp Albinus, der Setzer und Fotograf Friedrich Wilhelm Biering und der Buchbinder Ernst Rehbein zu nennen.

116

Zit. nach: Willi Baumeister: *Neue Typographie*, in: Die Form. Zeitschrift für gestaltende Arbeit, 1. Jg., H. 10, Berlin (Juli) 1926, S. 215–217, hier S. 215.

117

Zit. nach: Ausst.kat. Willi Baumeister. *Typografie und Reklamegestaltung*, hrsg. v. Wolfgang Kermer, Staatliche Akademie der Bildenden Künste Stuttgart, Stuttgart 1989, S. 93.

118

Willi Baumeister: *Neue Typographie*, in: Die Form, 1926 (wie Anm. 116), S. 216f.

119

Ausst.kat. Willi Baumeister. *Typografie und Reklamegestaltung*, 1989 (wie Anm. 117), S. 34.

120

Willi Baumeister: *Neue Typographie*, in: Die Form, 1926 (wie Anm. 116), S. 217.

121

Ausst.kat. Willi Baumeister. *Typografie und Reklamegestaltung*, 1989 (wie Anm. 117), S. 124ff.

LICHTSPIELE
ALAST
ADLERWERKE
AUTOMOBILE
ADLER
Der grosse Unbekannte
Jack Trevor
Arthur Kraussneck

Rote Mühle
Haltestelle
Strassenbahn
Weltspiele
CORSO
Hildegarde

HAN
NO
VER

TYPOGRAPHIE KANN UNTER UMSTÄNDEN KUNST SEIN

»Die Hannoveraner sind die Bewohner einer Stadt, einer Großstadt. Hundekrankheiten bekommt der Hannoveraner nie. Hannovers Rathaus gehört den Hannoveranern, und das ist doch wohl eine berechtigte Forderung. Der Unterschied zwischen Hannover und Anna Blume ist der, daß man Anna von hinten und von vorn lesen kann, Hannover dagegen am besten nur von vorne. Liest man aber Hannover von hinten, so ergibt sich die Zusammenstellung dreier Worte: ›re von nah‹. Das Wort ›re‹ kann man verschieden übersetzen: ›rückwärts‹ oder ›zurück‹. Ich schlage die Übersetzung ›rückwärts‹ vor. Dann ergibt sich also als Übersetzung des Wortes Hannover von hinten: ›Rückwärts von nah‹. Und das stimmt insofern, als dann die Übersetzung des Wortes Hannover von vorn lauten würde: ›Vorwärts nach weit‹. Das heißt also: Hannover strebt vorwärts, und zwar ins Unermeßliche. Anna Blume hingegen ist von hinten wie von vorne: A-N-N-A. (Hunde bitte an die Leine zu führen.)«[1]

Mit diesem um 1920 entstandenen Prosatext charakterisierte Kurt Schwitters (1887–1948) die ambivalent rezipierte Aufbruchstimmung seiner Vaterstadt, die in den Zwanziger Jahren mit mehr als 400.000 Einwohnern nicht nur zur zwölftgrößten Kapitale in Deutschland, sondern zum Zentrum der ›Merz‹-Kunst und damit zu einer der wichtigsten deutschen ›Kulturhauptstädte‹ avancierte. Hier hatte der Maler, Grafiker, Dichter, Typograf und Werbe-Spezialist mit seiner im Jahr zuvor geschaffenen dadaistischen Liebesgedicht-Persiflage »An Anna Blume« den öffentlichen Raum der niedersächsischen Provinzstadt erobert – durch eine spektakuläre, auch im metaphorischen Sinne popularisierende Plakat-Aktion auf den städtischen Litfaßsäulen, die sinnfällig auf die Einheit von Kunst und Leben verwies. Das Klima für künstlerische Experimente war fruchtbar, musste doch »in einer so merkwürdigen Stadt wie Hannover, in der nebeneinander Steegemann, Haarmann, Gleichmann, Wilhelm Groß, Behrens, Dorner, v. Garvens und viele andere«[2] wirkten, »auch eine eigentümliche Kunst wachsen.«[3]

Multiplikatoren des Neubeginns, die sich gegen überkommene Auffassungen in allen gestalterischen Bereichen richteten, waren der Werbeleiter und Kunstkritiker Christof Spengemann, der die zwischen 1919 und 1920 in zehn Nummern erschienene Zeitschrift *Der Zweemann* mitherausgab, die Kleinverleger von deren Nachfolge-Organen *Die Pille* und *Das hohe Ufer* oder Paul Steegemann, der Herausgeber der radikalen Bücherreihe *Die Silbergäule*, in der Schwitters erster Gedichtband erschien. Dieser selbst gründete mit

Käte (Kate) T. Steinitz den ›Aposs‹-Verlag, initiierte den ›Merz‹-Verlag und bot in seiner 1923 gegründeten gleichnamigen Zeitschrift mit Beiträgen international führender Dadaisten, Konstruktivisten, Suprematisten, De Stijl- und Bauhaus-Vertreter – darunter Hans Arp, Theo van Doesburg, Hannah Höch, Raoul Hausmann, El Lissitzky und László Moholy-Nagy – bis 1932 einen Überblick über die aktuellsten künstlerischen Positionen und eine zeitgenössische »Topographie der Typographie.«[4] Ein ausschließlich der Typografie in der Werbung gewidmetes Themenheft, das mit Anwendungsbeispielen der Pelikanwerke Günther Wagner warb,[5] sollte nicht zuletzt auch andere Unternehmen für ihr visuelles Erscheinungsbild sensibilisieren. Da »die Reklame und die Gestaltung von Drucksachen allgemein«[6] spätestens seit der 1924 in Hannover erfolgten Gründung der ›Merz-Werbezentrale‹ für Schwitters zum

Brotberuf geworden war, konnte er auch für die Keksfabrik Bahlsen, den Tapetenhersteller Norta, die Pumpenfabrik Weise Söhne und die Stadtverwaltung Hannover arbeiten. Als deren ›künstlerischer Beirat‹ entwickelte der Typograf ab 1929 ein wegweisendes ›Drucksachenwesen‹, in dem die Futura durch ihre ›Vorzüge‹ in ›Gestalt‹, ›Reichtum‹ und ›Durcharbeit‹[7] besonders häufig zur Anwendung kam. Damit geriet Paul Renners Schrift nicht nur zum Synonym für die Visualität moderner Organisationen, sondern wirkte stilprägend und identitätsstiftend.

Zu den Protagonisten des mit Schwitters Freundeskreis nahezu identischen ›neuen‹ Hannover gehörten überdies der Kunsthistoriker Alexander Dorner, der das Provinzial-Museum als Forum abstrakter Kunst etablierte, so dass es sich mit der Kestnergesellschaft, zu deren Mitbegründern auch der Galerist Herbert von Garven-Garvensburg zählte, zu den führenden deutschen Institutionen für die Förderung und Verbreitung zeitgenössischer Kunst entwickelte. Als Gast der Kestnergesellschaft schuf El Lissitzky 1927 das Museums-›Kabinett der Abstrakten‹ und im selben Jahr formierten sich in der Wohnung von Schwitters ›die abstrakten hannover‹ als Ortsgruppe der ›Internationalen Vereinigung der Expressionisten, Kubisten und Konstruktivisten e.V.‹. Die Hannoveraner Mitglieder Carl Buchheister, Hans Nitzschke und Friedrich Vordemberge-Gildewart engagierten sich für eine gesellschaftspolitische Erneuerung durch die Künste und so trat letzterer 1927 auch dem ›ring neue werbegestalter‹ bei, der von Hannover aus Wanderausstellungen mit den neuesten typografischen Arbeiten seiner Mitglieder organisierte. Die von typografischen Autodidakten bestimmte Gruppierung, der aber auch Jan Tschichold und Georg Trump angehörten, teilte die Auffassung von Schwitters, »dass Typographie und Architektur Parallellerscheinungen mit [sic!] der abstrakten Kunst (sind).«[8] Und in diesem Sinne konnte der Bürgerschreck mit dem ›hannoverschen Habitus‹[9] angesichts der Vielzahl progressiver künstlerisch-typografischer Bestrebungen bereits 1926 erklären: »Im Gegensatz zu der Kritik halte ich Hannover für die erste Kunststadt in Deutschland.«[10]

AL

ANNETTE LUDWIG

HERR ANNA BLUME AUS REVON UND DIE ZUKÜNFTIGE

»Meine Liebste! Ich arbeite an einer Schrift. Durch den Besuch bei der Bauerschen Schriftgiesserei habe ich viel gelernt, z.B. dass man für die schwierigeren Buchstaben einen gefälligen Ersatz haben muss«,[11] berichtete Kurt Schwitters am 14. August 1927 aus Bad Ems an seine in Hannover verbliebene Frau Helma. Dieser im Zusammenhang mit seiner aktuellen Arbeit an einer »optophonetischen Verkehrsschrift«[12] stehende Hinweis bezieht sich vermutlich auf die Genese der Futura, die ab November des Jahres in den Garnituren mager und halbfett von der Bauerschen Giesserei in Frankfurt am Main gegossen und vertrieben werden sollte. 1925 hatte F. H. Ehmcke »durch das Entgegenkommen der ausführenden Gießerei Probezeilen der neuen Schrift Paul Renners«[13] erhalten und sie mit einem erläuternden Kommentar für die in Hannover ansässige Farbenfabrik Günther Wagner veröffentlicht. Der Vergleich der von der Capitalis Monumentalis abgeleiteten und radikal zugespitzten Urform mit der marktreifen Bleischrift offenbarte dem ebenfalls für die Werbe-Abteilung von Wagner tätigen Schwitters, dass die von Fritz Wichert im Sinne einer Epochenführerschaft als die ›Zukünftige‹ apostrophierte Groteskschrift nicht nur Modifikationen erfahren hatte; ungewöhnliche Spezialfiguren und ›gefälligere‹ Varianten boten gestalterische Optionen, FIG.5 S.67 die den rationalen ›Konstrukteur‹ geometrisch basierter (System-)Schriften vor allem im Hinblick auf die Werbegestaltung interessierten.[14]

Die Weiterentwicklung der dadaistischen Anfänge manifestierte sich in Schwitters Hinwendung zu konstruktiven, geometrischen Formen und klaren typografischen Strukturen. Nach der Inflation, 1924, hatte der Künstler kommerziell als Werbegrafiker zu arbeiten begonnen und in seiner Wohnung in der Waldhausenstraße 5 die ›Merz-Werbezentrale‹ begründet. Zeitlebens theoretisch reflektierend, fasste er seine typografischen Gestaltungsprinzipien in zehn Lehrsätzen zusammen und baute diese im Laufe der Jahre systematisch – und zunehmend unter dem Primat des Ästhetischen – aus. Das viel zitierte Diktum »Typographie kann unter Umständen Kunst sein«[15] verwies daher nicht nur auf sein Selbstverständnis als Künstler-Typograf, sondern untermauerte, dass sich die Anwendung ›einfacher‹ Satzschriften unter künstlerischen Auspizien zu einem der »Hauptwerbemittel«[16] führender zeitgenössischer Magazine entwickelte. Ende der 20er Jahre nutzten Zeitschriften wie die *Gebrauchsgraphik*, die *Graphischen Nachrichten*, *Die Form* oder die *neue stadt* immer häufiger die Futura und auch Schwitters, für den die Jahre 1927/28 gleichsam einen Wendepunkt in der ›Gestaltenden Typographie‹[17] markierten, empfahl sie den Vertretern der ›Neuen‹, ›Elementaren Typografie‹ als »die geeignete Schrift.«[18]

1
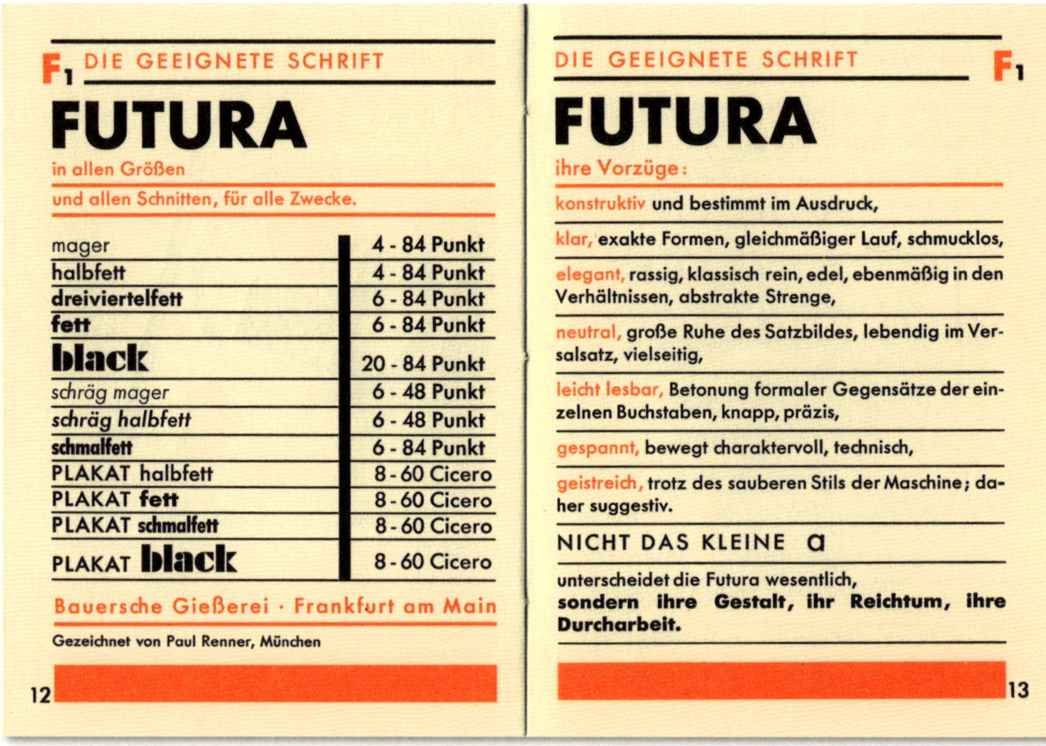

F1 DIE GEEIGNETE SCHRIFT

FUTURA

in allen Größen

und allen Schnitten, für alle Zwecke.

mager	4 - 84 Punkt
halbfett	4 - 84 Punkt
dreiviertelfett	6 - 84 Punkt
fett	6 - 84 Punkt
black	20 - 84 Punkt
schräg mager	6 - 48 Punkt
schräg halbfett	6 - 48 Punkt
schmalfett	6 - 84 Punkt
PLAKAT halbfett	8 - 60 Cicero
PLAKAT fett	8 - 60 Cicero
PLAKAT schmalfett	8 - 60 Cicero
PLAKAT black	8 - 60 Cicero

Bauersche Gießerei · Frankfurt am Main

Gezeichnet von Paul Renner, München

12

DIE GEEIGNETE SCHRIFT F1

FUTURA

ihre Vorzüge:

konstruktiv und bestimmt im Ausdruck,

klar, exakte Formen, gleichmäßiger Lauf, schmucklos,

elegant, rassig, klassisch rein, edel, ebenmäßig in den Verhältnissen, abstrakte Strenge,

neutral, große Ruhe des Satzbildes, lebendig im Versalsatz, vielseitig,

leicht lesbar, Betonung formaler Gegensätze der einzelnen Buchstaben, knapp, präzis,

gespannt, bewegt charaktervoll, technisch,

geistreich, trotz des sauberen Stils der Maschine; daher suggestiv.

NICHT DAS KLEINE a

unterscheidet die Futura wesentlich,
sondern ihre Gestalt, ihr Reichtum, ihre Durcharbeit.

13

2
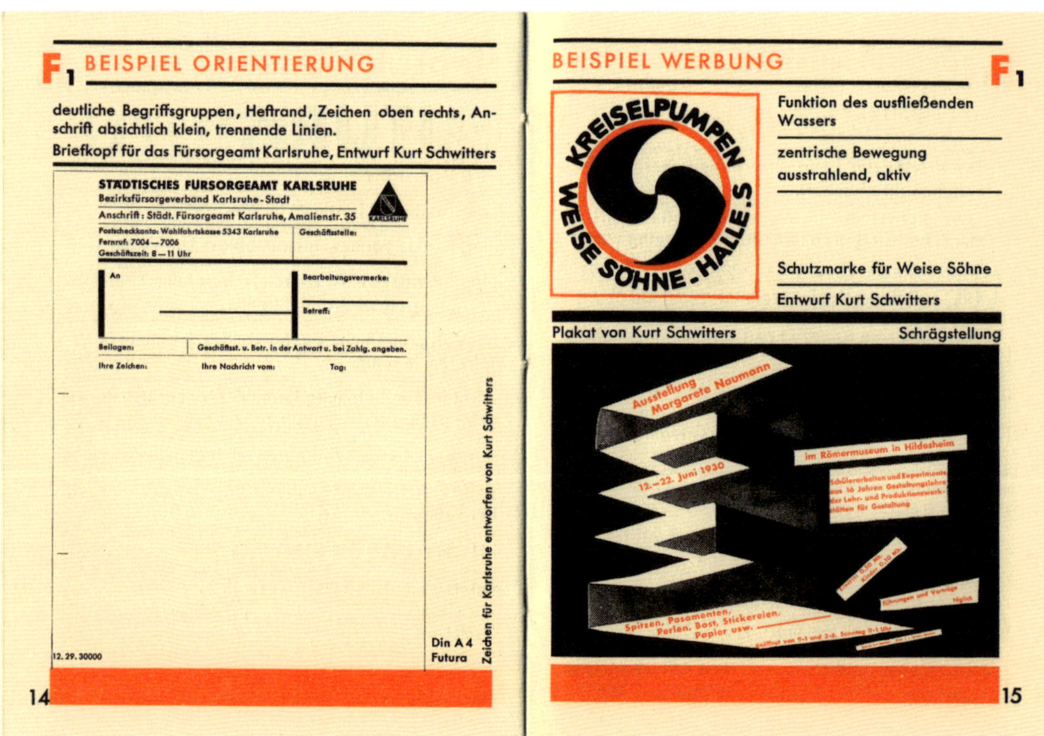

F1 BEISPIEL ORIENTIERUNG

deutliche Begriffsgruppen, Heftrand, Zeichen oben rechts, Anschrift absichtlich klein, trennende Linien.

Briefkopf für das Fürsorgeamt Karlsruhe, Entwurf Kurt Schwitters

STÄDTISCHES FÜRSORGEAMT KARLSRUHE
Bezirksfürsorgeverband Karlsruhe-Stadt
Anschrift: Städt. Fürsorgeamt Karlsruhe, Amalienstr. 35
Postscheckkonto: Wohlfahrtskasse 5343 Karlsruhe
Fernruf: 7004—7006
Geschäftszeit: 8—11 Uhr
Geschäftsstelle:
An
Bearbeitungsvermerke:
Betreff:
Beilagen:
Geschäftsst. u. Betr. in der Antwort u. bei Zahlg. angeben.
Ihre Zeichen:
Ihre Nachricht vom:
Tag:
12. 29. 30000

Din A 4
Futura

Zeichen für Karlsruhe entworfen von Kurt Schwitters

14

BEISPIEL WERBUNG F1

KREISELPUMPEN WEISE SÖHNE . HALLE.S

Funktion des ausfließenden Wassers

zentrische Bewegung ausstrahlend, aktiv

Schutzmarke für Weise Söhne

Entwurf Kurt Schwitters

Plakat von Kurt Schwitters — Schrägstellung

Ausstellung Margarete Naumann
im Römermuseum in Hildesheim
12.—22. Juni 1930
Spitzen, Posamenten, Perlen, Bast, Stickereien, Papier usw.

15

In einer eigenen, aus der Futura gesetzten und mit beispielhaften Drucksachen für öffentliche und private Auftraggeber versehenen Werbebroschüre belegte er die Sans Serif mit Adjektiven wie »konstruktiv«, »klar«, »schmucklos«, »elegant«, »klassisch«, »rein«, »edel«, »neutral«, »vielseitig«, »leicht lesbar«, »knapp«, »präzis«, »technisch« und konstatierte in Anspielung auf die formstrengen Sonderfiguren: »Nicht das kleine a unterscheidet die Futura wesentlich, sondern ihre Gestalt, ihr Reichtum, ihre Durcharbeit.«[19] Die aufgeführten Qualitäten brachte Schwitters in mannigfacher Weise stilbildend zur Geltung. Augenzwinkernd setzte er das der Futura innewohnende Zukunftspotenzial in Analogie zu dem Produkt seines Auftraggebers H. Bahlsen, als er um 1929 ein mittels Formsatz gestaltetes Werbeblatt mit dem Slogan »Keks ist Fortschritt« versah. Schwitters favorisierte Schriftmischungen und griff für »das Universal-Nahrungsmittel« neben der Futura auf seine vermutlich gemeinsam mit Robert Michel entworfene Balkenschrift zurück.FIG.4 S.150 Im ›1. Veilchenheft‹, einer 1931 erschienenen Sammlung von Merz-DichtungenFIG.5 S.150, die auch ein künstlerisch-typografisches Credo enthielt,[20] spiegelt sich die strenge, aus rein geometrischen Elementen konstituierte Umschlagabbildung im typografisch auffällig bereinigten Innenteil wieder; der zweispaltige Text wurde durchgängig aus verschiedenen Schriftgraden der Futura gesetzt. Er erinnert dadurch formal an den amtlichen Katalog, der die Eröffnung der Dammerstock-Siedlung in Karlsruhe begleitete.FIG.6 S.150 Der Einmann-Agentur

3

1–2

Kurt Schwitters: *Werbe-Gestaltung. Die neue Gestaltung in der Typographie,* 1930. ›Lob der Futura‹ und exemplarische Beispiele für neue Werbegestaltung.

3

Kurt Schwitters: *Werbe-Gestaltung. Die neue Gestaltung in der Typographie,* Broschüre, 1930.

4

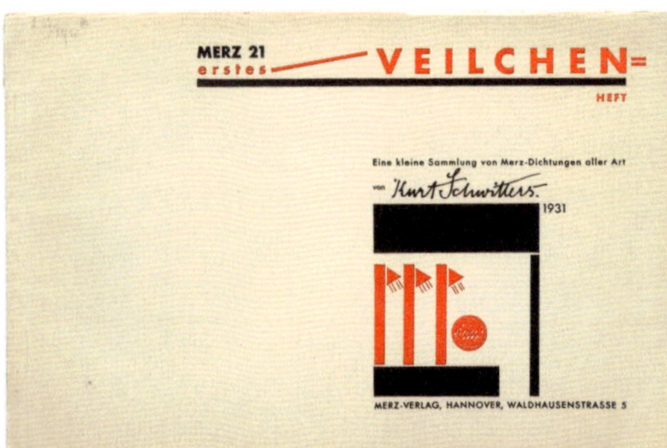

5

6

oblag die gesamte Drucksachengestaltung der 1929 unter der künstlerischen Oberleitung von Walter Gropius und Otto Haesler entstandenen »jüngsten siedlung im zeilenbau«, die das Ideal der weißen Moderne verkörperte und die minimalistische ›Gebrauchswohnung‹ propagierte, wie die anlässlich der Fertigstellung des ersten Bauabschnitts veranstaltete Ausstellung überschrieben war. Schwitters entwickelte ein umfassendes Gestaltungskonzept, für dessen Wiedererkennbarkeit der Entwurf des ›**d**‹-Signets ebenso bestimmend war wie die konsequente Anwendung der ›geometrischen‹ Futura, die ihm im Kontext des Neuen Bauens[21] als angemessene Schrifttype erschien. Sie prägte, im Geist der zeitgenössischen Ökonomisierungsdebatte vollständig aus Gemeinen gesetzt, eine 1932 im bewährten Querformat aufgelegte Broschüre der Heimtyp A. G. Celle[22] und einen innovativen Auftrag des Berliner Architekturverlags W. & S. Loewenthal von 1931, für den Schwitters Klebe-Worte, -Buchstaben, -Ziffern und -Zeichen in verschiedenen Garnituren zusammenstellte, die zur Beschriftung von Planungsunterlagen im städtischen Wohnungsbau vorgesehen waren. FIG.9 S.152 Stand dem Typografen in den »Futuragarnituren eine Palette vom zartesten Grau bis zum allerkräftigsten Schwarz zu Gebote«,[23] sollte mithilfe des Ausschneidebuchs *KLEB* nun auch der um Vereinheitlichung, Systematisierung und Internationalisierung bemühte Architekt rasch auf »die neutralen Elemente«[24] zurückgreifen und sie »zu einem Bau«[25] formen können.

4

Kurt Schwitters: *Keks ist Fortschritt* für H. Bahlsens Keks-Fabrik A.G., Hannover, um 1929.

5

Kurt Schwitters: *Merz 21. Erstes Veilchenheft*, 1931 (Umschlag).

6

Kurt Schwitters: Katalog der Karlsruher Ausstellung: *Dammerstock-Siedlung. Die Gebrauchswohnung*, 1929 (Umschlag auf rotem Karton). Balkenschrift und Futura (Innenteil).

7

Kurt Schwitters: *Dammerstock-Siedlung*, Werbekarte, 1929. Die Wiederholung des Wortes ›dammerstock‹ verweist auf die Zeilenbauweise im Massenwohnungsbau.

8

Kurt Schwitters: *Dammerstock-Siedlung*, Faltprospekt, 1929.

7

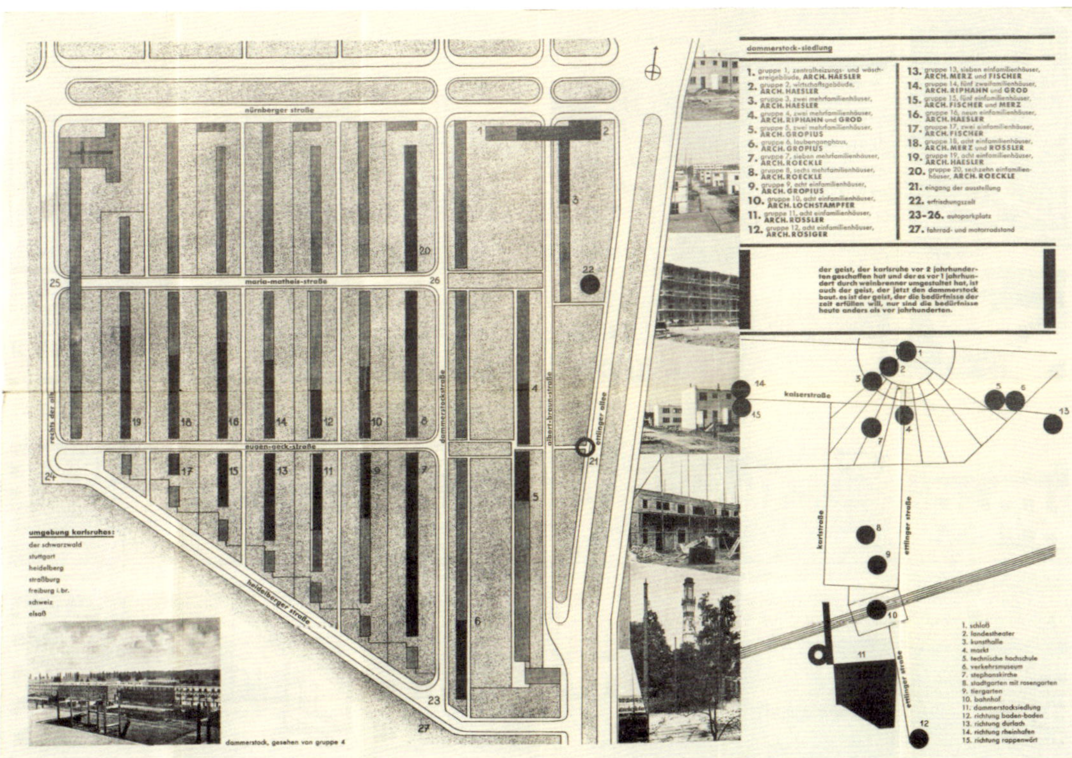

8

9

Kurt Schwitters: Publikation *KLEB. Kleb-Worte-Ziffern-Zeichen-Normierte Teilzeichnungen für Bauzeichnungen,* Ka 1, Berlin o.J. (1931).

10

Kurt Schwitters: Bürgerschule Hannover, Stundenplan, 1930.

11

Kurt Schwitters: Zoologischer Garten der Hauptstadt Hannover, Briefbogen, 1932 (es existieren Versionen mit den Schriften Futura und Erbar-Grotesk).

12

S. 155 – Kurt Schwitters: *Städtische Bühnen Hannover,* Spielzeit 1930/31, Werbeblatt, 1930.

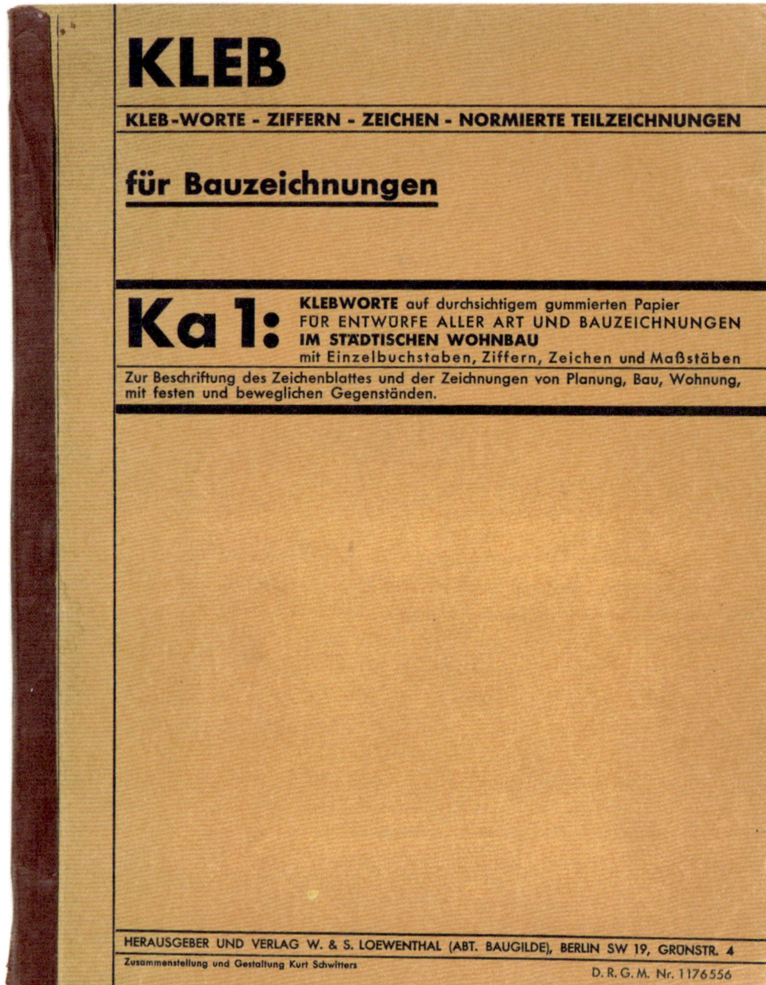

9

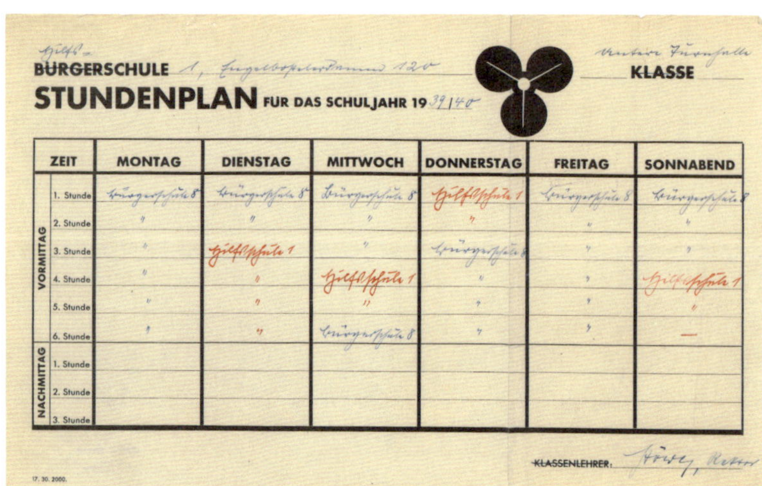

BÜRGERSCHULE

KLASSE

STUNDENPLAN FÜR DAS SCHULJAHR 19 39/40

ZEIT		MONTAG	DIENSTAG	MITTWOCH	DONNERSTAG	FREITAG	SONNABEND
VORMITTAG	1. Stunde	Bürgerschule 8	Bürgerschule 8	Bürgerschule 8	Hilfsschule 1	Bürgerschule 8	Bürgerschule 8
	2. Stunde	"	"	"	"	"	"
	3. Stunde	"	Hilfsschule 1	"	Bürgerschule 8	"	"
	4. Stunde	"	"	Hilfsschule 1	"	"	Hilfsschule 1
	5. Stunde	"	"	"	"	"	"
	6. Stunde	"	"	Bürgerschule 8	"	"	—
NACHMITTAG	1. Stunde						
	2. Stunde						
	3. Stunde						

KLASSENLEHRER:

10

Schwitters hatte im Zusammenhang mit seiner Arbeit für die Dammerstock-Siedlung auch für die Verwaltung der Badischen Landeshauptstadt gearbeitet, was insbesondere die Formulardrucke des Städtischen Fürsorgeamtes belegen. FIG.2 S.148 Fast zeitgleich wurde er zum künstlerischen Beirat der Stadt Hannover berufen. In der Heimatstadt galt es, sämtliche amtlichen Akzidenzen unter Berücksichtigung der DIN-Normen einheitlich zu gestalten.[26] Bei dem keineswegs als »ästhetische Angelegenheit«[27] vergebenen Großauftrag handelte »es sich um Vordrucke zu Eintragungen, um Bekanntmachungen in Blatt- oder Plakatform, um Briefbogen und Briefumschläge, Postkarten, um Zeitungsanzeigen (besonders solchen von den städtischen Werken, von den Theatern usw.), um Eintrittskarten, Gedenktafeln, auch um Bücher und ähnliche Drucksachen«[28] , für den eine Schrifttype bestimmt werden musste. »Unter Fraktur-, Antiqua- und Grotesk-Schriften, die ich in verschiedenen Schnitten dem Bauamt vorlegte«, erinnerte sich Schwitters 1930, suchte es »die Grotesk als die einfachste und klarste Schrift aus, und von den verschiedenen Groteskschriften wählte es die Rennersche ›Futura‹ aus der Bauerschen Giesserei in Frankfurt a. M., und etwa ein Dutzend Druckereien, welche diese Schrift nicht hatten, schafften sie an.«[29] Allerdings sollte »die Verwendung der ›Futura‹ (...) nicht zum Schema werden«; das »Bauamt gab für Theater, Sparkasse und Betriebswerke auch andere Schriften frei, um Druckereien Arbeit zu lassen, welche nicht die Futura-Grotesk besitzen.«[30]

Doch für die Mehrzahl der Prinzipale gehörte sie alsbald zum Inventar und so entstand mit hunderten, zwischen 1929 und 1934 in Varianten hergestellten »orientierenden« Verwaltungsdrucksachen, die als vorbildliche Gestaltungsbeispiele sogleich in zeitgenössischen Ausstellungen präsentiert wurden, ein singuläres Denkmal – für den 1937 endgültig in die norwegische Emigration gezwungenen Schwitters und für die Futura, die auch in dunklen Zeiten Glanzlichter setzen konnte.[31]

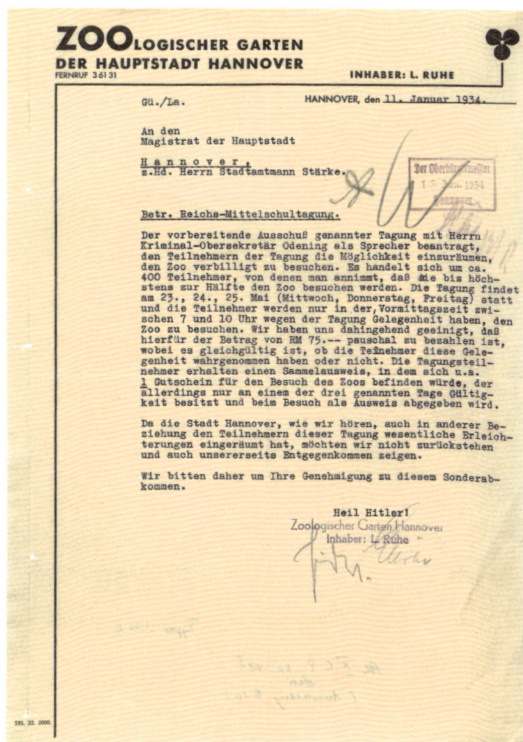
ZOOLOGISCHER GARTEN
DER HAUPTSTADT HANNOVER
FERNRUF 36131
INHABER: L. RUHE

Gü./La. HANNOVER, den 11. Januar 1934.

An den
Magistrat der Hauptstadt

Hannover,
z.Hd. Herrn Stadtamtmann Stärke.

Betr. Reichs-Mittelschultagung.

Der vorbereitende Ausschuß genannter Tagung mit Herrn Kriminal-Obersekretär Odening als Sprecher beantragt, den Teilnehmern der Tagung die Möglichkeit einzuräumen, den Zoo verbilligt zu besuchen. Es handelt sich um ca. 400 Teilnehmer, von denen man annimmt, daß sie bis höchstens zur Hälfte den Zoo besuchen werden. Die Tagung findet am 23., 24., 25. Mai (Mittwoch, Donnerstag, Freitag) statt und die Teilnehmer werden nur in der Vormittagszeit zwischen 7 und 10 Uhr wegen der Tagung Gelegenheit haben, den Zoo zu besuchen. Wir haben uns dahingehend geeinigt, daß hierfür der Betrag von RM 75.-- pauschal zu bezahlen ist, wobei es gleichgültig ist, ob die Teilnehmer diese Gelegenheit wahrgenommen haben oder nicht. Die Tagungsteilnehmer erhalten einen Sammelausweis, in dem sich u.a. 1 Gutschein für den Besuch des Zoos befinden würde, der allerdings nur an einem der drei genannten Tage Gültigkeit besitzt und beim Besuch als Ausweis abgegeben wird.

Da die Stadt Hannover, wie wir hören, auch in anderer Beziehung den Teilnehmern dieser Tagung wesentliche Erleichterungen eingeräumt hat, möchten wir nicht zurückstehen und auch unsererseits Entgegenkommen zeigen.

Wir bitten daher um Ihre Genehmigung zu diesem Sonderabkommen.

Heil Hitler!
Zoologischer Garten Hannover
Inhaber: L. Ruhe

595. 32. 2000.

11

»Kurt Schwitters hat nicht diesen trockenen Predigerton; bei ihm bricht immer der Schalk des Dadaisten durch.«

PAUL RENNER
Der Künstler in der mechanisierten Welt, 1977.

STÄDTISCHE BÜHNEN HANNOVER
SPIELZEIT 1930/31
Weshalb
Sind Sie nicht im
Opernhause und im
Schauspielhause
abonniert
?
Kennen Sie nicht die großen
VORTEILE
eines

12

STÄDTISCHE BÜHNEN HANNOVER

Fernruf 20573 u. 21981

1. bis 7. Juni 1930

ABONNENTEN WERBEWOCHE

eine Auswahl der besten Werke des Spielplans

Zu Abonnementspreisen

Opernhaus		Schauspielhaus
Aida	Sonntag, 1. Juni	Kaiser von Amerika
Sly	Montag, 2. Juni	Tartüff
Meistersinger	Dienstag, 3. Juni	Andere Seite
Vier Grobiane	Mittwoch, 4. Juni	Affäre Dreyfus
Fidelio	Donnerstag, 5. Juni	Richard III
Zigeunerbaron	Freitag, 6. Juni	Menschen im Hotel
Schwanda	Sonnabend, 7. Juni	Napoleon greift ein
1,25 bis 6 Mk.	**Preise**	0,80 bis 4 Mk.

KARTENVERKAUF **Vorverkauf** für beide Theater drei Tage im voraus bei J. W. Söltzer, Seilwinderstraße 11 (Fernsprecher 21883). Sternheim & Emanuel, Gr. Packhofstraße 44 (Sammel-Nr. 50471). Henry Gließmann, Hildesheimer Straße 14 (Fernsprecher 82565). Verkehrs-Verein Hannover, Bahnhofstraße 8 (Fernsprecher 27010). NEBENSTELLEN: Paul Knauth, An der Lutherkirche 1. Lindener Reisebüro, Falkenstraße 6. Filiale Paul Most, Celler Straße 100 (Fernspr. 65721). Lorenz Salge, Nordmannstraße 1. Wilhelm Busch, Ricklinger Stadtweg. — **An den Theaterkassen kein Vorverkauf.** — **Am Tage der Aufführungen:** von 10-13½ Uhr, Sonntags 11-13½ Uhr, für beide Theater an den Kassen des Opernhauses; abends an den **Theaterkassen** (im Opernhaus 1 Stunde vor Beginn, im Schauspielhaus von 17½ Uhr an). **Bestellungen werden jederzeit entgegengenommen.**

Typographie: Kurt Schwitters, Hannover. Druck: C. L. Schrader, Hannover.

PROPAGANDA FÜR KÜNSTLERISCH GESTALTETE REKLAME [32]

RING NEUE WERBEGESTALTER

»Wir haben uns jetzt mit 9 Mitgliedern fest gegründet, das sind Vordemberge und ich, Trump, Burchartz, Michel, Baumeister, Tschichold, Dexel, Domela. Wir haben schon 2 Zeitschriften und 5 Ausstellungen. (...) Wollen Sie nicht als ausländisches Mitglied beitreten?«, heißt es in einem Brief, den Kurt Schwitters als Initiator des ›ring neue werbegestalter‹ [33] im Dezember 1927 an Piet Zwart richtete. 1928 folgte der niederländische Typograf als erstes ausländisches Mitglied dem Aufruf der neuen, auf Internationalität angelegten Vereinigung, die sich in der Schmelzmühle bei Eppstein im Taunus, dem Anwesen des Künstlerehepaares Ella Bergmann-Michel und Robert Michel, konstituiert hatte. FIG.15 S.159 Der ›Reklameverbund‹ setzte sich von Beginn an eine geografische und personelle Ausweitung zum Ziel, so dass er sich durch gezielte Einladungen zu einem europäischen Netzwerk entwickelte, dem – symptomatisch für diese Zeit – nur Männer angehörten. Die progressiven Architekten und Künstler, die sich der angewandten Kunst widmeten und als Werbegrafiker tätig waren, um gestaltend auf die Alltagskultur ihrer Zeit zu wirken, versicherten sich mit Jan Tschichold und Georg Trump zweier ausgebildeter Typografen. Trump lehrte an der Kunstgewerbeschule Bielefeld und wechselte 1929 als Lehrer an die Münchner Meisterschule für Deutschlands Buchdrucker, der Wirkungsstätte von Tschichold, der in den Gründungstagen des ›rings‹ an seinem Grundlagenwerk für Praktiker arbeitete, das 1928 unter dem Titel *Die Neue Typographie – ein Handbuch für zeitgemäß Schaffende* im Verlag des Bildungsverbandes der Deutschen Buchdrucker in Berlin erschien.

Jedes Mitglied sollte seine eigene visuelle Strategie verfolgen und mit stilbildenden Arbeiten die Gleichwertigkeit der Gattungen, vor allem aber die Kunstwürdigkeit der Typografie belegen. Daher agierte der Zusammenschluss Gleichgesinnter bewusst ohne ein fest definiertes Programm [34] und informierte sich durch Rundbriefe, die Schwitters verfasste, über Treffen, Publikationen, Ausstellungen und Vorträge, für die ein eigenes Lichtbilder-Archiv mit dem Material der Mitglieder geplant wurde. FIG.14 S.159

In Organisationsform und Selbstverständnis lehnten sich die zum Teil freundschaftlich verbundenen Mitglieder bewusst an einen 1926 in Berlin erfolgten Zusammenschluss von Architekten des Neuen Bauens an, der als ›Der Ring‹ firmierte. Die Vergegenwärtigung einer vollendeten geometrischen, in sich geschlossenen Form ohne Anfang und Ende war Programm und konnte – mit

13
Kurt Schwitters: *Städtische Bühnen Hannover*, Plakat, 1930.

typografischer Konnotation – auch das Ideal der Neuen Werbegestalter symbolisieren. Nicht zufällig gab es personelle Überschneidungen: Ernst May, der als Frankfurter Stadtbaurat dem Berliner ›Ring‹ angehörte, wurde von Michel als Ehrenmitglied des ›ring neue werbegestalter‹ vorgeschlagen, lehnte aber ab »mit dem Bemerk uns und unsern Ansichten auch aus der Ferne stets gewogen zu sein.«[35] Inhaltliche Nähe war schon durch die Zeitschrift *Das Neue Frankfurt* FIG.7 S.68F. gegeben, das auf Betreiben von Michel und Leistikow als Publikationsorgan des ›ring‹ fungieren und »Berichte, Rundschreiben und Ringnachrichten«[36] veröffentlichten sollte. Während der ebenfalls in der Architekten-Vereinigung engagierte Architekt Adolf Meyer als ordentliches Mitglied aufgenommen wurde, gab es mit den Vertretern des Bauhauses keinen Konsens. Auf das Angebot, »den jeweiligen Leiter der Reklame ...Abt. des Bauhauses solange Hannes Meier [sic!] Direktor ist, als unser Mitglied aufzunehmen«[37] und sich »als getrennte Organisationen gegenseitig«[38] zu unterstützen, habe, so Schwitters, »der Meisterrat nur gelacht.«[39] Da der ›ring‹ befürchtete, dass seine »Tendenz als die vom Bauhaus beeinflusste an(ge)sehen«[40] und unter dem Rubrum ›Bauhaus-Typografie‹ vereinnahmt werden könnte, wurde der Beschluss gefasst, auf die Kooperation mit der Kunstschule zu verzichten und »dem Bauhaus gegenüber keine Verpflichtungen (zu) übernehmen.«[41] So warb der ›ring‹ für persönliche Mitgliedschaften, auch unter gelernten Typografen.

»Wer kennt Erbar?«[42] fragte Schwitters 1928 in die Runde, und stellte den seit 1926 an den Kölner Werkschulen als Lehrer für Schrift tätigen Jakob Erbar zur Wahl, den Urheber der 1926 von der Frankfurter Schriftgießerei Ludwig & Mayer veröffentlichen Erbar-Grotesk, die zu den frühesten Sans Serif Schriften dieser Zeit gehört und insbesondere aufgrund der verschiedenen Buchstaben-Varianten immer wieder als Vorbild für die Renner-Grotesk angeführt wurde. Wie die Kabel, die 1927 – einige Monate nach der Futura in der Garnitur mager – erschien, die 1928 auf den Markt gebrachte Elegant-Grotesk, die sich an der Futura orientierte, und die Gill Sans aus demselben Jahr (1928/29) gehörte sie zu den favorisierten Schriften der organisierten Werbegestalter.

In seinem Versuch, den Wirkungskreis auszuweiten, zielte das Kollektiv 1931, alsder Höhepunkt der Ausstellungstätigkeit des ›ring‹ mit Präsentationen in Stuttgart, Basel, München, Kopenhagen, Aarau, Stockholm, Essen und Amsterdam[43] erreicht war, auf die Zusammenarbeit mit der Bauerschen Schriftgiesserei. Schwitters skizzierte den Plan, in dem die Futura als katalysierendes Marketinginstrument eine gewichtige Rolle spielte:

»Als Antwort auf eine Anfrage Dexels, was man eigentlich tun könne, um den erneuten Ausbruch einer Ringtätigkeit zu beschleunigen, bin ich einer Anregung Paul Schuitemas gefolgt, die ich in meinem Sinne verarbeitet habe und habe der Bauerschen Giesserei ein Heft oder Buch angeboten, das von Mitgliedern des Ringes unentgeldlich, oder heisst es unentgeltlich, gestaltet werden soll. Murren Sie nicht, denn erstens fliessen in Worten 100 MK in die Ringkasse, wodurch Sie Ihren Jahresbeitrag sparen, und zweitens muss die Bauersche Giesserei bezahlen, wenn sie irgend einen Entwurf für sich ankaufen will; drittens aber soll es ein Buch werden, in dem sich der Ring einer breiten Öffentlichkeit zeigt. Es wäre daher schön, wenn jedes Mitglied sich zu einer oder mehreren Seiten verpflichtete. Das Buch wird irgendwie auf dem Umschlaf, Verzeihung, der Witz ist aus der Schreibmaschine geboren, es soll natürlich Umschlag heissen, deutlich als erste Veröffentlichung des Ringes gekennzeichnet werden. Wer bietet sich freiwillig an, den Umschlag textlich und inhaltlich zu entwerfen, so dass er als Muster für eine Reihe von Ringbüchern dienen kann?

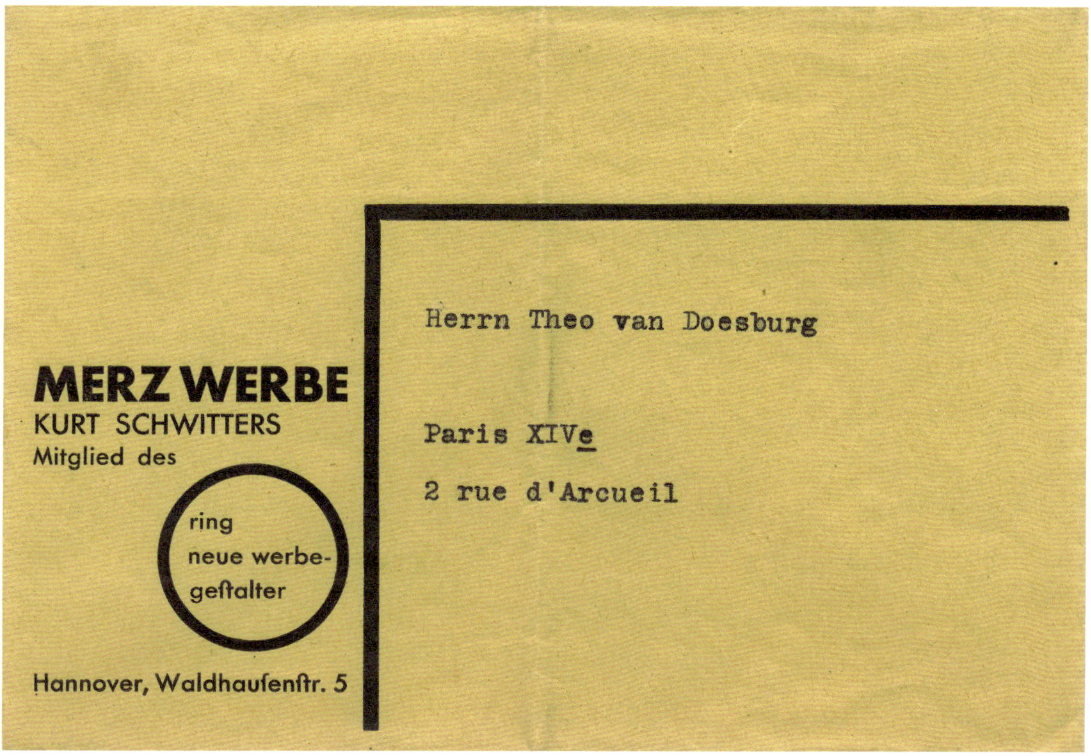

14

15

14

Kurt Schwitters: Briefumschlag mit dem Signet des ›ring‹, 1928 oder später.

15

Friedrich Vordemberge-Gildewart: Werbe-Aufkleber, nach 1927.

16

16

Max Burchartz: Folkwang-Schulen Essen, Prospekt, publiziert in *Gefesselter Blick*, 1930.

17

Max Burchartz: 2. Deutscher Tänzerkongress, Einladungskarte mit Briefumschlag, publiziert in *Gefesselter Blick*, 1930. Kombination von Bleisatz und klischiertem Foto als Beispiel für die ›mechanisierte grafik‹.

18

Kurt Schwitters (zugeschrieben): *Sonderschau Neue Typographie*, Prospekt der Ausstellung des ›ring‹ in Magdeburg, August 1929.

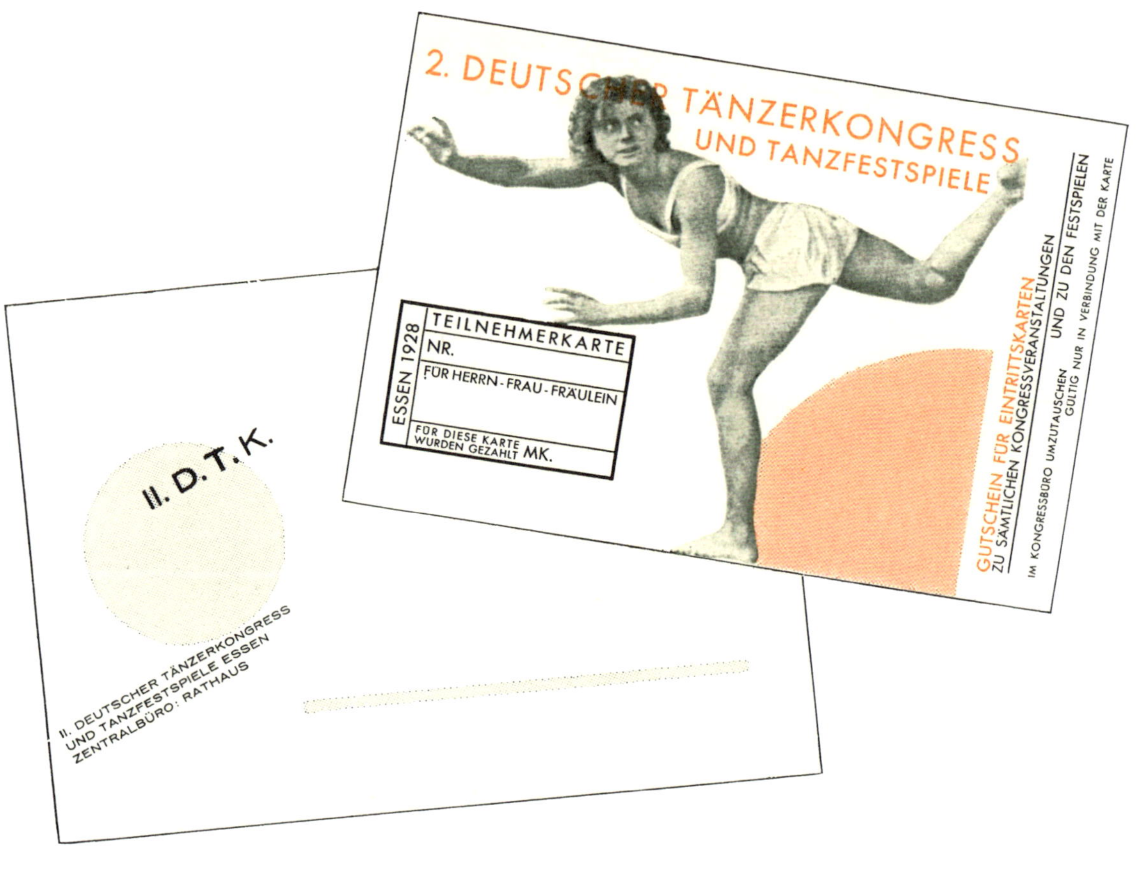

17

Dann kommt eine Einleitung, in der über die Ziele des Ringes und die Art der Arbeit der einzelnen Mitglieder, soweit sie an dem Buche beteiligt sind, geschrieben wird. Jeder sollte mir umgehend einen allgemeinen Ringtext und in kurzen Worten über seine spezielle Art schreiben. Dann folgen Seiten zum Lobe der Futura. Die dazugehörigen Texte liefert Bauer. Jede Seite soll von einem anderen Ringmitgliede gestaltet sein. Druck und Versand übernimmt auch Bauer, nur erhält jeder Mitarbeiter 100 Belege. (…) Man könnte, wenn das Buch vorliegt, gleich an andere Firmen herantreten und so eine Serie von Veröffentlichungen erreichen. Vielleicht glückt es dann auch, Honorar herauszutreten. (…)«[44]

DER GEFESSELTE BLICK

Der Versuch, mithilfe der Futura über die Bauersche Giesserei an die erfolgreiche Konzeption der Brüder Heinz und Bodo Rasch anzuknüpfen, die 1930 im Stuttgarter Wissenschaftlichen Verlag Dr. Zaugg & Co. 25 programmatische Selbstdarstellungen bedeutender zeitgenössischer Werbegestalter herausgegeben hatten, scheiterte. So blieb der *Gefesselte Blick*,[45] der mit dem Material der von den Brüdern Rasch organisierten gleichnamigen ›ring‹-Ausstellung im Graphischen Klub Stuttgart e.V.[46] und mit offizieller Beteiligung des Schweizer Werkbundes »Grundsätzliches zur Werbegraphik«[47] versammelt, das gedruckte Vermächtnis des ›ring neue werbegestalter‹.

Schon die Zeitgenossen erkannten den »kulturhistorischen Wert«[48] der Publikation und ihren ganz praktischen Nutzen, wenn Jan Tschichold den beiden Herausgebern bescheinigte »ich finde das buch in jeder hinsicht hervorragend gelungen. es gibt die nahezu umfassende übersicht über die wichtigsten versuche um neue typografische gestaltung«[49] und Friedrich Vordemberge-Gildewart in seiner Dankesadresse prophezeite: »ihr buch ist mir eine wunderbare waffe in meinem hannoverschen arbeitsfeld.«[50] Auch die internationale Rezeption des von dem Stuttgarter Brüderpaar gestalteten Sammelbandes mit der aufsehenerregenden transparenten Buchdecke verdankte sich der Tatsache, dass »unter den hervorragenden Beispielen suggestiver Werbung (…) fast ausschliesslich Beispiele aus der Praxis«[51] vorgestellt wurden.

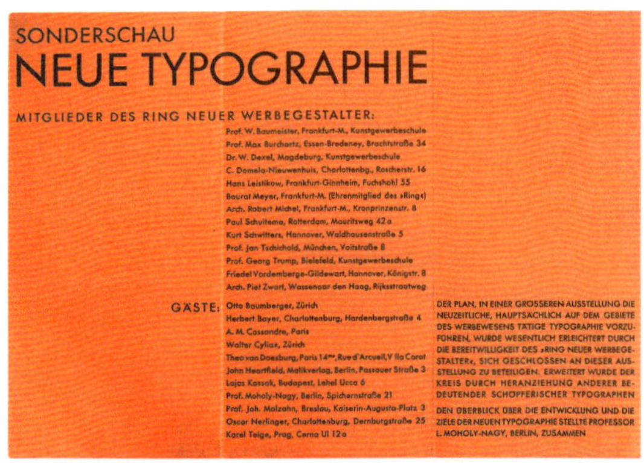

18

19
Friedrich Vordemberge-Gildewart: Tubenentwurf ›Peligom Kleber‹, 1929.

Diese galten den Rezensenten »insofern aufschlussreicher als alle Musterbeispiele unbeschäftigter Graphiker und der Schulen (...), weil dahinter auch der Auftraggeber steckt.«[52] Denn sie belegten in Komposition, Funktionalität, Farbigkeit, Fotografie und Schrift, »welches Verständnis Handel und Industrie bereits diesen Tendenzen entgegenbringt, die ja übrigens nicht aufzuhalten sein werden.«[53] Das in Bezug auf die Ausstellungsvorhaben FIG.18 S.161 des ›rings‹ formulierte Ziel war klar erkennbar: »Durch eine sorgfältig zusammengestellte Auswahl zu dokumentieren, dass in den verschiedensten Teilen Deutschlands Künstler sich mit dem Problem Werbegestaltung befassen, und dass es heute eine künstlerisch-hochstehende Reklame gibt (...). Es handelt sich also um eine Propaganda für künstlerisch gestaltete Reklame.«[54] Während der Weltwirtschaftskrise »marschierte(n)« im ›Gefesselten Blick‹ »dem Alphabet nach geordnet die ganze Reihe der prominentesten Typografen auf«,[55] doch kurz darauf hatten auch die politischen Gegner der Avantgarde »die Reihen fest geschlossen.« Die Existenz des ›rings‹ war 1931 faktisch beendet, auch wenn Bodo Rasch 1932 eine weitere Ausstellung unter Beteiligung von ›ring‹-Mitgliedern organisierte. Er gliederte der *Stuttgarter Werbeschau* mit Arbeiten von Josef Albers, Herbert Bayer, Jan Tschichold und anderen eine Abteilung für Schriftgestaltung an, in der selbstredend auch die Futura präsent war.

Futura Schmuck.

1

Zit. nach: Kurt Schwitters. *Das literarische Werk*. Hrsg. von Friedhelm Lach, 5 Bde., München 2005 (zuerst Köln 1973), hier Bd. 2 (Prosa 1918–1930), S. 28.

2

Kurt Schwitters: *Der Rhythmus im Kunstwerk*, in: Hannoversches Tageblatt, 17.10.1926, 4. Beilage. Zit. nach: Kurt Schwitters. Das literarische Werk, 2005, (wie Anm. 1), Bd. 5 (Manifeste und kritische Prosa), S. 245f., hier S. 246. Der 1879 geborene und 1924 verhaftete Massenmörder Friedrich Haarmann und der Architekt des 1912 errichteten Verwaltungsgebäudes der Continental-Werke, Peter Behrens, stehen in diesem personellen Kontext stellvertretend für die Polarität des städtischen Lebens vor dem 1. Weltkrieg. Dieses Kolorit beschrieb anschaulich auch: Lessing, Theodor: Haarmann. Die Geschichte eines Werwolfs, Berlin 1925 (=Aussenseiter der Gesellschaft. Die Verbrechen der Gegenwart, hrsg. v. Rudolf Leonhard, Bd. 6), S. 9–17.

3

Kurt Schwitters: *Der Rhythmus im Kunstwerk* (wie Anm. 2), S. 246. Er begründete dies wie folgt: »Es ist wohl wahr, dass Hannover in der Zeit, als die Kunst viele Abwege ging, zurückgeblieben ist, aber es hat alles wieder nachgeholt. (...). Wir haben gegenüber den sogenannten Kunststädten den Vorteil, daß wir nicht an veraltete Tradition gebunden sind, und statt dessen haben wir in Hannover eine mustergültige Kunstpflege. Die Kestnergesellschaft hat uns ungefähr alles gezeigt was heute geschaffen wird, und unser Museum ist das einzige in Deutschland, das einen Raum für abstrakte Gemälde hat. Es ist daher kein Wunder, daß in Hannover am meisten abstrakt malende Künstler wohnen, es sind vier: Vordemberge, Ritschke, Buchheister und ich. Und ich glaube, daß gerade eine Stadt wie Hannover mir die MERZ-vollsten Anregungen gegeben hat.« (Ebd., S. 246). Vgl. hierzu auch Michael Erlhoff: Der Versuch, Revon auf die Füße zu stellen, in: Kurt Schwitters Almanach 1984, hrsg. von Michael Erlhoff und Sabine Guckel, Hannover 1984, S. 17–34.

4

Vgl. El Lissitzky: *Topographie der Typographie*, in: Merz, Nr. 4 (Juli) 1923.

5

Vgl. Merz, Nr. 11, (November) 1924 (Typoreklame Pelikan-Nummer).

6

Kurt Schwitters, (1930) in: Kurt Schwitters: *Das literarische Werk*, 2005, Bd. 5 (Manifeste und kritische Prosa), S. 335f., hier S. 336.

7

Kurt Schwitters: *Werbe-Gestaltung. Die neue Gestaltung in der Typographie*, Hannover o. J. (1930) 16. S. Abdruck (wie bei 18) in: Kurt Schwitters: Das literarische Werk, 2005, Bd. 5 (Manifeste und kritische Prosa), S. 214–230, hier S. 227. Vgl. Fig. 1, S. 148.

8

Kurt Schwitters: *Ich und meine Ziele (1931)*, in: Kurt Schwitters. Das literarische Werk, 2005, Bd. 5 (Manifeste und kritische Prosa), S. 340–348, hier S. 346.

9

Friedhelm Lach; *Vorwort*, in: Kurt Schwitters. Das literarische Werk, 2005, Bd. 1 (Lyrik), S. 7–27, hier S. 10.

10

Kurt Schwitters: *Der Rhythmus im Kunstwerk* (wie Anm. 2), S. 246.

11

Brief von Kurt Schwitters an Helma Schwitters, Bad Ems, 14.08.1927, zit. nach: Kurt Schwitters. *Wir spielen, bis uns der Tod abholt.* Briefe aus fünf Jahrzehnten. Gesammelt, ausgewählt und kommentiert von Ernst Nündel, Frankfurt/Main und Berlin 1986, S. 127f., hier S. 127.

12

In einem Brief an Walter Borgius vom 2.7.1927 führte Schwitters zu der Bezeichnung aus: »Es muss heißen optophonetisch, weil die phonetische Sprache durch gleichwertige optische Schrift bezeichnet werden muss. Ein neues Alphabet muss schon deshalb geschaffen werden, weil das alte übliche mangelhaft ist. Es fehlen die Zeichen für ng, sch, ch, es gibt keine unterschiedlichen Zeichen für Gaumen r und Zungen r, für ch in noch und ch in mich, für j in jeder und j in jamais, für th weich und th hart (englisch), für s hart und s weich. (...)«. Zit. nach: Ebd., S. 119ff., hier 120.

13

F(ritz) H(elmuth) Ehmcke: Schrift. Ihre Gestaltung & Entwicklung in neuerer Zeit, Hannover 1925, S. 66, Abb. S. 67.

14

So wurden die prototypischen Buchstabenformen a, g, m, n, ä, & und die Mediäval-Ziffern der Futura als Sonderfiguren angeboten, 1928 jedoch, wie auch das charakteristische r, aufgegeben. Zur Systemschrift vgl. Kurt Schwitters: Anregungen zur Erlangung einer Systemschrift, in: i 10, Nr. I, Nr. 8/9 (Aug./Sept.) 1927, S. 312–316. Abgedruckt in: Kurt Schwitters. Das literarische Werk, 2005, Bd. 5 (Manifeste und kritische Prosa), S. 274–278.

15

Kurt Schwitters: *Thesen über Typographie. These I*, in: Merz, Nr. 11, Hannover 1924, S. 91 (›Typoreklame Pelikan-Nummer‹). Abdruck in: Kurt Schwitters. *Das literarische Werk*, 2005, Bd. 5, S. 192. 1922 war in München Paul Renners Publikation *Typographie als Kunst* erschienen.

16

Kurt Schwitters: *Thesen über Typographie. These X*, in Merz, Nr. 11, Hannover 1924, S. 91 (wie Anm. 5).

17

Kurt Schwitters: *Gestaltende Typographie*, in: Der Sturm, Jg. XIX, Nr. 6, (Sept.) 1928, S. 265–269. Abdruck in: Kurt Schwitters. *Das literarische Werk*, 2005, Bd. 5, S. 311–315.

18

Kurt Schwitters: *Werbe-Gestaltung. Die neue Gestaltung in der Typographie*, Hannover, o. J. (1930), 16 S. Abdruck in: Kurt Schwitters. Das literarische Werk, 2005, Bd. 5, S. 214–230, hier S. 227. Hier fälschlicherweise datiert 1925. Vgl. Fig. 1–3, S. 148f.

19

Ebenda.

20

Vgl. Kurt Schwitters: *Ich und meine Ziele*, in: Merz, Nr. 21, Hannover 1931, S. 113–117. Abdruck in: Kurt Schwitters. Das literarische Werk, 2005, Bd. 5, S. 340–348.

21

Schwitters Bezüge zum Neuen Bauen waren vielfältig. Er verfasste Schriften und Kritiken, die eine der typografischen Entwicklung vergleichbare Hinwendung zu einer zweckorientieren ›konstruktiven Architektur‹ erkennen lassen. Bereits 1925 erschien in seinem Aposs-Verlag mit *Grosstadtbauten* von Ludwig Hilberseimer die erste und einzige Publikation der geplanten Reihe *Neue Architektur*, 1930 gestaltete er die von der Reichsforschungsgesellschaft für Wirtschaftlichkeit im Bau- und Wohnungswesen herausgegebene Grundrisssammlung *Die billige, gute Wohnung*. Vgl. hierzu: Brigitte Franzen: *Die Großstadt – ein gewaltiges Merzkunstwerk?* Versuch über Kurt Schwitters und die Architektur, in: Ausst.kat. *Neues Bauen der 20er Jahre*. Gropius, Haesler, Schwitters und die Dammerstock-Siedlung in Karlsruhe 1929, Badisches Landesmuseum Karlsruhe u. a., Karlsruhe 1997, S. 123–138.

22

Vgl. WZ 153, in: Ausst.kat. *Typographie kann unter Umständen Kunst sein*. Kurt Schwitters. Typographie und Werbegestaltung, bearbeitet v. Volker Rattemeyer und Dietrich Helms unter Mitarbeit von Konrad Matschke, Landesmuseum Wiesbaden u. a., Wiesbaden 1990, S. 201.

23

Bauersche Giesserei (Hrsg.): *Drei Jahre Futura*, in: Renner Futura. Die Ergänzungs-Garnituren, Specimen, Frankfurt am Main o. J. (1930), 2 S., hier S. 2.

24

Ebenda.

25

Ebenda.

26

Serge Lemoine: *Merz, Futura, DIN et cicéro*, in: Ausst.kat. Kurt Schwitters, Centre Georges Pompidou Paris, u. a. Paris 1994, S. 186–193.

27

Vorbemerkung zu: Kurt Schwitters: *Über einheitliche Gestaltung von Drucksachen*, in: Papierzeitung, 55. Jg., Nr. 48, Berlin 1930, S. 1436–1440. Abdruck in: Kurt Schwitters. Das literarische Werk, 2005, Bd. 5, S. 324–334.

28

Kurt Schwitters: *Über einheitliche Gestaltung von Drucksachen* (wie Anm. 27), S. 324. Vgl. Heine, Werner: Der kurze Frühling der Moderne, oder – Futura ohne Zukunft. Kurt Schwitters' typografische Arbeiten für die Stadtverwaltung Hannover 1929–1934, in: Ausst.kat. Typographie kann unter Umständen Kunst sein. (wie Anm. 22), S. 92–97.

29

Kurt Schwitters: *Über einheitliche Gestaltung von Drucksachen* (wie Anm. 27), S. 325f.

30

Kurt Schwitters: *Über einheitliche Gestaltung von Drucksachen* (wie Anm. 27), S. 329. Aus den Druckvermerken der Akzidenzen geht hervor, dass beispielsweise die Druckereien Gröhmann, Hahn, Osterwald, Schrader, Schöer u. a. mit der Futura arbeiteten.

31

1933 erließ die Stadtverwaltung einen ›Fraktur-Erlass‹ für Neuauflagen, im internen Briefverkehr wurden die aus der Futura gesetzten Formulardrucke jedoch noch weiterverwendet.

32

Vgl. Kurt Schwitters: Mitteilung 17 und Abstimmung 20 (1928). Zit. nach: Ausst. kat. *Typographie kann unter Umständen Kunst sein. Der ›ring neue werbegestalter‹*. Die Amsterdamer Ausstellung. Bearbeitet v. Volker Rattemeyer und Dietrich Helms unter Mitarbeit von Konrad Matschke, Landesmuseum Wiesbaden u. a., Wiesbaden 1990, S. 114.

33

Kurt Schwitters, Brief an Piet Zwart, 12. 12. 1927. Zit. nach: Broos, Kees: *Das kurze, aber heftige Leben des Rings ›neue werbegestalter‹*, in: Ausst.kat. Typographie kann unter Umständen Kunst sein. Der Ring ›neue werbegestalter‹ (wie Anm. 32), S. 7–10, hier S. 7.

34

Schwitters äußerte sich im März 1930 zum ›ring‹, vgl. Kurt Schwitters: *der ring neue werbegestalter*. in: Ausst.kat. Neue Werbegrafik, Gewerbemuseum Basel 1930, S. 4. Abgedruckt in: Kurt Schwitters: Das literarische Werk, 2005 Bd. 5, S. 337.

35

Kurt Schwitters: Mitteilung 20 (1928). Zit. nach: Ausst.kat. *Typographie kann unter Umständen Kunst sein. Der Ring ›neue werbegestalter‹* (wie Anm. 32), S. 118.

36

Kurt Schwitters: Brief an Piet Zwart, 24. 6. 1928. Zit. nach: Broos, Kees: *Das kurze, aber heftige Leben des Rings ›neue werbegestalter‹*, in: Ausst. kat. Typographie kann unter Umständen Kunst sein. Der Ring ›neue werbegestalter‹ (wie Anm. 32), S. 8.

37

Kurt Schwitters: Mitteilung 19 (1928). Zit. nach: Ausst. kat. *Typographie kann unter Umständen Kunst sein. Der Ring ›neue werbegestalter‹* (wie Anm. 32), S. 115f., hier S. 115.

38

Ebenda, S. 115.

39

Ebenda, S. 115.

40

Ebenda, S. 116.

41

Ebenda, S. 116.

42

Kurt Schwitters, Brief an Piet Zwart, 24. 10. 1928. Mitteilung 22. Zit. nach: Ausst.kat. *Typographie kann unter Umständen Kunst sein. Der Ring ›neue werbegestalter‹* (wie Anm. 32), S. 119f., hier S. 120. »Wer kennt Böhm, Frankfurt, Erbar, Köln, Lewi, Düsseldorf? Kommt von den Herren jemand für den Ring in Frage?«

43

Vgl. die Auflistung der ›ring‹-Ausstellungen in: Ausst.kat. *Typographie kann unter Umständen Kunst sein. Der Ring ›neue werbegestalter‹* (wie Anm. 32), S. 141.

44

Kurt Schwitters, Brief an Piet Zwart, *Hannover, am Muttertag 1931*, in: Ausst. kat. Typographie kann unter Umständen Kunst sein. Der Ring ›neue werbegestalter‹ (wie Anm. 32), S. 126.

45

Gefesselter Blick. 25 kurze Monografien und Beiträge über neue Werbegestaltung. Hrsg. und mit einer Einleitung versehen von Heinz und Bodo Rasch, Stuttgart 1930. Vgl. zum Kontext: Annette Ludwig: Die Architekten Brüder Heinz und Bodo Rasch. Ein Beitrag zur Architekturgeschichte der zwanziger Jahre, Tübingen/Berlin 2009.

46

Die Ausstellung *Gefesselter Blick. Internationale Ausstellung Moderner Typografie* wurde vom 8.–11. 2. 1930 im Gustav-Siegle-Haus Stuttgart gezeigt. Der Graphische Klub wurde 1881 als Gemeinschaft zur Förderung der Drucktechnik und Buchkultur gegründet.

47

Zit. nach dem Vertrag zwischen den Brüdern Rasch und dem wissenschaftlichen Verlag Dr. Zaugg v. 5.4.1929 (Nachlass Bodo Rasch). In ihren Anfragen an potentielle Beiträger, die Schwitters durch ein ›ring‹-Rundschreiben unterstütze, hatten die Brüder Rasch vergleichbare Parameter vorgegeben. So schrieben sie beispielsweise in einem Brief vom 29.1.1930 an Hans Leistikow: »(...) in Ergänzung Ihres Materials möchten wie Sie noch freundlich bitten, uns ganz kurz Alter und Bildungsgang mitzuteilen. Das Buch ist so aufgebaut, dass jeder der darin vertretenen Künstler 2–4 Seiten für seine Beispiele bekommt und eine rechte Titelseite, auf der sein Name, darunter klein seine Daten und ferner die Beantwortung der Rundfrage: ›Welche Prinzipien verfolgen Sie bei der Gestaltung Ihrer Typografien bezw. haben Sie überhaupt Prinzipien dabei?‹ steht. Bei der Verschiedenartigkeit des zusammengekommenen Materials hat sich als wichtig für die schnellere Erfassung durch den Leser herausgestellt, zu wissen, ob der Künstler Maler, Architekt, Drucker oder Buchgewerbler ist und welcher Generation er angehört. (...)«. (Nachlass Bodo Rasch).

48

(Anonym): Rezension *Gefesselter Blick*, in: Zirkel, 1. Jg., H. 1, Stuttgart 1.7.1933, S. 24.

49

Postkarte von Jan Tschichold (München) an die Brüder Rasch, 31.5.1930, unveröffentlicht (Nachlass Bodo Rasch).

50

Brief Friedrich Vordemberge-Gildewart (Hannover) an die Brüder Rasch, 4.12.1930, unveröffentlicht (Nachlass Bodo Rasch).

51

Kn: Rezension *Gefesselter Blick*, in: Das Werk, 19. Jg., H. 4, Zürich 1932, S. LIII.

52

Ebenda.

53

Ebenda.

54

Kurt Schwitters: Mitteilung 17 und Abstimmung 20 (1928). Zit. nach: Ausst. kat. *Typographie kann unter Umständen Kunst sein. Der ›ring neue werbegestalter‹* (wie Anm. 32), S. 114. Er bezieht sich hier auf eine Ausstellungsofferte der Berliner Galerie Nierendorf.

55

Brief Brüder Rasch an Willi Baumeister (Frankfurt/M.), 17.1.1930 (Nachlass Bodo Rasch).

STADTBIBLIOTHEK

ODOL ODOL
ALLIANZ
VERSICHERUNG
KRAFTVOLL Ford WELTERPROBT
EUROPA PALAST
RADEBERGER PILSNER
AUGUSTINER KELLER
MÜNCHNER AUGUSTINERBRÄU
RADEBERGER PILSNER
AUGUSTINER KELLER
GEROLD
SCHOTTENHAML
CAFE

BERLIN

Ende der zwanziger Jahre hat sich Berlin zu einer Metropole mit internationaler Strahlkraft entwickelt, in der sich eine boomende Reklameindustrie manifestierte: Im Berliner Zeitungsviertel, dem Quartier Charlottenstraße, Jerusalemerstraße, Koch- und Schützenstraße, konzentrierten sich die wichtigsten Presse- und Verlagshäuser Deutschlands sowie die größten Anzeigenagenturen Mosse, Ullstein und Scherl. Diese organisierten die Massenkommunikationsmittel immer perfekter und beschäftigten wiederum Werbebüros, Werbeberater oder Werbefachleute, so dass sich in Berlin eine eigene Reklameindustrie entwickelte, die für den gestalterisch professionellen Auftritt der verschiedensten Printmedien sorgte.[1] Dass Berlin international eine immer wichtigere Rolle in der Werbung spielte, verdeutlichte auch der Welt-Reklame-Kongress 1929, zu dem internationale Werbestrategen und

Reklamefachleute anreisten, um über die Zukunft ihrer Profession zu diskutieren.

Nach Berlin ging, wer als Werbegrafiker Karriere machen wollte: Lucian Bernhard gründete zusammen mit seinem Kollegen Fritz Rosen im Ala-Haus (Allgemeine Anzeigen GmbH) an der Potsdamer Straße ein eigenes Atelier für Werbegrafik. Nach seinem Weggang vom Bauhaus eröffnete László Moholy-Nagy in Berlin ein eigenes Atelier, in dem er auch ehemalige Bauhaus-Studierende beschäftigte.[2] Zunehmend wurden auch Dependancen internationaler, insbesondere amerikanischer Agenturen in Berlin eröffnet, etwa von J. Walter Thompson Unter den Linden[3] oder Crawfords Reklame-Agentur in der Potsdamer Straße. Eine für die Gestaltungsavantgarde wichtige Adresse war die deutsche Dependance der New Yorker Agentur ›Dorland‹ am Kurfürstendamm, in der Herbert Bayer als

Art Director tätig war, unter anderem für die deutsche *Vogue*.[4] Ab 1928 avancierte Bayer zum selbstständigen künstlerischen Leiter des ›dorland-studios‹, bei der unter anderem Kurt Kranz, Hannes Ferdinand Neuner, Xanti Schawinsky, Hin Bredendieck und wohl László Moholy-Nagy tätig waren.[5] Hier kombinierte er gekonnt Typografie, Fotografie und Grafik zu einer neuen grafischen Sprache mit einer offensichtlichen Faszination für Verfremdung und Illusion.[6]

PE

1
László Moholy-Nagy: Anzeige für SS-Kleidung, 1931.

DEZEMBER 1928 DEZEMBE

GEBRAUCHSGRAPHIK

INTERNATIONAL ADVERTISING AR

HERAUSGEBER PROF. H. K. FRENZEL, EDITC
PHÖNIX ILLUSTRATIONSDRUCK UND VERLAG GMBH., BERLIN SW 61, BELLE-ALLIANCE-PLATZ 7

ALLEINVERTRETER FÜR DIE VEREINIGTEN STAATEN VON NORDAMERIKA UND CANADA
THE BOOK SERVICE COMPANY
15 EAST 40TH STREET, NEW YORK CITY U.S.A.
SOLE REPRESENTATIVE FOR THE UNITED STATES NORTH-AMERIKA AND CANA

PETRA EISELE

FUTURA UND DIE ›FORM UM 1930‹

Nach der Inflation 1923 setzte in Deutschland ein großer wirtschaftlicher Aufschwung ein. Die gesteigerte Produktion von Industriegütern verbesserte die finanzielle Situation der Allgemeinbevölkerung, was wiederum zu einem stärkeren Absatz von Waren führte.

Für den Gestaltungsbereich bedeutete dies auf der einen Seite, dass Entwürfe für die industrielle Produktion realisiert und eine neue industrielle Ästhetik, die auf Standardisierung und Typisierung basiert, auch breitenwirksam sichtbar wurde. Auf der anderen Seite erforderte die gesteigerte industrielle Warenproduktion und größere Produktauswahl eine Produktdifferenzierung durch Werbung. Entsprechend wurden zahlreiche Grafiker in der sich stark entwickelnden Anzeigen-, Plakat- und Schaufensterwerbung eingesetzt.

In diesem Umfeld trafen die Prinzipien der Neuen Typografie, wie sie am Bauhaus und dessen avantgardistischem Umfeld provokant propagiert worden waren, auf die Forderungen und Anforderungen der Realität. FIG.1 S.172

Modifiziert fanden sie ihren Niederschlag im Curriculum führender, der Moderne gegenüber aufgeschlossener Ausbildungsinstitutionen wie der Frankfurter Kunstschule, wo Hans Leistikow sowie – nach Renners Weggang – Willi Baumeister lehrten. Max Burchartz unterrichtete in Essen, Johannes Molzahn in Magdeburg, Georg Trump in Bielefeld, von wo er 1929 nach München berufen wurde an Renners Meisterschule für Deutschlands Buchdrucker, die sicherlich die wichtigste Ausbildungsinstitution für das grafische Gewerbe in den zwanziger Jahren war. Ihre hoch spezialisierten Absolventen verbreiteten von dort aus einen gestalterischen Ansatz, der »durchdacht, maßvoll und in der täglichen Arbeit flexibel anwendbar war«, nicht nur in Deutschland, sondern auch weit über Deutschland hinaus.[7]

Die Prinzipien der Neuen Typografie wurden in der Gestaltung von Zeitschriften, Anzeigen und großflächigen Plakaten angewandt und damit – wenn auch stark abgeschwächt, aber auch professionalisiert – für breite Bevölkerungsschichten sicht- und erlebbar. So fand die Verbindung von Typografie und Fotografie, wie sie Moholy-Nagy 1925 mit seinem programmatischen Text *Typo-Photo* gefordert hatte, immer selbstverständlicher ihren Niederschlag im alltäglich Gestalteten und visuell Konsumierten. Aus der neuen Art des Sehens und des modernen Layouts entwickelte sich, modifiziert durch die technischen und ästhetischen Anforderungen der traditionell ausgebildeten Fachleute, eine neue ›moderne‹ Art der Werbegestaltung.

Sie traf auf eine Gesellschaft, deren technikverbundene Eliten, so Gert Selle, zunehmend eine ›technoide Alltagskultur‹ pflegten und die ihre Konsumwünsche auf ein gereinigt-glattes Techno-Design ausrichteten, das den sozialen Funktionalismus des Bauhauses und die politischen Ziele des Neuen Bauens hinter sich gelassen hatte.[8] Selbst die wirtschaftlichen und politischen Krisen der späten zwanziger und beginnenden dreißiger Jahre verhinderten nicht, dass »immer mehr schöne, wohlfunktionierende, mit hohem professionellen Können durchgestaltete Produkte auf den Markt« kamen.[9]

Selle beschreibt die neue verhaltene, kühle und distanzierte »Form um 1930« als kühl, elegant und knapp: »Diese neuen technoiden Formen konkurrieren mit der Üppigkeit der Warenwelt und lösen sie bei trendbildenden, auf ihren Modernitätsausweis achtenden Konsumentenschichten ab.«[10] Leitprodukte dieser technikeuphorischen Elite waren Automobile, Flugzeuge und technische Apparate; Leitprodukte des gehobenen Hausrats wurden aus Glas, Porzellan oder den neuen Kunststoffen hergestellt. In ihrer septischen Eleganz und mit ihren spurenlosen Oberflächen boten diese anonymen Massenprodukte keinerlei individuelle Bezüge mehr.[11]

Im Grafik-Design und in der Typografie manifestiert sich die »Form um 1930« ebenfalls durch kühle Eleganz. In diesem Zusammenhang avancierte die Futura zum Prototyp der Schrift um 1930: Mit ihren schlanken Linien evoziert besonders die magere Futura Eleganz; in ihrer Reduktion auf die aus der klassischen Antiqua abgeleiteten geometrischen Grundformen verweist sie sowohl auf Abstraktion als auch auf Tradition. Die Art und Weise, wie die Futura um 1930 beworben wurde, unterstützt die These, dass diese Schrift als typografisches Pendant zur »Form um 1930« besonders geeignet war: Hatten die Vertreter der Neuen Typografie noch stark auf die Kombination von Schwarz und Rot gesetzt, dominiert um 1930 kühle Farbigkeit. Entsprechend kommen anlässlich der Kampagne »Drei Jahre Futura« 1930 Blau und Silber zum Einsatz: Die 2. Mappe *Futura – die sich die Welt eroberte* und das neue Futura-Specimenheft sowie eine Imagebroschüre bestechen durch silbernen Glanz in Kombination mit dem blauen Schriftzug FUTURA. FIG. 4,5 S. 179F. Zudem sind die Anwendungsbeispiele im Inneren durch schlanke Formen und elegante Konturen sowie eine diskret gedeckte Farbigkeit (oft Kombination von Blau/Braun/Schwarz/Gold) charakterisiert, was den Produkten eine unaufdringliche Distinguiertheit zuspricht. Auch thematisch verweisen die Probedrucke zur Futura um 1930 auf urbane Eleganz. Sie zeigen Anzeigen für Maschinen und technische Produkte, aber auch klassisch-elegante Kleidung, die mondänes Großstadtleben zwischen Sportlichkeit und Raffinesse zur Schau stellt. FIG. 6 S. 181

2

S. 174 – Leitbild Technik – auf dem Weg zum gereinigten, glatten Techno-Design der ›Form um 1930‹: Cover der Zeitschrift *Gebrauchsgraphik*, 1928.

3

Automobile als Leitprodukte einer neuen technikeuphorischen Elite: ›Rasse und Kultur‹ verharmlosend eingebettet in die kühle Eleganz einer entindividualisierten Elite, Anzeige der Fa. Opel, 1928.

3

SEVILLA
FUTURA
FUTURA
FUTURA
FUTURA
FUTURA
BAUERSCHE GIESSEREI · FRANKFURT AM MAIN · BARCELONA · NEW YORK

FUTURA
FUTURA
DIE
SICH DIE WELT
EROBERTE
MAPPE
2
BAUERSCHE GIESSEREI FRANKFURT AM MAIN

4

5

4

S. 179 f. – Futura-Schriftproben und Mappen von 1927–1937.

5

Silbernes Futura-Schriftproben-Ringbuch, 1933 mit drei Doppelseiten zur Futura fett, Futura Licht und Futura Schlagzeile.

6

Anzeige für ›Lucile Paray‹, 1930.

IN PARIS IT'S

LUCILE PARAY

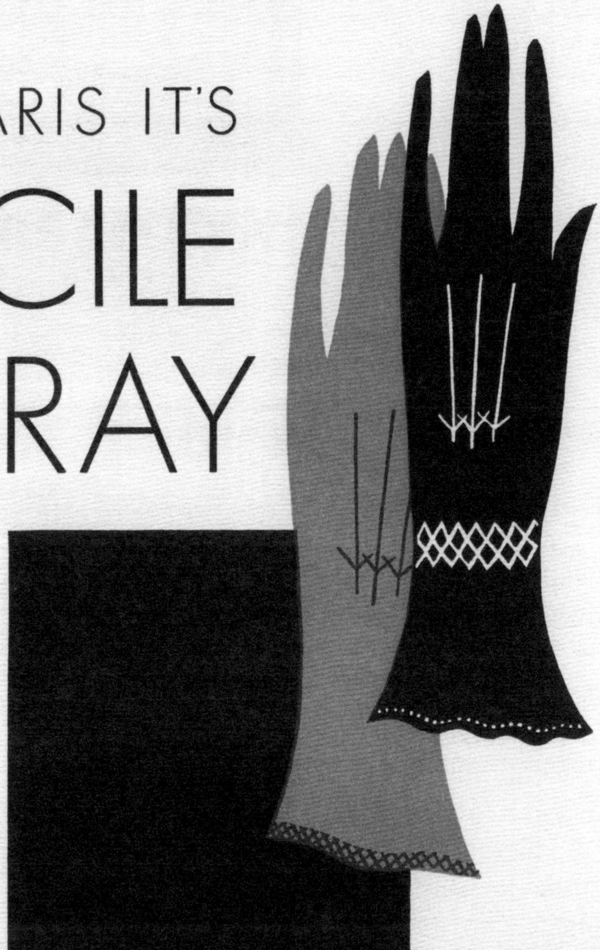

IN NEW YORK

WEAR RIGHT

Foremost in Gloves

WIMELBACHER & RICE · 1150 BROADWAY · NEW YORK CITY

DIE FUTURA ALS VERKAUFSSCHLAGER

Entsprechend wurde die Futura zum einen vermarktet als Pendant zur Neuen Typografie, zum anderen als Pendant zur zeitgenössischen modernen Reklame. Und das mit Erfolg. Um 1930 erschienen immer mehr Zeitschriften in der Futura: Ab 1930 wurde die Zeitschrift *Graphische Nachrichten* in der Futura gesetzt;[FIG.7-11] im August 1931 erschien *Die Form* in der Futura mit folgender Begründung: »Dieses Heft ist in der Futura-Type gesetzt, die es jetzt auch auf der Setzmaschine gibt. (...) Sie ist bekanntlich von unserem Mitarbeiter Paul Renner entworfen (...). Heute ist diese Type die bekannteste und beliebteste Grotesk-Letter geworden.«[12] Ab April 1932 erschien *die neue stadt. internationale monatsschrift für architektonische planung und städtische kultur*[13] ebenfalls in der Futura. Baumeister, der mit dem Weggang von May und Leistikow ab Oktober 1930 für die Gestaltung der Zeitschrift zuständig wurde, änderte die gesamte Aufmachung, indem er den Zeitschriftentitel in Minuskeln der fetten Futura setzte, die er rechtsbündig ausrichtete.

SCHRIFTMISCHUNGEN

Um 1930 emanzipierte sich die gestalterische Avantgarde mehr und mehr von einem zunehmend als bloßes Regelwerk adaptierten Verständnis der Neuen Typografie und plädierte für eine moderatere Verwendung der Groteskschrift: Bereits 1928 hatte Herbert Bayer einen oberflächlichen ›bauhausstil‹ und Tschichold den rein formal orientierten

7

8

7–9

Cover *Graphische Nachrichten*. Fachzeitschrift Graphischer Nachrichten. Dezember, April, September 1930.

VERLAG GUTENBERG-BUND • BERLIN S 42 • LUISENUFER 1
NEUNTER JAHRGANG • NEUNTES HEFT • SEPTEMBER 1930
G.-B.
JUNG-TYPOGRAPHIA
BERLIN
GRAPHISCHE NACHRICHTEN
ACHZEITSCHRIFT GRAPHISCHER BERUFE
-6. OKT 1930

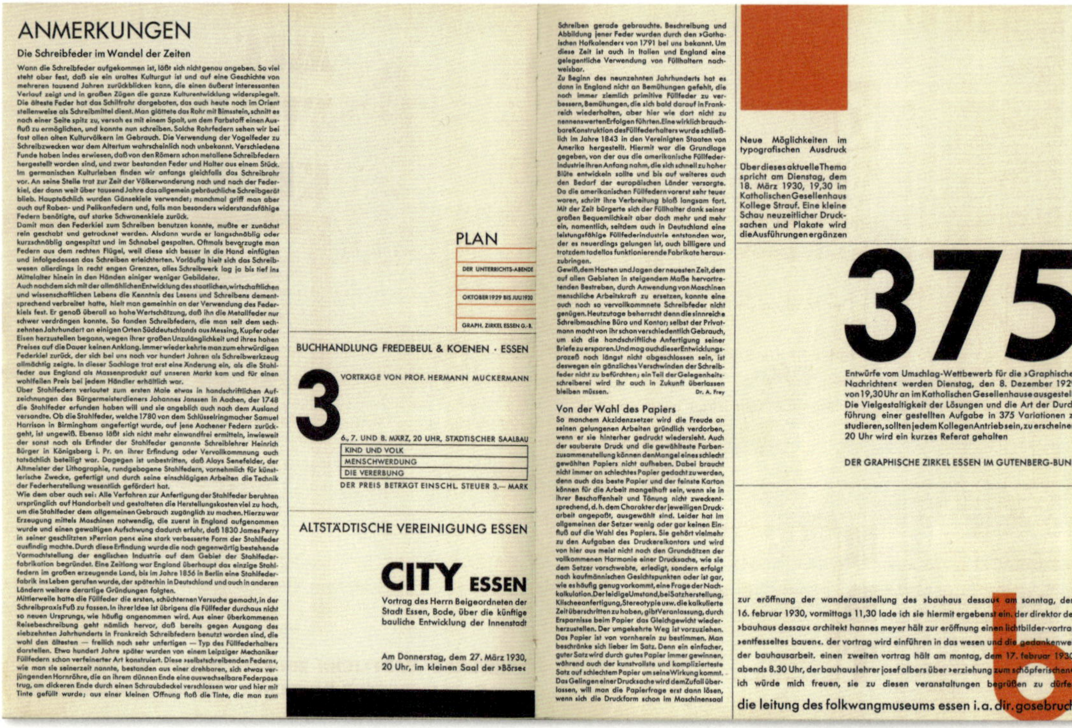

10

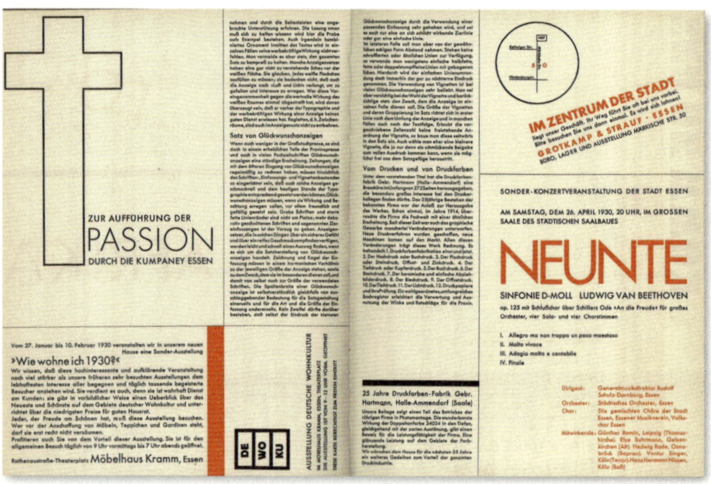

11

12

10–11

Anwendungsbeispiele der Futura in der Zeitschrift *Graphische Nachrichten*.

12

Die Futura. Eine Schrift erobert die Welt, Anzeige in der *Gebrauchsgraphik*, 1930.

Einsatz auffallender Gestaltungselemente wie Kreise, Dreiecke oder Balken als ›Scheinkonstruktivismus‹ und ›Formalismus‹ verurteilt.[14] 1933 schrieb Moholy-Nagy: »selbstverständlich reicht die strenge grotesk für ein so vielfältiges arbeitsfeld, wie die heutige reklame (...) nicht aus. ihre furcht vor der uniformierung der inserate zwingt den typographen zur berücksichtigung auch anderer schriftarten.«[15] In der Tat entwickelte sich in der modernen Reklame um 1930 ein neuer grafischer und typografischer Stil, der sich aus den Impulsen der Neuen Typografie speiste, sich jedoch gleichzeitig auch davon emanzipierte. Er demonstriert einen souveränen Umgang mit allen grafischen und typografischen Gestaltungsmitteln, der auch die neuen herstellungstechnischen Möglichkeiten beispielsweise des Zweifarbendruckes voll ausschöpfte.

Als neues typografisches Gestaltungsmittel wird Schriftmischung immer häufiger als Auszeichnung im Satz sowie zur Betonung von Überschriften eingesetzt. Neuerdings, so betonte Tschichold 1935, komme Schriftmischung bei »Werbedrucksachen aller Art« eine »erhöhte Bedeutung« zu, um ihnen »ein individuelles Aussehen zu geben.«[16] In der Tat wechselte beispielsweise Joost Schmidt in seinem Faltplan für die Stadt Dessau zwischen einer Grotesk und einer zarten englischen Schreibschrift und auch die Futura wird im Verlauf der dreißiger Jahre immer häufiger mit Antiquaschriften kombiniert.

So kann die Futura zu Recht als »Schrift ihrer Zeit« bezeichnet werden. Ihr Siegeszug in den dreißiger Jahren lässt sich auch mit einer international prosperierenden Werbeindustrie erklären, deren technikaffine Zielgruppe die »Form um 1930« favorisierte. Vor allem die magere Futura entsprach in ihren Anklängen an Avantgarde und Klassik den neuen ästhetischen Vorstellungen von mondäner Distinguiertheit.

13

13
Herbert Bayer: Eigenwerbung für die Agentur Dorland in der *Gebrauchsgraphik* 1929.

14

15

16

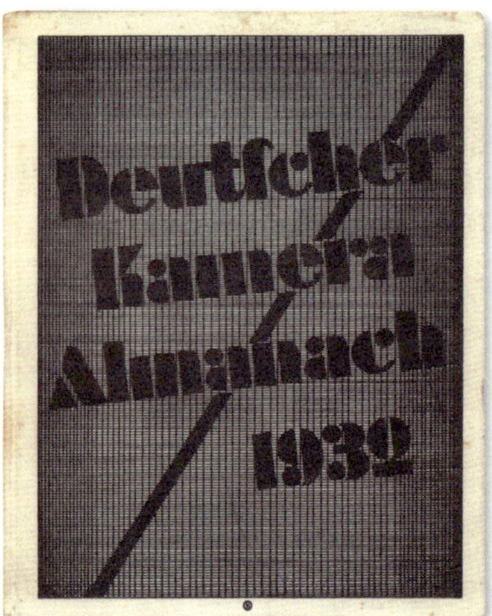

17

14

László Moholy-Nagy (Entwurf): Einladungskarte zur *ausstellung des architekten b.d.a. walter gropius*, 1930.

15

László Moholy-Nagy (Entwurf): *Ausstellungskatalog Walter Gropius*. Zeichnungen, Fotos, Modelle, 1930.

16

Die Futura Black in einer frühen Anwendung bei einem Führer von Heinz Johannes zum Neuen Bauen in Berlin, 1931.

17

Futura Black, verwendet beim Berliner *Deutschen Kamera-Almanach*, 1932.

18

Foto-Qualität. Zeitschrift für Ware und Werbung, 1931. Covergestaltung: László Moholy-Nagy.

(UB) Die Zeitschrift heißt eigentlich *Qualität*. Mit ihr hatte der Herausgeber Carl Ernst Hinkefuß schon öfter das Bauhaus publizistisch unterstützt und von dessen Ruf für sein Werbeunternehmen profitiert. Dass diese Ausgabe *foto-QUALITÄT* heißt, ist gleichermaßen ein Gütestempel für Moholy-Nagys Fotogramm wie auch für das Heft. Man könnte denken, der Titel sei aufschabloniert. Doch weit gefehlt, die Satzschrift Futura Black lieferte die Formen für den manuellen Schriftzusatz. Denn kaum war die Futura Black erschienen, wurde sie auch schon eifrig nachgezeichnet.

HERAUSGEGEBEN VON C. DUNNHAUPT • GMBH • DESSAU
SCHRIFTLEITUNG UND
KUNSTLERISCHELEITUNG:
CARL ERNST HINKEFUSZ
BERLIN
foto-
QUALITÄT
ZEITSCHRIFT FÜR WARE UND WERBUNG
IX.
1·2

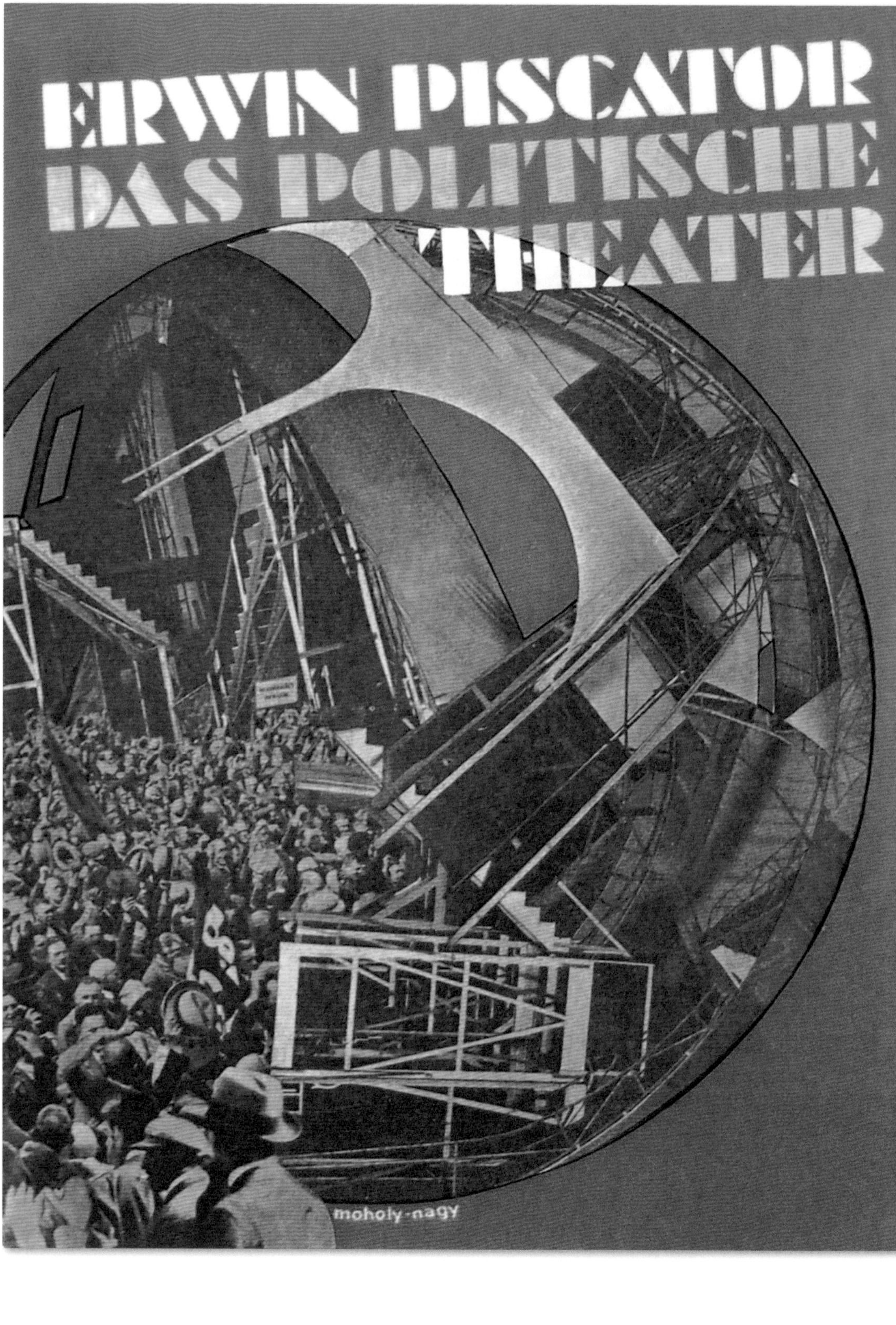

19

19

Erwin Piscator: *Das politische Theater*. Berlin: Adalbert Schultz, 1929. Umschlaggestaltung: László Moholy-Nagy.

(UB) Eine unübersehbare Menschenmenge quillt von der Rückseite des Umschlages her auf seine Vorderseite und wartet auf Einlass in das kugelförmige visionäre Gebilde. Es besteht aus Elementen revolutionärer Bühnentechnik, von der bekannt ist, dass sie mit den modernsten Medien kombinierbar war. So sind es auch die modernsten grafischen Elemente, die diese Szene betiteln. Wie eine Lichtprojektion auf roter Leinwand wirken die weiß ausgesparten geometrischen Letternformen. Die abgedunkelte Zeichenfolge entsteht dadurch, dass diese von Hand konstruierten, der Futura Black nachempfundenen, vereinfachten Buchstaben gerastert und mit der roten Platte mitgedruckt sind. Mit dem zum Zwischenton geschwächten Weiß gelingt es, Bild und Schrift unlösbar zu verbinden.
Das Buch sollte laut Anzeige (Die neue Bücherschau, 7. Jg., H. 8, August 1929), mit den ›ersten 11.000 Exemplaren‹ Ende August 1929 pünktlich zur Wiedereröffnung des Theaters am Nollendorfplatz erscheinen.

20

Schriftmuster Futura Black, um 1929.

21

Futura Black, engl. Specimen-Heft, The Bauer Type Foundry Inc., New York City, 1929.

20

21

22

23

22

(UB) László Moholy-Nagy, Umschlaggestaltung zu Walter Gropius: bauhausbauten dessau (Bauhausbuch Nr. 12). München: A. Langen, 1930.
Moholy-Nagy suggeriert in dieser Arbeit per Typografie, Papier und Druck eine originale Planzeichnung, die sich als Schutzumschlag um das Buch des Architekten legt. Natürlich ist der Titel nicht in Futura Black gesetzt, sondern gezeichnet, wie man beispielsweise an den unterschiedlichen **b**-Schlitzen sehen kann. Ein doppeltes Mimikry-Spiel also: Erst ahmt eine Satzschrift den Charakter des manuellen Aufschablonierens nach, dann wieder wird manuell eine Satzschrift nachgeahmt. Und alles nur um ihrer flächigen Geometrie willen, die damals noch in der Lage war, eine wichtige Assoziation zu transportieren: Die künstlerische Produktion soll wie ein Teil des Produktionsvorganges in der Wirtschaft wirken, dessen Endpunkt die Beschriftung einer versandfertig gepackten Kiste markiert – rationell lesbar gemacht per Schablone.

23

László Moholy-Nagy: *The new vision*. Fundamentals of design, painting, sculpture, architecture, New York: W. W. Norton & Company Inc., [1938]. Einbandgestaltung: László Moholy-Nagy.

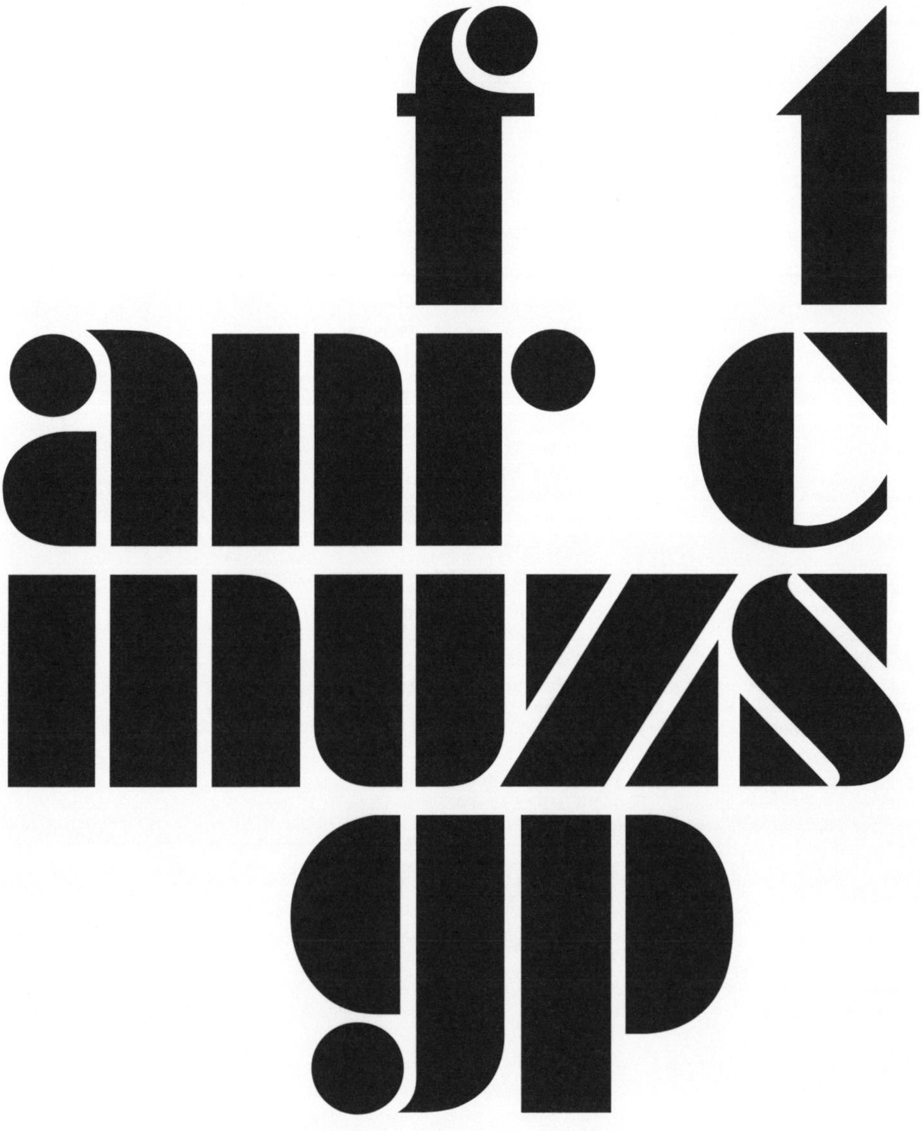

Futura Black.

1

Printmedien waren die wichtigsten Werbeträger dieser Zeit. Radio und Filmwerbung stellten einen verschwindend geringen Teil dar. Filmreklame nur ca. 1 Prozent.

2

Allerdings ist unklar, welche Aufträge sie bearbeiteten. Vgl. Ute Brüning: *Praxis nach dem Bauhaus*. In: Das A & O des Bauhauses. Bauhauswerbung: Schriftbilder, Drucksachen, Ausstellungsdesign. Kat. hrsg. für das Bauhaus-Archiv von Ute Brüning. Leipzig, S. 269.

3

Vgl. Anzeige von J. Walter Thompson: *Umfassender Werbedienst in 4 Erdteilen* in der Zeitschrift *Gebrauchsgraphik*, Juli 1927.

4

Herbert Bayer: *Die Berliner Jahre – Werbegrafik 1928–1938*, hrsg. für das Bauhaus-Archiv von Patrick Rössler, Berlin 2013, S. 32–33.

5

Alexander Schug: *Herbert Bayer – ein Konzeptkünstler in der Werbung der Zwischenkriegszeit*. In: Ahoi Herbert! Bayer und die Moderne, hrsg. vom Lentos Kunstmuseum Linz. Weitra 2009, S. 177.

6

Problematisch ist Bayers Rolle als Gebrauchsgraphiker im Nationalsozialismus. Er gestaltete 1935 in Berlin die Ausstellung *Wunder des Lebens* zur *deutschen Rassenhygiene* oder den Ausstellungsführer *Deutschland Ausstellung* für die Nationalsozialisten 1936 in Berlin. Vgl. *Inszenierung der Macht. Ästhetische Faszination im Faschismus*, hrsg. von Klaus Behnken und Frank Wagner Kat. NGBK, Berlin, 1987, S. 286 ff.

7

Robin Kinross: *Das Bauhaus im Kontext der Neuen Typographie*. In: Das A & O des Bauhauses. Bauhauswerbung: Schriftbilder, Drucksachen, Ausstellungsdesign. Kat. hrsg. für das Bauhaus-Archiv von Ute Brüning. Leipzig 1995, S. 12.

8

Heiner Boehncke: *Design im Nationalsozialismus*. In: Hitlers Künstler. Die Kultur im Dienst des Nationalsozialismus, hrsg. von Hans Sarkowicz. Frankfurt a. M./Leipzig 2004, S. 282; Gert Selle: Geschichte des Design in Deutschland. Aktualisierte und erw. Neuaufl. Frankfurt/M. 2007, S. 182–184.

9

Gert Selle: *Geschichte des Design in Deutschland*. Aktualisierte und erw. Neuaufl. Frankfurt 2007, S. 184 – Selle bezieht sich in seinen Ausführungen u. a. wiederum auf: Klaus-Jürgen Sembach: Stil um 1930/Style 1930. Tübingen 1971.

10

Gert Selle: *Geschichte des Design in Deutschland*. Aktualisierte und erw. Neuaufl. Frankfurt/M. 2007, S. 182.

11

Ebenda, S. 183–185.

12

Die Form. Zeitschrift für gestaltende Arbeit (Berlin), Jg. 6, 1931, H. 8, S. 320.

13

die neue stadt war die Nachfolge der Zeitschrift *Das Neue Frankfurt*.

14

Herbert Bayer: *typografie und werbsachengestaltung*. In: bauhaus. zeitschrift für gestaltung (Dessau), Jg. 2, 1928, S. 10; Jan Tschichold: Die neue Typografie. Ein Handbuch für zeitgemäss Schaffende. Berlin 1928, S. 85.

15

László Moholy-Nagy: (Antwort auf) *Im Kampf um neue Gestaltungsfragen*. In: Typografische Mitteilungen. Zeitschrift des Bildungsverbandes der Deutschen Buchdrucker (Berlin), 30. Jg., Januar 1933, S. 3.

16

Jan Tschichold: *Schriftmischungen*. In: Typographische Monatsblätter (Zürich), 3. Jg. 1935, H. 2, S. 32.

U
BHF. ZOO

MÜN
CHEN

AVANTGARDE UND NATIONALSOZIALISMUS

In den zwanziger Jahren war München keine moderne Stadt, die mit Berlin oder Frankfurt hätte verglichen werden können. Sie galt vielmehr als Gegenpol zur schnelllebigen Weltmetropole Berlin.

»München ist die Stadt Hitlers, des deutschen Faschistenführers, die Stadt des Hakenkreuzes, dieses Symbols völkischen Trotzes und eines ethnischen Aristokratismus, dessen Gebaren freilich nichts weniger als aristokratisch ist ...«, so beschrieb Thomas Mann 1923 die Stadt an der Isar.[1] In der Tat begann Hitlers politische Karriere in München: Hier formierte sich die NSDAP, hier erwarb die Partei ihr ›Zentralorgan‹, den ›Völkischen Beobachter‹. Hier hatten sich weite Teile des ehemals liberalen Münchner Bürgertums bereits in der ersten Hälfte der zwanziger Jahre antidemokratischen, sozialdarwinistischen und reaktionären Argumenten geöffnet, so dass sich Hitler im November

1923 stark genug für einen Putschversuch fühlte, der später als »Marsch auf die Feldherrenhalle« idealisiert werden sollte.[2]

In München prallten aber auch die politischen Gegensätze aufeinander: Paul Renner bekannte sich offen zur intellektuellen liberalen und faschismuskritischen Szene, etwa im November 1926 mit seiner Rede zur großen Kundgebung »Kampf um München als Kulturzentrum« in der Münchner Tonhalle, die Heinrich und Thomas Mann initiiert hatten. 1930 erschien in der Zeitschrift *Gebrauchsgraphik* ein Artikel von Renner, in dem der Direktor der Meisterschule für Deutschlands Buchdrucker und Schöpfer der Futura die Neue Typografie als bestens etabliert beschrieb, allerdings nicht ohne gegen eine »immer bösartiger und gewalttätiger werdende politische Dummheit«, die »eines Tages mit ihrem schmutzigen Aermel die ganze abendländische

Kultur unter den Tisch fegen« wird, anzugehen.[3] Noch deutlicher wurde Renner in seiner Publikation *Kulturbolschewismus?*, in der er die pseudo-biologische Rassenlehre der Nationalsozialisten kritisierte und die Namen zahlreicher Künstler und Gestalter offenlegte, denen wider besseres Wissen eine jüdische Herkunft vorgeworfen wurde, um sie und ihre Werke zu diskreditieren.[4] Insbesondere richtete sich Renner gegen Paul Schultze-Naumburg, der kompromisslos gegen die künstlerische Moderne ankämpfte. Ihm warf Renner nicht nur völkische Propaganda, sondern auch brutale blutige Übergriffe bei öffentlichen Vorträgen gegen diejenigen vor, die seine Argumente in Frage stellten.[5]

Nachdem die NS-Stadtratsfraktion am 31. Januar 1933 ihre Freude darüber bekundet hatte, daß »erstmals in der Geschichte des Deutschen Reiches seit

1870 ein Münchner Bürger zum Kanzler emporgestiegen ist,«[6] breitete sich die nationalsozialistische Kunst- und Kulturpolitik nahezu ungehindert auf der Basis einer ›gleichgeschalteten‹ Kunst und Presse in der ›Hauptstadt der Bewegung‹ aus.

PE

1
Meisterschule für Deutschlands Buchdrucker München, Broschüre.

Meisterschule für Deutschlands Buchdrucker

München

CHRISTOPHER BURKE

MÜNCHEN ALS TYPOGRAFISCHES ZENTRUM

In einer seiner Ansprachen, die er 1928 bei der Werkbund-Konferenz in München hielt, sagte Kurt Schwitters in seiner typisch respektlosen Art:

»Man kann sich übrigens schwer vorstellen, dass sich ein Münchner in einer anderen Stadt wohl fühlen könnte, der würde sich allein schon an die Lichtreklame nie im Leben gewöhnen können.«

München war damals noch so konservativ, dass Lichtreklame in der Stadt verboten war. Im Gegensatz zu Frankfurt und Berlin blieb die bayrische Hauptstadt von der architektonischen Moderne weitgehend unberührt. Der Schöpfer der Futura, Paul Renner, wollte diese Situation verändern und sprach am 29. November 1926 bei einer Veranstaltung in der Tonhalle mit dem Titel »Kampf um München als Kulturzentrum« leidenschaftlich über Modernisierung. Zu den weiteren Sprechern vor einem dicht gedrängten Publikum gehörten auch Thomas und Heinrich Mann. In seiner Rede forderte Renner, dass auch in München endlich das moderne Zeitalter anbrechen müsse. Er beklagte die Tatsache, dass München, die ›Stadt der Künste‹, bei der neuen Bewegung im Design hinterherhinkte. Er machte Münchens Nähe zur südlichen Wiege des Humanismus dafür verantwortlich, aber vor allem den immer noch sehr ländlichen Charakter Bayerns: »Hier ist das eigentliche Kulturproblem Bayerns. Die europäische Gegenwartskultur ist keine ländliche, sondern eine großstädtische.« Die Neue Architektur, eine Abkehr von der stagnierenden klassischen Tradition und die Rückkehr zu den Grundlagen, verkörperte für Renner ein neues Formgefühl: »Aus diesem neuen Gefühl für die Einheit von Inhalt und Form hat unsere Zeit ihre schöpferische Tugend gefunden.«

München war traditionell kein Zentrum für das Druckwesen, im Vergleich etwa zu Leipzig oder Frankfurt. Keine der großen Schriftgießereien hatte ihren ausschließlichen Sitz in München. Anfang 1927 wurde hier jedoch die Meisterschule für Deutschlands Buchdrucker, Schule der Stadt München und des Deutschen Buchdrucker-Vereins gegründet. Paul Renner war federführend in dem Bestreben, diese nationale Schule in München zu etablieren und wurde schließlich ihr Gründungsdirektor.

Seit Ostern 1926 war Renner bereits Direktor der Münchner Graphischen Berufsschule gewesen, eine Position, die er übernahm, nachdem er ein Jahr lang an der Frankfurter Kunstschule Typografie unterrichtet hatte. Renner hatte erfahren, dass der Deutsche Buchdruckerverein Gelder bereitgestellt hatte, um eine Ausbildungsstätte für Führungskräfte im Druckereigewerbe zu gründen. Druckereiverbände in Leipzig und Berlin bewarben

2
Meisterschule für Deutschlands Buchdrucker München, Broschüre.

3

3
Wahrscheinlich Studierende unter der Leitung von Jan Tschichold an der Meisterschule für Buchkunst München: München und Südbayern, Broschüre, hrsg. vom Verkehrsverband München und Südbayern, um 1930.

4
Übersicht über die Berufsschulen der Stadt München, nach dem Schuljahr 1925/26.

5
Deutsche Meisterschule für Mode, Broschüre – vielleicht gestaltet von Studierenden der Münchner Meisterschule unter Tschicholds Leitung, um 1930.

6
Broschüre für die Graphische Berufsschule der Stadt München/Tagesfachschule für Buchbinder, Arbeiten aus der Meisterschule für Deutschlands Buchdrucker in München, Beilage zu den Graphischen Nachrichten, von Schülern gesetzt und gedruckt, um 1930.

sich als Standort, aber Renner erkannte die Chance, die Schule in München anzusiedeln. In Zusammenarbeit mit dem Verein Münchner Buchdruckerei-Besitzer verhandelte Renner mit dem Deutschen Buchdruckerverein. Das Münchner Angebot hatte den Vorteil, dass die Landesregierung das Vorhaben mit 50.000 Mark unterstützte und kostenlos Räumlichkeiten im Gebäude der Graphischen Berufsschule zur Verfügung stellte.

Die beiden Münchner Schulen unterschieden sich voneinander: die Berufsschule bildete Lehrlinge für den Beruf aus, die Meisterschule bot eine theoretische und praktische Allround-Ausbildung für zukünftige Leiter von Druckereibetrieben. Jedoch scheinen die Lehrkräfte an beiden Schulen unterrichtet zu haben und ihre Unterrichtskonzepte waren sehr ähnlich. Praktische Kurse wurden ergänzt durch Vorträge und Anschauungsunterricht. Der Lehrplan der Meisterschule umfasste Schriftsatz, alle reprografischen Techniken und Drucktechniken, Handelskunde, Buchhaltung, juristische Grundlagen, Organisation von Druckereien und Farbtheorie. Die Schule bot auch ein vielseitiges Programm an Gastvorträgen, u. a. hielt Walter Gropius 1931 einen Vortrag über ›Neues Bauen‹.

Renner war ein angemessener Repräsentant für die Meisterschule. Durch seine Arbeit für den Münchner Verleger Georg Müller zwischen 1907 und 1917 war er als Typograf bekannt geworden, der dann, wenn auch zunächst zurückhaltend, zu einem Unterstützer der Neuen Typografie wurde. Während der Gründungsjahre der Münchner Schulen beschäftigte er sich

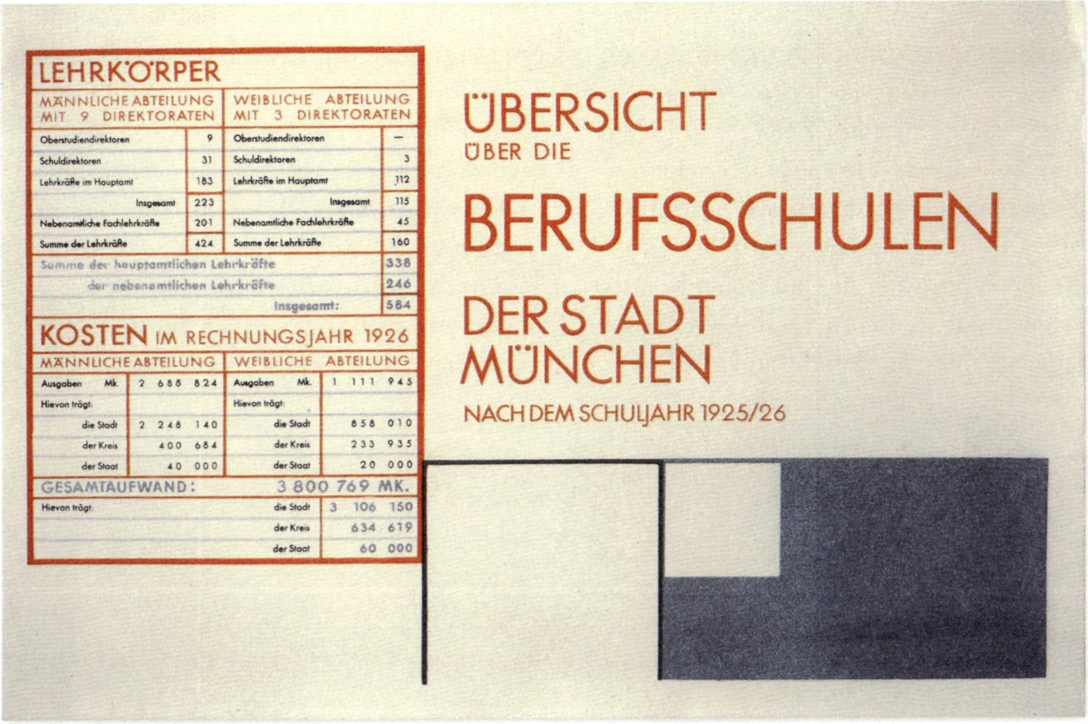

LEHRKÖRPER

MÄNNLICHE ABTEILUNG MIT 9 DIREKTORATEN		WEIBLICHE ABTEILUNG MIT 3 DIREKTORATEN	
Oberstudiendirektoren	9	Oberstudiendirektoren	–
Schuldirektoren	31	Schuldirektoren	3
Lehrkräfte im Hauptamt	183	Lehrkräfte im Hauptamt	112
Insgesamt	223	Insgesamt	115
Nebenamtliche Fachlehrkräfte	201	Nebenamtliche Fachlehrkräfte	45
Summe der Lehrkräfte	424	Summe der Lehrkräfte	160
Summe der hauptamtlichen Lehrkräfte			338
der nebenamtlichen Lehrkräfte			246
		Insgesamt:	584

KOSTEN IM RECHNUNGSJAHR 1926

MÄNNLICHE ABTEILUNG		WEIBLICHE ABTEILUNG	
Ausgaben Mk.	2 688 824	Ausgaben Mk.	1 111 945
Hievon trägt:		Hievon trägt:	
die Stadt	2 248 140	die Stadt	858 010
der Kreis	400 684	der Kreis	233 935
der Staat	40 000	der Staat	20 000
GESAMTAUFWAND:			3 800 769 MK.
Hievon trägt:		die Stadt	3 106 150
		der Kreis	634 619
		der Staat	60 000

ÜBERSICHT
ÜBER DIE
BERUFSSCHULEN
DER STADT
MÜNCHEN
NACH DEM SCHULJAHR 1925/26

4

5

6

mit dem langen Entwicklungs- und Herstellungsprozess der Futura und schrieb mehrere Beiträge über die Notwendigkeit einer »Schrift unserer Zeit«. Er erkannte Jan Tschichold – den Verfasser der Programmschrift *Elementare Typographie* (1925) – als kritischen Theoretiker der neuen Typografie an und nahm Kontakt mit ihm auf, zunächst um ihm vorzuschlagen, sich um die Position in Frankfurt zu bemühen, die durch Renner freigeworden war. Bald stellten die beiden Männer fest, dass sie viele Gemeinsamkeiten hatten, darunter nicht zuletzt die Tatsache, dass beide in einer Zeitschrift des Druckereigewerbes als ›Bolschewisten‹ bezeichnet worden waren – schließlich lud Renner Tschichold ein, statt in Frankfurt in München zu unterrichten.

Im Juni 1926 nahm Tschichold seine Lehrtätigkeit an der Graphischen Berufsschule auf und wurde leitender Tutor für Schriftschreiben und Schriftsatz an der Meisterschule. Sowohl Renner als auch Tschichold waren überzeugt, dass beim Schriftentwurf die haptische Erfahrung durch handwerkliche Beschäftigung noch immer die beste Art sei, die Qualität der Buchstabenformen kennenzulernen. Hierin unterschieden sie sich von dem eher konstruktivistischen Ansatz bei der Schriftgestaltung am Bauhaus. Die manuellen Fähigkeiten, die an der Münchner Schule vermittelt wurden, sind in den zwei Lehrbüchern festgehalten, die Tschichold während seiner Tätigkeit dort schrieb, *Schriftschreiben für Setzer* (1931) und *Typographische Entwurfstechnik* (1932). In ihnen beschreibt er Übungen mit einer Auswahl von Schriftstilen, von Fraktur bis Sans Serif. Während bei den Druckerzeugnissen der Münchner Meisterschule eine lockere Asymmetrie überwog und sie zunehmend in der Futura gesetzt waren, wurden traditionelle Stile und Schriften keineswegs ausgeschlossen. Dies führte zu einem ›Münchner Stil‹, den Philipp Luidl als »eine undogmatische, von Vernunft und ästhetischem Gespür geprägte Richtung«[7] beschrieb.

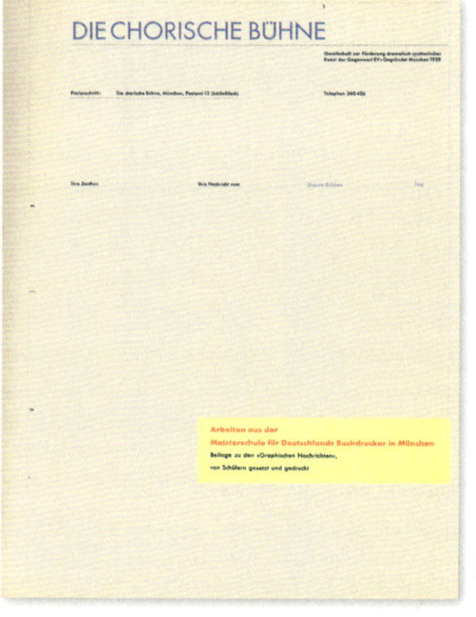

7

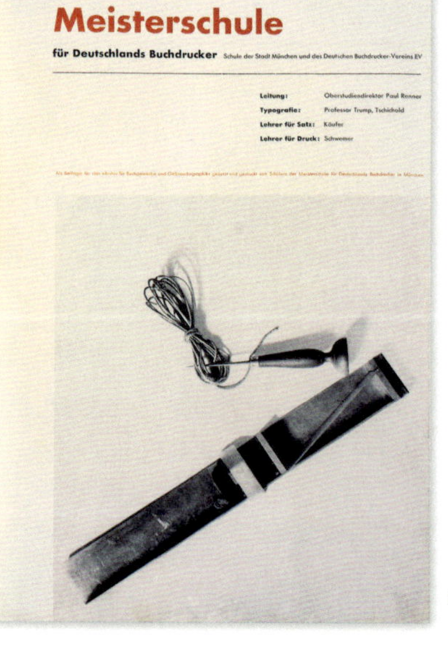

8

9

7

Arbeiten aus der Meisterschule für Deutschlands Buchdrucker in München, Beilage zu den *Graphischen Nachrichten*, von Schülern gesetzt und gedruckt, um 1930.

8

Arbeiten aus der Meisterschule für Deutschlands Buchdrucker in München, Beilage zu den *Archiv für Buchgewerbe und Gebrauchsgraphik*, von Schülern gesetzt und gedruckt, 1931.

9

Jan Tschichold: *Schriftschreiben für Setzer*, Frankfurt a. M.: Klimsch, 1931; Umschlag und Doppelseite.

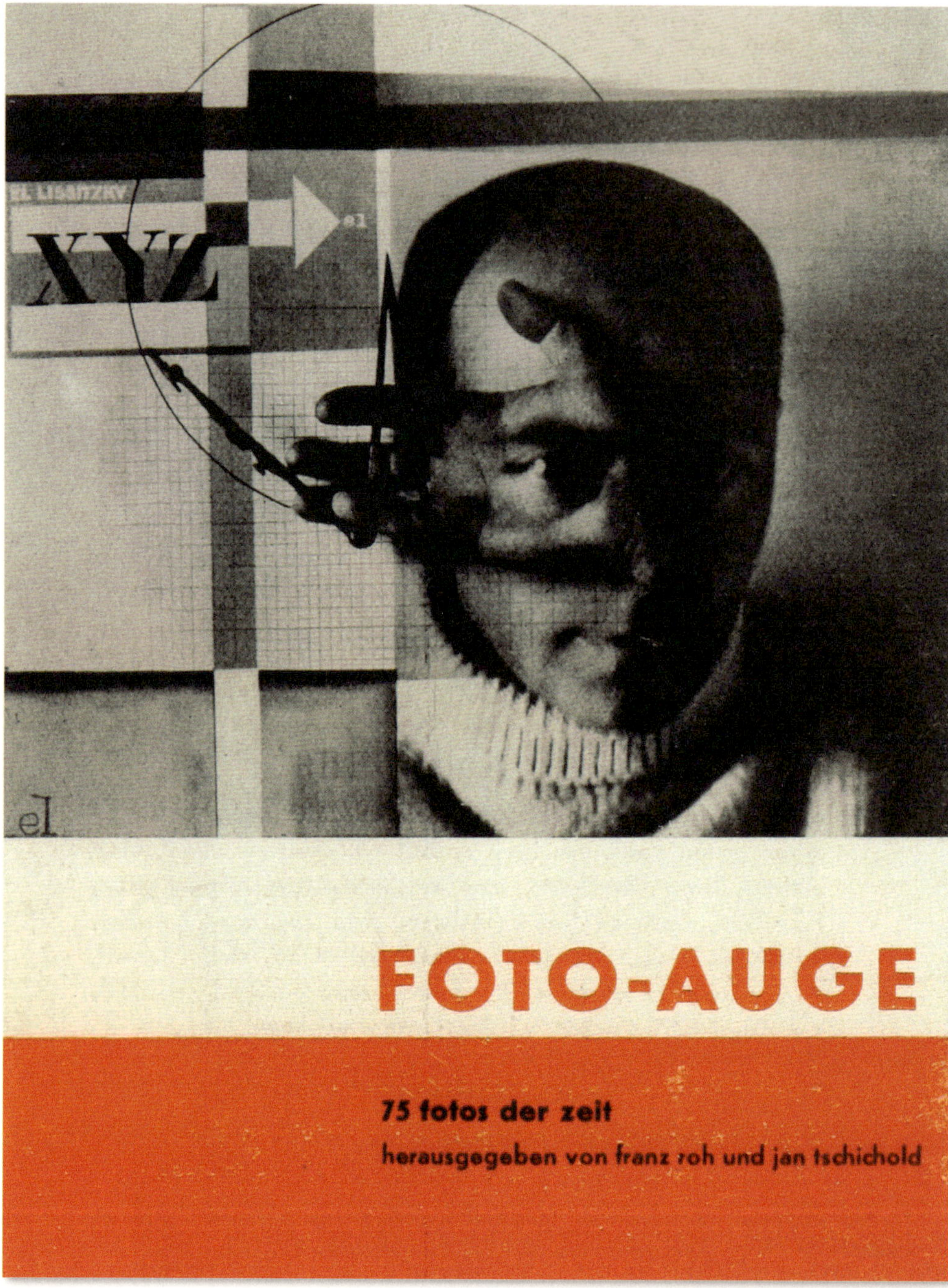

10
Werbeblatt für *Foto-Auge. 75 Fotos der Zeit*, zusammengestellt von Franz Roh und Jan Tschichold, Stuttgart: F. Wedekind, 1929; Fotomontage: El Lissitzky.

CHRISTOPHER BURKE

JAN TSCHICHOLD UND FUTURA

Edith Tschichold, Jan Tschicholds Witwe, behauptete im fortgeschrittenen Alter, ihr Mann habe Renner bezüglich der Form der Futura beraten. Man kann sich durchaus vorstellen, dass die beiden Männer über die »Schrift unserer Zeit« diskutierten, schließlich war es ein Thema, das beide beschäftigte; allerdings gibt es keinerlei Hinweise darauf, dass Tschichold zur Gestaltung der Futura beitrug. Die Beziehung zwischen Renner und Tschichold scheint nicht besonders eng gewesen zu sein, sie gehörten verschiedenen Generationen an. Renner war im neunzehnten Jahrhundert verwurzelt, Tschichold wurde im zwanzigsten geboren. (Doch auch wenn Renners Moderne nicht so hell strahlte wie Tschicholds – sie war von längerer Dauer.)

Tschicholds Buch *Die Neue Typographie* (1928) war das wichtigste Dokument zum Thema, es wurde vom Autor entworfen und war durchweg in Sans Serif gedruckt. Die ersten drei Garnituren der Futura waren bereits Anfang 1928 erschienen, aber vermutlich hatte die Buchdruckerwerkstätte Berlin, die Tschicholds Buch druckte, sie zu dem Zeitpunkt noch nicht angeschafft. Stattdessen wurde das Buch in der Aurora gesetzt, eine gängige Grotesk im Stil des neunzehnten Jahrhunderts. Diese Art von Schriften vermittelten zwar eine Aura der Sachlichkeit, wie sie die Neue Typografie verlangte, doch Tschichold konnte sich nicht dazu durchringen, zuzugeben, dass die visuelle Qualität ganz zufriedenstellend sei. Er behauptete, eine dieser Grotesken für den Text seines Buches *Die Neue Typographie* verwendet zu haben, um zu zeigen, wie lesbar sie sei. Doch gleichzeitig entschuldigte er sich indirekt für die Schriftwahl, indem er erklärte, sie sei durch die Möglichkeiten der Druckerei limitiert gewesen. Er wies darauf hin, dass es in den zwanziger Jahren nicht üblich war, dass die Druckereien über eine genügend große Auswahl an Grotesken verfügten, um ein ganzes Buch zu setzen. Mechanischer Schriftsatz war zu dieser Zeit in Deutschland noch nicht sehr verbreitet.

In seinem Buch stellte Tschichold fest, dass die »sogenannte ›Grotesk‹ oder Blockschrift« das einzige Schriftbild war, was »unserer Zeit geistig gemäß ist«, und er fuhr fort: »Es ist keine Frage, daß die heute vorhandenen Groteskschriften den Ansprüchen, die an eine vollkommene Schrift gestellt werden müssen, noch nicht ganz genügen. Die spezifischen Eigentümlichkeiten dieser Schrift sind noch kaum herausgearbeitet, die Formen insbesondere der Kleinbuchstaben sind noch zu sehr von der humanistischen Minuskel abhängig.«[8]

Er zog die »alten, anonymen Sanserifs« den neuen Designs wie Erbar und Kabel vor, die ihm zu individualistisch waren, doch er gestand: »Einen wesentlichen Schritt nach vorwärts bedeutet die Futura von Paul Renner.« In seinen Arbeiten bevorzugte Tschichold weiterhin die Groteskschriften, doch begann er damit, auch Futura in der Werbung und in den Büchern zu benutzen, die er Anfang der Dreißigerjahre für die Herausgeber des Bücherkreises entwarf. Futura war das Schriftbild in seinem Buch *Schriftschreiben für Setzer,* außerdem zeigte er sie als repräsentatives Beispiel für Sans Serif in *Typographische Entwurfstechnik*, obwohl er sie hier lediglich als »Grotesk« bezeichnete. (Übrigens lehnte Paul Renner diesen Ausdruck zur Beschreibung seiner Futura ab.) Die Futura erfüllte eine von Tschichold formulierte Anforderung an eine ideale Sans Serif, nämlich die Tilgung aller kalligrafischen Elemente in den Kleinbuchstaben. Es war tatsächlich das Schriftbild, das dem von Tschichold und anderen modernistischen Typografen formulierten Ideal am nächsten kam. Vielleicht war es auch der prompte Erfolg der Futura, der Tschichold davon abhielt, vor 1933 eine eigene Sans Serif herauszubringen.

In *Die Neue Typographie* schrieb er, dass es für eine Person allein nicht möglich sei, die erforderliche Schrift zu entwickeln, dass es vielmehr die Arbeit einer Gruppe sein müsse, »unter denen sich wohl auch ein Ingenieur befinden müsste«.[9] Dennoch schuf Tschichold zwischen 1926 und 1928 eine Sans Serif, die man als eine Annäherung an seine Idealschrift bezeichnen könnte. Natürlich hat sie Ähnlichkeit mit der Futura und den Bauhaus-Alphabeten, da er versuchte, die Buchstaben auf ihre elementare Form zu reduzieren. Tatsächlich schnitt er eine Reklameseite für die Futura aus einer Zeitschrift aus, um sie als Grundlage für die geplanten drei Garnituren seiner eigenen Schrift zu benutzen. Man kann verstehen, dass Tschichold seine Sans Serif nicht als direkte Konkurrenz zur Futura auf dem deutschen Markt anbieten wollte, wo Renners Schrift so erfolgreich war; stattdessen schickte er sie an die französische Schriftgießerei Deberny & Peignot. Er kann nicht sehr erfreut gewesen sein, als diese antwortete, sie hätten soeben zugesagt, die Futura in Frankreich einzuführen, wo sie unter dem Namen Europe erschien. Damit schickten sie ihm seine Entwürfe zurück.

Nach dieser Ablehnung überarbeitete Tschichold sein Design, und zwar zur Präsentation seiner Ideen für eine orthografische Reform. Diese bestand aus einem einzigen Alphabet (eine Mischung aus Formen, die von Groß- und Kleinbuchstaben entlehnt waren), eine geometrische Sans Serif in einer eleganten, leichten Garnitur. Die Präsentation wurde 1930 unter dem Titel »noch eine neue schrift« veröffentlicht.

11

12

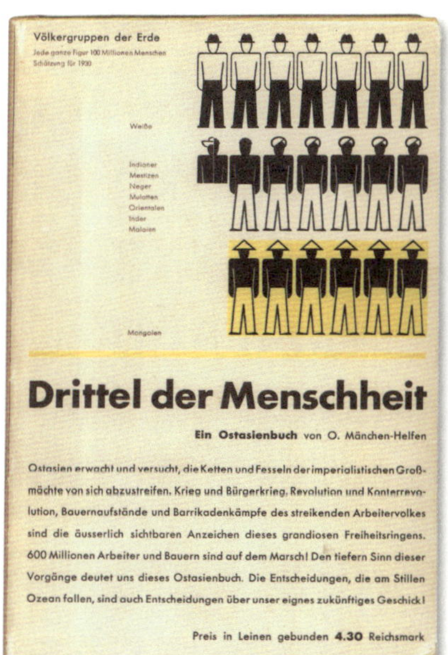

13

14

11

Fensterkarte mit einer Ankündigung eines Vortrags von Jan Tschichold über Reklame und Normalisation von Handelsdrucksorten, Hochdruck, 1931.

12

links: Jan Tschichold: Futura-Anzeige, von Tschichold überarbeitet, 1929
rechts: Detail der Anzeige.

13

O. Mänchen-Helfen: *Drittel der Menschheit. Ein Ostasienbuch*. Berlin: Der Bücherkreis, 1932; Gestaltung: Jan Tschichold.

14

Erich Grisar: *Mit Kamera und Schreibmaschine durch Europa*. Bilder und Berichte. Berlin: Der Bücherkreis, 1932; Gestaltung: Jan Tschichold.

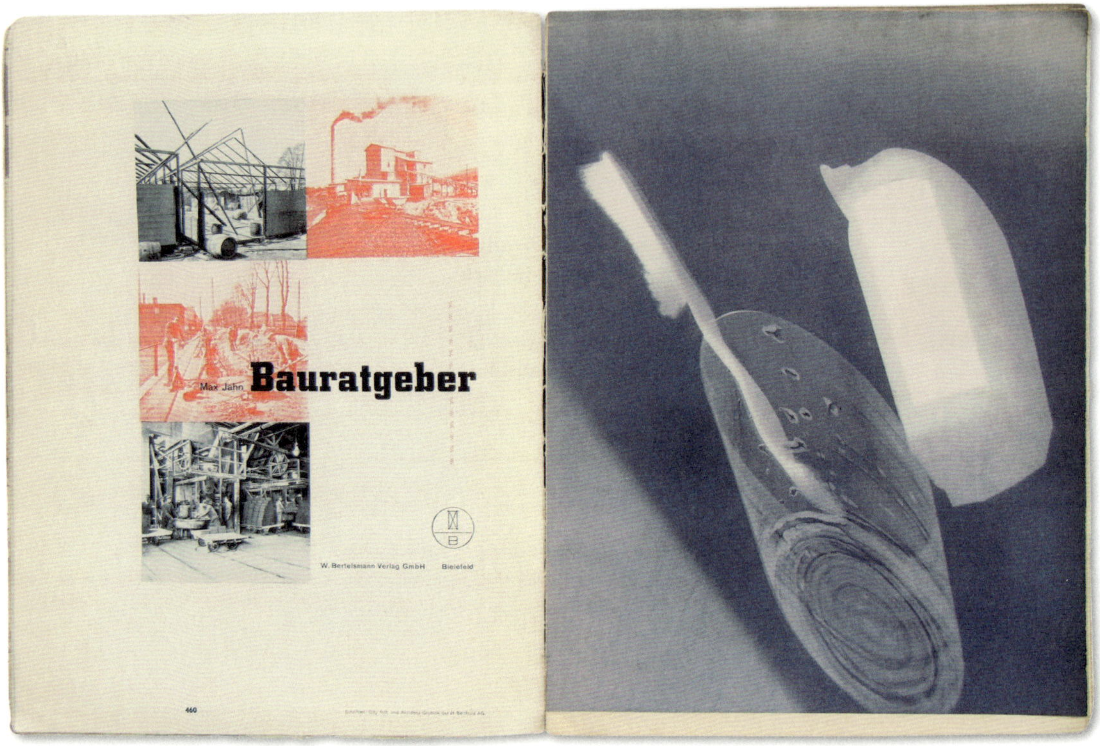

15

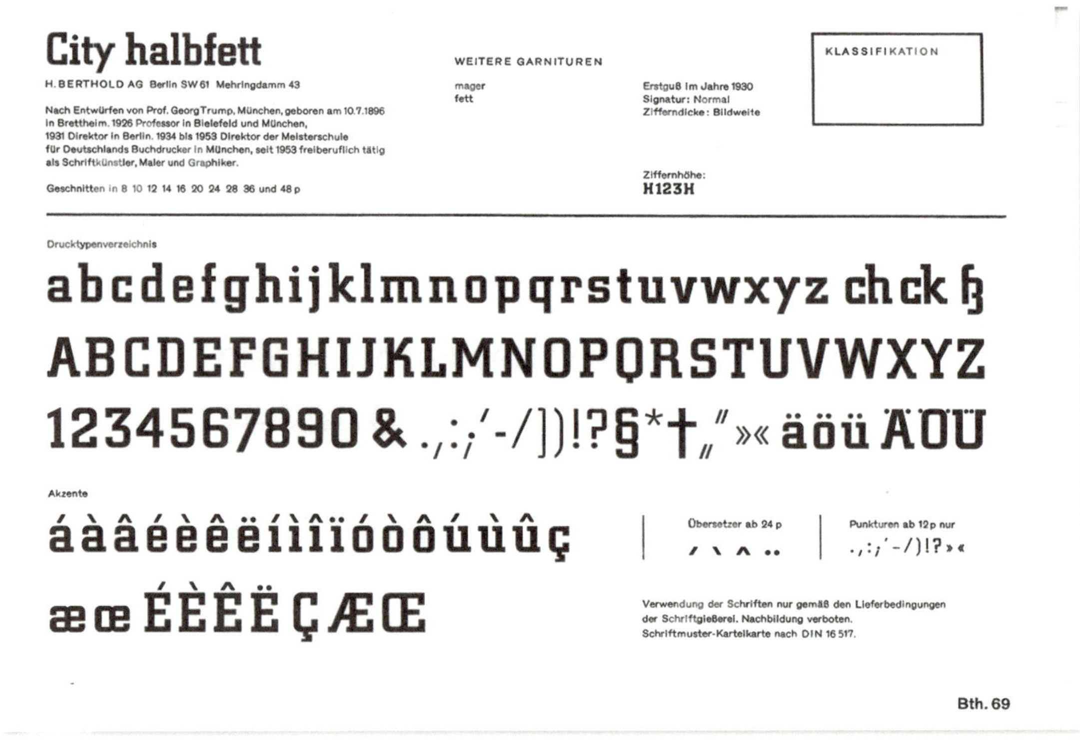

City halbfett

H. BERTHOLD AG Berlin SW 61 Mehringdamm 43

Nach Entwürfen von Prof. Georg Trump, München, geboren am 10.7.1896 in Brettheim. 1926 Professor in Bielefeld und München, 1931 Direktor in Berlin. 1934 bis 1953 Direktor der Meisterschule für Deutschlands Buchdrucker in München, seit 1953 freiberuflich tätig als Schriftkünstler, Maler und Graphiker.

Geschnitten in 8 10 12 14 16 20 24 28 36 und 48 p

WEITERE GARNITUREN

mager
fett

Erstguß im Jahre 1930
Signatur: Normal
Zifferndicke: Bildweite

Ziffernhöhe:
H123H

KLASSIFIKATION

Drucktypenverzeichnis

abcdefghijklmnopqrstuvwxyz ch ck ß
ABCDEFGHIJKLMNOPQRSTUVWXYZ
1234567890 & .,:;'-/])!?§*†„" »« äöü ÄÖÜ

Akzente

áàâéèêëíìîïóòôúùûç
æœ ÉÈÊË Ç ÆŒ

Übersetzer ab 24 p

´ ` ^ ¨

Punkturen ab 12 p nur

.,:;'-/)!?»«

Verwendung der Schriften nur gemäß den Lieferbedingungen der Schriftgießerei. Nachbildung verboten.
Schriftmuster-Kartelkarte nach DIN 16 517.

Bth. 69

16

GEORG TRUMP

In der großen internationalen Ausstellung für Druckkunst, *Pressa*, die 1928 in Köln stattfand, wurden Beispiele von Arbeiten gezeigt, die an der Münchner Graphischen Berufsschule entstanden waren. Eine Gruppe dieser Münchner Schule, zu der sicherlich auch Paul Renner und Jan Tschichold gehörten, besuchte die *Pressa*, wo auch Beispiele für Typografie der Kunstgewerbeschule Bielefeld ausgestellt waren. An dieser Schule war unter der Leitung von Georg Trump ein erfolgreiches Atelier für Grafik-Design entstanden, und Renner, der von der Arbeit, die hier entstand, beeindruckt war, lud Trump ein, an der Meisterschule zu unterrichten. Renner fasste diesen Entschluss, weil er ahnte, dass Tschichold seine Position nicht mehr lange behalten würde. Er hatte den Eindruck, dass Trump einer der wenigen jüngeren Kandidaten war, die wirklich praktische Erfahrung mit Gestaltung und Druck hatten.

Trump nahm seine Tätigkeit an der Meisterschule im zweiten Halbjahr 1929 auf. Er war ein hervorragender Fachmann der Neuen Typografie, dazu ein äußerst produktiver innovativer Schriftgestalter. Seine Egyptienne City (1930) wurde, genau wie die Futura, zu einem bleibenden Vermächtnis der deutschen Neuen Typografie.

Trump blieb zunächst jedoch nicht lange in München. 1931 ging er an die Berliner Kunstgewerbe- und Handwerkerschule, kam aber 1934 zurück, ein Jahr, nachdem Renner und Tschichold von den Nationalsozialisten entlassen worden waren, und wurde Direktor der Meisterschule.

15

Arbeiten von Georg Trump in *Archiv für Buchgewerbe und Gebrauchsgraphik* (Jg. 68, H. 9, 1931) abgebildet.

16

Georg Trump: City halbfett
Schriftkartei H. Berthold AG.

»Wie jedes Fenster an einem Haus eine fast menschliche Physiognomie hat, so hat auch jedes Schriftzeichen ein Gesicht; es zeigt einen Charakter, eine Haltung. Alles was man vom Charakter des Menschen aussagen könnte, gilt auch vom Charakter der Schrift. Eine Schrift ist edel oder gewöhnlich, sie ist stolz oder ängstlich, sie ist klar oder verworren, entschieden oder unsicher.«

PAUL RENNER, 1929.

FUTURA AUF ERFOLGSKURS

Wenig ist bekannt über die Autorschaft der 1927 erschienenen Futura Schmuck [FIG.18 S.215], außer dass sich Renner wohl von der Garnitur und seinen geometrischen Ornamenten inhaltlich distanzierte. Renner hat sich in seinen Publikationen mehrfach »gegen einen Schematismus in der Typografie« und konkret gegen einen Formalismus in der Elementaren Typografie geäußert.[10] [11] Es bleibt zu vermuten, dass die Futura Schmuck ein Tribut der Bauerschen Giesserei an den aktuellen Markt für Anzeigen im Stile der Neuen Typografie gewesen ist, die geometrische Formen, insbesondere Kreise, als markante Gliederungselemente einsetzte. Mit den geometrischen Segmenten und den Grundformen selbst konnte durch Kombinatorik eine Vielzahl an Mustern gestaltet werden. Wie wichtig der Markt für derartige geometrische Schmuckelemente war, verdeutlicht die ›Blickfang Schmuck‹ der Schriftguss AG Dresden, die zeitgleich erschien, sowie die ›Elementaren Schmuckformen‹ des Konkurrenten D. Stempel in Frankfurt.

1929 folgte Renners Entwurf für die Futura Black, eine Stencil-Schrift. [FIG.21 S.189] Im Vergleich zu Josef Albers Schablonenschrift [FIG.44 S.119], die auf einer begrenzten Anzahl geometrischer Grundformen aufbaut, ist Renners Entwurf, der im Bereich der Schriftmischung für Plakat- und Buchgestaltung seinen Einsatz fand, letztlich der besser lesbare und damit praktikablere Entwurf. Im Gegensatz zu Albers konzeptionellem Ansatz lässt Renners Entwurf den erfahrenen Schriftgestalter erkennen – bei den Kleinbuchstaben findet sich wieder ein ›Strich-Punkt‹-**r**. Dieses **r** findet sich übrigens auch im Zeichensatz der Plak wieder, einer Plakatschrift, die Renner um 1928 bei der Stempel AG herausbrachte. Sie wurde in Holz und später auch in Kunstharz in großen Größen von 72 bis 624 Punkt in den Schnitten fett, schmalfett und engfett angeboten. Sie sollte interessanterweise die unter Mitarbeit von Wilhelm Pischner gestaltete Neuzeit-Grotesk, die als Konkurrenzschrift zur Futura galt, ergänzen.

DREI JAHRE FUTURA

In seinem Text *Drei Jahre Futura* erläutert Renner den Ausbau der nun mehr umfangreichen Schriftfamilie um die Schnitte schräg mager, schräg halbfett und dreiviertelfett: »Bei der Arbeit des Setzers mit der Futura hat sich herausgestellt, dass auf eine schräggestellte Schrift nicht verzichtet werden kann. Gerade der Inseratensatz fordert, dass einzelne Teile des Textes deutlich voneinander unterschieden werden müssen. Zu der Unterscheidung durch verschiedene Helligkeit der Schrift tritt in der Schrägschrift eine Unterscheidung durch verschiedene Richtung. Die typografische Praxis hat weiter gefordert, dass neben der fetten Futura für den Anzeigensatz auch noch eine schmalfette zur Verfügung gestellt wird.«[12]

1933 folgt der Schnitt Futura Buchschrift, der sich zwischen der mageren und halbfetten Futura einreiht und sich für den Einsatz in der Buchtypografie empfiehlt. Paul Renner beweist zwar mit der Gestaltung seines Buches *Mechanisierte Grafik* von 1931, dass man auch mit der Futura halbfett – und dem kleinen ›Strich-Punkt‹-**r** – Fließtexte gut leserlich gestalten kann – die Jury der Stiftung Buchkunst zählte das Buch zu den 50 schönsten Büchern des Jahres. Doch in praxi schließt die Futura Buchschrift eine Lücke zwischen der in kleinen Schriftgraden sehr zarten Futura mager und der halbfetten Futura.[13] Ein interessanter, leider undatierter Probeabzug in der Buchschrift schräg mit englischem Text wahrscheinlich der 1930er Jahre zeigt Experimente mit einem kleinen **r** und kleinem **t**, beide mit Abschwung.FIG. 42 S. 451 Die Texte legen nahe, dass es sich um Proben für den amerikanischen Werbemarkt handelt. Auffallend ist, wie mit diesen Interventionen das Schriftbild geschlossener wirkt, aber auch die Differenzierbarkeit der Schriftzeichen abnimmt.

Die 1931 veröffentlichte lichte Futura sowie die kursiven Schnitte folgten wohl zumeist Ideen und Skizzen Renners, wurden aber letztlich im Detail vom Stab um Heinrich Jost ausgearbeitet.

Trotz schwieriger Jahre der inneren Emigration Paul Renners folgten von 1937 bis 1950 weitere Schnitte zum Ausbau der erfolgreichen und umfangreichen Futura-Familie: die Futura schmal halbfett (1937), Futura schräg fett (1938), Futura Buchschrift schräg (1939) und Futura schmalmager (1950), die als Teil der Futura-Familie letztlich auch wesentlich zum finanziellen Auskommen Paul Renners und seiner Nachkommen beitrugen.

17

17

Paul Renner, Mechanisierte Grafik, Berlin 1931.

18

Futura Schmuck Schriftprobe, ca. 1929/30.

19

Die 13 Garnituren; Futura Schriftprobe mit verkürzten Seiten und verschiedenfarbigem Papier, nach 1938.

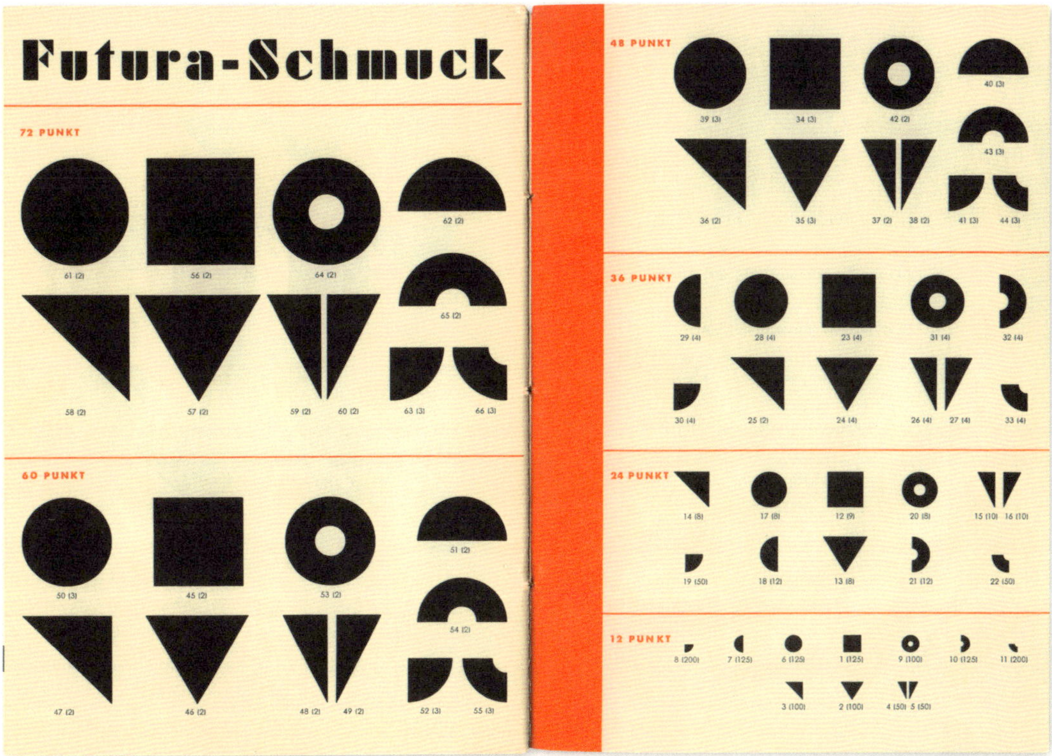
Futura-Schmuck
72 PUNKT
60 PUNKT
48 PUNKT
36 PUNKT
24 PUNKT
12 PUNKT

18

FUTURA
FUTURA
FUTURA
FUTURA
FUTURA
Deutsche Gold- und Silberscheideanstalt Frankfurt am Main
Rechenschaftsbericht der Deutschen Lufthansa
Neuerscheinungen im Insel-Verlag Leipzig
Geschichte der deutschen Chorliteratur
Werkstätte für moderne Rohrmöbel
Holzschnitte von Albrecht Dürer
Reichsbahndirektion Berlin
Städtische Leihbücherei
Hotel zum Rebstock
Neueste Zeitung
Börsenbericht
Technikum
Kalender
Verkauf
Schule
Lehrplan der Städtischen Gewerbeschule Bautzen
Konzert des Philharmonischen Orchesters
Spezialgeschäft für feine Damenhüte
Wanderungen durch den Taunus
Neue Universal-Automaten
Pariser Frühjahrs-Modell
Graphische Arbeiter
Neuheit der Saison
Silberbergwerk
Eismaschine
Drehbuch
Goethe
Läufer
Stahl
FUTURA
FUTURA
FUTURA
FUTURA
FUTURA
Dreiviertelfett
Halbfett
Buchschrift
Mager
Schmalhalbfett
Schmalfett
Schräg halbfett
Schräg fett
Schlagzeile
Black

19

SWISSAIR
Das Land
des ewigen
Kasperlegeschichten von Hans Barth
ZIPP
FRIDOLIN
DAS
BASTEL
WUNDER
1
Holländer
2
Dreirad
3
Roller

NEUE UND LETZTE SCHRIFTEN

1937 brachte Renner bei Berthold die Ballade heraus, eine gebrochene Schrift, die als Reaktion auf die Zeit mit den geschwungenen, breiteren Formen Züge der Schwabacher mit der Antiqua zu vereinbaren suchte. 1939 folgte bei Stempel mit der Renner-Antiqua eine sehr schlanke, aufrechte Antiqua in zwei Schnitten, die u. a. in Zeitungen wie der Süddeutschen Zeitung bis zum Ende des Zweiten Weltkriegs zum Einsatz kam.[14]

Recherchen von Burke zu Abschlagszahlungen von Stempel an Paul Renner zwischen 1939 und 1942 weisen darauf hin, dass weitere vier Schriftentwürfe in der Entwicklung waren, die aber zu Renners Leidwesen nicht fertiggestellt wurden.[15]

Doch ein umfangreiches Schrift-Projekt sollte, wenn auch mit Verspätung, noch das Licht der Welt erblicken: die Renner-Grotesk bzw. Steile Futura. Im Gegensatz zur Futura sollte die Renner-Grotesk, so Renner, eine ›echte‹ Grotesk werden. Nach längeren, weniger befriedigenden Testphasen um 1936 bei Stempel überantwortete Paul Renner den Entwurf an die Bauersche Giesserei, wo sie allerdings erst 1951, nach zahlreichen Änderungen und Weiterentwicklungen aus werbetechnischen Gründen als Teil der Futura Schriftsippe der 1950er Jahre erschien.[16] Bei den Schriftproben der Bauerschen Giesserei vom September 1938 finden sich erste Probeabzüge in 48 Punkt.FIG.44 S.455 Diese so genannte ›Steile Futura‹ ist schlank, aufrecht und basiert im Gegensatz zur Futura auf dem Konstruktionsprinzip des Rechtecks. Darüber hinaus trägt sie deutliche Züge der Handschriftlichkeit mit Auf- und Abstrichen, kleinen ›Dackelbeinen‹ – selbst das kursive **r** verfügt über einen Abschwung – die formal den Zeitgeschmack der 1950er Jahre getroffen haben dürften. Am ehesten finden sich formale Ähnlichkeiten mit der Futura Schlagzeile von 1933 mit eckigen Ausformungen. Auf einem Blatt vom 14. 2. 1931 finden sich Entwürfe für eine Futura Unziale,FIG.23 S.219 die ebenfalls Verwandtschaft mit einzelnen Buchstaben der späteren Futura Schlagzeile aufweisen. Eine Weiterentwicklung aus Vorläufern der Futura Schlagzeile über mehrere Jahre und Hindernisse hinweg scheint nicht unwahrscheinlich. Der Name ›Steile Futura‹ ist insofern etwas irreführend und erklärt sich nur durch den Versuch der Bauerschen Giesserei an den großen Erfolg der Marke Futura anzuknüpfen.

20

Futura Anwendungen, Mappe mit Akzidenzen um 1953/54.

31.5.39

Bauersche Gießerei, Frankfurt a.M.

Lieber Herr Jost, ich schicke Ihnen beiliegend die Zeichnung für die magere Kursiv der Steilen Futura (Orthogonal, wird der Name im Ausland sein müssen!)

Einige Zeichen sind doppelt gezeichnet, die bessere Form hat auf beiliegender Photographie ein kleines Kreuz.

Bei den Ziffern ist die 5 hier wohl etwas zu schwach

Bei den Großbuchstaben müßten folgende in den angegebenen Teilen wolh einen Hauch stärker werden:

Dagegen sind die von links unten nach rechts oben führenden Striche wieder zu schwer in den Zeichen:

Bei R dürften die beiden Qzuerstriche leichter sein.

Mit besten Grüßen in der Zuversicht, daß es Ihnen und Ihren erfahrenen Mitarbeitern gelingen wird, etwaige andere Mängel noch auszugleic hen

Ihr ergebener

P. Renner

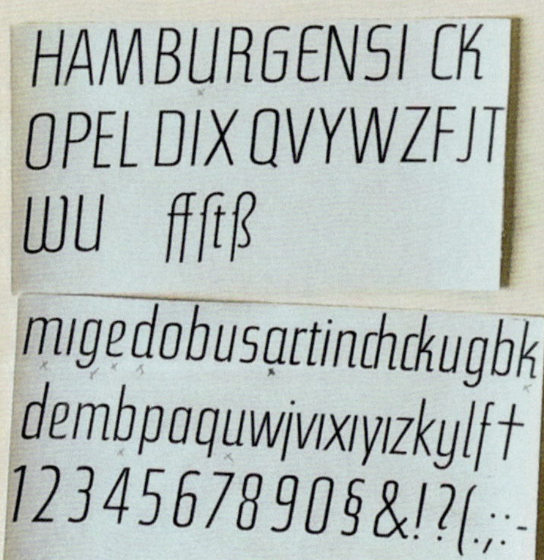

21

21

Brief von Paul Renner an Heinrich Jost vom 31. 5. 1939 zur Steilen Futura mager kursiv mit detaillierten Korrekturen.

22

Entwurfszeichnung zu den Ligaturen **ß**, **ft**, **fl**,**ff** und **fi** der Steilen Futura mager. Korrekturen mit Deckweiß eingetragen.

23

Entwurf Renner Futura Unziale, 14. 2. 1931. Korrekturen wurden mit Deckweiß vorgenommen.

22

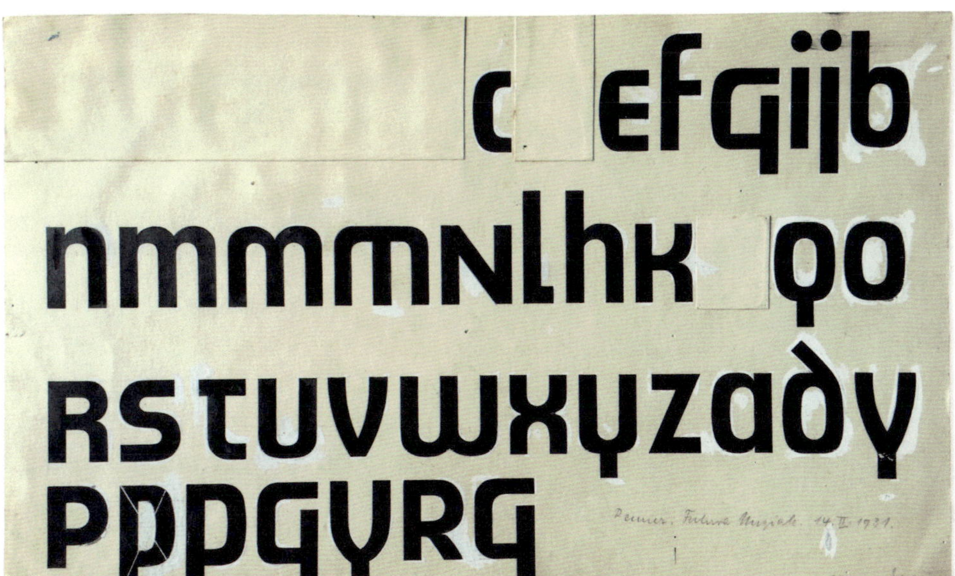

23

24

25

26

Schriftprobe zur Futura Schlagzeile. Faltblatt auf farbigem Papier gedruckt.

24

›Ganz neu ganz frisch‹ Anzeigenfaltblatt der Bauerschen Giesserei zur Steilen Futura, um 1953.

25

›Es geht wieder aufwärts‹ Anzeigenfaltblatt der Bauerschen G., nach 1945.

27

S. 222 f. – Mappe mit Akzidenzdrucken zur Steilen Futura fett mit Akzidenzen um 1953/54.

28

S. 224 f. – Mappen und Schriftproben um 1950/1953.

▶ Nr. 105006 6 Cicero

PRUNK Hochzeit 1

▶ Nr. 105008 8 Cicero

MODE Ware 2

▶ Nr. 105010 10 Cicero

CHEF Arzt 3

▶ Nr. 105012 12 Cicero

Südpol 4

▶ Nr. 105016 16 Cicero

Funk 5

BAUERSCHE GIESSEREI · FRANKFURT AM MAIN

FIGURENVERZEICHNIS

A B C D E F G H I J K L M

O P Q R S T U V W X Y

Ä Ö Ü Ç

a b c d e f g h i j k l m n o

ä ö ü ch

! ? (' &

9 0

Jede Nachzeichnung zum

die im Widerspruch zu

eht.

Verlagsanstalt Alexander Koch GmbH. Stuttgart · 60. Jahrgang 1952

KB
zwei
NKEN SIE
DURON
Zur Verhütung aller Hautreizungen
Gesicht
HOSENTRÄGER
ARTEW

Bauersche Giesserei Frankfurt am Main Futura
STEILE
FUTURA
KURSIV
halbfett
1953

FUTURA
1950
A fett

KRISE 1933 – POLITISIERUNG DER FUTURA

Die Futura ist zu einer Ikone der Neutralität geworden, die von Politikern aller Couleur gern für ihre Werbung benutzt wird. Zu Beginn des Dritten Reichs jedoch wurde sie von den Nationalsozialisten gezielt politisierend behandelt, um Paul Renner, ihren Schöpfer, für seine Kritik an der Kulturpolitik der Nazis zu bestrafen.

Mehr als jede andere Stadt war München für die Nationalsozialisten in den zwanziger Jahren die Basis für die Ausbreitung ihrer Macht. Im November 1920 begrüßte man Hitlers Rede in der Münchner Universität mit begeisterten Ovationen. 1930 richtete die NSDAP sich im Zentrum Münchens das Barlow-Schloss als Hauptquartier ein, der fortan als Braunes Haus bekannt war. Bereits ein Jahr früher hatte der Kampfbund für Deutsche Kultur in München seine erste öffentliche Veranstaltung abgehalten. Diese Organisation (gegründet von Alfred Rosenberg, dem Herausgeber der Nazizeitung *Völkischer Beobachter*) übernahm offiziell die rassistische Einstellung über »Kunst und Rasse«, wie sie von dem konservativen Architekten Paul Schultze-Naumburg propagiert wurde. Dieser brach auf zu einer Vortragsreise durch deutsche Großstädte, um seine Theorien zu verbreiten, wobei sein Vortrag in München so begeistert aufgenommen wurde, dass er ihn noch ein zweites Mal halten musste. Diesmal war Renner unter den Zuhörern. Schultze-Naumburg zeigte Dias mit asiatischer Kunst und moderner westlicher Avantgarde-Kunst und bezeichnete die verfremdeten Darstellungen menschlicher Gestalten als Produkte perverser Phantasien. Der junge Münchner Maler Wolf Panizza unterbrach ihn mit der Frage »Aber wo bleibt die gute moderne Kunst?«, worauf er hinterher von einem Schlägertrupp der Nazis zusammengeschlagen und schwer verletzt wurde. Renner war entsetzt über diesen Vorfall und beschrieb ihn in einem kleinen Büchlein mit dem Titel *Kulturbolschewismus?*, das 1932 erschien und in dem er die Kulturpolitik der Nazis kritisierte. Er schickte das Manuskript an zwei deutsche Verleger, die es beide ablehnten; schließlich überließ er es seinem Freund Eugen Rentsch in Zürich – die Anti-Nazi-Polemik in Renners Essay war für deutsche Verleger bereits zu gefährlich geworden.

Der Ausdruck »Kulturbolschewismus«, der Titel, den Renner mit einem Fragezeichen versah, war um 1930 zu einem anklägerischen Refrain des *Völkischen Beobachters* geworden, der sich gegen die Neue Architektur richtete. In seinem Buch versuchte Renner, der antisemitischen und antikommunistischen Hetze der Nazis mit einem Appell an die Vernunft zu begegnen, aber zweifellos machte er sich mit dieser Veröffentlichung die NSDAP zum Feind. Tatsächlich merkte auch Renner selbst, welche Gefahr von dem Buch ausging und er zog es vom Buchmarkt zurück.

29
Pamphlet gegen die nationalsozialistische Kulturpolitik: Paul Renners *Kultur-bolschewismus?* Erlenbach-Zürich/München/Leipzig: Eugen Rentsch Verlag 1932. Titel in Futura-Schlagzeile gesetzt.

Im Januar 1933 wurde Hitler zum Reichskanzler gewählt, was eine Kompromiss-Reaktion auf das herrschende politische Chaos war. Die Mehrheit der Deutschen teilte die Ansicht der kurzsichtigen Opportunisten, die Hitler zur Macht verhalfen, dass er sich nicht lange würde halten können. Doch Paul Renner hatte schwerwiegende Bedenken. In seinem Beitrag zu einer Umfrage über den »Stand des Graphik Design« für die Zeitschrift *Gebrauchsgraphik*, Ausgabe desselben Monats, kommentierte er:

»Die immer bösartiger und gewalttätiger werdende politische Dummheit kann eines Tages mit ihrem schmutzigen Aermel die ganze abendländische Kultur unter den Tisch fegen.«

Renners Kommentar wurde entsprechend zur Kenntnis genommen und später gegen ihn verwendet. Mit dem Erfolg der Nationalsozialisten in den Wahlen im März 1933 kamen sie in Deutschland an die Macht. Sofort führten sie ihren Vorsatz aus, alle Systemkritiker zu verhaften, und auch Renner muss sich bewusst gewesen sein, was das für ihn bedeutete. Sein Kollege Jan Tschichold wurde Mitte März verhaftet, wenige Wochen darauf wurde auch Renner festgenommen. Tschichold wurde nach nur wenigen Tagen der Inhaftierung von der Meisterschule entlassen. Renner, als Direktor der Meisterschule, legte für Tschichold Protest ein, doch er blieb vier Wochen in Haft.

Im März 1933 leitete Renner die Gestaltung des deutschen Standes bei der fünften Triennale in Mailand. Bei dieser internationalen Ausstellung war die deutsche Abteilung dem Werkbund anvertraut worden, der sich entschied, ausschließlich Produkte des deutschen Grafik-Design auszustellen. Renner wählte die Beiträge aus und entwarf die Präsentation, der Architekt Walther Schmidt trug ebenfalls zum endgültigen Bild des deutschen Beitrags bei. Renner stellte eine Diashow zusammen, die anhand von Buchstabenformen die historische Entwicklung des Stils illustrierte. Er benutzte vier Projektoren, und jede Diaserie von je sechzig Folgen zeigte ein Schriftbeispiel neben Illustrationen anderer Kunstformen derselben Periode.

Noch während Renner mit diesen Arbeiten für den Mailänder Stand beschäftigt war, wurde er von den Behörden zunehmend massiv bedrängt. Am 25. März wurden seine Wohnung und sein Büro in der Meisterschule durchsucht. Ein Hausmeister ließ die »Politische Polizei« in Renners Büro und man nahm fotografische Platten mit Beispielen für Fotomontage mit, die hinterher von den Behörden als »russische Propaganda gegen Deutschland« beschrieben wurden.

Am 31. März 1933 wurde Renner in der Meisterschule von Johannes Sievers aus dem Auswärtigen Amt besucht, einem langjährigen Unterstützer des Werkbundes, begleitet von Eberhard Hanfstaengl, dem Direktor der Nationalgalerie in Berlin. Sie sollten bestätigen, dass das Material, das Renner für die Ausstellung in Mailand ausgewählt hatte, mit der deutschen Außenpolitik vereinbar war. Einige Arbeiten wurden für nicht geeignet befunden und Hanfstaengl monierte insbesondere, dass es ein Ungleichgewicht zugunsten lateinischer Schriften gegenüber

GERMANIA

31

31

Blick in die deutsche Sonderschau auf der V. Triennale in Mailand. Die bauliche Gestaltung der Ausstellungsräume war dem Münchner Regierungsbaumeister Walther Schmidt übertragen worden.

30

S. 229 – Eingang zur Deutschen Abteilung auf der V. Mailänder Triennale 1933. Im Hintergrund Renners Diaprojektion.

den gotischen gab, die zu dieser Zeit fester Bestandteil der Nazi-Propaganda waren. Renner war nicht glücklich über diese Einmischung, was ebenfalls festgehalten wurde.

Renner wurde am 4. April 1933 festgenommen und am nächsten Tag wieder freigelassen, mit der Auflage, sich jeden zweiten Tag bei der Polizei zu melden. Er verdankte diese schnelle Freilassung einer weitläufigen indirekten familiären Verbindung zu Rudolf Hess, Hitlers Stellvertreter. Trotzdem wurde Renner am 11. April 1933 vorübergehend seines Amtes an der Meisterschule enthoben und sein Fall wurde nach dem Gesetz zur Wiederherstellung des Berufsbeamtentums verhandelt, das die Nazis am 7. April 1933 (also drei Tage nach Renners Verhaftung) verabschiedet hatten. In ihrem Wunsch, Renner loszuwerden, versuchten die Nazis, ihm eine Verknüpfung von künstlerischem Schaffen und politischer Ideologie nachzuweisen. Obwohl Renner oft die Ansicht geäußert hatte, dass Kunst und Leben im künstlerischen Schaffen eins sein sollten, kann er damit nicht diese simple Einflussnahme von Politik auf die Kunst gemeint haben, wie sie den Nazis vorschwebte. Es gab keinerlei Hinweise, dass Renner mit den Kommunisten sympathisierte, folglich mussten die Nazi-Ankläger zugeben, dass man Renner nur verurteilen könne, wenn seine künstlerische Arbeit als »kommunistisch« einzustufen sei. Jetzt mussten die Nazis die Konsequenzen ihres eigenen willkürlichen Gebrauchs der politischen Terminologie in Kauf nehmen: Die Behörden stellten fest, dass sie Renners gestalterische Arbeit nicht zulänglich einstufen konnten »weil nicht absolut sicher feststeht, was unter kommunistischer Kunst auf dem Gebiete der Gebrauchsgraphik zu verstehen ist«. Sie lösten das Problem, indem sie einen stilistischen Zusammenhang zwischen seiner Schrift Futura und den Formen der neuen Architektur konstruierten, die als »russisch beeinflusst« galt. Renners Ablehnung der traditionellen gotischen Schriftformen durch Futura galt als anti-deutsch.

Am 16. Februar 1934 wurde Renner schließlich durch den bayrischen Reichsstatthalter Franz von Epp endgültig seiner Position an der Meisterschule enthoben, nicht aufgrund kommunistischer Aktivitäten, sondern einfach wegen »nationaler Unzuverlässigkeit«.

Renners Status als ein Moderner stempelte ihn als subversiv ab. Durch seine Unterstützung der Neuen Architektur und der Neuen Typografie galt er als Angehöriger der Avantgarde. Die neuen gestalterischen Positionen waren Produkte einer Elite und somit das genaue Gegenteil der populistischen Vorstellungen einer traditionellen ländlichen Idylle, wie sie den Nazis vorschwebte. Sie verbreiteten den Mythos einer deutschen Identität, die der breiten Masse zu Herzen gehen sollte. Die Behauptungen eines kommunistischen Einflusses auf die Kunst waren plumpe Propaganda, mit der man potentielle Abweichler mundtot machen konnte. Futura, die mit ihrer schnörkellosen Form dem neuen Geschmack Rechnung trug, wurde von den Behörden als antideutsch eingestuft. 1928 hatte die Grafik-Design-Zeitschrift *Gebrauchsgraphik* (die auf Englisch und Deutsch erschien) die

Futura als Schrift übernommen, gefolgt im August 1931 von der Werkbundzeitschrift *Die Form*. Diese Zeitschriften erreichten eine internationale Leserschaft, denn sie behandelten Design aus ganz Europa und den Vereinigten Staaten.

Die Futura wurde zu einer der wichtigsten Komponenten der typografischen Moderne: weil sie sich durch ihre einfachen Formen bewusst von den lateinischen und gotischen Schriften abhob, hatte sie die Aura einer gewissen internationalen Neutralität. Obwohl Jan Tschichold und die Bauhaus-Typografen zu denen zählten, die am lautesten dafür argumentierten, dass Sans Serif eine Ablehnung »nationaler Stile« in Schriftformen sei, sah Renner seine Futura als eine universelle Schriftform. Deshalb war es relativ leicht für die Nazis, den logischen Kurzschluss zu vollziehen und sie mit der kommunistischen Internationale in Verbindung zu bringen. Doch wie Robert Bringhurst bemerkte: »Außer durch zufällige Assoziationen gibt es weder marxistische (oder christliche oder muslimische oder jüdische) Schriften, genauso wenig wie es ein marxistisches oder christliches Einmaleins oder in der Musik ein kommunistisches Cis gibt.«[17]

Die Futura, die sich 1933 bereits als erfolgreiche Schrift durchgesetzt hatte, verschwand nicht ganz aus Deutschland und wurde auch vom Naziregime nicht verboten. Im Gegenteil, offizielle Dokumente des Dritten Reichs wurden sogar manchmal in Futura gesetzt, vermutlich weil die Schrift verfügbar und geeignet war. Innerhalb der NSDAP gab es eine moderne kulturelle Strömung, angeführt von Joseph Goebbels (und bis zu einem gewissen Grad von Hitler geduldet), und es war diese Tendenz, die, zusammen mit politischer Berechnung, schließlich 1941 über das »völkische« Element triumphierte, als ein geheimer Erlass die gotische Schrift verbot und die lateinische als »Normalschrift« einführte.

Ironischerweise erhielt Renner, nachdem er verhaftet und wieder freigelassen worden war, das Große Ehrendiplom für seine Arbeit am deutschen Beitrag bei der Mailänder Triennale, die am 10. Mai 1933 eröffnet worden war. Die Mitglieder der Jury waren besonders von seiner Dia-Präsentation beeindruckt. Es war ein Zitat von Mussolini, mit dem die Futura präsentiert wurde: »Wir wagen es nicht, das Erbe unserer Väter zu plündern, wir müssen neue Kunstwerke schaffen.« Diese Ausstellung schien der Durchbruch der Futura in ganz Europa zu sein. In Italien wurde eine der Futura sehr ähnliche Sans Serif entwickelt, die für Beschriftungen des faschistischen Regimes auf Gebäuden eingesetzt wurde. Die Anspielung der Futura-Majuskeln an die klassische römische Capitalis passte gut zu der zweifellos von den Faschisten beabsichtigten Bildersprache der imperialistischen römischen Vergangenheit.

32

Im Hintergrund das Große Ehrendiplom für Paul Renners deutschen Beitrag bei der Mailänder Triennale 1933. Im Vordergrund das Begleitschreiben vom Reichsminister für Volksaufklärung und Propaganda vom 9.9.1935. Darauf der handschriftliche Vermerk Paul Renners zur Frage der Denunziation 1935.

S.M. VITTORIO EMANUELE III

Der Reichsminister
für Volksaufklärung und Propaganda

Geschäftszeichen: I 1212/6.9.
(In der Antwort anzugeben)

Berlin W8, den 9. September 1935.
Wilhelmplatz 8–9
Fernsprecher: A 1 Jäger 0014

An

Herrn Paul Renner
Leiter der Meisterschule für Deutschlands Buchdrucker

in

München

Ob nicht nach der Bekanntgabe dieser Ordensverleihung eine Denunziation erfolgt ist? Denn warum hat gerade 1935 das Propagandaministerium meine Bücher auf die Liste der schädlichen Bücher gesetzt!

Jn der Anlage übersende ich Jhnen das Diplom über das Jhnen von S.M. dem König von Jtalien verliehene

Offizierskreuz

des Ordens der Jtalienischen Krone.

Jm Auftrag

gez. Dr. Greiner

Reichsministerium für Volksaufklärung und Propaganda

Beglaubigt

Kanzleiangestellter.

33

»Wer der Kunst verbietet, die Schattenseite, die andere Seite des Lebens wahrzunehmen, die nicht immer eitel Schönheit und Würde ist, hat von der Hintergründigkeit des Lebens ebenso wenig begriffen wie vom Wesen der Kunst selbst.«

PAUL RENNER
Kulturbolschewismus? 1932.

33
Portrait Paul Renner, wahrscheinlich 1946.

FUTURA UND DIE NSDAP

Fanatische Nazis bezeichneten die Futura, die von einem Regimekritiker entwickelt worden war, als eine ideologische Abscheulichkeit. Doch nicht alle Nazis waren so dogmatisch. Es gab eine Spaltung in ein modernes und ein anti-modernes Lager, letzteres wurde angeführt von dem Partei-Hauptideologen Alfred Rosenberg, der eine Gleichschaltung alles Deutschen anstrebte. Den Pro-Modernen waren besonders die ideologisch genehmigten Schriften – z. B. Fraktur und Schwabacher – ein Dorn im Auge, samt dem vielen anderen Kitsch, der sich in der Kultur und Kunst breitmachte. Doch die Pro-Modernen waren zum Scheitern verurteilt, da Hitler die Moderne in all ihren Erscheinungsformen für degeneriert erklärte.

Ein besonderes Propagandathema Rosenbergs, zumindest von 1933 bis 1935, war das Verbot nicht-deutscher Schriften (»jüdische« oder »bolschewistische«). Es gab eine aggressive Kampagne, in der Aufkleber mit Slogans für eine Schöne Deutsche Schrift warben. Eine Nazi-Zeitschrift zu diesem Thema mit dem Titel *Die zeitgemäße Schrift* organisierte jährliche Schriftwettbewerbe und versuchte die Studenten davon zu überzeugen, dass die schwarzen Schriftbilder – spitze Fraktur, Schwabacher, Textura und Rotunda – eng mit der deutschen völkischen Tradition verwoben waren.

Allerdings setzte sich schließlich die Pragmatik gegen das Dogma durch, als nach 1938 hochrangige Nazis feststellten, dass ihre ideologisch genehmigten schwarzen Schriften schwer zu lesen waren, besonders in den besetzten Gebieten. Daraufhin erklärte der Nazi-Parteisekretär Martin Bormann die Antiqua zur offiziellen Normalschrift für alle offiziellen Plakate und Veröffentlichungen; die bisherige Schwabacher wurde zur »Judenschrift« erklärt und abgeschafft, womit die Tür für weitere Sans Serif-Schriften geöffnet war.

Futura erschien in einem Band von *Typographisches Skizzieren und Drucksachenentwerfen*, dem offiziellen Handbuch für Schriftsatz der Deutschen Arbeitsfront, in dem sogar ihr Schöpfer, Paul Renner, anerkannt wurde, obwohl er als »Kulturbolschewist« verschrien war. Auch die Titelseite des von Hitlers langjährigem persönlichen Fotografen Heinrich Hoffmann herausgegebenen Katalogs *Nationalsozialistischer Bilder-Sortimentskatalog*, in dem Nazi-Bildpostkarten, Wandschmuck, Kunstmappen, Kartenspiele und Aquarelle des Führers angeboten wurden, wurde u. a. in der fetten Futura gesetzt.

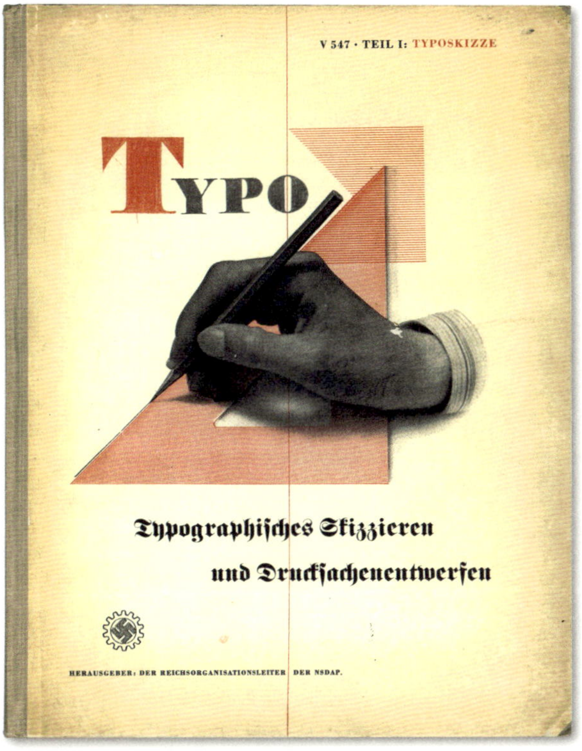

34

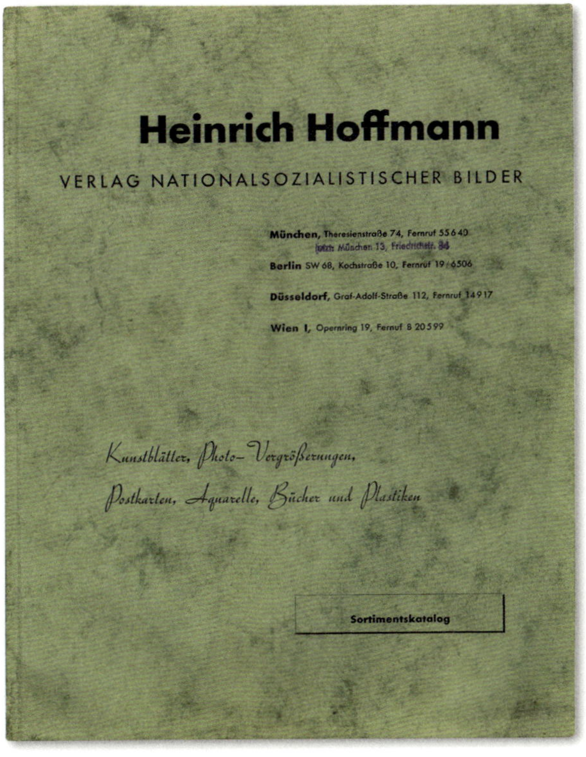

35

34

Groteskschriften wie die Futura und gebrochene Schriften waren in Georg Schautzs *Lehrgang Typographisches Skizzieren und Drucksachenentwerfen* kein Widerspruch – Georg Schautz: *Lehrgang Typographisches Skizzieren und Drucksachenentwerfen*/hrsg. vom Reichsorganisationsleiter der NSDAP. Verantw. und bearb.: Amt für Berufserziehung und Betriebsführung der Deutschen Arbeitsfront. Berlin: Lehrmittelzentrale der Deutschen Arbeitsfront, 1939.

35

Hitlers persönlicher Fotograf Heinrich Hoffmann ließ seinen Sortimentskatalog, in dem auch Aquaralle des ›Führers‹ angeboten wurden, auch in der fetten Futura setzen – Sortimentskatalog Heinrich Hoffmann. Kunstblätter, Photo-Vergrößerungen, Postkarten, Aquarelle, Bücher und Plastiken. München/Berlin u. a.: Verlag nationalsozialistischer Bilder, um 1940.

FESTTAGE DER NATION

Von HEINER KURZBEIN

Wenn man vor 1933 zehn Männer beauftragt hätte, die zehn Fotografien zusammenzustellen, die im Laufe der vergangenen 5 Jahre auf das deutsche Volk den stärksten Eindruck gemacht haben, so hätte man 100 verschiedene Bilder vorgelegt bekommen. Würde man die gleiche Aufgabe im Jahre 1938 stellen, so zeigte sich wohl, daß die zehn Männer zu den gleichen Ergebnissen kämen. Denn sie alle stellten fest, daß die stärksten Bildeindrücke ausgegangen sind von den neuen Festtagen der Nation

30. Januar:
TAG DER MACHTÜBERNAHME

5. Sonntag vor Ostern:
HELDENGEDENKTAG

(14)

Die grundlegende Wandlung, die sich seit dem 30. Januar 1933 in Deutschland vollzogen hat, findet einen sichtbaren Ausdruck in den neuen Feiertagen des deutschen Volkes. Sie traten neben die altüberkommenen Feste, sind jedoch von einem gänzlich anderen Sinn und einer anderen inneren Berechtigung erfüllt und getragen. Wenn die alten Festtage – Ostern, Pfingsten, Weihnacht – mehr oder weniger aus dem Jahreslauf und im Kreise der deutschen Familien ihre Bedeutung und Festlichkeit erhielten, sind die neuen Festtage aus

20. April:
GEBURTSTAG DES FÜHRERS

1. Mai:
NATIONALER FEIERTAG DES DEUTSCHEN VOLKES

(15)

36

OSTLAND
MONATSSCHRIFT
DES REICHSKOMMISSARS
FÜR DAS OSTLAND

PORTAL DER GROSSEN GILDE IN REVAL
FARBAUFNAHME VON HARO SCHUMACHER, KÖLN

APRIL 1944 NR 10 JAHRGANG 2 RIGA

37

AUSSTELLUNG
DIE STRASSE
MÜNCHEN 1934

Hoheitszeichen in Holz, modelliert von HANS PANZER, München. Geschnitzt in Holz von Münchener und Berchtesgadener Schnitzern

Insignia in wood modelled by HANS PANZER, Munich carved in wood by carvers from Munich and Berchtesgaden
Photo: Jaeger & Goergen, München

Eingangshalle

Architektur Architecture
Prof. THEO LECHNER

Entrance Hall

Photo: Regierungsbaumeister Walter Müller-Grah, München

54

38

36

›Festtage der Nation‹ – Paul Renners Futura, eingesetzt für nationalsozialistische Propaganda in der einst als Manifestation der Moderne gefeierten Zeitschrift *die neue linie*, 1938.

37

Die Futura im Dienste internationaler Kommunikation: die Titelseite der von den Nationalsozialisten in Riga herausgegebenen Zeitschrift *Ostland*, April 1944.

38

Bericht über die Ausstellung *Die Strasse* in der Zeitschrift *Gebrauchsgraphik* 1934.

39–40

Die Umstellung des in Bukarest erschienenen *Mitteilungsblatt der Reichsdeutschen in Rumänien* – ein Indiz dafür, dass gebrochene Schriften im Ausland nicht gelesen werden konnten: Titelseiten des *Mitteilungsblattes der Reichsdeutschen in Rumänien* 1940 und 1944.

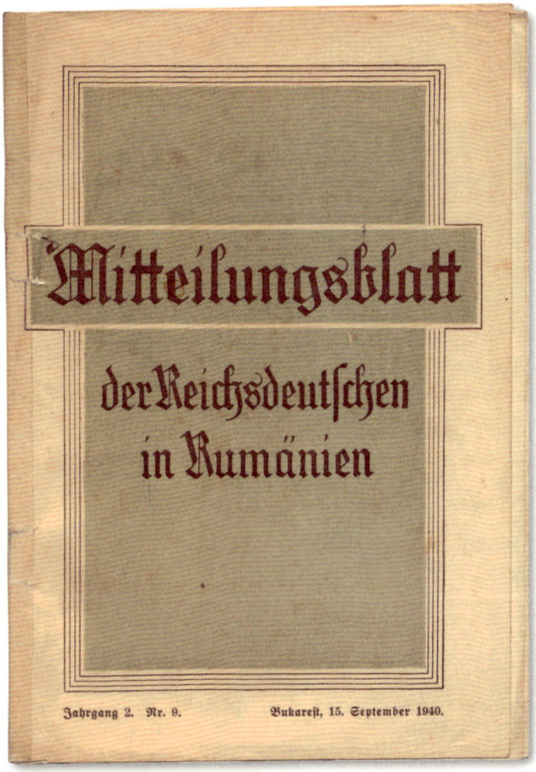

39

40

41

Hans Vitus Vierthaler: Plakat für die Ausstellung *Entartete Kunst,* Polizeidirektion München 1936. Das Plakat bezieht sich auf eine Wanderausstellung, die 1933 in Dresden gestartet wurde und Wegbereiter für die namensgleiche, sehr viel umfangreichere Ausstellung 1937 im Haus der Kunst war. Interessant, wie mit Schrift, Farbe und Komposition die Mittel der Neuen Typografie, des ›bolschewistischen Gegners‹, zitiert werden.

42

Einladung zum Verbrennungsakt am Königsplatz, Flugblatt 1933.

43

S.243 – John Heartfield: Der Sinn des Hitlergrußes: Kleiner Mann bittet um große Gaben. Motto: Millionen stehen hinter mir! Entwurf für Titelgestaltung A-1-2, 1932.

41

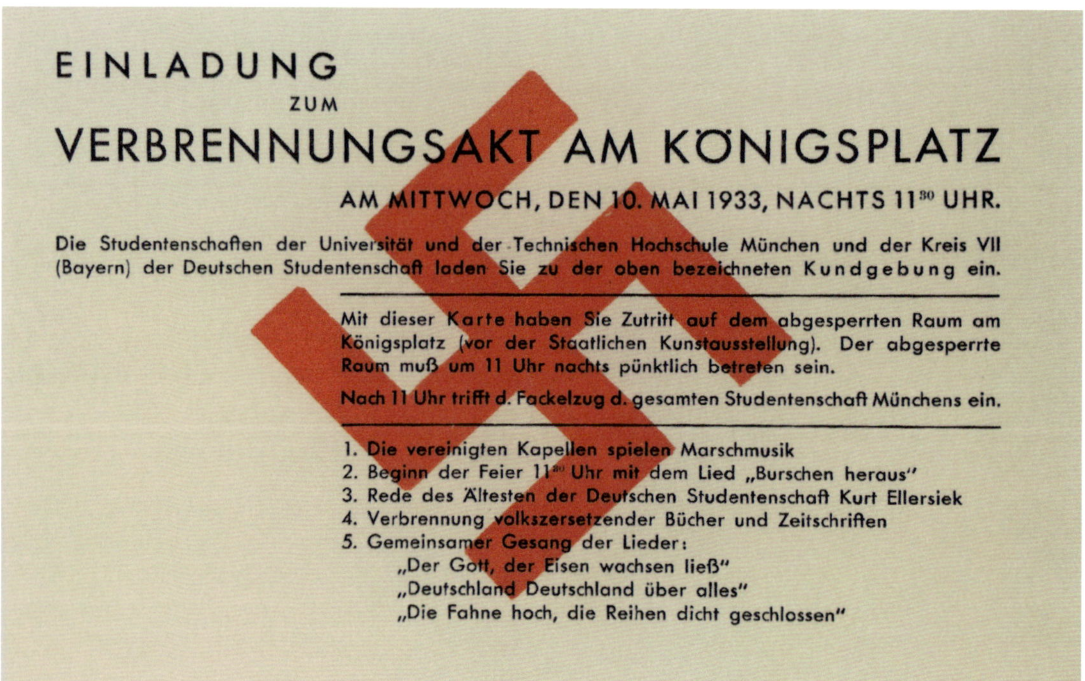

EINLADUNG
ZUM
VERBRENNUNGSAKT AM KÖNIGSPLATZ

AM MITTWOCH, DEN 10. MAI 1933, NACHTS 11³⁰ UHR.

Die Studentenschaften der Universität und der Technischen Hochschule München und der Kreis VII (Bayern) der Deutschen Studentenschaft laden Sie zu der oben bezeichneten Kundgebung ein.

Mit dieser Karte haben Sie Zutritt auf dem abgesperrten Raum am Königsplatz (vor der Staatlichen Kunstausstellung). Der abgesperrte Raum muß um 11 Uhr nachts pünktlich betreten sein.

Nach 11 Uhr trifft d. Fackelzug d. gesamten Studentenschaft Münchens ein.

1. Die vereinigten Kapellen spielen Marschmusik
2. Beginn der Feier 11³⁰ Uhr mit dem Lied „Burschen heraus"
3. Rede des Ältesten der Deutschen Studentenschaft Kurt Ellersiek
4. Verbrennung volkszersetzender Bücher und Zeitschriften
5. Gemeinsamer Gesang der Lieder:
   „Der Gott, der Eisen wachsen ließ"
   „Deutschland Deutschland über alles"
   „Die Fahne hoch, die Reihen dicht geschlossen"

42

TYPOGRAFIE IM NATIONAL-SOZIALISMUS

Das Widersprüchliche ist so etwas wie die Konstante in der visuellen Repräsentation des ›Dritten Reiches‹. Und wenn ein Begriff auch mit dem Blick auf die Gestaltung die Zeit und das Wesen des Nationalsozialismus beschreibt, dann ist es der Terminus der ›reaktionären Modernität‹.[18] Eine Moderne hinter Natursteinfassaden, ein ständiger Widerspruch zwischen wirklichem und vorgegebenem Ziel, zwischen Form und Inhalt, zwischen Anspruch und Umsetzung. Das macht sich genauso an der Schrift bemerkbar. Ähnlich wie es in der Architektur Historisierendes bis hin zu neuen ›(Ordens-)Burgen‹ gab, Neo-Klassizistisches und gleichzeitig hochfunktionale Industriebauten im Stile des Bauhauses, zeigte sich das auch in der Typografie: da waren gebrochene Schriften, Antiqua- und Grotesktypen gleichermaßen in Verwendung.

Unterschieden werden muss allerdings zwischen der Zeit bis 1933 und den zwölf Jahren nationalsozialistischer Herrschaft: Anfangs blieb der NSDAP fast nichts anderes übrig, als sich volksnah und bodenständig zu geben, weshalb vielfach grobe, ›holzige‹ Entwürfe mit verschiedenen Fraktur- und Schwabacher-Typen das Bild prägen (wie bei den anderen Parteien übrigens letztlich auch). Doch man findet ebenso Beispiele für die Verwendung von Groteskschriften. Mal mehr, mal weniger gelungen, spielten die Setzer und Grafiker im ›Dritten Reich‹ durchaus die ganze Klaviatur der Schriftgattungen: Hat das Plakat für die ›Große Deutsche Kunstausstellung‹ eine goldfarbene, versale und zentriert gesetzte Antiqua, wird bei einer regionalen Sportveranstaltung weiterhin mit gebrochenen Schriften gearbeitet. Ähnlich bestimmte die ›Wertigkeit‹ des Produkts oft die Sorgfalt bei Schrift(-wahl) und Typografie.

Da es im Grunde nicht möglich (und vielleicht auch gar nicht gewollt) war, eine wirkliche ›Überwachung‹ von Gestaltung und der Verwendung ideologisch adäquater Schriften zu gewährleisten, es freilich oftmals aber auch an fachlicher Kompetenz scheiterte, war so etwas wie eine konsequente Linie bezogen auf die Verwendung bestimmter Schriften nicht erreichbar. Es oblag letztlich den jeweiligen Handelnden vor Ort und den Institutionen, ihrem Anspruch, ihrem Können, ihrer ›Linientreue‹, aber auch den technischen Möglichkeiten, was auf welchem gestalterischen Niveau und mit welcher Schrift realisiert wurde. Natürlich war es meist das Bestreben, ›deutsch‹ zu erscheinen und ›völkisch‹, weshalb gebrochene Schriften bis zum ›Schrifterlass‹[19] 1941 eine wichtige Rolle spielten. Doch ging es um die »großen Leistungen der deutschen Kultur«, war dies mit einer Antiqua wieder besser zu visualisieren – oder mit einer Grotesk, etwa wenn in Zeitschriften wie der *Betonstraßenbau* und *Die Straße* technischer Anspruch und Fortschritt visualisiert werden sollte.

Es ist ein vermutlich mehr affektiver als reflektierter Umgang mit Schrift, der damals die Arbeiten bestimmte:[20] Sollte ein Winterhilfswerk-Plakat sehr volksnah wirken, war die – damals durchaus auch ein wenig ›elitäre‹ – versale Antiqua einfach nicht die Richtige. Wohingegen bei praktisch allen internationalen Medien und Anwendungen, beispielsweise im Kontext der Olympischen Spiele 1936 in Berlin, eben keine gebrochenen Schriften eingesetzt wurden. Das gleiche gilt für Rekrutierungsplakate in den Niederlanden oder Dänemark etc. Zudem spielten die unterschiedlichen Zielgruppen innerhalb der deutschen Leserschaft eine wichtige Rolle. So war der Unterschied in der Erscheinung des *Völkischen Beobachters* und der Wochenzeitschrift *Das Reich* typografisch und gestalterisch in etwa so, wie heute zwischen *Bild* und *Die Zeit*.

Wenn es um Gestaltung (nicht nur) im Dritten Reich geht, lohnt ein Blick in die Zeitschrift *Gebrauchsgraphik* – damals sicherlich das wichtigste Medium der Branche. Eines fällt dabei sofort ins Auge: die Futura ist ihre Satzschrift[21] – dem Schicksal ihres Urhebers zum Trotz. Doch auch bei staatlichen Stellen und Drucksachen taucht Paul Renners berühmte Schrift (und andere Groteskschriften) immer wieder auf und offenbart ihre Modernität und Kraft gerade dort, wo sie im Zuge von gestalterischen Überarbeitungen eine andere, ältere ersetzt. Dass man ihr Potenzial bei Schriftmischungen gerade bei der Waffen-›SS‹ erprobte, ist wie eine bittere Ironie des Schicksals. Ihre »selbstverständliche, vornehme Gestalt[, die] von allen Einflüssen modischer Form frei ist und deren kristallklare Reinheit stets von neuem das Auge erfreut und erfrischt«,[22] kann, so zeigen die Beispiele, auch in jeder beliebig schlechten Sache verwendet werden.

Beworben wurde die Futura von der Bauerschen Giesserei aus Frankfurt in fast jeder Ausgabe der *Gebrauchsgraphik*, nicht selten als ganzseitige Anzeige, wenn auch interessanterweise und sicherlich nicht zufällig ohne Nennung ihres Urhebers (wo man sich sonst doch so gerne mit großen Namen aufwertete). Mit einer Ausnahme: der umfangreichen Berichterstattung zu Renners 65. Geburtstag,[23] die erst auf den zweiten Blick (u. a.) als ›Werbung‹ zu erkennen ist und im vorangehenden redaktionellen Teil die vermutlich konservativsten Arbeiten seines Schaffens zeigt. Auch wenn man die ›bolschewistische Gestaltung‹, das Konstruktivistische, das zeitgenössisch-moderne offiziell so gar nicht mochte, ganz kam man weder an Renner, den man ja 1933 schnellstmöglich von seinen Wirkungsstätten vertrieb, noch an seiner Futura vorbei. Und das gilt im Grunde bis heute – stellvertretend für ihn überlebt seine bekannteste Schrift einfach alle und alles.

Motto:
MILLIONEN
STEHEN
HINTER MIR!
Kleiner Mann bittet um große Gaben

l

Futura halbfett schräg kleines l

Futura halbfett kleines **l** und Versal-**i**
Das kleine **l** links überragt das Versal-**i**

1

Thomas Mann, zit. n. *Die zwanziger Jahre in München* (Schriften des Münchner Stadtmuseums 8), hrsg. im Auftrag des Münchner Stadtmuseums von Christoph Stölzl, München 1979, S. XIV.

2

Günter Hockerts: *Warum München? Wie Bayerns Metropole die ›Hauptstadt der Bewegung‹ wurde.* In: München und der Nationalsozialismus. Katalog des NS-Dokumentationszentrum München, hrsg. von Winfried Nerdinger. München 2015, S. 387.

3

Paul Renner: *(o. T.) - [Auseinandersetzung über den gegenwärtigen Stand des Grafik-Design].* In: Gebrauchsgraphik (Berlin), Jg. 10, Januar 1933, H. 1, S. 34.

4

Vgl. Paul Renner: *Kulturbolschewismus?* Photomechanischer Nachdruck der im Eugen Rentsch Verlag Erlenbach-Zürich, München und Leipzig 1932 erschienenen Originalausgabe, hrsg. und mit Anmerkungen versehen von Roland Reuß und Peter Staengle. Frankfurt/M./Basel: Stromfeld, 2003, S. 10–19.

5

Ebenda, S. 9.

6

zit. n. Klaus Schumann: *Kommunalpolitik in München zwischen 1918 und 1933.* In: Die zwanziger Jahre in München (Schriften des Münchner Stadtmuseums 8), hrsg. im Auftrag des Münchner Stadtmuseums von Christoph Stölzl, München 1979, S. 15.

7

Philipp Luidl: *München – Mekka der schwarzen Kunst.* In: Die zwanziger Jahre in München (Schriften des Münchner Stadtmuseums 8), hrsg. im Auftrag des Münchner Stadtmuseums von Christoph Stölzl, München 1979, S. 195.

8

Jan Tschichold: *Die Neue Typographie: ein Handbuch für zeitgemäss Schaffende.* Berlin 1928, S. 75.

9

Ebenda, S. 76.

10

Paul Renner: *Mechanisierte Grafik: Schrift, Typo, Foto, Film, Farbe.* Berlin 1931, S. 71.

11

Paul Renner: *Gegen den Schematismus in der Typografie.* In: Klimschs Jahrbuch (Frankfurt/M.), 1933, S. 25.

12

Paul Renner: *Drei Jahre Futura.* In: Type specimen Futura: die Ergänzungsgarnituren. Frankfurt/M. 1930/31.

13

So sind auch im vorliegenden Buch neben der Verwendung der Futura mager die Fließtexte in der Buchschrift abgesetzt.

14

Christopher Burke: *Paul Renner. The Art of Typography.* London, 1998, S. 163.

15

Ebenda – die Liste der Abschlagszahlungen über jeweils 500 RM listet u. a. weitere Schnitte der Renner-Antiqua, eine Carus-Antiqua und Hapag auf.

16

Der Krieg und gesundheitliche Probleme Paul Renners, wie ein Schlaganfall 1948, erklären einen Teil der zeitlichen Verzögerung.

17

Robert Bringhurst: *The solid form of language. An essay on writing and meaning.* Nova Scotia, 2004, S. 25.

18

Vgl. Peter Reichel: *Der schöne Schein des Dritten Reiches – Faszination und Gewalt des Faschismus.* 3. Aufl. München/Wien, 1991, S. 101 f.

19

Dieser Erlass verbot die Verwendung von gebrochenen Schriften – sie wurden als ›Judenlettern‹ bezeichnet und sollten durch die ›Deutsche Normalschrift‹ (die Antiqua) ersetzt werden. Der Hintergrund war ein anderer: mit Blick auf den ›Endsieg‹ und den Vormarsch im Osten. Es sollte auf eine überall lesbare Schrift umgestellt werden; durch den weiteren Kriegsverlauf wurde nicht nur dies recht schnell obsolet.

20

Vgl. Andreas Koop: *Die Macht der Schrift. Eine angewandte Designforschung.* Sulgen/Zürich 2012, S. 240–241.

21

Ab 1930 und bis weit nach dem Zweiten Weltkrieg; abgelöst erst 1962 durch die Helvetica.

22

Anzeige in der *Gebrauchsgraphik*, Ausgabe Nr. 9, 1933 (unpag. vorderen Teil).

23

Heft 5, 1943. S. 9–16 im redaktionellen, paginierten Teil und offensichtlich als ›normaler‹ Beitrag; dem folgt ein 12-seitiger Einhefter (im gleichen Format, aber auf anderem Papier) mit drei Aufsätzen von Paul Renner, die im wesentlichen die Zeit vor 1933 behandeln. Die ›Beilage‹ wurde von der Mergenthaler Setzmaschinen-Fabrik GmbH in Berlin geschaltet und in der ›Linotype-Renner-Antiqua‹ gesetzt.

CAFE
SCHUSTER

WIEN

Nach dem Ersten Weltkrieg und dem Zusammenbruch des österreichisch-ungarischen Kaiserreichs überführte die sozialdemokratische Stadtverwaltung die einst glanzvolle Hauptstadt der Habsburger Doppelmonarchie in ein ›Rotes Wien‹: Das Wohnungsproblem sollte mit einem großen sozialen Wohnungsprogramm gelöst werden, das die Errichtung von billigen, einfach ausgestatteten Wohnungen vorsah, deren Bewohner gemeinschaftliche Einrichtungen wie Wäschereien und Bäder, Kindergärten und Spielplätze nutzen konnten. Die bekannteste Wohnhausanlage war der zwischen 1926 und 1930 errichtete Karl-Marx-Hof, der mit seiner roten Fassade auch politisch Programm war. Hier standen neben den genannten Gemeinschaftseinrichtungen nicht nur soziale und medizinische Einrichtungen sowie Geschäftslokale und Versammlungsräume, sondern auch eine Bibliothek zur Verfügung.

Arbeiteremanzipation und objektive Informationsvermittlung standen bei den Reformen im Bildungswesen im Vordergrund, so auch beim 1925 gegründeten Wiener ›Gesellschafts- und Wirtschaftsmuseum‹, dessen Direktor Otto Neurath sich zum Ziel gesetzt hatte, insbesondere den Arbeitern eine mündige Meinungsbildung zu ermöglichen. Für das Museum entwickelte Neurath große Schautafeln, auf denen gesellschaftliche Informationen durch standardisierte grafische Zeichen und festgelegte Farben dargestellt wurden: Ein grafisches Zeichen verdeutlichte jeweils eine bestimmte Menge; dessen Wiederholung das entsprechend Vielfache. Indem Bilder Wörter bzw. Buchstaben und Zahlen ersetzen, wurde eine neue Form der Kommunikation erprobt, die Informationen ohne Sprachbarrieren schnell und unkompliziert – möglichst ohne zusätzliche kulturelle Konnotationen – vermitteln sollte. PE

CHRISTOPHER BURKE

OTTO NEURATH UND DIE WIENER METHODE DER BILDSTATISTIK

Otto Neurath war ein Universalgelehrter, dessen Lebenswerk sich auf Wirtschaft, Soziologie, Philosophie, Städtewesen und visuelle Kommunikation erstreckte.
Er war der führende Kopf hinter der Arbeit, die heute allgemein als ›Isotype‹ bekannt ist – ein Akronym für International System of Typographic Picture Education. Ursprünglich war Isotype bekannt als ›Wiener Methode der Bildstatistik‹, weil sie am Gesellschafts- und Wirtschaftsmuseum in Wien entwickelt wurde, das 1925 unter Neuraths Leitung eröffnet worden war. Die Arbeit des Museums – bildhafte Pädagogik – gehörte zum Kulturprogramm der sozialistischen Stadtverwaltung von Wien während der Ersten Österreichischen Republik. Ausgangspunkt für das Museum war Bildung für Arbeiter, aber die Wiener Methode hatte das inhärente Potenzial für weitere Anwendungsgebiete, vor allem auch auf internationalem Sektor. Der Name Isotype wurde um 1935 eingeführt, nachdem Neurath und seine engsten Mitarbeiter gezwungen gewesen waren, aus Wien zu fliehen und zunächst in den Niederlanden Zuflucht gefunden hatten.

Isotype ist eine Methode, mit der statistische Informationen anhand bildlicher Darstellungen gesammelt, geordnet und verbreitet werden. Neurath beschrieb sie als eine »der Sprache ähnliche Technik«, die durch den gleichbleibenden Gebrauch grafischer Elemente charakterisiert ist. Die Grundelemente sind Piktogramme – vereinfachte Darstellungen von Personen oder Gegenständen, die in wiederholten Einheiten funktionieren; doch fast immer waren auch verbale Ergänzungen erforderlich, um die Isotype-Übersichten im Zusammenhang zu ordnen und zu erklären. In den frühen Jahren der Wiener Methode wurden sowohl Bilder als auch Beschriftungen von Hand gezeichnet. Das Hauptanliegen der Methode war erzieherischer Natur und ihre Schöpfer wollten sich ursprünglich nicht mit Grafik-Design beschäftigen, doch sowohl Neurath als auch seine wichtigste Mitarbeiterin (und spätere Ehefrau) Marie Reidemeister verfügten über ausgeprägte visuelle Fähigkeiten und waren nicht eher zufrieden, als bis sich in der visuellen Qualität von Isotype grafische Modularität mit kraftvoller Einfachheit verbanden. Einen Teil dieses Reifungsprozesses verdankte man dem Einsatz der Futura für alle verbalen Inhalte der Darstellungen, die im Wiener Museum selbst gesetzt wurden. Neurath verglich die Simplizität der Futura mit der Klarheit, die er auch bei Piktogrammen vorraussetzte (im Folgenden als ›Zeichen‹ bezeichnet):

»Die einzelnen Zeichen sollen leicht verständlich, rasch erkennbar und voneinander stark unterschieden sein. Dies wird manchmal durch komplizierte Zeichen erreicht werden können, wie die Frakturschrift beweist, deren einzelne Buchstaben mitunter charakteristischer sind als die der Antiqua. Aber im Interesse des Unterrichts empfiehlt es sich, Zeichen und mit ihnen eine Schrift zu verwenden, die man leicht herstellen kann, etwa Groteskschriften (Renners Futura z. B.), über deren Lesbarkeit im zusammenhängenden Text man wohl diskutieren kann. Sie passen sich auch optisch am besten den Mengenbildern nach Wiener Methode an, weshalb sie zur Beschriftung der Mengenbilder verwendet werden.«[1]

1

Die Futura im Einsatz im Mappenwerk *Gesellschaft und Wirtschaft*, einem bildstatistischen Mappenwerk des Gesellschafts- und Wirtschaftsmuseums Wien, das aus mehrfarbig gedruckten Einzelblättern besteht, auf denen komplexe Informationen mit Hilfe einer standardisierten visuellen Sprache kommuniziert werden: Titelseite der Mappe *Gesellschaft und Wirtschaft*, 1930.

1

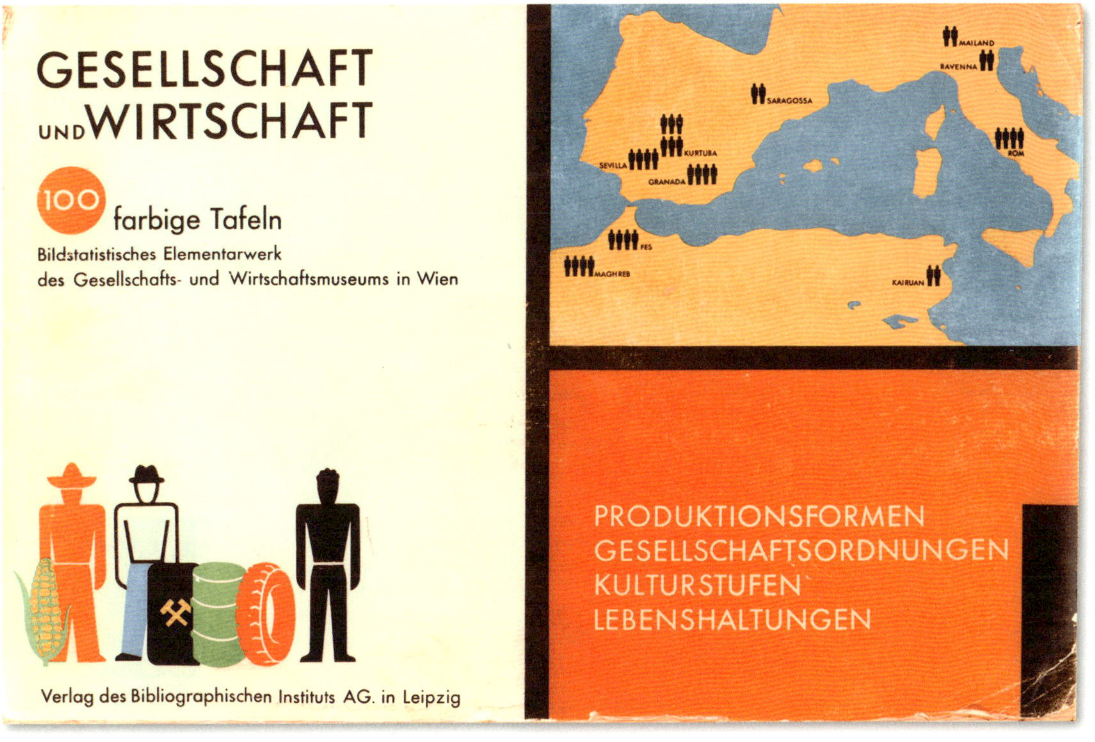

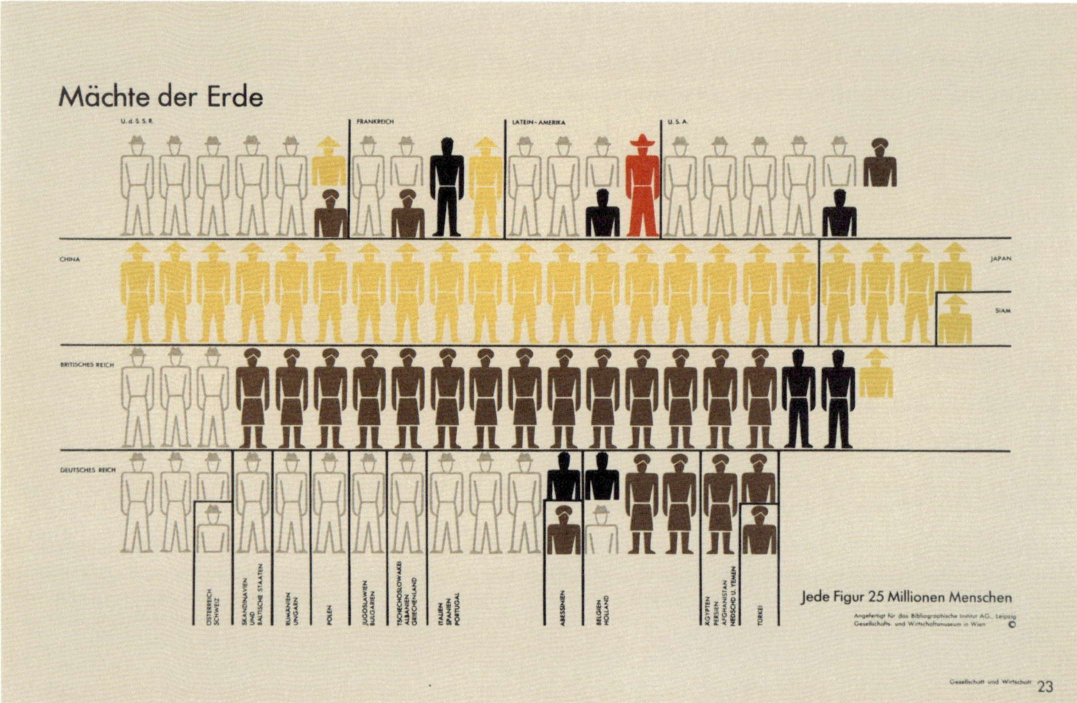
Mächte der Erde
U.d.S.S.R.
FRANKREICH
LATEIN-AMERIKA
U.S.A.
CHINA
JAPAN
SIAM
BRITISCHES REICH
DEUTSCHES REICH
ÖSTERREICH SCHWEIZ
SKANDINAVIEN UND BALTISCHE STAATEN
RUMÄNIEN UNGARN
POLEN
JUGOSLAWIEN BULGARIEN
TSCHECHOSLOWAKEI ALBANIEN GRIECHENLAND
ITALIEN SPANIEN PORTUGAL
ABESSINIEN
BELGIEN HOLLAND
ÄGYPTEN PERSIEN AFGHANISTAN NEDSCHD U. YEMEN
TÜRKEI
Jede Figur 25 Millionen Menschen
Angefertigt für das Bibliographische Institut AG., Leipzig
Gesellschafts- und Wirtschaftsmuseum in Wien ©
Gesellschaft und Wirtschaft 23

2

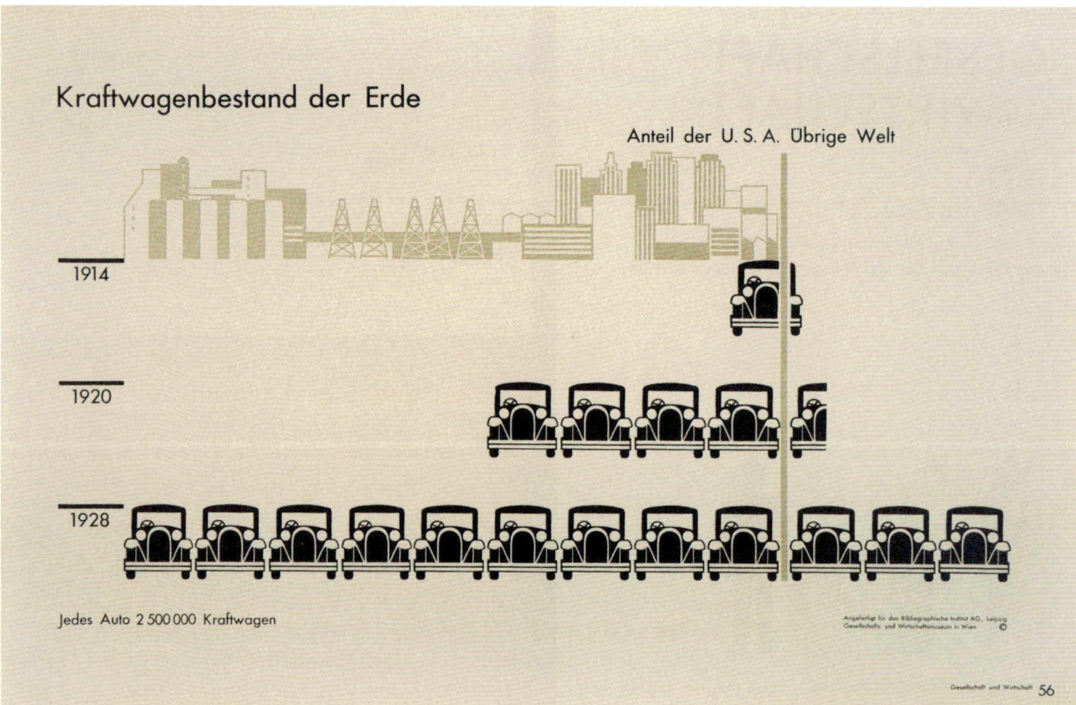
Kraftwagenbestand der Erde
Anteil der U. S. A. Übrige Welt
1914
1920
1928
Jedes Auto 2 500 000 Kraftwagen
Angefertigt für das Bibliographische Institut AG., Leipzig
Gesellschafts- und Wirtschaftsmuseum in Wien ©
Gesellschaft und Wirtschaft 56

3

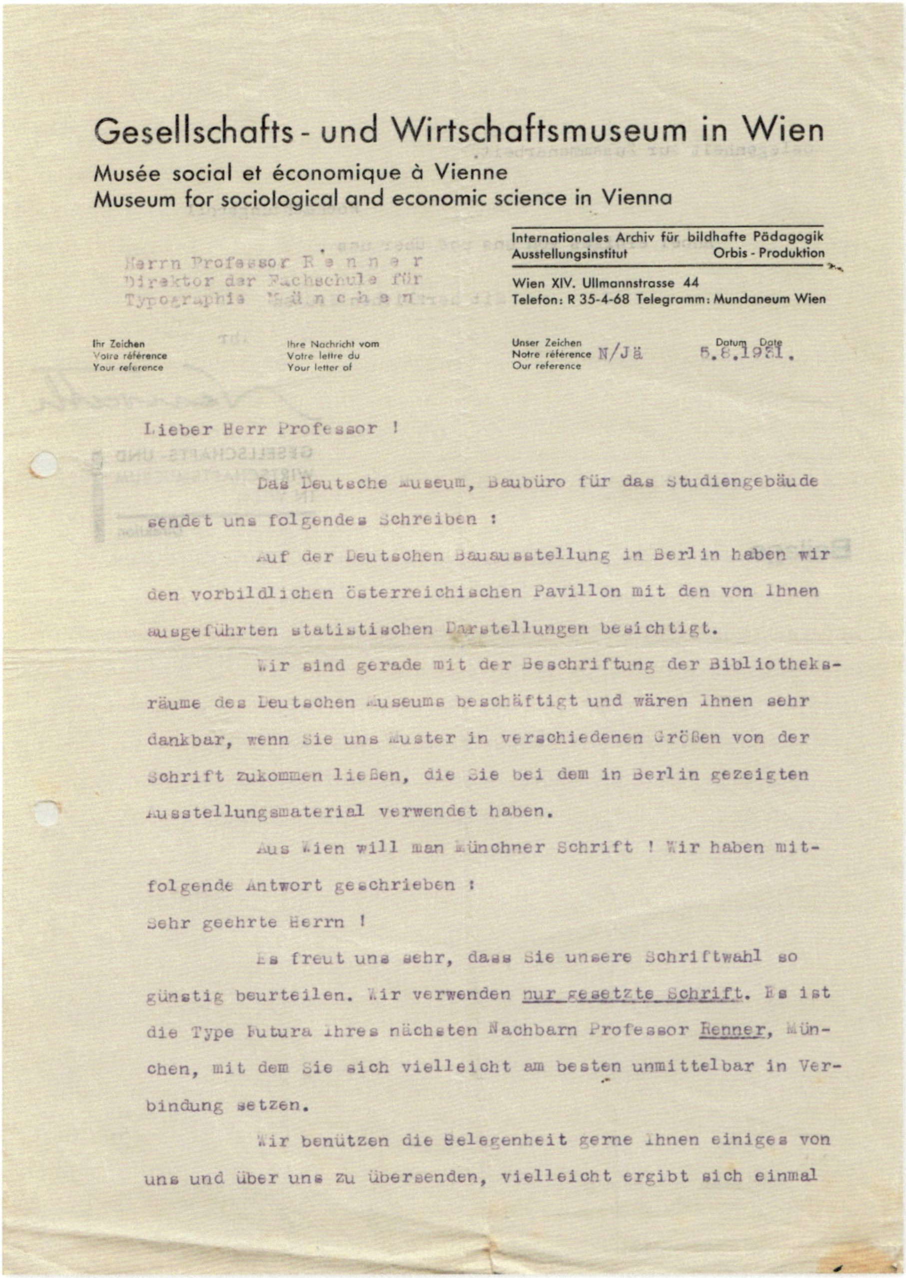

Gesellschafts- und Wirtschaftsmuseum in Wien

Musée social et économique à Vienne
Museum for sociological and economic science in Vienna

Internationales Archiv für bildhafte Pädagogik
Ausstellungsinstitut Orbis - Produktion

Wien XIV. Ullmannstrasse 44
Telefon: R 35-4-68 Telegramm: Mundaneum Wien

Herrn Professor R e n n e r
Direktor der Fachschule für
Typographie M ü n c h e n

Ihr Zeichen / Votre référence / Your reference

Ihre Nachricht vom / Votre lettre du / Your letter of

Unser Zeichen / Notre référence / Our reference N/Jä

Datum / Date 5.8.1931.

Lieber Herr Professor !

Das Deutsche Museum, Baubüro für das Studiengebäude sendet uns folgendes Schreiben :

Auf der Deutschen Bauausstellung in Berlin haben wir den vorbildlichen österreichischen Pavillon mit den von Ihnen ausgeführten statistischen Darstellungen besichtigt.

Wir sind gerade mit der Beschriftung der Bibliotheksräume des Deutschen Museums beschäftigt und wären Ihnen sehr dankbar, wenn Sie uns Muster in verschiedenen Größen von der Schrift zukommen ließen, die Sie bei dem in Berlin gezeigten Ausstellungsmaterial verwendet haben.

Aus Wien will man Münchner Schrift ! Wir haben mitfolgende Antwort geschrieben :

Sehr geehrte Herrn !

Es freut uns sehr, dass Sie unsere Schriftwahl so günstig beurteilen. Wir verwenden nur gesetzte Schrift. Es ist die Type Futura Ihres nächsten Nachbarn Professor Renner, München, mit dem Sie sich vielleicht am besten unmittelbar in Verbindung setzen.

Wir benützen die Gelegenheit gerne Ihnen einiges von uns und über uns zu übersenden, vielleicht ergibt sich einmal

4

2–3

›Mächte der Erde‹/›Kraftwagenbestand der Erde‹, Mappenwerk *Gesellschaft und Wirtschaft*, 1930.

4

Brief von Otto Neurath an Paul Renner, 5.8.1931.

GERD ARNTZ

Wie Neurath bemerkte, war Renners Versuch, lateinische Buchstaben auf ihre geometrischen Ursprünge zu reduzieren, ähnlich dem Versuch in Wien, vereinfachte Piktogramme für Personen, Tiere und Gegenstände zu schaffen – besonders nachdem Gerd Arntz künstlerischer Leiter des Museums geworden war.

Arntz, ein deutscher Künstler, der sich auf Holzschnitte spezialisiert hatte, war das dritte wichtige Mitglied der Wiener Museumsleitung. Er begann seine Arbeit dort im September 1928, zu einer Zeit, als man anfing, die Futura für die Isotype-Arbeit einzusetzen. Das Wiener Museum kaufte die Schrift bald nach ihrer Einführung, aber Arntz scheint nicht direkt dafür verantwortlich gewesen zu sein; er erinnerte sich, dass, als er in Wien ankam, die Metalltypen der Futura bereits geliefert, die Fonts jedoch noch nicht ausgepackt waren.[2]

Arntz wusste von der Neuen Typografie – seine Arbeit wurde in Jan Tschicholds Buch zu diesem Thema erwähnt – und wies später darauf hin, dass er ihren Prinzipien folgte, als er Bilder mit Texten versah. Und tatsächlich haben die Isotype-Darstellungen seitdem ein aufgelockertes asymmetrisches Layout und sind meist linksbündig beschriftet, wie es bei den statistischen Piktogrammen oft der Fall war.

Arntz' großes Geschick bei der Entwicklung von Piktogrammen lag vor allem an seiner Fähigkeit, modulare Bildeinheiten zu schaffen, die in linearen Sequenzen wiederholt werden konnten – wie die Symbole einer Bilderschrift – ohne sie übermäßig rationalisiert oder geometrisch erscheinen zu lassen. Zum Beispiel sind seine Piktogramme für verschiedene Arten von Personen als menschliche Umrisse zu erkennen. Die scheinbare Einfachheit seiner Bilder täuscht darüber hinweg, welch großes zeichnerisches Geschick sich dahinter verbirgt. In diesem Sinne sind Arntz' Piktogramme analog zur Futura, für die Renner und seine Kollegen bei Bauer ebenfalls die reine Geometrie durch feine ausgleichende Elemente so abschwächten, dass das Schriftbild für das Auge dennoch geometrisch erscheint.

Die Isotype-Piktogramme für ›Mann‹ und ›Frau‹ sind durch eine geringere Schematisierung gekennzeichnet als ihre Nachfolger, die für öffentliche Beschilderung benutzt werden, wie z. B. die allgegenwärtigen DOT Piktogramme, die man auf den meisten Toilettentüren findet. Ellen Lupton schlug vor, dass man das männliche DOT Piktogramm auch als ›Helvetica-Mann‹ bezeichnen könne, weil er der Schweizer Typografie ähnlich sehe. Um diesen Gedanken weiterzuspinnen, könnte man das generische Isotype-Piktogramm für ›Mann‹ vielleicht als ›Futura-Mann‹ betrachten.

5

›Mann‹, Seite aus dem *Isotype Bilder Wörterbuch* – eine Sammlung von Arbeitsmustern zu den Piktogrammen.

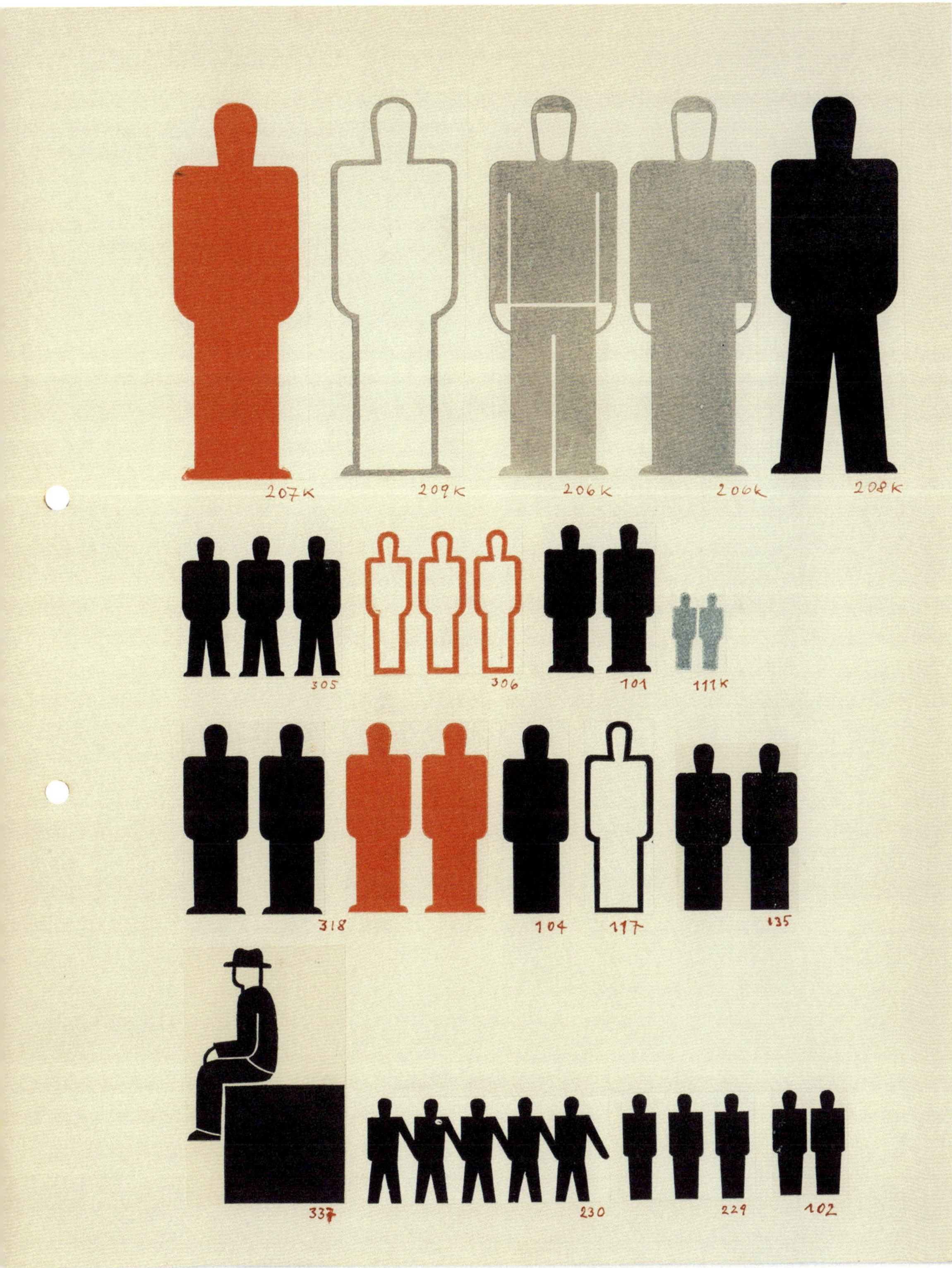
207K
209K
206K
206k
208K
305
306
101
111K
318
104
117
135
337
230
229
102

6

6

›Wirtschaftsformen der Erde‹, Mappenwerk *Gesellschaft und Wirtschaft*, 1930.

7

›Gesellschaftsgliederung in Wien‹, Mappenwerk *Gesellschaft und Wirtschaft*, 1930.

8

S. 260 – ›Arbeitslose‹, Mappenwerk *Gesellschaft und Wirtschaft*, 1930.

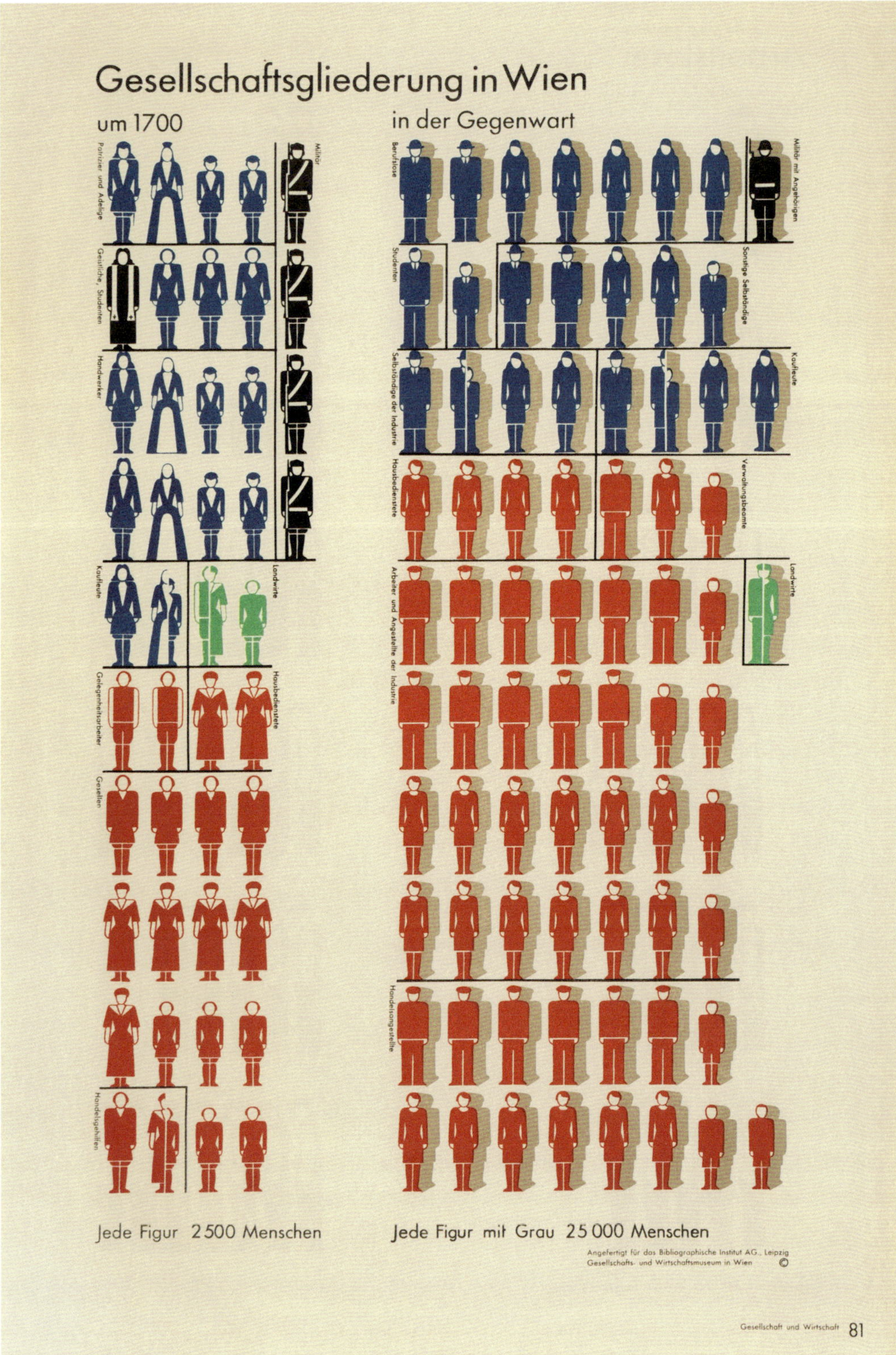
Gesellschaftsgliederung in Wien
um 1700
in der Gegenwart
Patrizier und Adelige
Militär
Geistliche, Studenten
Handwerker
Kaufleute
Landwirte
Gelegenheitsarbeiter
Hausbedienstete
Gesellen
Handelsgehilfen
Berufslose
Militär mit Angehörigen
Studenten
Sonstige Selbständige
Selbständige der Industrie
Kaufleute
Hausbedienstete
Verwaltungsbeamte
Arbeiter und Angestellte der Industrie
Landwirte
Handelsangestellte
Jede Figur 2500 Menschen
Jede Figur mit Grau 25000 Menschen
Angefertigt für das Bibliographische Institut AG., Leipzig
Gesellschafts- und Wirtschaftsmuseum in Wien ©
Gesellschaft und Wirtschaft 81

7

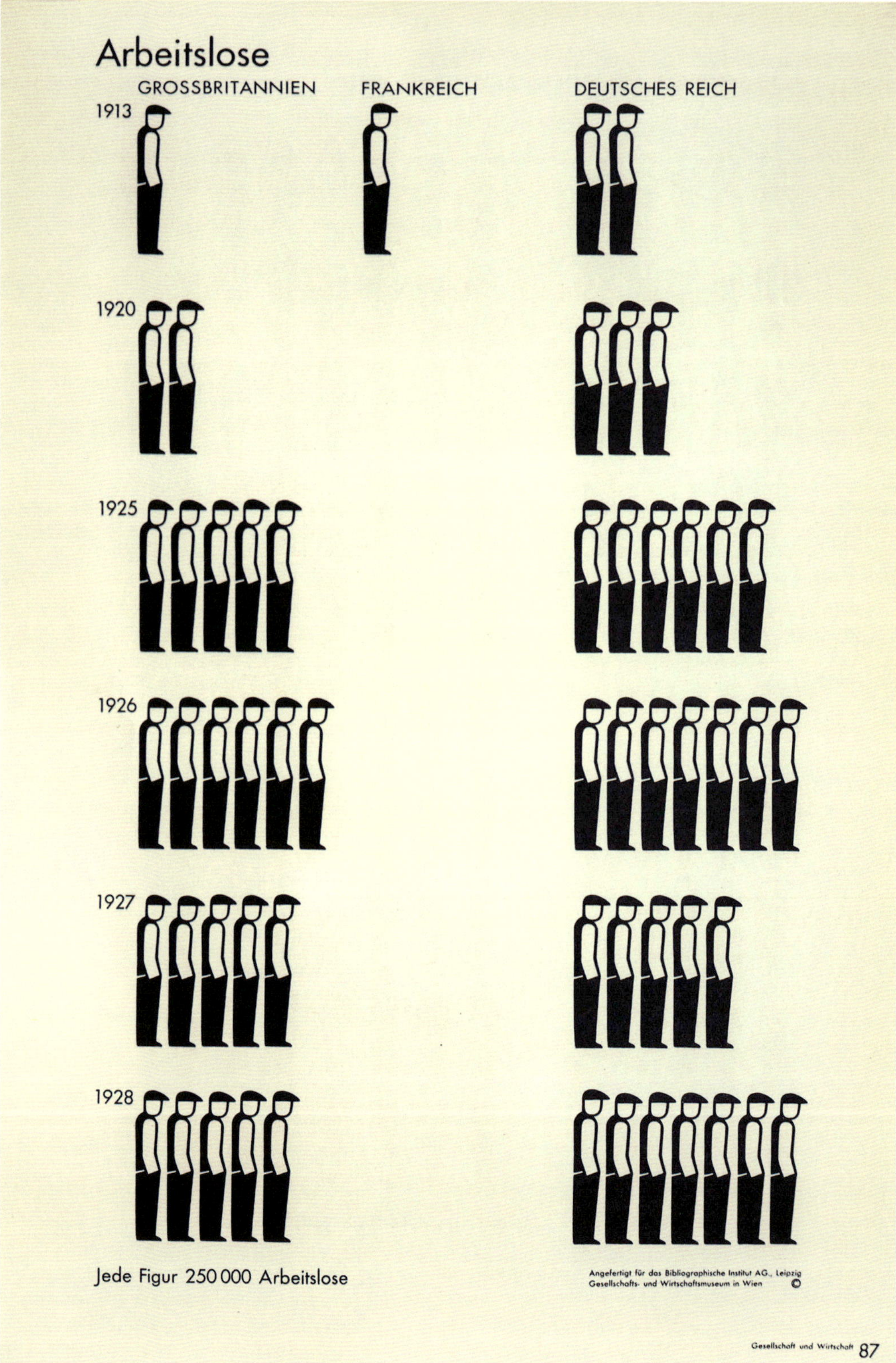
Arbeitslose
GROSSBRITANNIEN
FRANKREICH
DEUTSCHES REICH
1913
1920
1925
1926
1927
1928
Jede Figur 250 000 Arbeitslose
Angefertigt für das Bibliographische Institut AG., Leipzig
Gesellschafts- und Wirtschaftsmuseum in Wien ©
Gesellschaft und Wirtschaft 87

8

U

U

UU, Futura schmalmager und schmalfett.

1

Otto Neurath: *Bildstatistik nach Wiener Methode in der Schule* (1933). In: *Otto Neurath. Gesammelte Bildpädagogische Schriften*, hrsg. von Rudolf Haller und Robin Kinross. Wien 1991, S. 282–283.

2

Robin Kinross: »The graphic formation of Isotype.« In: Christopher Burke/Eric Kindel/Sue Walker: *Isotype: design and contexts*, 1925–1971. London 2013, S. 134.

PRAG

NEUE TSCHECHISCHE TYPOGRAFIE

265

Zu Beginn der zwanziger Jahre war die tschechische Avantgarde auf der Suche nach modernen Schriften, die das Maschinenzeitalter widerspiegeln sollten. Besonders junge tschechische Architekten suchten passende Schriften für ihre Publikationen, die zum größten Teil in fetten Schnitten von Groteskschriften aus dem 19. Jahrhundert gedruckt waren.[1] Bedingt durch die unzureichende Ausstattung tschechischer Druckereien, die überwiegend aus deutschen Schriftgießereien stammte, war die typografische Gestaltung von Büchern, Zeitschriften und Postern in den zwanziger Jahren überwiegend improvisiert. Einige Avantgardekünstler und Schriftsteller entwarfen selbst Sans Serifs für Überschriften – z. B. wandelte Karel Teige, Wortführer der Avantgarde der zwanziger Jahre, Bayers ›Universal‹ für seine eigenen Zwecke ab.

Fachleute der Druckindustrie, wie Drucker, Schriftsetzer und andere, die alle der Gewerkschaft Typografie angehörten, gaben die einflussreiche Monatsschrift *Typografia* heraus, in der während der zweiten Hälfte der zwanziger Jahre Themen wie Konstruktivismus oder der Gebrauch der Groteskschriften in Beiträgen von Jan/Ivan Tschichold, Karel Teige und anderen ausführlich diskutiert wurden. Durch ihre rationale Argumentation gewannen sie viele Anhänger unter den jüngeren Druckern und Schriftsetzern, für die geometrische Einfachheit, Sparsamkeit und die wissenschaftlichen (psychologischen) Merkmale der Groteskschriften einen Ausdruck des Zeitgeistes darstellten. So wurde die Grotesk Teil eines neuen universellen Stils, nach dem man seit dem ›Art Nouveau‹ gesucht hatte. Während die junge Generation von Schriftsetzern, Druckern und Typografen die Grotesk mit

Begeisterung begrüßte, blieben die Älteren jedoch auf Distanz, besonders gegenüber der Argumentation, dass das Schriftbild einer neuen Zeit unpersönlich, antinational, international und universell sein sollte.

Ein Teil der Fachleute in der Druckindustrie war der Meinung, dass es nach 1918, als die Tschechoslowakei gegründet wurde, an der Zeit sei, eine nationale Typografie zu entwickeln, die auf slawische Wurzeln zurückgriff. Verstärkt wurde das Misstrauen der älteren Generation durch den politischen Kontext der Groteskschriften, die mit der linken, sozialistischen Weltanschauung verbunden waren, die eine Veränderung der Gesellschaft zum Ziel hatte, einschließlich der Abschaffung sozialer Klassen und privaten Eigentums.

Schließlich versuchte die größte tschechische Schriftgießerei (Česká slévárna písem v Praze) verschiedene Versionen von

Groteskschriften namens Patrona und Fett Empiriana herauszubringen, deren Charakter mehr dekorativ als konstruktivistisch war. Sie wurden viel in der Werbung sowie für Geschäftsdrucksachen verwendet.

Die Schrift Gill Sans Serif, 1928 veröffentlicht, war weit verbreitet, nicht nur für Druckerzeugnisse der tschechischen Avantgarde, sondern auch für größere Druckerzeugnisse, die von Schriftsetzern in den Druckereien geschaffen wurden. Während der dreißiger Jahre gewann die Grotesk immer mehr an Einfluss, in Überschriften der Werbeindustrie, bei Buchtiteln und Zeitschriften. Gill und andere Groteskschriften, tschechische oder aus Deutschland importierte (die Kabel von Rudolf Koch war in der Tschechoslowakei besonders beliebt) galten als Grundelemente eines neuen visuellen Stils.

IK

1 
Sutnar
G.B.SHAW
Obrácení kapitána Brassbounda

 2
G.B.SHAW
Člověk nikdy neví
Sutnar

3 
Sutnar
G.B.SHAW
Trakař jablek
Americký císař

 4
G. B. Shaw
Drobnosti
Výstřižky z novin
Prohlédnutí Blanco Posneta
Sutnar

IVA KNOBLOCH

AUF DER SUCHE NACH DER SCHRIFT DER ZEIT

Paul Renners Futura, die Ende der zwanziger Jahre auf den Markt kam, wurde hauptsächlich von tschechischen Avantgarde-Designern und Architekten benutzt, die Anhänger der europäischen Moderne waren und sich dem deutschen modernen Milieu zugehörig fühlten.

Die Schrift entwickelte sich gleichsam zu einem Lichtstrahl, der von den deutschen Leuchttürmen des Konstruktivismus und des Funktionalismus ausgesandt wurde. Verglichen mit der Gill wurde die Futura mit ihren einfacheren geometrischen Formen (**a**, **t**, **g**) als schneller lesbar und daher zeitsparend angesehen – ein charakteristisches und wichtiges Anliegen des damaligen Zeitgeistes. Ich möchte auf einige Avantgarde-Designer eingehen, die die Futura als Schrift für besondere Zwecke verwendeten: Ladislav Sutnar, František Muzika, Zdeněk Rossmann und František Kalivoda.

Zur Zeit der Veröffentlichung der Futura war Ladislav Sutnar einer der führenden modernen Designer, der verantwortlich war für die Modernisierung der tschechischen Druckerzeugnisse. Er hatte eine wichtige Position inne als Künstlerischer Direktor des größten Verlagshauses DP und dessen modernen Designstudios Krásná jizba (›Schöner Raum‹); gleichzeitig war er Direktor der Staatlichen Schule für Grafische Kunst in Prag. Sein Arbeitsgebiet umfasste alle Disziplinen des Grafik-, Textil-, Spielzeug-, Produkt- und Ausstellungsdesigns. Seine Veröffentlichungen sowie seine organisatorischen Aktivitäten integrierten das Bauhaus-Programm in die Arbeiten des tschechoslowakischen Werkbundes (Svaz československého díla) mit seinem breitgefächerten modernen Stil.

Ende der zwanziger Jahre entwickelte Sutnar eine eigene Groteskschrift, die auf einem geometrischen Raster basierte und besonders für Logos eingesetzt wurde: sein berühmtes ›dp‹ für das kooperative Verlagshaus ›baba‹, sowie für eine Siedlung funktioneller Häuser, die, inspiriert von der Stuttgarter Weißenhofsiedlung, vom Tschechoslowakischen Werkbund errichtet wurden.

5

Wie es scheint, verwendete Sutnar die Futura 1931 zum ersten Mal für ein Plakat zu einer Ausstellung tschechischer angewandter Kunst in Stockholm. Sutnar selbst berichtete dazu, er habe das Plakat unmittelbar nach seiner Ankunft mit der Bahn aus Prag in großer Eile in einer Stockholmer Druckerei geschaffen – wahrscheinlich erklärt sich so die

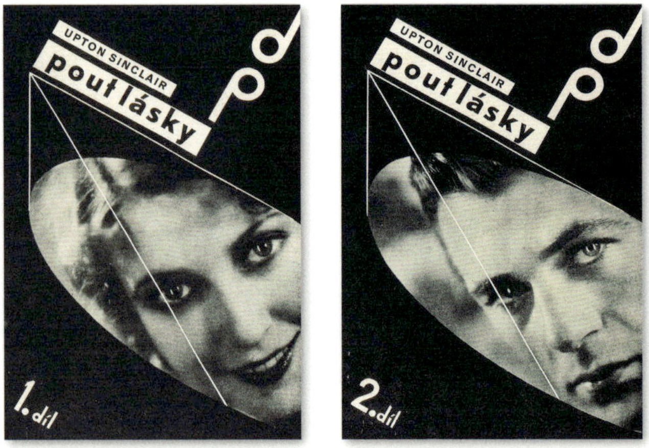

6

7

8

1–4

S.270 – Ladislav Sutnar: Buchumschläge für George Bernhard Shaw, 1930–33.

1

Obrácení kapitána Brassbounda.
Prag: Družstevní práce (dp), 1932.

2

Člověk nikdy nevi.
Prag: Družstevní práce (dp), 1931.

3

Trakař jablek.
Prag: Družstevní práce (dp), 1932.

4

Drobnosti II: Výstřižky z novin, Prohlédnutí Blanco Posneta.
Prag: Družstevní práce (dp), 1933.

5

S.271 – Ladislav Sutnar: Plakat für die Ausstellung tschechischer angewandter Kunst in Stockholm, 1931.

6

Ladislav Sutnar: Buchcover für Upton Sinclair: *Pout lásky*, 1930 und 1932. Logogestaltung ›dp‹.

7

Ladislav Sutnar: Buchcover für Upton Sinclair: *Utajované Zlo (Classified Evil).* Prag: Družstevní práce (dp), 1931.

8

Ladislav Sutnar: Buchgestaltung für Upton Sinclair: *Alkohol. Román. (The Wet Parade. A novel).* Prag: Družstevní práce (dp), 1933.

9–10

Ladislav Sutnar: Buchgestaltung für Tilschová-Úlehlová, *Jak a čím se živit (Wie und was man essen soll).* Prag: Družstevní práce (dp), 1935/re.: Kapiteltrennerseiten zu: Tilschová-Úlehlová, *Jak a čím se živit (Wie und was man essen soll).* Prag: Družstevní práce (dp), 1935.

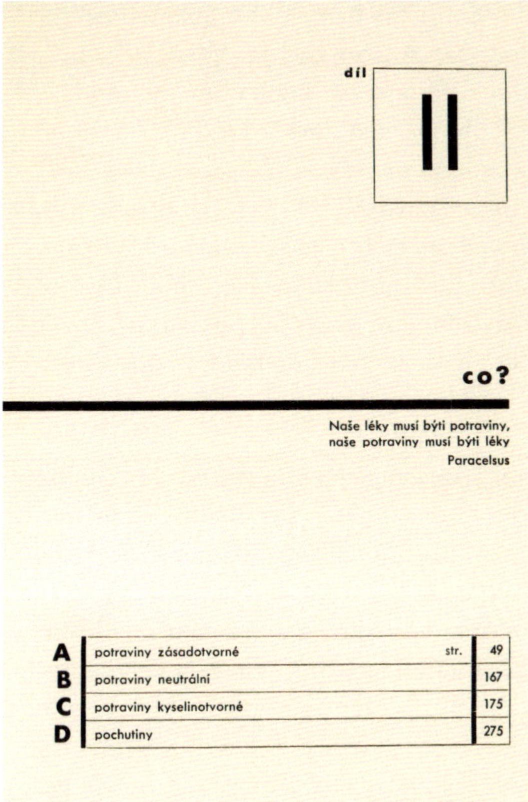
díl

II

co?

Naše léky musí býti potraviny,
naše potraviny musí býti léky
Paracelsus

A	potraviny zásadotvorné	str.	49
B	potraviny neutrální		167
C	potraviny kyselinotvorné		175
D	pochutiny		275

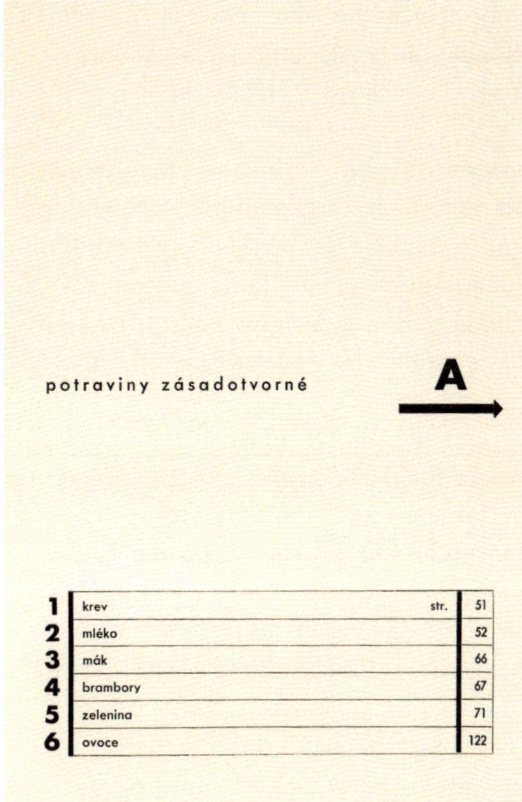
potraviny zásadotvorné

A

1	krev	str.	51
2	mléko		52
3	mák		66
4	brambory		67
5	zelenina		71
6	ovoce		122

9

10

unbeabsichtigte Ähnlichkeit mit einem Plakat von Tschichold.[2] Diese direkte Inspiration durch Tschichold sollte sich bei Sutnars Plakatgestaltungen jedoch noch einige Male wiederholen. Dazu bleibt zu bemerken, dass man die Verwendung von Tschicholds Arbeiten in den dreißiger Jahren nicht als eine Verletzung des Copyrights, sondern als Beitrag zu einer Erweiterung der neuen visuellen Sprache betrachtete.

Auf diesem Plakat benutzte Sutnar die Futura für die Minuskeln, wobei die Worte in der schwedischen Sprache das charakteristische **t** und das runde **o** der Futura hervorheben, ebenso wie ihre geometrische Anordnung im Raum. Die Farbwahl, ein orangefarbener Hintergrund, darauf Futura in fetten Lettern (sowohl positiv als auch negativ), sorgt dafür, dass es sofort ins Auge springt und demonstriert die Eignung der Schrift für schnelle Lesbarkeit.

Bei der Gestaltung von Büchern bevorzugte Sutnar zwar meist die Gill, aber trotzdem ist ein selektiver Gebrauch der Futura in seiner Buchgestaltung sehr charakteristisch: Anfang der dreißiger Jahre verwendete Sutnar die Futura für ein Buch von G. B. Shaw. Der Schriftzug durchschneidet auf witzige und unerwartete Weise ein Foto von G. B. Shaw, doch weil hier das Foto im Mittelpunkt der Aufmerksamkeit steht, verwendet Sutnar nicht den fetten Schnitt der Futura. Bei weiteren Bücherserien, z. B. einigen Titeln von Upton Sinclair, verwendete er die Futura innerhalb eines Rahmens fett in Kleinschreibung: Typografie und Fotografie werden hier zu einer kommunikativen Einheit, dem Typofoto.

Ein gutes Beispiel für Sutnars raffinierten Ansatz bei der Verwendung der Futura ist ein Buch über gesunde Ernährung aus dem Jahre 1935: *Wie und was man essen soll (Tilschová-Úlehlová, Jak a čím se živit* FIG.10 S.273). Im selben Jahr beteiligte sich Sutnar an einer Umfrage über Buchgestaltung: Für Sutnar bedeutet das Titelblatt eines Buches dasselbe wie für einen Architekten die Fassade eines Gebäudes, die das Grundsätzliche und den Grundriss eines Hauses reflektieren soll. Auf ähnliche Weise soll das Titelblatt die Grundstruktur des Buches widerspiegeln. Buchgestaltung ist eine strukturelle Aufgabe, bei der alle Elemente der Information in einen visuellen Erzählstrang koordiniert integriert werden sollen. In dem Buch über gesunde Ernährung wird die Futura auf dem Titelblatt und auf den Trennblättern zwischen den Kapiteln verwendet, wodurch die Struktur des Kapitels angedeutet wird. In diesem Buch wird die Futura wegen ihrer Klarheit und Präzision verwendet und dient dazu, die wesentlichste Information zu übermitteln: Die Futura wird zu einem wichtigen Hilfsmittel, die Information zu organisieren, ihre strukturelle Definition sorgt für eine klare Vermittlung des Inhalts.

Zdeněk Rossmann war einer der radikalsten Linken der tschechischen Avantgarde und Mitarbeiter am Bauhaus, wo er wegen seiner kommunistischen Aktivitäten entlassen wurde.[3] Er verstand sich als Architekt, aber seine Mission war eine Veränderung der Gesellschaft, die er mit seinen vielfältigen Talenten auf der Bühne, mit Ausstellungen und als Grafik-Designer zu erreichen versuchte. Als 22jähriger

Student verwendete er 1927 die Grotesk nur in Kleinschreibung für das Design des Almanachs *fronta*. Die Verwendung der Groteskschrift war ein Programmpunkt des sozialistischen internationalen Universalismus, karg und schmucklos und ›hochwissenschaftlich‹.

Nach seinem Abschied vom Bauhaus wurde Rossmann Lehrer für Werbegrafik und Typografie an der Schule für Kunsthandwerk (Škola umeleckych remesiel) in Bratislava, der heutigen Hauptstadt der Slowakei, nicht weit von Wien – damals eine der fortschrittlichsten tschechoslowakischen Ausbildungsstätten. Sowohl die Leitung als auch die Lehrkräfte waren jung, und dank des Programms des modernistischen Denkers und Pädagogen Josef Vydra wurde die Schule ›Kleines Bauhaus‹ oder auch ›Schule der neuen Vision‹ genannt. Rossmanns Beitrag zur Dynamik der Schule war fundamental. Er gilt heute als die wichtigste Persönlichkeit in der Modernisierung des Slowakischen Grafik-Designs in der Zeit zwischen den Weltkriegen. In den dreißiger Jahren stand Rossmann in engem Briefkontakt mit Jan Tschichold, der ihm ein wichtiger Mentor bezüglich der Lehrmethoden war.

11

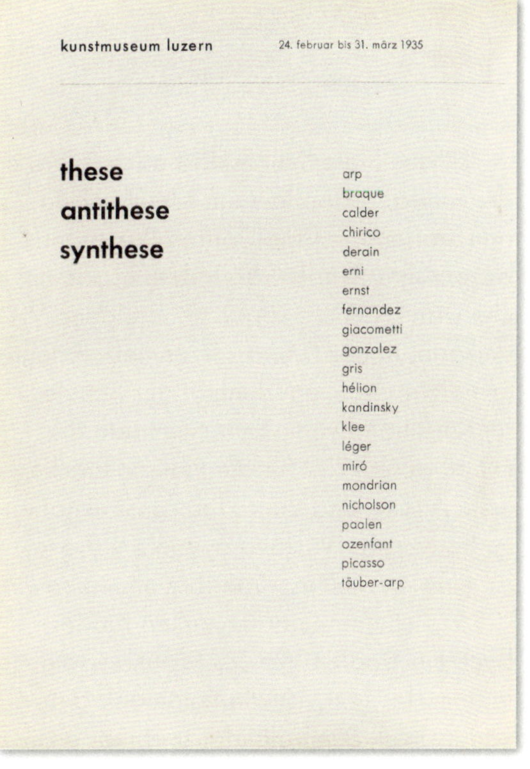

12

11

Zdeněk Rossmann: *Schrift und Fotografie in der Werbung (Písmo a fotografie v reklamě).* [Bratislava]: Index Olomouc, 1938.

12

These, Antithese, Synthese: Ausstellungskatalog für das Kunstmuseum Luzern 1935. Gestaltung: Jan Tschichold.

Durch Veröffentlichungen integrierte Rossmann Tschicholds Vorschriften über die Unterrichtsmethoden für Typografie in die tschechische Pädagogik. Tschicholds *Typografische Entwurfstechnik* inspirierte ihn zu seinem Buch *Entwerfen, Druck/Design*, eine Sammlung aus dem Jahre 1936. Hier schreibt Rossmann – der Text in Futura gesetzt – die typografische Konstruktion sollte technisch perfekt, sauber, klar und präzise sein, um Ermüdung vorzubeugen: »Ziel der Typographie ist, durch Schrift die Information auf schnellste und effizienteste Weise zu vermitteln … .«[4]

13

Dieses Statement erklärt auch, warum die Futura, besonders die Kleinbuchstaben, in den dreißiger Jahren Rossmanns bevorzugte Schrift war. Indem er sämtliche Drucksachen, sogar seine eigene Visitenkarte, in der Futura setzen ließ, machte er sie zur visuellen Identität der Schule für Kunsthandwerk. Er verwendete die Futura auch 1932 für die Plakate für die erste Ausstellung über Holzkonstruktionen im Bauwesen (Výstava byvania v dreve), für eine Ausstellung über Erziehung sowie 1935 in einem experimentellen Kinderbuch *Ein Tropfen Wasser (Kapka vody)*, in dem der Text visuelle Fotomontagen, Bilderrätsel, Symbolbilder und typografische Beschilderungen enthält. Wir würden dieses Buch einordnen in die Bilderbücher, die eine neue, visuelle Empfindsamkeit und Wahrnehmung fördern und inspiriert sind von der modernen visuellen Kultur der Großstadt. Ein weiteres pädagogisches Memento Rossmanns ist sein 1938 erschienenes Buch über *Schrift und Fotografie in der Werbung (Písmo a fotografie v reklamě* FIG.11 S.275*)*.

Die Futura nimmt, so Rossmanns Argumentation, den ersten Platz unter den Groteskschriften ein, die für die Werbung geeignet sind. Psychologische Tests haben gezeigt, dass Schriften, die auf der Basis gerader Linien und Kreise beruhen, am leichtesten lesbar sind. Ein weiteres Argument für die Futura ist, dass wir beim Lesen die Oberlängen der Buchstaben intensiver wahrnehmen, bei der Futura also das lange **d**, **k**, **l** und **f**. Rossmann begründet den Vorzug der Futura in der Werbung damit, dass diese verstandesmäßig informieren soll, was durch den emotionslosen Formalismus und die Sparsamkeit der Schrift betont wird. Dem Text folgen wichtige Illustrationen, in denen er verschiedene Arten der Werbung präsentiert, einschließlich Ausstellungsdesign. In den Beispielen der europäischen typografischen Avantgarde erscheint ebenfalls überwiegend die Futura. Besonders der Ausstellungskatalog, den Jan Tschichold für das Kunstmuseum Luzern geschaffen hat, zeigt, was für eine wunderbar ausgewogene Schrift die Futura ist. FIG.12 S.275
Für Zdeněk Rossmann war die Futura eine wahrhaft moderne Schrift, die er als Programm der Moderne betrachtete.

Der Architekt František Kalivoda (1913–1971) ist weniger bekannt. Er war ein gemäßigter Aktivist der Avantgarde von Brno, dessen besonderes Interesse dem experimentellen Film galt. Er war Leiter der Abteilung Film-Foto der Linken Front, zu der sich linke Künstler und Architekten in den dreißiger Jahren zusammengeschlossen hatten. Kalivoda verwendete die Futura für seine anspruchsvollen Zeitschriften *Ekran* und *Telehor*, die als Plattform für eine internationale Leserschaft gedacht waren. Allerdings scheiterten beide Projekte schon nach der ersten Ausgabe. Trotzdem gehörten sie zu den interessantesten europäischen Avantgarde-Zeitschriften, die sich mit experimentellem Film und Fotografie beschäftigten. Kalivoda war nicht nur Herausgeber und Redakteur, er war auch gleichzeitig der Gestalter dieser Zeitschriften.

15

14

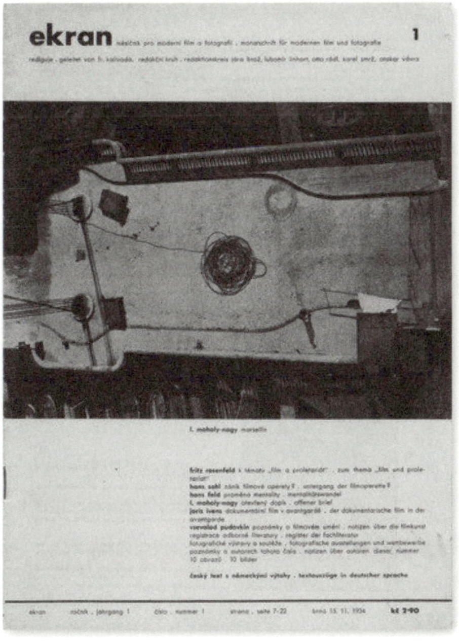

13

Zdeněk Rossmann/J. V. Pleva: Experimentelles Kinderbuch *Ein Tropfen Wasser (Kapka vody)*, [Bratislava]: Index Olomouc, 1935.

14

Zeitschrift *Ekran* zur Filmkunst, Nr. 1, Herausgeber und Gestalter: František Kalivoda, 1934.

15

Sondernummer der viersprachigen tschechischen Zeitschrift *Telehor 1-2* als Sondernummer von und über László Moholy-Nagy, 1936. Herausgeber und Gestalter: František Kalivoda; Titelgestaltung unter Verwendung einer Arbeit von Lászlo Moholy-Nagy.

Die Zeitschrift *Ekran*, die 1934 erschien, wollte den neuen Film fördern, der von der Filmindustrie bedroht war; *Telehor*, eine Zeitschrift für visuelle Kultur, widmete sich der Verbindung zwischen Kunst, Fotografie, Film und Lichtexperimenten. Die einzige Ausgabe erschien 1936 und beschäftigte sich ausschließlich mit dem Werk von Lászlo Moholy-Nagy, die Einführung schrieb Siegfried Giedion. Für das Design beider Zeitschriften verwendete Kalivoda ausschließlich die Kleinbuchstaben der Futura, sowohl für das Titelblatt als auch für die Texte. Die Sätze sind lediglich durch Leerzeichen getrennt, was optisch irritierend ist und auch sofort kritisiert wurde. Doch Typografie war nicht Kalivodas Hauptinteresse, und Moholy-Nagy teilte 1936 dessen Ansicht, dass die Funktion der Typografie neu definiert werden sollte: weder Lesbarkeit noch Geschwindigkeit noch Sparsamkeit stehen an erster Stelle, sondern das ›freie Sehen‹. Auf seinen Werbeblättern für *Ekran* fordert Kalivoda auf der Ebene einer neuen Inter-Kommunikation und Zwischenmenschlichkeit eine neue Multimedia-Empfindsamkeit heraus. Seine leidenschaftliche Sprache erinnert an Texte von Le Corbusier in *Vers une architecture nouvelle*, aber hier bezieht sie sich auf die veränderten Umstände eines zynischen Kapitalismus, der sich gegen die Freiheit und den Fortschritt für Geist und Auge wendet.[5]

Für diese Mission schien die Futura die geeignete Schrift zu sein. Geometrie, Einfachheit, Leichtigkeit und Rhythmus durch Weißraum machte das Schriftsetzen der Arbeitstechnik mit Filmstreifen ähnlich. Es ging hier nicht mehr um die Typografie allein, sondern um das Zusammenspiel von Licht, Fotografie, Film, Kunst und letztlich: Schrift.[6]

16
Karel Čapek, *Hordubal*. Prag: Fr. Borovy, 1935; Gestaltung Buchumschlag: František Muzika.

Der Maler und Grafik-Designer František Muzika gehörte zu den avantgardistischen Prager Kreisen. Seine Interessen galten der Literatur und dem Bühnenbild, und als Künstlerischer Direktor des Verlagshauses Aventinum versuchte er, die moderne bildende Kunst mit der Literatur in Einklang zu bringen. Sein Verständnis von Buchgestaltung basierte auf den Prinzipien der Neuen Typografie, aber während der zwanziger und dreißiger Jahre neigte er persönlich einer eher klassischen Harmonie zu. Als Maler verwendete er Futura als Auszeichnungsschrift für die Titel, wobei er die reinen, geometrischen Formen nicht nur als optische, sondern auch als plastische Elemente nutzte. Er war wie besessen von dem perfekten, runden **O**, das er spielerisch einsetzte, als Buchstaben oder als Kreis oder auch als abstraktes Element, das durch eine fotografische Landschaft schwebte. An seinen Bucheinbänden der späten dreißiger Jahre erkennt man bereits sein großes Feingefühl für Schriftbilder und sein späteres Interesse für die plastische Schönheit der Futura.

DIE ZEIT DER FUTURA IST VORÜBER

Die politische Situation im Deutschland der Dreißigerjahre entfesselte in der Tschechoslowakei eine Welle des Nationalismus. So wurden zum Beispiel in der Mode wie in der Textilindustrie wieder slawische Muster und Motive verlangt. In der Typografie entstand eine starke Bewegung gegen die aus Deutschland importierten Schriften, man rief nach original tschechischen Schriften und zeigte Sympathie für die typografischen Neuerungen aus der Sowjetunion.[7]

Im Jahre 1939 wurde eine Ausgabe der Typografie-Zeitschrift *Typografia* den Groteskschriften gewidmet.[8] Die große Beliebtheit der Groteskschriften wurde als große Revolution in der Typografie betrachtet, aber in vielen Beiträgen wurde die Ansicht vertreten, ihre Vorherrschaft sei vorüber. Die schnelle Lesbarkeit der Futura und anderer Groteskschriften, vor allem im Fließtext, wurde als Irrtum abgetan. Die Fachleute riefen auf zur Rückkehr zur Antiqua, vor allem in der Buchgestaltung. Die Verwendung der Grotesk wurde nur in Kombination mit anderen Schriften empfohlen.

DIE NACHKRIEGSREZEPTION

Nach dem Zweiten Weltkrieg ging die Diskussion über die Neue Typografie weiter. Im Wesentlichen hielten sich in der tschechischen professionellen Szene die Ansichten über die Groteskschriften. Jan Tschicholds Rückkehr zur Klassik wurde als eine Art Schnitt angesehen und von linken Designern kritisiert, aber von den meisten anderen Fachleuten positiv aufgenommen, die den Kult um die Grotesk und deren Überstrapazierung zwischen den Kriegen scharf kritisiert hatten.[9]

Es war der Maler und Grafikdesigner František Muzika, ein Avantgardist der Jahre zwischen den Kriegen, der sich als Erster intensiv mit dem Studium historischer Schriften beschäftigte und Jan Tschicholds Klassizismus folgte. Seine Position war in der Typografie nach dem Krieg sehr einflussreich, denn er wurde Leiter der Typografie-Klasse an der Akademie für Kunst, Design und Architektur, der wichtigsten Designschule der Tschechoslowakei. Er vermittelte seinen Studenten die Leidenschaft für Schriften und ihre Geschichte und sorgte für eine Tradition der Sensibilität beim Studium von Schriften, die bis heute anhält. 1958 veröffentlichte er sein großes Werk *Krásné písmo v historii latinky* in zwei Bänden, das 1965 auf Deutsch unter dem Titel *Die schöne Schrift* erschien. Dieser historische Überblick mit seinem reichhaltigen und perfekt gedruckten Bildmaterial gehört bis heute zu den wichtigsten Werken der Typografie.

Die schöne Schrift erschien zu einer Zeit, als es noch viel ideologische Demagogie und Indoktrination gab. In der offiziellen Kulturpolitik herrschte nach wie vor eine Feindseligkeit gegenüber der Avantgarde zwischen den Kriegen, die in Form eines bürgerlichen Formalismus daherkam. Muzika suchte nach Argumenten und Beweisen für den historischen Beitrag, den der Konstruktivismus und der Funktionalismus geleistet hatten. Seine Argumentation basiert auf der Tatsache, dass die fortschrittlichsten Neuerungen nach dem Zweiten Weltkrieg aus der Sowjetunion kamen. Diese strategisch kluge Feststellung (um die Zensur zu befriedigen) ermöglichte ihm eine sorgfältige Analyse der Futura. Er schätzte sie mehr als Gill und andere gleichzeitig verwendete Groteskschriften wegen ihrer Ausgewogenheit, vor allem in den Buchstaben **M**, **a** und **g**, doch betont er auch eine Unausgewogenheit beim **u**. Muzikas monumentale Veröffentlichung endet mit einer Polemik gegen Renners Meinung, Groteskschriften seien eine Antwort auf den modernen Zeitgeist. Muzika hält die Futura als nicht geeignet für die Lesetypografie.

Diese Meinung teilte Oldřich Hlavsa nicht, ein weiterer tschechischer Typograph, dessen dreibändiges Werk *Typographia 1–3*, veröffentlicht in den siebziger und achtziger Jahren, nicht nur in der Tschechoslowakei, sondern auch in anderen westlichen Ländern Resonanz fand und zum Standardwerk über die Anwendung moderner Schriften wurde. Hlavsa sieht in der Schrifttype Material für optische Experimente und bevorzugt individualistische Schriften mit dicken Linien. Er schätzt die Futura als eine moderne, neutrale Schrift, die für den Buchdruck gut geeignet ist, genau wie die Helvetica oder die Univers, die er selbst allerdings vorzieht.

Schlussbemerkung: Das kürzlich erschienene Buch von Zdeněk Rossmann[10], einem der Pioniere der Futura in den dreißiger Jahren, ist in der Zirkel gesetzt, die der Futura sehr ähnelt. Die Zirkel, gestaltet von dem jungen tschechischen Type-Designer Ondřej Kahánek, beruht ebenfalls auf einer geometrischen Basis, aber optische Verbesserungen tragen zu einer noch besseren Lesbarkeit bei. Das Vermächtnis der Futura ist also noch immer äußerst lebendig.

K

K, Futura Schlagzeile.

1

Vgl. die Zeitschrift *Život*, die unter anderem von dem Architekten Jaromír Krejcar herausgegeben wurde.

2

Mental Vitamins. Sutnar in textes, hrsg. von Iva Knobloch. Kat. Museum of Decorative Arts Prag. Prag 2010, S. 180.

3

Vgl. Das Bauhaus im Osten: Slowakische und tschechische Avantgarde 1928–1939, hrsg. von Susanne Anna. Kat. Stiftung Bauhaus Dessau u. a., Ostfildern-Ruit 1997.

4

Zdeněk Rossmann: *Typographische Entwürfe*, Prag 1936, o. Pg.

5

Zuzana Marhoulová: *František Kalivoda as film critic and editor*. In: Studia minora Faculatatis Philosophicae Universitatis Brunensis (Brno), 02, 2005, S. 138.

6

Vgl. die Texte von František Kalivoda in der Werbebroschüre zur Zeitschrift *Ekran* 1934: *We are looking for new ways, we are working for freedom of your eyes*.

7

Vgl. bes. die Zeitschriften *Dorost Knihtiskařský* und *Typografia* der Jahrgänge 1935 und 1936.

8

Vgl. *Typografia* (Prag), 1939, Nr. 11.

9

Jindra Vichnar: *Au revoir the new Typography*. In: Typografia (Prag), XLIX, 1946, Nr. 4, S. 138.

10

Zdeněk Rossmann. Horizonty modernismu (Horizons of modernism: Zdeněk Rossmann, 1905–1984), hrsg. von Marta Sylvestrová und Toman Jindřich. Brno 2015.

PNEU SLUŽBA
OBUV
Baťa
PUNČOCHY
Lahůdky
VLASTNÍ
VÝROBA
SALÁTŮ

THEATRE PIGALLE
OUVERTURE
OCTOBRE
THEATRE_PIGALLE

PARIS

Aus der Malerei der Vorkriegszeit, insbesondere des Kubismus, Fauvismus und Futurismus, entwickelte sich nach dem Ersten Weltkrieg Art Déco, der zum bestimmenden kommerziellen Stil der zwanziger und dreißiger Jahre in Frankreich wird und weit darüber hinaus rezipiert wurde.

Art Déco ist eine französische Abkürzung für ›Arts décoratifs‹ und geht zurück auf die internationale Kunstgewerbeausstellung *Exposition Internationale des Arts Décoratifs et Industriels Modernes*, die 1925 im Pariser ›Musée des Arts Décoratifs et Industriels Modernes‹ stattgefunden hat. Hier manifestierte sich im dreidimensionalen Bereich – bei Architektur, Innenarchitektur, Möbeln, aber auch im Bühnenbild – eine Tendenz zu stereometrischen Formen und einem geometrisch bestimmten Dekor. Für eine neue urbane Schicht, die ihren exquisiten Geschmack und luxuriösen Lebensstil zur Schau stellen möchte, werden teure Einzelstücke zumeist individuell entworfen und aus äußerst hochwertigen Materialien handwerklich hergestellt.

Im grafischen Bereich, insbesondere in der Plakatkunst, dominieren abstrahierende Darstellungen, deren flächige, geometrisch konstruierte Formen durch weiche Farbverläufe moduliert werden, so dass die Motive eine dekorative Wirkung entfalten.

Besonders berühmt geworden ist ein Immigrant aus der Ukraine, Adolphe Jean-Marie Mouron, unter dem Pseudonym A. M. Cassandre. Seine grafischen Umsetzungen luxuriöser Motive wie Automobile, Lokomotiven und Ozeandampfer demonstrierten mondänes Understatement, die er mit der imposanten Kraft moderner Maschinen verbindet – oft ergänzt durch eigens konstruierte Groteskschriften im Versalsatz, die Exaktheit und Akkuratesse, aber auch Dynamik evozieren.

Bei der Plakatgestaltung des Art Déco spielte Typografie eine wichtige Rolle, da Schrift als essentieller Teil der Grafik verstanden wurde. Oft wurden bizarre, schwer anwendbare Alphabete eigens entworfen. Zum Einsatz kamen aber auch ausgearbeitete Schriftfamilien, die mit den Wechselwirkungen von breit und schmal, konstruiert, gestisch, hell und dunkel arbeiteten.

Die französische Version der Futura war die ›Europe‹, die als Sonderform ein gemeines **a** erhielt, VGL. S. 315 das an eine unten verkürzte karolingische Minuskel denken lässt oder aber an ein stromlinienförmiges Auto, dessen gesamte kurvige Kontur aufgrund der rasenden Geschwindigkeit nicht auf einmal wahrgenommen werden kann. Durch diese markante Sonderform gewann das Schriftbild ohne seinen geometrischen Charakter zu verlieren eine ›französische‹ Anmutung, die gut zum zeitgenössischen Art Déco passte.

Entsprechend wies Renner darauf hin, die Futura, in Frankreich Europe genannt, wirke auch bei herkömmlicher Satzanordnung modern, wie die französische Schriftgießerei Deberny & Peignot betont habe.

PE

1 

1

Deberny et Peignot, Annonce, 1937.

2–4

S. 290 ff. – Maximilien Vox: Europe et le Studio, Divertissements typographiques, numéro 4, 1931.

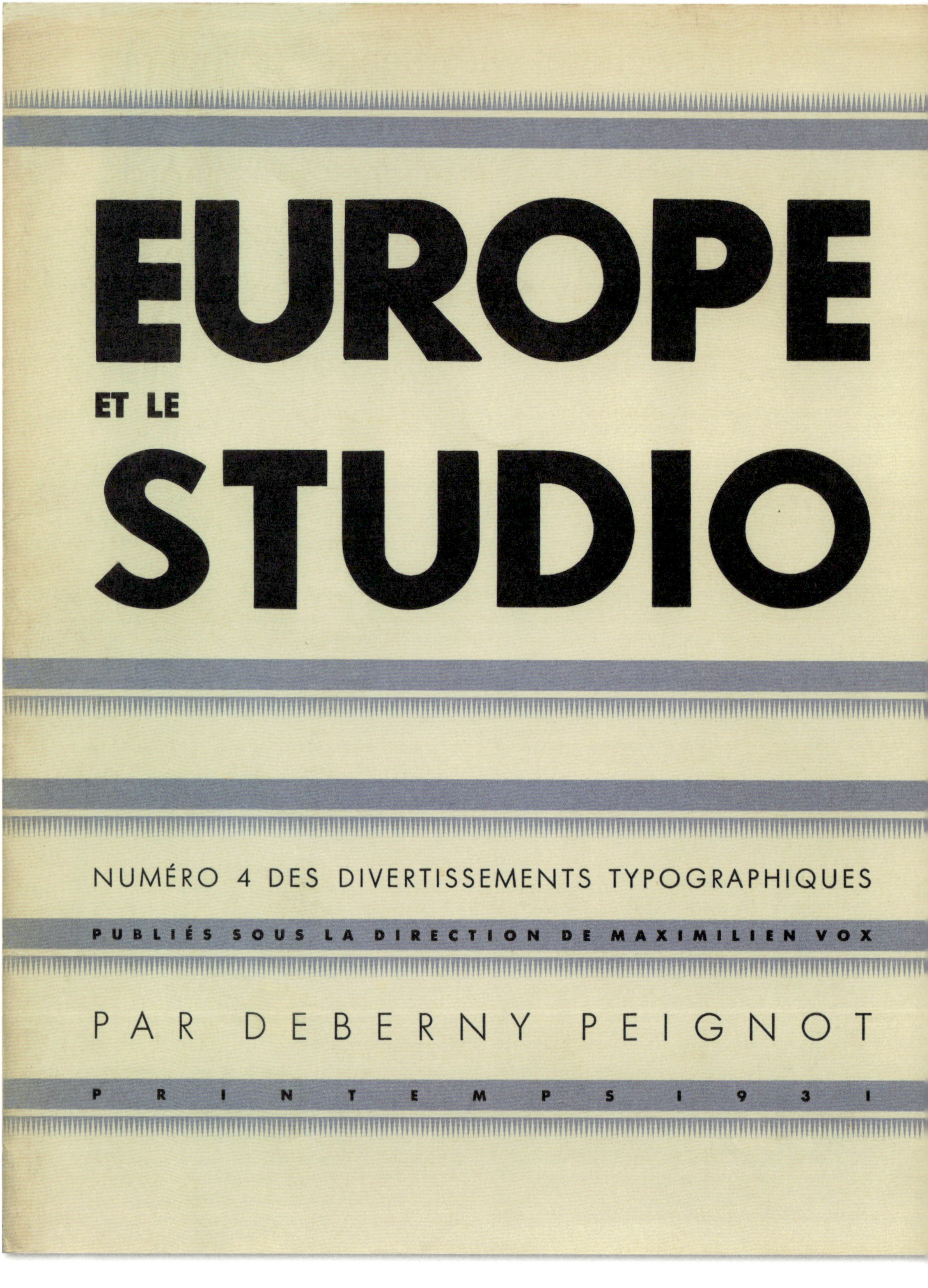
EUROPE
ET LE
STUDIO

NUMÉRO 4 DES DIVERTISSEMENTS TYPOGRAPHIQUES

PUBLIÉS SOUS LA DIRECTION DE MAXIMILIEN VOX

PAR DEBERNY PEIGNOT

PRINTEMPS 1931

MICHEL WLASSIKOFF

DIE ANFÄNGE DER FUTURA IN FRANKREICH

Die französische Zeitschrift für Druckereiwesen und grafische Künste *Arts et métiers graphiques* veröffentlicht in Heft 6 (Juli 1928) einen Beitrag von Bertrand Guégan unter der Überschrift »Le Futura« [Die Futura] mit einer Darstellung der ersten drei Schriftserien: mager, halbfett und fett. Guégan kommentiert Paul Renner in seiner Einführung zum von der Schriftgießerei Bauer herausgegebenen zweiten Schriftmuster der Futura und unterstreicht das »ambitionierte Vorhaben« des Typografen, »uns mit der Futura die ›Schrift unserer Zeit‹ mitzugeben. Unser Kunstgewerbe und unsere Architektur, sagt Herr Renner im Grunde, kennzeichnen den Sieg der einfachen Linie; und dass die Linienführung einer modernen Schrift sich durch Nüchternheit auszuzeichnen habe. Sich von der Handschrift inspirieren zu lassen, wäre ebenso der falsche Weg wie die Entlehnung von Elementen aus früheren Schriften«. Dem Entwurf des Buchstabens selbst schreibt Guégan Eleganz und Gewandtheit zu. Gleichzeitig moniert er eine übertriebene Strenge und folgert letztlich, die französische Leserschaft werde der Futura rasch überdrüssig werden und die Verwendung dieser Schrift auf »vergnügliche Kataloge, hübsche Prospekte und Plakattexte« beschränkt bleiben. Obwohl dieser Kommentar zurückhaltend ausfällt: Die Werbung, die *Arts et métiers graphiques* der Futura verschafft, ist beachtlich und beispiellos. Die Zeitschrift war 1927 von der Schriftgießerei Deberny & Peignot ins Leben gerufen worden. Sie sollte in erster Linie die Schriften bekannt machen, die diese Schriftgießerei auf den Markt brachte. Wenn die Futura auf ihren Seiten erscheint, so ist dies alten Verbindungen zwischen den Schriftenfirmen Bauer und Deberny & Peignot sowie freundschaftlichen Kontakten zwischen der deutschen Zeitschrift *Gebrauchsgraphik*, die bereits sehr früh auf die Futura umsteigt, und *Arts et métiers graphiques* zu verdanken.

Von 1928 an nutzt Draeger Frères, eines der berühmtesten Druck- und Verlagshäuser Frankreichs, die Futura, die man direkt von der Schriftgießerei Bauer gekauft hat. Bekannt für seine qualitativ hochwertigen Drucke und das Kreativatelier, das vor allem für große Automobilmarken Edelkataloge entwirft, sorgt Draeger mit seiner Präsentation der Futura vor einem erfahrenen Publikum dafür, dass zahlreiche Druckereien seinem Beispiel folgen. Bisher hat Draeger fast ausschließlich mit Deberny & Peignot gearbeitet; dass die führende Schriftgießerei Frankreichs jedoch keine moderne Schrift führt, trägt ganz sicher zu diesem Wechsel bei.

Bei Deberny & Peignot macht Maximilien Vox, erst seit Kurzem (1927) als typografischer Berater für die Schriftgießerei tätig und verantwortlich für die *Divertissements typographiques*, sich Sorgen wegen des Fehlens einer Schrift, die den neuen Bedürfnissen der Öffentlichkeit

ABCDEFGHIJ
KLMNOPQR
STUVWXYZ
abcdefghijklm
nopqrstuvwxyz

A B C D E F G H I J
K L M N O P Q R
S T U V W X Y Z

a b c d
e f g h
i j k l
m n o
p q r s
t u v w
x y z

R. C. SEINE 209.716 B

ABCDEFGHIJ
KLMNOPQR
STUVWXYZ

abcd
efgh
ijkl
mno
pqrs
tuvw
xyz

Rechnung trägt. In der Zeitschrift *Art et Décoration* äußert Vox sich im Juli 1929 über die Zukunft der Typografie in Frankreich und beklagt den Mangel an Schriftgestaltern, die imstande wären zeitgemäße Schrifttypen vorzulegen. Ungefähr zur selben Zeit, als dieser Artikel erscheint, entbrennt Ende 1929 in der Chefetage der Schriftgießerei ein Streit über die erforderlichen Maßnahmen zur Beschaffung einer modernen Schrift. Vox regt den Ankauf der Futura bei der Schriftgießerei Bauer an. Angesichts der zunehmenden Verbreitung der Futura, die sich im Ankauf durch Draeger zeigt, bietet Vox dem Verwaltungsrat der Schriftgießerei vorbehaltlos seinen Rücktritt an, »sollten Deberny & Peignot nicht stehenden Fußes meinen Vorschlag annehmen, unverzüglich als Käufer der Schrift aufzutreten …«.[1]

DIE GEBURT DER EUROPE

Die Entscheidung, die Futura zu kaufen, geht erwiesenermaßen auf Charles Peignot selbst zurück, der Vox bei der Krisensitzung seiner Firma unterstützte und nach Frankfurt aufbrach, um so bald wie möglich mit Bauer handelseinig zu werden. Die Rechte werden nach einem ›Franchising‹-Verfahren erworben: Deberny & Peignot werden die Futura unter der Bezeichnung ›Europe‹ verbreiten, einer Neubenennung, die Charles Peignot zugeschrieben wird. Die Verbreitung jedoch wird auf Frankreich und seine Kolonien sowie auf Ägypten, Syrien, die Türkei, Griechenland und die französische Schweiz beschränkt.[2] Die Einführung der Europe wird im Frühjahr 1930 in Heft 3 der *Divertissements typographiques* mit den folgenden Worten angekündigt: »Wir führen eine Schrift ein, der beträchtlicher Erfolg beschieden sein wird, die EUROPE, eine Antiqua in drei Garnituren, die schönste, exakteste und ›brauchbarste‹ aller modernen serifenlosen Schriften.« Parallel beginnt *Arts et métiers graphiques* die Schrift für die Titelei zu verwenden. Im März 1930 bringt die Zeitschrift eine der Fotografie gewidmete Sonderausgabe heraus, deren Titelblatt das Wort in Weiß auf schwarzem Hintergrund dreidimensional und in Versalien der Futura/Europe zeigt. Im Vorwort zur Ausgabe wird die Überschrift des Beitrags von Waldemar George, »Photographie vision du monde« [Fotografie Sicht der Welt], in drei Garnituren gezeigt. Im Folgenden werden auf acht Seiten die Werke von Maurice Tabard und des Studio Deberny & Peignot gezeigt, das kurz zuvor unter Peignots Leitung eröffnet wurde und sich auf die Gestaltung von Werbedrucken spezialisiert. Durch die Arbeit dieses Ateliers wird die Europe als für die Kombination mit Fotografie hervorragend geeignete Schrift bekannt.

Im März 1931 bringt die Schriftgießerei Deberny & Peignot unter dem Titel »Europe et le Studio« [Die Europe und das Studio] und dem Untertitel »Europe – 3 graisses – complément indispensable de la photographie publicitaire« [Die Europe – in drei Garnituren – unverzichtbare Ergänzung zur Werbefotografie] Heft 4 der *Divertissements typographiques* heraus, gefolgt von mehreren Anwendungsbeispielen der Schrift in Arbeiten des Studio Deberny & Peignot, aber auch in Fantasieentwürfen von Vox. Im Begleittext heißt es: »Die Europe ist die Schrift unserer Zeit. [...] Es ist eine Antiqua: aber eine hinreichend vielfältige, anpassungsfähige Antiqua für dicht gesetzte Texte: ›redaktionelle‹ Beiträge, Kataloge mit wichtigem Text, Rundschreiben ...«. Diese Schrift, so wird präzisiert, »wurde eigens entworfen, um Fotografien perfekt zu begleiten«. Die Europe/Futura nimmt bei Charles Peignot und Maximilien Vox eine Sonderstellung ein: Sie ist hervorragend für Überschriften geeignet und empfiehlt sich für kurze Texte; für den Werkdruck aber ist sie nicht gedacht. Peignot und Vox sind der Ansicht, dass mit der französischen Neuentwicklung ein Schrifttyp entstehen müsse, der die »Schrift unserer Zeit« repräsentieren und der sich in allen Bereichen der Typografie durchsetzen werde, von großen Schriftgraden bis hin zu Fließtexten in Büchern. Die Europe solle das Verbindungsglied sein zwischen den Entwicklungen der Moderne aus den 1920er Jahren und einer stärker ausformulierten Schrift, die sich so bald wie möglich entfalten müsse. Dies erklärt, warum Deberny & Peignot die 1932 von Bauer veröffentlichte Futura Buchschrift nicht in das Repertoire der Europe aufnehmen.

ERFOLG UND AUFSCHWUNG DER EUROPE

Die Europe hat von Anfang an großen Erfolg. Charles Peignot vergleicht ihn mit dem Succès der 1912 veröffentlichten Cochin-Schriftfamilie. Deberny & Peignot ergänzen die zunächst vorliegenden drei Garnituren um einen mageren und einen halbfetten Schnitt sowie anschließend um eine fette Kursive. Im Gegenzug dazu legt die Schriftgießerei mit ihrer schmalen Europe eine Eigenkreation vor, zu der es bei Bauer keine Entsprechung gibt und deren Schriftdesign sich deutlich vom Aufbau der Futura entfernt hat. Diese Schriftart, eine klassische französische Antiqua, wird später um eine schmalfette Variante ergänzt, und 1938 wird unter der Bezeichnung ›Mont Blanc‹ eine Schrift leichten Schnitts auf den Markt gebracht.

Die Europe wird bei Deberny & Peignot ›gegossen‹, wie in den Schriftmusterbüchern ausgewiesen. Dies bedeutet, dass beginnend mit den von Bauer gestellten Matrizen den Druckern drei Serien zur Verfügung gestellt werden. Letztlich werden für alle Schriftschnitte und -größen und insbesondere für die schmale Europe, die eine Eigenkreation darstellt, Stempel hergestellt. Auch eine Plakatschrift, die es bei Bauer nicht gibt, wird in Holzlettern erstellt. In dieser Variante findet sich eine überraschende Umsetzung des **a**, die später Cassandre zugeschrieben wird,

5

ohne dass seine Urheberschaft allerdings nachgewiesen wäre. Zuletzt führen Deberny & Peignot noch Entwurf und Stempelschnitt für nicht-lateinische Serien durch: die griechischen Schriftzeichen der Europe in schmal, halbfett und fett im

6

UNE MODE QUI DURE
DEBERNY ET PEIGNOT
EUROPE
COMPLÉTÉ PAR
BANJO
ET
FILM
18 RUE FERRUS PARIS

INITIALES EUROPE

4e CATÉGORIE

Corps 72 EUROPE

Corps 60 EUROPE

Corps 48 EUROPE

Corps 36 EUROPE

Corps 30 EUROPE

Corps 24 EUROPE

Corps 18 EUROPE

Corps 16 EUROPE

Corps 14 EUROPE

Corps 12 EUROPE

Corps 10 EUROPE

	NUMÉROS	CORPS	POLICES	POIDS
MAIGRE	2441	10	30 A	1 k. 60
	2442	12	25 A	1 k. 90
	2443	14	20 A	1 k. 90
	2444	16	15 A	2 k. 20
	2445	18	15 A	2 k. 60
	2446	24	6 A	1 k. 60
	2447	30	6 A	2 k. 50
	2448	36	6 A	3 k. 80
	2449	48	5 A	5 k. 60
	2450	60	3 A	4 k. 30
	2451	72	3 A	5 k. 90
DEMI-GRAS	2452	10	30 A	1 k. 70
	2453	12	25 A	2 k. 10
	2454	14	20 A	2 k. 10
	2455	16	15 A	2 k. 20
	2456	18	15 A	2 k. 80
	2457	24	6 A	1 k. 60
	2458	30	6 A	2 k. 60
	2459	36	6 A	3 k. 90
	2460	48	5 A	6 k. 00
	2461	60	3 A	4 k. 70
	2462	72	3 A	6 k. 50
GRAS	2463	10	30 A	1 k. 90
	2464	12	25 A	2 k. 20
	2465	14	20 A	2 k. 30
	2466	16	15 A	2 k. 60
	2467	18	15 A	3 k. 30
	2468	24	6 A	2 k. 00
	2469	30	6 A	3 k. 00
	2470	36	6 A	4 k. 70
	2471	48	5 A	7 k. 10
	2472	60	3 A	5 k. 60
	2473	72	3 A	7 k. 70

Les Initiales Europe existent en caractères bois de 6 cicéros à 40 cicéros.

Pendant longtemps les metteurs en pages des journaux crurent que le problème était pour eux de trouver chaque jour un caractère plus étroit qui leur permette un plus grand nombre de lettres sur la justification d'une colonne. Résultat catastrophique pour les yeux des lecteurs et la présentation du journal.

Maintenant les journaux qui veulent être bien mis en pages adoptent 2 ou 3 colonnes pour les titres importants d'où lisibilité, clarté et même élégance si l'on emploie les Initiales Europe qui ont d'ailleurs été créées pour répondre aux demandes incessantes qui nous étaient adressées par les directeurs et chefs de matériel des grands journaux.

DEBERNY ET PEIGNOT PARIS

INITIALES BANJO

4e CATÉGORIE

BANJO

BANJO

BANJO

BANJO

BANJO

BANJO

BANJO

BANJO

BANJO

BANJO

BANJO

Après le long effort vers plus de sobriété, de rigueur et de pureté, après le succès universel de la formule du caractère Europe, il importe que la simplicité ne dégénère pas en pauvreté, la discipline en monotonie, la distinction en mélancolie. Voici donc, dans l'esprit des créations modernes, un caractère riant, d'une amusante fantaisie, et avec lequel on peut, littéralement, jouer : BANJO c'est le sourire de l'Europe.

CARACTÈRE A DEUX CHASSES

AA BB CC DD EE
FF GG HH I J
KK LL MM NN
OO PP QQ RR SS
TT UU VV W XX
YY ZZ Æ Œ &
( ) . , : ; ´ - ! ?
1 2 3 4 5 6 7 8 9 0

Le poliçage indiqué comprend : une moitié de sortes larges et une moitié de sortes étroites.

Pour répondre à la demande d'un grand nombre de nos clients nous avons complété l'alphabet des sortes étroites qui doublent exactement les sortes larges. Il vous faut le caractère "Banjo" pour rivaliser avec la lettre dessinée.

DEBERNY ET PEIGNOT PARIS

7

8

Jahr 1932 sowie die Europe vietnamesisch ebenfalls in drei Stärken.

Unterdessen arbeitet Cassandre die Acier aus, eine halbleichte Headline-Schrift in zwei Versionen mit druckenden Flächen in Schwarz oder Grau und damit ein Experiment zwischen der Bifur und der Futura, die 1932 von Deberny & Peignot herausgebracht wurde. »Die Acier ist eine Schrift, die das gesamte derzeitig vorhandene Antiqua-Material begleiten wird«, heißt es im Schriftmuster, »sie kann mit der Europe eingesetzt werden und zu deren umfassendem Erfolg beitragen«. Mit der ›Film‹ legt Marcel Jacno Charles Peignot eine ›Antiqua der Inschriften‹ vor, deren Veröffentlichung 1933 folgendermaßen angekündigt wird: »[Diese] Schrift hat die Eigenschaft, ebenso mit den klassischen Serien zu harmonisieren, denen sie als Initialien dienen kann, wie mit den modernen Serien und insbesondere mit der Europe.« [3] Auch die Banjo von Maximilien Vox, die mit dem gezeichneten Buchstaben in Konkurrenz treten sollte, wird zur Europe in Bezug gesetzt: »Eine lachende Schrift voll vergnüglicher Phantasie, mit der sich im Wortsinn spielen lässt: Banjo ist das Lächeln der Europe«, schreibt Vox in der Vorbemerkung zu seinem Schriftmuster. Im Grunde sind die Acier, die Banjo oder auch die Film nicht unmittelbar von der Europe inspiriert. Die Acier, und ebenso die Film, sind ihr allenfalls entfernt ähnlich; die Banjo ist das Ergebnis früherer Experimente Maximilien Vox' mit einer Schrift in zwei Laufweiten. Sie alle entsprechen dem Wunsch bei Deberny & Peignot, den Markt der Headline-Schriften zu erweitern, der in den 1930er Jahren besonders florierte. In nach 1934 veröffentlichten Schriftmusterbüchern wird die Firma die drei Schriftarten als ›Satelliten‹ der Europe zusammenführen.

EIN SYMBOL DER MODERNE

Als treues Sprachrohr von Deberny & Peignot verbreitet das Magazin *Arts et métiers graphiques* die Europe bis zu seiner Einstellung 1939. Von wenigen Ausnahmen abgesehen erscheint die Schrift nicht ein einziges Mal als Fließtext, nimmt in den großen Graden dagegen einen zentralen Platz ein, von September 1933 bis Oktober 1934 sogar auf dem Titel. In Reaktion darauf verschreibt sich das Magazin *VU*, 1928 von Lucien Vogel, einem Verwandten Charles Peignots, auf den Markt gebracht, überwiegend der Fotografie. Artikel und Dossiers lassen der Fotoreportage sowie Fotomontagen, begleitet von imposanten

5

S.296 – Katalog der Plakatschriften, Deberny & Peignot um 1935.
Übersicht der Garnitur Europe halbfett mit Ankündigung eines neuen kleinen **a**.

6

S.297 – Specimen-Heft der ›Europe‹, das die Acier, Banjo und Film als gleichrangige Schriften präsentiert, Deberny et Peignot, 1934, Titelseite.

7

Specimen-Heft der ›Europe‹, das die Acier, Banjo und Film als gleichrangige Schriften präsentiert, Deberny et Peignot, 1934, Doppelseite.

8

Album de caractères bois, Deberny et Peignot, um 1935.

Überschriften und Zwischenüberschriften, ungewöhnlich viel Raum. Die Europe kommt vielfach, aber nicht ausschließlich, zur Verwendung, tritt in diesem Kontext jedoch als Vorbild auf.

Ein Gleiches gilt für die Verwendung, welche die Schrift durch die führenden französischen Grafiker in den 1930er Jahren erfährt, darunter insbesondere Jean Carlu; Cassandre verwendet sie seltener. Junge Kreative, Mitglieder oder Freunde der *Union des artistes modernes (UAM)* verwenden konstruierte Groteskschriften und insbesondere die Europe: Francis Bernard, der die Schrift Acier für den Fließtext verwendet, Jacques Nathan, Jean Picart-le-Doux oder Marcel Jacno, der ein bemerkenswertes Erscheinungsbild in der Europe für das Théâtre des Ambassadeurs entwirft.

AUF DER SUCHE NACH DER SCHRIFT UNSERER ZEIT

Charles Peignot fordert Cassandre auf, sich von 1934 an der Entwicklung einer wahren ›Schrift unserer Zeit‹ zu widmen; diese erscheint anlässlich der Pariser Weltausstellung 1937, unter der Bezeichnung ›Peignot‹. Obwohl die Konzeption auf einer klaren wissenschaftlichen Argumentation aufbaut, die an jene in den Schriften Renners über die Futura erinnert, setzt sie umgekehrt an, denn die Peignot will die Kleinbuchstaben abschaffen und alles zur Capitalis monumentalis in Bezug setzen. Die Schrift wird ein weiterer wirtschaftlicher Misserfolg; auf der Pariser Ausstellung allerdings findet sie breite Verwendung. Neben der Peignot, die das typografische Ereignis der Ausstellung darstellt, prangen konstruierte Groteskschriften an Fassaden, in Ausstattungen und Druckerzeugnissen in verschiedenen Länder- und Themenpavillons. Die Kommentare hierzu sind nicht immer positiv, wie die Reaktion eines zeitgenössischen Typografen zeigt: »Es war eine Ausschweifung von mit Lineal oder Kompass gezogenen Serifenlosen und Serifenbetonten. [...] Nichts als Schilder in Europe! Vereinzelt entdeckte man Ausnahmen zur ansonsten gleichförmigen und internationalen Verwendung von Antiqua, Futura, Europe und all ihrer Ersatzformen aus den letzten Jahren.«[4] Zu den Ersatzformen ist festzuhalten, dass sich auch die anderen großen Schriftfirmen Frankreichs versorgt hatten: die Fonderie typographique française (FTF) mit der Apollo (1934) und die Schriftgießerei Olive mit der Simplex (1937). Letztlich veröffentlicht der Historiker und Dozent an der École Supérieure Estienne Robert Bonfils 1938 mit »La Gravure et le Livre« [Stempelschnitt und Buch] ein in Europe gesetztes Referenzwerk, das Generationen von Typografen beeinflusst hat, in dem er den Begriff des ›typografischen Genres‹ prägt. Die Europe/Futura ist für ihn der Inbegriff des ›eleganten Genres‹.[5]

9
Probeabzug der Europe demi gras, gesetzt von Schülern der École Municipale Estienne. So beschrieben von Paul Renner in einem handschriftlichen Vermerk auf der Rückseite.

Le gouvernement le plus conforme à la nature est celui dont la disposition particulière se rapporte mieux à la disposition du peuple pour lequel il est établi. Les lois doivent être tellement propres au peuple pour lequel elles sont faites, que c'est un très grand hasard si celles d'une nation peuvent convenir à une autre. Il faut qu'elles se rapportent à la nature et au principe du gouvernement qui est établi ou qu'on veut établir, soit qu'elles le forment comme font les lois politiques, soit qu'elles le maintiennent comme font les lois civiles. Elles doivent être relatives au physique du pays; au climat glacé, brûlant ou tempéré; au genre de vie des peuples, laboureurs, chas-

9

»Die Europe hat ihre Zeit geprägt, sie ist ihr perfekter Ausdruck, ebenso wie die Flachdächer und die kubischen Häuser.«

ADRIAN FRUTIGER
Les Linéales, 1960.

EUROPE UND UNIVERS – EUROPA UND DAS UNIVERSUM

Von 1952 an arbeitet Adrian Frutiger bei Deberny & Peignot an der Umstellung der bestehenden Schriften auf die Lumitype, eines der ersten Fotosatzverfahren. Nachdem er die klassischen Schriften behandelt hat, »begann die Idee einer ›Antiqua‹ Gestalt anzunehmen. Für Charles Peignot war klar, dass die am meisten verkaufte Schrift der Schriftgießerei, die Futura – in Frankreich unter der Bezeichnung Europe bekannt – ins Programm aufgenommen werden musste. Ich schlug ihm ein anderes Projekt vor, da mir die Europe nicht länger aktuell schien«.[6] Tatsächlich gehen die Verkaufszahlen der Europe zurück, was Adrian Frutiger in seinen eigenen Worten kommentiert: »Die Europe hat ihre Zeit geprägt, sie ist ihr perfekter Ausdruck, ebenso wie die Flachdächer und die kubischen Häuser«;[7] »Doch die modernen Bauten in Beton sind nicht zwingend geometrisch; ihre Formen sind spannungsgeladen und lebendig. Wie auch eine Schrift zu sein hat.«[8]

Der Name für die neue monolineare Schrift, auf den die Wahl fiel, ist in jeder Hinsicht bezeichnend: »Wir gingen von meinem Arbeitstitel ›Monde‹, die Welt, aus, denn nach ›Europe‹ wollten wir über den europäischen Rahmen hinausblicken. [...] Und wenn schon groß denken, dann bis an die Grenze des Denkbaren: Am Ende entschied Charles Peignot sich für ›Univers‹.« Frutiger stellt seinen typografischen Entwurf über jenen von Renner, da er auf alle Schriftsysteme eingeht: »Mit der Univers geben in verschiedenen Sprachen verfasste Texte ein universell einheitliches Bild ab – was bei der Futura nicht der Fall ist ...«[10]

Im Rahmen einer Diskussionsrunde zu den monolinearen Schriften bei den Rencontres de Lure, bei der eine Jury aus französischen und europäischen Typografen 1960 dieser Schriftfamilie die Weltherrschaft bescheinigt, ergreift Gérard Blanchard die Gelegenheit, Adrian Frutiger auf seine Schuld gegenüber der Futura hinzuweisen: »Sie, Monsieur Frutiger, der Sie soeben für die Schriftgießerei Deberny & Peignot die Univers entworfen haben, welche die Nachfolge der Europe antreten soll – und ich sage bewusst die Nachfolge, denn Sie haben die Univers nach dem Vorbild der Europe gießen lassen – was denken Sie über die Europe?«[11] Adrian Frutiger schließt sich der Argumentation an, dass die Futura ihre Zeit hinter sich habe. Nahezu alle Teilnehmer dieser Treffen in Lurs-en-Provence positionieren sich auf dieser Linie: von Marcel Jacno bis Albert Hollenstein, von Henri Steiner bis Roger Excoffon. Die Europe wird als überholt dargestellt, ihre Verwendung als veraltet. Nach Jacno, demzufolge die Europe/Futura »wie alle direkten oder indirekten Ergebnisse des Bauhaus zwar die Vernunft befriedigen, aber die Ellbogen verletzen«[12], bekräftigt Frutiger: »Die Deutschen verteidigen die Futura noch, doch das ist die Wehmut von Leuten, die gemeinsam mit Renner jung waren.«[13]

QUARTIERS DE NOBLESSE

Die symbolische Beerdigung der Futura in Lurs-de-Provence hatte jedoch wenig mit der Realität zu tun. Der große

Typograf Pierre Faucheux erinnert noch 1952 in einer der Beziehung zwischen Grafik-Design und Kunst gewidmeten Sonderausgabe von *Art d'aujourd'hui* an das emblematische Wesen der Futura, die er mit der Moderne verknüpft. Gegen sämtliche Konventionen der französischen Typografie verwendet er sie anschließend bei seiner Gestaltung von Veröffentlichungen für Buchklubs regelmäßig für Fließtexte. In den 1960er-Jahren setzt er sie als kraftvolle Titelschrift für die Titel von Taschenbüchern und für Verlage wie Stock oder Albin Michel ein. Zur Bekräftigung seines Gesetzes des »brutalen Kontrasts der Körper«, das er auf Deckblättern und Titelagen der Werke umsetzt, bedient er ein reduziertes Schriftregister aus Plantin, Didot, Europe, die mit ihren sehr unterschiedlichen Körpern und Schnitten gleichsam dem Vergleich standhalten. So verschafft er der Europe/Futura zu guter Letzt ihre noble Herberge.

10

11

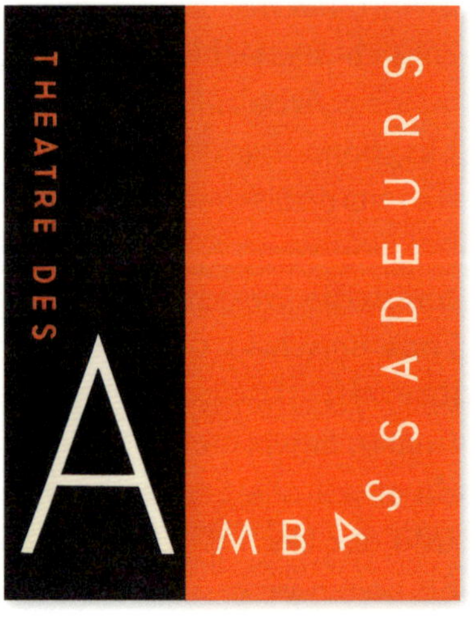

12

10

Schriftproben-Heft der Europe, Deberny et Peignot, 1950.

11

Anzeige für die Europe halbfett schmal, Deberny & Peignot um 1935.

12

Marcel Jacno, Broschüre für das Théâtre des Ambassadeurs Paris, 1934.

13

Anzeige für Louis Vuitton, 1931.

LOUIS VUITTON

INVITE A VISITER SON EXPOSITION DE MAROQUINERIE, CRISTALLERIE, ARTICLES DE VOYAGE, INSPIRÉS D'ART NÈGRE EN SON PAVILLON SIS A LA POINTE DE MADAGASCAR A L'EXPOSITION COLONIALE.

PARIS
70 CHAMPS-ÉLYSÉES

NICE
1 RUE PARADIS

CANNES
10 RUE DES BELGES

VICHY
RUE DU PARC

LONDON
149 NEW BOND ST.

JEAN CARLU

Jean Carlu (1900–1997) gehört, zusammen mit Cassandre, Colin und Loupot, zu den ›mousquetaires de l'affiche‹, den Musketieren des Plakats, die zwischen den Weltkriegen die französische Plakatkunst prägen. Er steht Künstlern und Architekten der Moderne nahe und ist 1929 Mitbegründer der für das französische Kunstgewerbe maßgeblichen Vereinigung *Union des artistes modernes (UAM).* [14] Im selben Jahr wird in Paris das von Charles Siclis – auch er ein Mitglied der *UAM* – gebaute ›Théâtre Pigalle‹ eingeweiht, für das Carlu die Außenbeschilderung und -beleuchtung erarbeitet sowie Programmhefte und eine Broschüre entwirft. Diese von Draeger gedruckte Broschüre ist ein typografisches Manifest: Der Fließtext in Futura ist ganzseitigen Fotografien von Maurice Tabard gegenübergestellt, die den Theaterinnenraum zeigen. In ihrer 13. Ausgabe (vom 15. September 1929) feiert die Zeitschrift *Arts et métiers graphiques (AMG)* dieses »prunkvolle Heft, in Futura gedruckt, unter einer Silberschicht« und druckt mehrere Seiten daraus ab. Als eine der ersten Veröffentlichungen der Futura in Frankreich ist dies ein wichtiger Entwurf der Moderne. Später wird die Europe/Futura für Jean Carlu zur bevorzugten Schrift: Er verwendet sie ebenso auf dem Titelblatt der ersten Ausgabe von *Publicité*, einer neuen Jahresschrift des Verlags *Arts et métiers graphiques*, sowie in zahlreichen Studien, beispielsweise für die Gestaltung des Auftritts der *Pariser Elektrizitätswerke (CPDE)* bei der Pariser Haushaltswarenmesse 1934. Im Zweiten Weltkrieg muss sich Carlu in den USA niederlassen, wo er bis Kriegsende für US-amerikanische Informationsdienste sowie für die *Container Corporation of America (CCA)* und verschiedene Verlage arbeitet. Während jenseits des Atlantiks seine Werbeplakate für die CCA zur Verbreitung der Futura beitragen, entwirft er zur Befreiung Frankreichs von der deutschen Besatzung 1944 ein pointiertes Anti-Nazi-Plakat in dieser Schrift.

14
Publicité 34, Spezialausgabe der Arts et Métiers Graphique S. 1934. Umschlag: Jean Carlu.

ublicité
1934
JEAN CARLU
ÉDITIONS ARTS ET MÉTIERS GRAPHIQUES PARIS

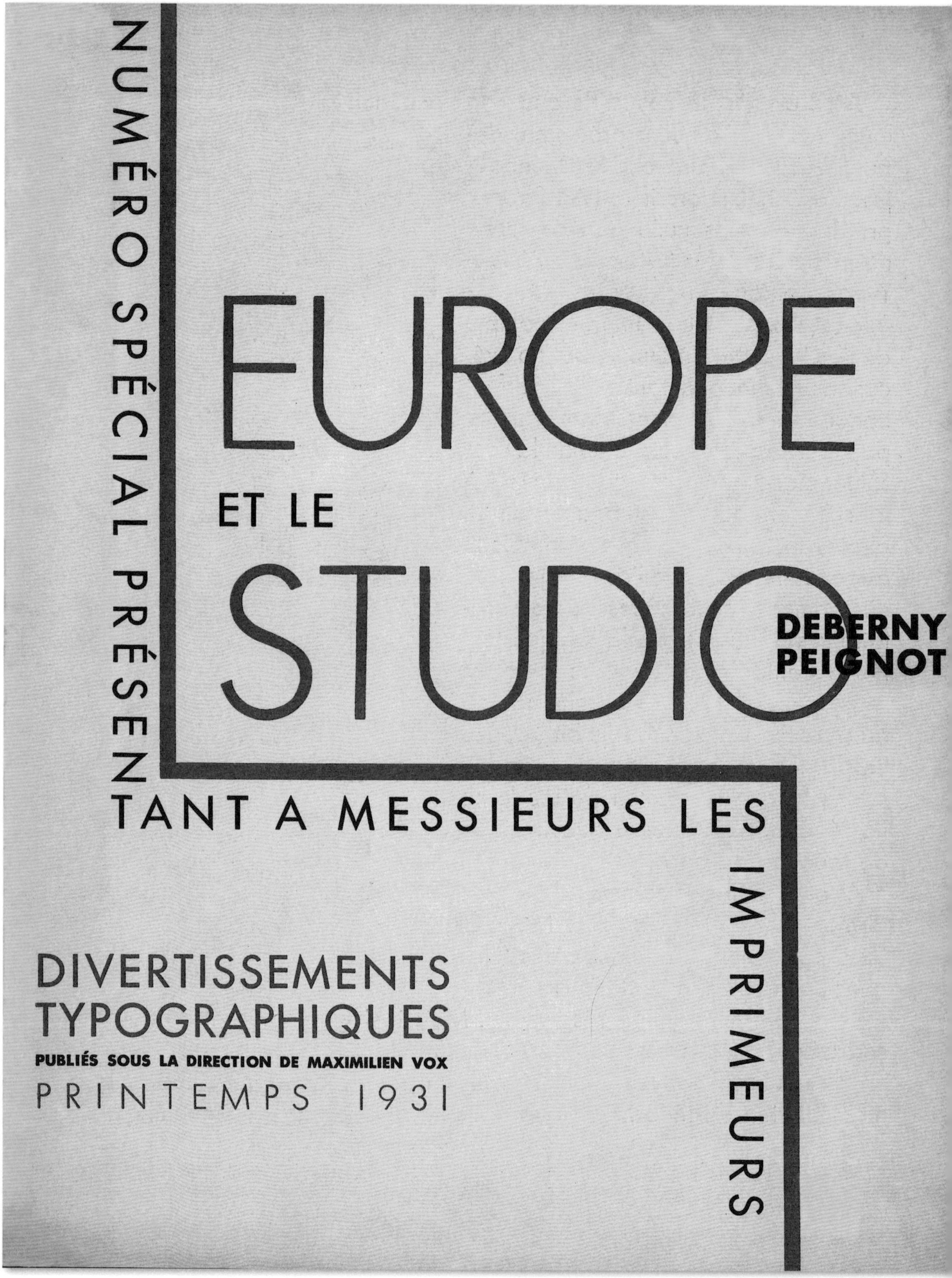
NUMÉRO SPÉCIAL PRÉSENTANT A MESSIEURS LES IMPRIMEURS

EUROPE

ET LE

STUDIO

DEBERNY
PEIGNOT

DIVERTISSEMENTS
TYPOGRAPHIQUES

PUBLIÉS SOUS LA DIRECTION DE MAXIMILIEN VOX

PRINTEMPS 1931

MAXIMILIEN VOX

Maximilien Vox (1894–1974) war Stempelschneider, Illustrator, Herausgeber, Journalist, Kritiker und Typografietheoretiker. Als Sohn von Pastor Wilfred Monod, einem der wichtigsten Vertreter des Calvinismus, auf den Namen Samuel Monod getauft, konvertiert er zum Katholizismus und nimmt den Namen Vox an, unter dem er berühmt wird. Vox' Leben und Werk sind von der spirituellen Suche und seinem schwierigen Verhältnis zur protestantischen Tradition Frankreichs geprägt. Früh als einer der besten Typografen seiner Zeit geltend, wird er 1927 zum Berater der Schriftgießerei Deberny & Peignot berufen. Insbesondere werden ihm dort von 1928 an die *Divertissements typographiques* anvertraut, eine Serie von Publikationen zur Würdigung von Erbe und Neuentwicklungen der Schriftgießerei. In diesen *Divertissements*, die kostenlos an Druckereien verteilt werden, sind originelle und amüsante Beiträge versammelt, die, wie Vox selbst es formuliert, »in Ermangelung von Schriften deren Verwendung erneuern«.[15] Daneben ist Vox maßgeblich an der Zeitschrift *Arts et métiers graphiques (AMG)* beteiligt, die Deberny & Peignot seit 1927 herausbringt. Nicht hier jedoch, sondern im Magazin *Art et Décoration* stellt Vox 1929 die Frage nach der Zukunft der französischen Typografie. »Wird es, wie manche behaupten, eine ›Schrift unserer Zeit‹ geben?«, fragt er mit einem Zitat von Paul Renner und der Schriftgießerei Bauer. »Die Schrift, die im kommenden Jahrzehnt in allen sichtbaren Anwendungen vorherrschen wird, wird keine Antiqua sein, sondern eine Weiterentwicklung der Antiqua«, betont er, »eine Schrift von einem nahezu perfekten Zusammenspiel der Schnitte, ohne Serifen (bis auf Weiteres), mit Proportionen von größerer Variation und Lebendigkeit als bei den bisher geltenden Antiquas. Zahlreiche Versionen dieser Schrift gibt es bereits in Deutschland (Futura, Erbar, Kabel, Elegant usw.) und eine in England, vom Bildhauer und Stempelschneider Eric Gill (Gill Sans); in Frankreich laufen Entwicklungen, denen der größte Erfolg beschieden sein wird. Doch wir werden damit lediglich einen Rückstand aufholen; wir werden nicht, ungestüm und hellsichtig, den neuen Zeiten vorausgegangen sein. Frankreich hat derzeit nicht einen einzigen spezialisierten großen Gestalter vom Kaliber eines Koch, eines Renner, Ehmke, Bernhard oder weiterer deutscher Typografiekünstler vorzuweisen.«[16]

Dass Vox, ansonsten fester Autor für *Arts et métiers graphiques*, just dieses Sprachrohr wählt, um seine Meinung kundzutun, ist bezeichnend: Im Januar 1929 hatte die Schriftgießerei Cassandres Bifur veröffentlicht, deren Entwurf noch aus der Zeit vor Vox' Mitarbeit bei Deberny & Peignot stammte, und damit nicht den erwarteten Erfolg erzielt. Vox billigt den kommerziellen Misserfolg der Bifur. Er will sich von der Politik abgrenzen, mit der Deberny & Peignot auf die lauter werdende Forderung nach einer

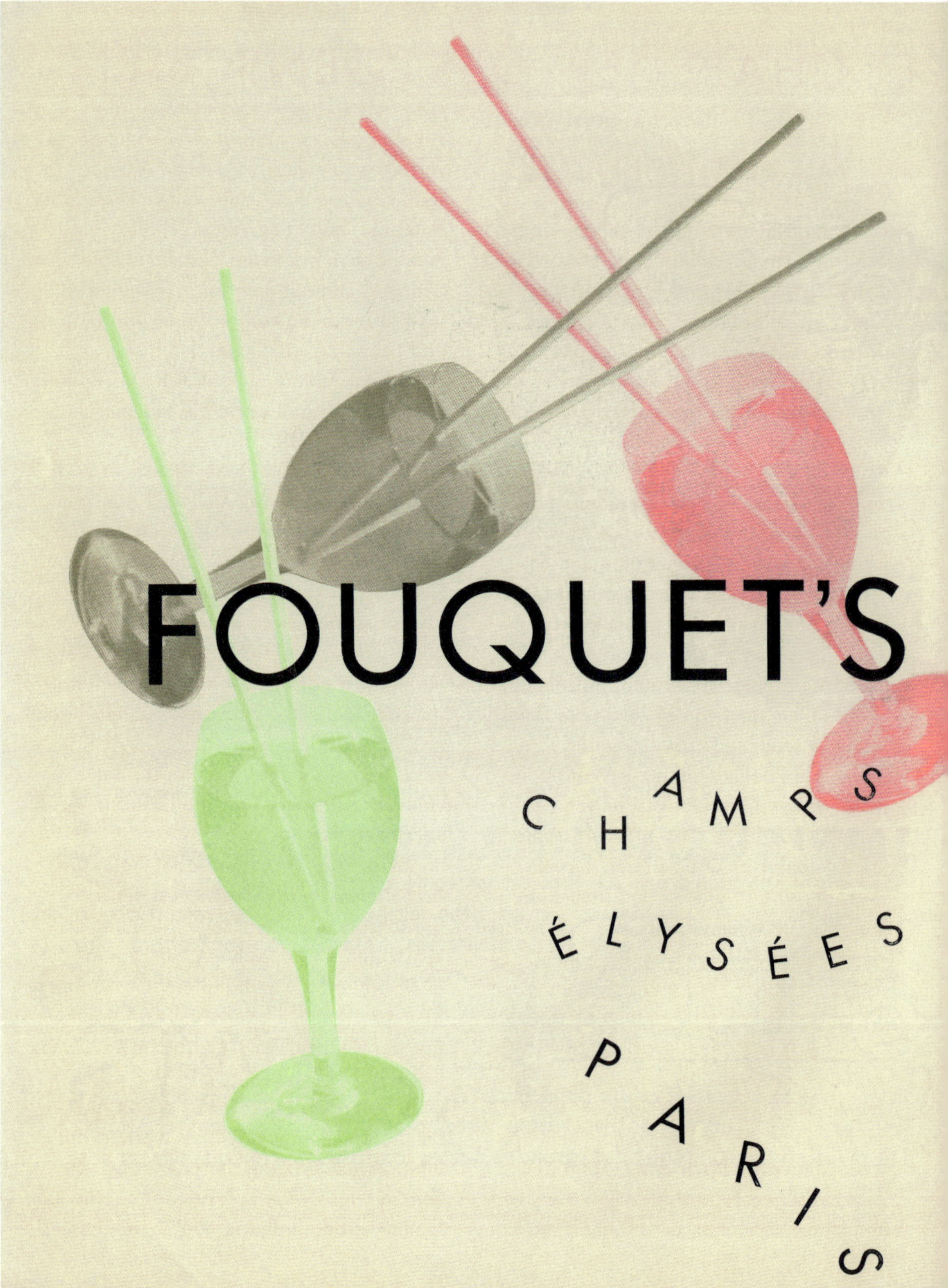
FOUQUET'S
CHAMPS
ÉLYSÉES
PARIS

311 MAXIMILIEN VOX

›modernen‹ Schrift reagieren, und gibt deutlich zu verstehen, dass es anderer Lösungswege bedarf. Eine Übergangslösung sieht Vox im Ankauf der Futura, da es an einer modernen Schrift zum hinreichend breiten Gebrauch mangelt, die insbesondere die neu entstandene Nachfrage der Werbung befriedigen könnte. Was Vox von diesem Weg überzeugt, ist der Ankauf der Futura durch den großen Drucker Draeger: »Die Druckerei Draeger Frères hat soeben direkt gekauft«, hält er in seinen Notizen zu diesem Zeitraum fest. »Wenn wir uns auf dem Markt behaupten wollen, dürfen wir keine Zeit verlieren. Ich habe meine Stellung davon abhängig gemacht. Die Herren Girard und Payet, überrumpelt, neigten zu der Ansicht, die fragliche Schrift habe nichts eigentlich Neues an sich; das sei doch letztlich unsere gute alte römische Antiqua. Peignot dagegen war eindeutig: Er riss die Entscheidung an sich.«[17]

1952 veröffentlicht Vox die Schriftklassifikation, die seinen Namen trägt und später von der AtypI, der Association typographique internationale, übernommen wird. Er ersetzt die alte Bezeichnung ›Antiqua‹ durch den Begriff der monolinearen Antiqua und stellt die Europe/Futura an die Spitze der Kategorie der konstruierten Schriften. Zu einer Diskussionsrunde zum Thema ›Monolineare Schriften‹ finden sich bei den Rencontres Internationales de Lure von 1960 einige der führenden Typografen jener Zeit zusammen, von Roger Excoffon bis Adrian Frutiger. Die später von Vox geleitete Jahresschrift *Caractère Noël* bringt einen langen Bericht darüber.[18] Der erkrankte Vox kann sich an den Diskussionen nicht beteiligen, kommentiert sie jedoch in seiner Publikation. Ein Kapitel widmet er der Europe/Futura und übt lebhafte Kritik an diesem Symbol einer vergangenen Modernität. So fragt Vox sich: »Tun wir wirklich gut daran, uns heute für die Europe einzusetzen? Sie hält die Schriftlinie nicht sehr gut, das stimmt; außerdem sind die Zurichtungen des originalen Fonts so wenig ausgearbeitet, dass vertikale Buchstaben – **i**, **l**, **t** – im Satzbild fleckig aussehen. Man versuche nur einmal ›titille william‹ zu setzen. Schließlich sind die Kleinbuchstaben **a** und **o** kaum voneinander zu unterscheiden. Der Fehler liegt darin, die Europe im einfachen Werksatz zu beurteilen. Sie ist eine noble Schrift, wie Garamont, Baskerville, Didot …«[19]

17

15–16

S. 308 ff. – Maximilien Vox: Europe et le Studio, Divertissements typographiques, Nr. 4, 1931.

17–19

Photographie, Spezialausgabe der *Arts et Métiers Graphiques*, Nr. 16, März 1930.

20

S. 314 – Maximilien Vox: Europe et le Studio, Divertissements typographiques (Paris), numéro 4, 1931.

SAY IT
WITH
MAYER
SIMON
& LŒBS
Cº, INCᴰ
312-313
WEST 41
N.-Y.CITY

DOROTHY DUVAL
DUVAL DOROTHY
DOROTHY DUVAL
DUVAL DOROTHY
DUVAL
OTHY
UVAL
MODES
PARIS
3 R. DE
BERRY
ÉL. 17-11

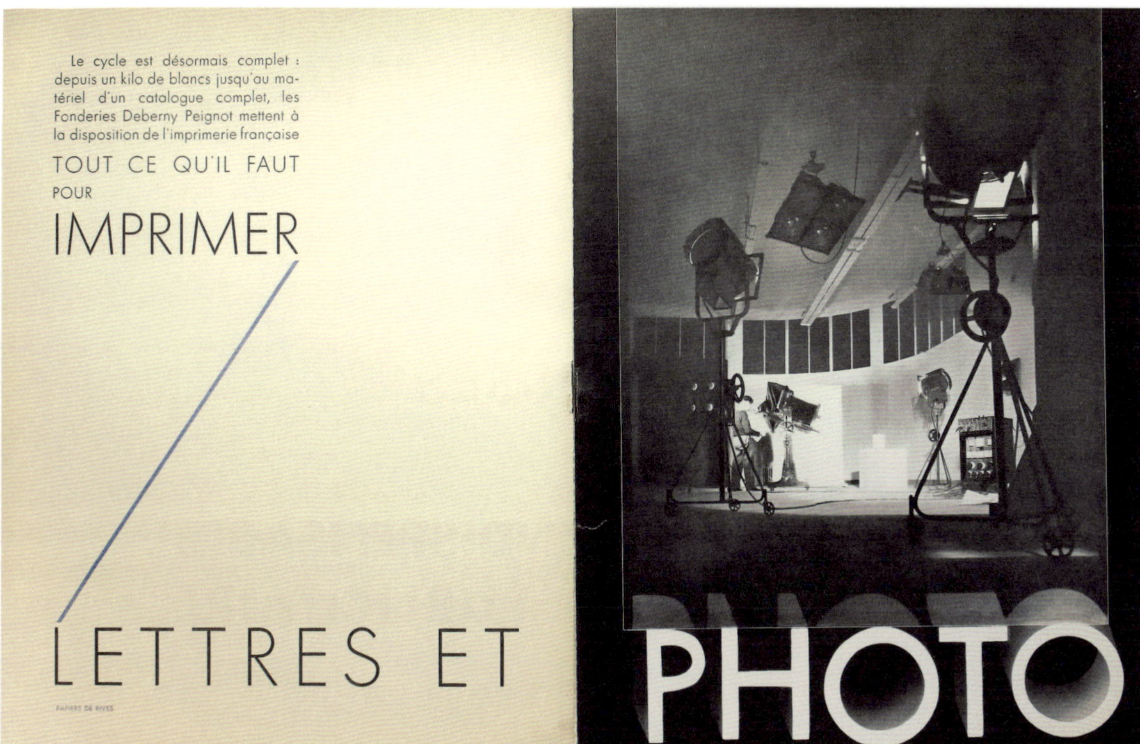
Le cycle est désormais complet : depuis un kilo de blancs jusqu'au matériel d'un catalogue complet, les Fonderies Deberny Peignot mettent à la disposition de l'imprimerie française
TOUT CE QU'IL FAUT
POUR
IMPRIMER
LETTRES ET
PHOTO

EUROPE

EUROPE

EUROPE

3

GRAISSES

COMPLÉMENT INDISPENSABLE
DE LA PHOTO PUBLICITAIRE

FONDU PAR DEBERNY PEIGNOT

Alternatives **a** der Europe
Vorlage: Probeabzug der Europe demi gras.

1

Maximilien Vox: *Charles Peignot et son temps* [Charles Peignot und seine Zeit]. In: Communication et Langages (Paris) Nr. 14, Juni 1972, S. 58–59.

2

In der gesamten relevanten Literatur zur Europe, ob in den Veröffentlichungen von Deberny & Peignot oder in *Arts et métiers graphiques*, wird die Herkunft der Schrift an keiner Stelle erwähnt. Weder die Schriftgießerei Bauer noch Paul Renner werden als Urheber der Futura/Europe genannt. Alles deutet darauf hin, dass die Schriftgießerei bestrebt war, die Herkunft der Schrift vor einer immer noch zutiefst deutschlandfeindlich gesinnten Welt des Druckes zu verbergen und sich die Futura/Europe so weit zu eigen zu machen, dass man den Glauben weckte, es handele sich hier um eine explizit französische Schöpfung.

3

Le Film, nouveau caractère de titre, gravé et fondu par Deberny & Peignot, d'après les dessins de Marcel Jacno [Der Film, eine neue Schrift für große Grade, geschnitten und gegossen von Deberny & Peignot nach Entwürfen von Marcel Jacno]. In: Arts et métiers graphiques (Paris) Nr. 38, 15. Nov. 1933.

4

Henri Colas: *La lettre et l'enseigne à l'exposition*. In: Le Courrier graphique (Paris), Dezember 1937.

5

Robert Bonfils: *Psychologie du métier de typographe* [Psychologie des Typografenberufs]. In: Ders.: La Gravure et le Livre, Paris 1938, S. 183.

6

Adrian Frutiger. *Caractères: l'Oeuvre complète*, [Adrian Frutiger. Schriften. Gesamtausgabe], hrsg. von Heidrun Osterer und Philipp Stamm. Basel 2008, S. 88.

7

Les Linéales [Monolineare Schriften], Diskussionsrunde bei den Rencontres de Lure. In: Caractère No. I, Nr. 13, 1960.

8

Schweizer Graphische Mitteilungen (Zollikofer & St. Gallen), Februar 1961, Sonderausgabe Univers-Schrift, S. 10.

9

Adrian Frutiger. *Caractères: l'Oeuvre complète*, [Adrian Frutiger. Schriften. Gesamtausgabe], hrsg. von Heidrun Osterer und Philipp Stamm. Basel 2008, S. 93.

10

Ebenda, S. 100, Bildunterschrift 35.

11

Les Linéales [Monolineare Schriften], Diskussionsrunde bei den Rencontres de Lure, Caractere No. I, Nr. 13, 1960.

12

Ebenda.

13

Ebenda.

14

Mitglieder der Künstlervereinigung UAM sind u. a. A. M. Cassandre, Pierre Chareau, Paul Colin, Le Corbusier, Ren. Herbst, Charles Loupot, Andre Lurçat, Robert Mallet-Stevens, Charles Peignot, Charlotte Perriand, Jean Prouv. und Maximilien Vox.

15

Dossier Vox, zusammengestellt von Fernand Baudin, 1975, S. 127.

16

Maximilien Vox: *Typographie*. In: Art et Décoration (Paris), Juli–Dezember 1929, Bd. LVI, S. 161–176.

17

Maximilien Vox: *Charles Peignot et son temps* [Charles Peignot und seine Zeit]. In: Communication et Langages (Paris) Nr. 14, Juni 1972, S. 58–59.

18

Les Linéales [Monolineare Schriften], Diskussionsrunde bei den Rencontres Internationales de Lure, In: Caractère No. I, Nr. 13, 1960.

19

Ebenda.

PUBLICITE
IMANS
PIERRE IMANS

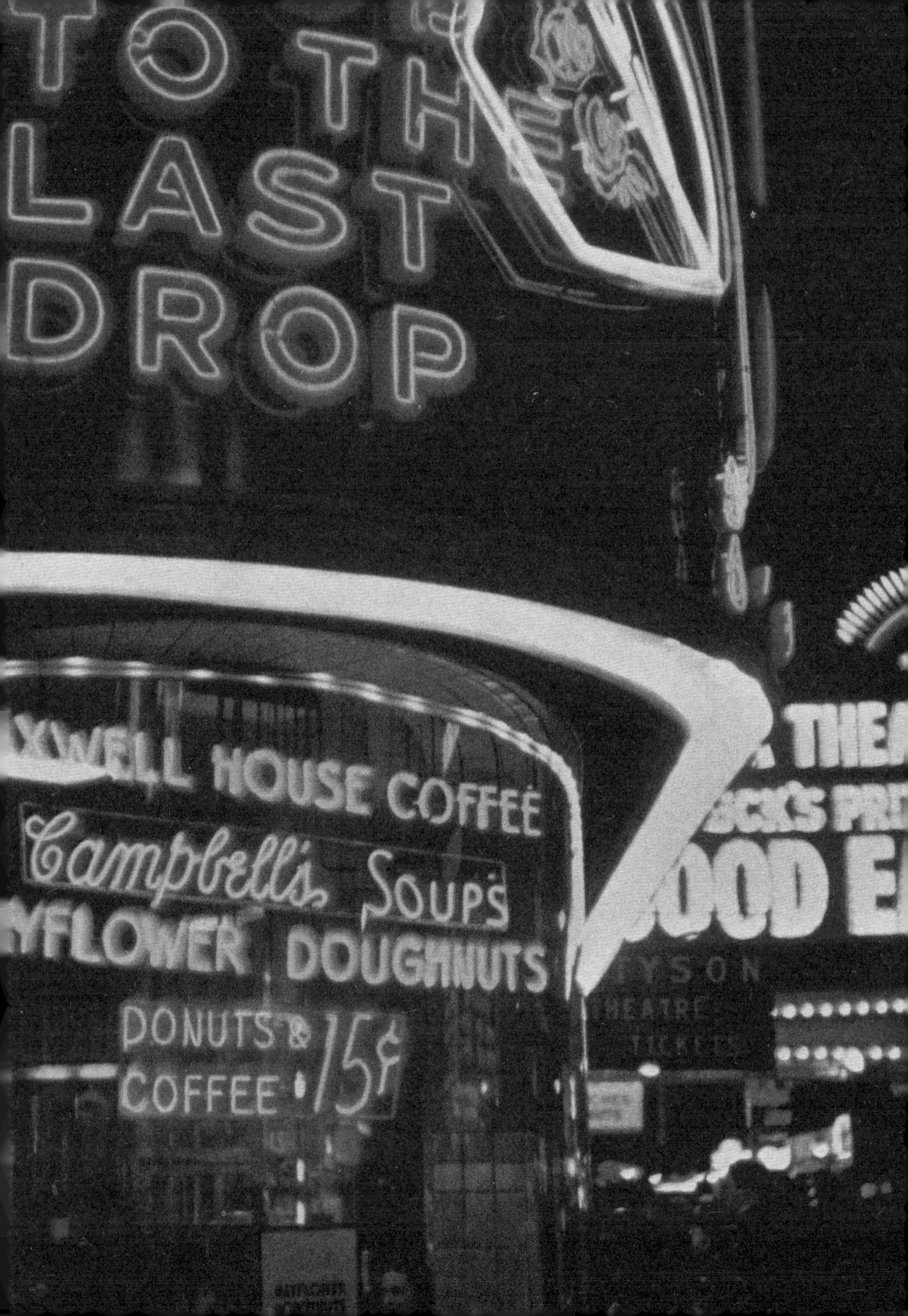
TO THE
LAST
DROP
XWELL HOUSE COFFEE
Campbell's Soups
YFLOWER DOUGHNUTS
DONUTS & COFFEE 15¢
THEATRE TICKETS

NEW YORK

In den zwanziger Jahren professionalisierte sich die grafische Szene in den USA. Nachdem bereits 1914 das *Institute of Graphic Arts* gegründet worden war, fokussierte sich das Interesse mehr und mehr auf kommerzielle Grafik: 1920 wurde in New York der *Art Director's Club* gegründet, 1927 in Chicago die *Society of Typographic Artists*.

Der Ruf New Yorks als neues Mekka der Reklame- und Grafikszene führte dazu, dass deutsche Geschäftsleute dort verstärkt ab Mitte der zwanziger Jahre Dependancen errichteten. Bereits Mitte der zwanziger Jahre war der berühmte deutsche Grafiker und Plakatkünstler Lucian Bernhard nach New York gegangen und überließ die Leitung seines erfolgreichen Berliner Ateliers seinem Kollegen Fritz Rosen; die Bauersche Giesserei eröffnete 1927 im so genannten Grafischen Viertel in Manhattan eine Niederlassung, wo die Futura und viele andere

Schriften begeisterte Aufnahme fanden.

So schreibt Paul Renner 1932 stolz in gemäßigter Kleinschreibung: »Wenn heute eine moderne schrift gewünscht wird, nimmt der drucker ohne zu zögern die grotesk. Das ist nicht nur in Deutschland und Frankreich so; auch die Amerikaner unterscheiden heute zwischen ›traditional types‹ und ›modernistic types‹. Von diesen modernen Schriften wird nach den statistiken der zeitschrift ›The Inland Printer‹ am häufigsten eine aus Deutschland stammende Grotesk, die Futura verwendet.«

In der Tat boomten in den USA Ende der zwanziger Jahre die Reklame und mit ihr auch die Zeitschriften, die sich an den neuen ›modernen‹ Bild-Text-Kompositionen aus Europa orientierten: 1929 erhielt Mehemed Fehmy Agha, der in Deutschland *die neue linie* konzipiert und bei ›Dorland‹ eng mit Herbert Bayer zusammen gearbeitet hatte, den Auftrag die *Vogue* und die *Vanity Fair* neu zu gestalten, die Agha nun in der Futura setzen ließ: Indem er Elemente des Art Déco und konstruktivistische Tendenzen, wie er sie von der Neuen Typografie aus Deutschland kannte, kombinierte, erhielten die Zeitschriften einen mondän-eleganten Look.

Im Zuge der Weltwirtschaftskrise kam die prosperierende Grafik-Szene zunächst weitgehend zum Erliegen. Ab etwa Mitte der dreißiger Jahre entfaltete jedoch Franklin D. Roosevelts New-Deal-Politik, die auch Künstler und Designer förderte, ihre Wirkung. Unterstützt von Unternehmern, die neuen Ideen gegenüber aufgeschlossen waren, konnten amerikanische Grafik-Designer wie Alexey Brodovich, Paul Rand, Lester Beall, Bradbury Thompson oder Alvin Lustig gestalterische Experimente umsetzen, die ihrerseits wiederum stilbildend wirkten.

Mit dem aufkommenden Nationalsozialismus und den öffentlichen Diffamierungen moderner Kunst emigrierten zudem viele Intellektuelle, Architekten, Künstler, aber auch Typografen und Grafik-Designer in die USA. Ihr erstes Anlaufsziel war New York und hier insbesondere die kosmopolitische Kreativszene Manhattans. Sie brachten die Überzeugung mit, dass die Grotesk als Schrift der Zukunft anzusehen sei. Viele von ihnen hatten die Futura bereits eingesetzt oder waren zumindest bestens mit ihrem Look vertraut und setzten die ihnen aus Deutschland vertraute Schrift in ihrer neuen Heimat verstärkt ein – eine Tendenz, die sicherlich auch durch Herbert Bayers Kataloggestaltung zur ersten großen Bauhaus-Ausstellung im New Yorker Museum of Modern Art 1938 verstärkt wurde, in dem er die Futura im Innenteil verwendet hatte.

PE

WOLFGANG HARTMANN

DIE BAUERSCHE GIESSEREI IN NEW YORK

Georg Hartmann entschloss sich im Jahre 1927 eine Niederlassung der Bauerschen Giesserei in New York zu eröffnen. Zuvor wurden Schriften sporadisch nach Nordamerika geliefert, aber das abweichende Schriftensystem wirkte als starke Schranke: Bei dem amerikanischen Punktsystem sind die Buchstaben in Höhe und Kegel kleiner, sodass sie nicht mit Buchstaben oder Spatienmaterial des Didot Systems vermischt werden können. Außerdem wurden die Einfuhren mit sehr hohen Zöllen belastet, womit verhindert wurde, dass europäische Schriften den heimischen Gießereien eine ernsthafte Konkurrenz bieten konnten.

Aber schon zu Zeiten der Gründung der Filiale erlebte die Werbung in den USA einen großen Aufschwung. Die Agenturen verlangten nach neuen, werbewirksamen Schriften, die die Gießereien des Landes nicht liefern konnten. Der Futura gelang gleich ein spektakulärer Auftritt in der typografischen Szene. Sie wurde gerne für die Gestaltung der Anzeigen genommen, aber auch die Bauer Bodoni, Beton, Bernhard, Corvinus fanden eine begeisterte Aufnahme. Die von Bauer sorgfältig gedruckten Schriftkataloge wurden von Druckereien gesammelt und als Anregung für eigene Anwendungen genommen.

In Frankfurt wurden Schriften von amerikanischen Künstlern übernommen, die ein Erfolg in Amerika und auch in Europa wurden, so die Quick von Howard A. Trafton und die Flott von William S. Gillies.

Langfristig sollten die Schriften im Lande produziert werden, aber es kam nicht dazu. Im Jahre 1941 erklärten die USA den Krieg, Produkte aus Deutschland durften nicht mehr eingeführt werden. So entschied sich Hartmann dazu, die Produktion der Schriften auf Pica Kegel und Höhe auf die spanische Schwesterfirma Fundición Tipográfica Neufville zu verlagern. Die Filiale in New York konnte auf diese Weise ihre Tätigkeit fortsetzen, allerdings unter einem neuen Namen, die Bauer Alphabets. Ganz wichtig war, dass der Markt weiterhin mit den beliebten Handsatzschriften versorgt wurde.

Zwei Menschen haben sich für den großen Erfolg von Bauer Schriften in den USA besonders verdient gemacht: Gustav Stresow, ein junger Mitarbeiter Hartmanns, wurde 1928 nach Amerika geschickt. Er leitete die Firma zweieinhalb Jahre lang. Seine Aufgabe war es die Agenturen zu besuchen und sie dazu zu bewegen, die Schriften für die Werbung großer Unternehmen vorzuschreiben und dadurch die Druckereien zu ihrem Kauf zu gewinnen. Auch war der Besuch bei Modezeitschriften wichtig, denn sie waren Vorbild für gute Typografie, viele wollten die dort genutzten Schriften haben.

Der zweite Mann war Ludwig (Bill) Wolfgang Fröhlich. Er übernahm im Jahre 1935 die künstlerische Leitung der Bauer Type Foundry. Ein Jahr zuvor hatte er an der Goethe-Universität in Frankfurt studiert und war kurz in der Bauerschen Giesserei ausgebildet worden. Fröhlich hatte sich zur Emigration in die Staaten entschieden, denn er war Jude. Hartmann wollte ihm helfen und bot ihm eine Stelle in der Filiale an. Diese Hilfe machte sich bezahlt, denn er leistete viel für die Verbreitung von Bauer Schriften in den USA. Fröhlich war ein außergewöhnlicher Mensch, nur wenige Jahre nach seiner Ankunft in den Staaten gründete er eine eigene Werbeagentur, die Froehlich & Co, die sich auf die Werbung von pharmazeutischen Produkten spezialisierte. Im Jahre 1954 initiierte er die International Marketing Services, die heute als IMS Health bekannt ist. Im Jahre 2014 erzielte sie einen Umsatz von 2,6 Milliarden US-$.

Fröhlich wurde ein sehr wohlhabender Mann. Er besaß mitten in Manhattan, umringt von Hochhäusern, ein elegant eingerichtetes dreistöckiges Wohnhaus mit eigenem Fahrstuhl für seine kranke Mutter und einem groß angelegten Garten.

1
Büroraum der Bauer Type Foundry Inc., 235–247 East 45th Street, New York City, um 1927.

FUTURA
FUTURA
FUTURA
FUTURA
FUTURA
FUTURA
FUTURA
FUTURA
FUTURA
FUTURA
FUTURA
FUTURA
FUTURA
FUTURA
FUTURA
FUTURA

FUTURA BLACK

FUTURA
FUTURA
FUTURA
FUTURA
FUTURA
FUTURA
FUTURA
FUTURA
FUTURA
FUTURA
FUTURA
FUTURA
FUTURA

2

Ausgerichtet für die amerikanische Zielgruppe: Cover und Rückseite eines Specimen-Heftes für die Futura Black, nach 1930.

3–4

Anwendungsbeispiele für ›Concomo Pianos‹ und ›Designers' Gallery‹ Specimen-Heft für die Futura Black, nach 1930.

5

Anwendungsbeispiel und Anzeige für die Bauer Type Foundry, Schriftproben-Heft für die Futura Black, nach 1930.

3

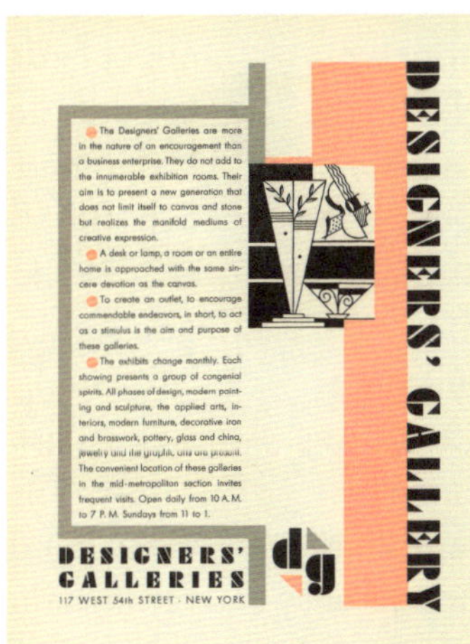

4

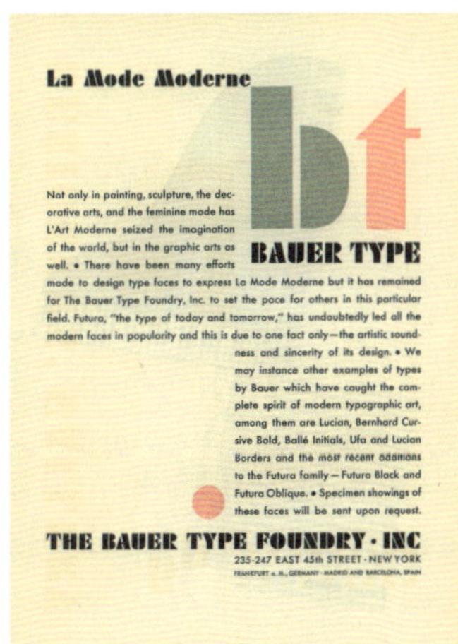

5

UTE BRÜNING

HERBERT BAYER: FUTURA IM MOMA-KATALOG

1938 erschien der *Katalog Bauhaus 1929–1928* zu der ersten Bauhausausstellung in Amerika: im New Yorker Museum of Modern Art. Es transportierte Bilder und Ideen aus der berühmten Weimarer und Dessauer Schule ins Exil. Buch, Ausstellung und ein Museumsbulletin waren von Herbert Bayer gestaltet. Sein typografisches Konzept vereinigte die drei Medien zu einer neuen, zeitgemäßen Bauhaus-Identität, die ohne Futura nicht ausgekommen wäre. Warum?

Der Transfer von Inhalten aus der Alten in die Neue Welt machte viele Fotos erforderlich, die enormen Erklärungsbedarf hatten. Zudem war eine klare Einteilung in Kapitel mit kleinen Einführungstexten vonnöten. Schrift war somit genauso wichtig wie Bild, sollte aber nachgeordnet wahrgenommen werden. Gefragt war also eine Type ohne individuelle Eigenarten, die sich in großen wie in kleinen Mengen Abbildungen jeder Größe, jeder Gruppierung und jeden Inhalts beiordnen lässt. Genau diese Eigenschaften hat die Futura. Ihr geometrisches Bild lässt sich einerseits als Subtext zur Bauhaus-Gestaltung mit elementaren Formen lesen. Andererseits erfordert jede Grotesk großen Durchschuss, was mit magerer Futura licht-graue Schriftstreifen erzeugt – eine funktionale grafische Ergänzung für Fotoseiten. Als ehemaliger Leiter der Druckerei und Reklameabteilung war Bayer dem Bauhausbeitrag zur Neuen Typografie besonders verpflichtet: Es kam also ohnehin nur ›ornamentlose‹ Schrift in Frage in ›zweckbetonter‹ Ausführung und Anordnung. Diese geht im Buch sogar so weit, das Bauhaus-Experiment der Kleinschreibung live zu demonstrieren. Es wird so zum wichtigsten Resultat der ehemaligen Bayer-Abteilung, die jetzt zum ›typography workshop‹ modernisiert ist.

Das Buch erhielt mit seinem von Seite zu Seite wechselnden Layout den Charakter eines Albums. Dazu trägt bereits der Seitenspiegel bei, der symmetrisch im Hochformat sitzt und entsprechend mittige Paginierung rechts und links auf den schmaleren Außenrändern hat. Darüber entfalten sich abwechslungsreiche, doppelseitige Kompositionen. Je nach den Erfordernissen der Abbildungsgruppen werden der Seitenspiegel und sein zweispaltiges Grundraster nach bestimmten Regeln überformt. Allein die Futura-Streifen haben die Freiheit, sich scheinbar regellos den Abbildungen dort anzugliedern, wo man Erklärung sucht. Für die Hierarchie zwischen Einführungstexten und Bildbeischriften sorgen zwei Schriftgrößen. Größere Info-Flächen sind zum Block mit sehr kleinen Absatzeinzügen stabilisiert, kleinere dürfen auch mal linksbündig wie Fähnchen an gemeinsamen Achsen flattern.

Als Auszeichnungsschrift dienen Versalien aus der schmalfetten Steinschrift von Schelter & Giesecke. Diese Grotesk zitiert die Exaktheit von Börsenkursen und

Maschinen-Inseraten der Jahrhundertwende, ohne den Anschluss an die Moderne zu verlieren, den ihr die schmale Proportion und die Sperrung garantieren. In der 3. Auflage von 1955, der ersten deutschsprachigen Ausgabe, ist der Kontrast zwischen Text und Auszeichnung schwächer, weil jetzt schmalfette Futura die Steinschrift ersetzt. Ein Funktionswandel des Buches deutet sich darin an: Aus der Aktualisierung der Bauhausideen war ihre Vereinheitlichung geworden.

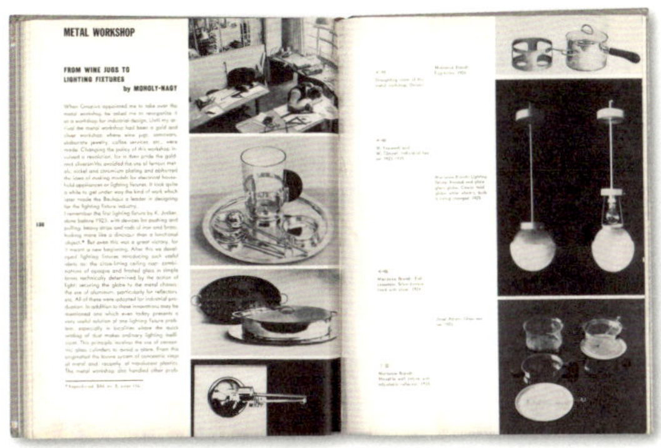

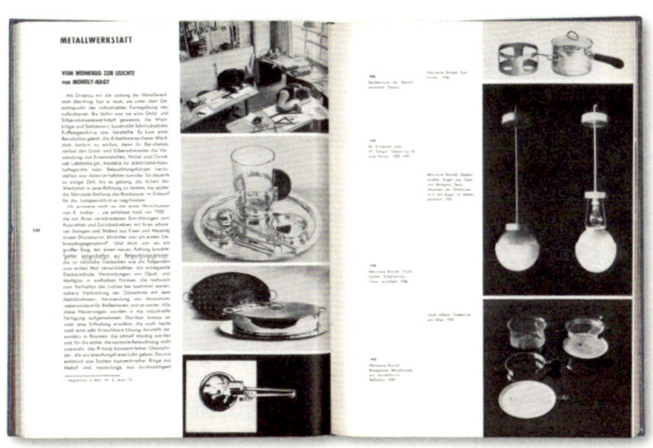

6

Gegenüberstellung des von Herbert Bayer gestalteten Ausstellungskatalogs *Bauhaus 1919–1928*, jeweils eine Doppelseite von 1938 (engl.) und 1955 (dt.).

Paul Rand
U. S. 48 States light the road
to world peace and commerce.
123
Container Corporation of America
Save waste paper

FUTURA UND AMERIKANISCHE WERBUNG

»The Type of Today And Tomorrow« war der alliterative Slogan, mit dem die Schriftgießerei Bauer in New York das Erscheinen der Futura in den Vereinigten Staaten ankündigte. Es gab weitere Sans Serifs in den USA, einheimische und importierte, einschließlich Jakob Erbars Erbar (1925), Rudolf Kochs Kabel (1927), W. A. Dwiggins' Metro (1929), Lucian Bernhards Bernhard Gothic (1929) und weitere, aber weder diese noch andere Schriften dieser Zeit waren vergleichbar geometrisch. Futura war der Inbegriff der Moderne.

1928 in den USA eingeführt als Bleisatz-Schriftfamilie verschiedener Größen und Garnituren, wurde sie mit großer Fanfare vorgestellt, einschließlich großzügiger Musterblätter, um ihre Wirkung zu demonstrieren – eine gebräuchliche Werbemaßnahme zu jener Zeit. Die Beispiele betonten ihr scharfes, modernes Schriftbild und zeigten, dass sie sowohl in großen wie auch in kleinen Größen für viele Zwecke gut eingesetzt werden kann. In der Werbewelt war die Futura sofort ein Erfolg einerseits, weil sie keine neue Variante einer bereits existierenden Schrift war, andererseits weil sie nicht so laut war, dass sie die Botschaft, die sie überbringen sollte, übertönte; außerdem symbolisierte sie das ›Heute und Morgen‹.

Die meisten amerikanischen Reklamen benutzten Groteskschriften, die entweder schmal fett oder breit fett waren. Mit Futura wurde die Typografie in der Werbung von ›konventionell‹ auf ›neu‹ umgestellt. Schon der Name ›Futura‹ hatte eine solche Anziehungskraft, dass sie rasch zu einer der beliebtesten Schriften wurde und es blieb, bis die Helvetica entwickelt wurde

7
Paul Rand: Container Corporation of America, Anzeige in Fortune, April 1946.

8
Für das amerikanische Publikum – The Bauer Type Foundry Inc: Futura. The Type of Today and Tomorrow.

8

PAUL RAND UND FUTURA

Zu Paul Rands bevorzugten Schriftbildern gehörten auch eine begrenzte Anzahl an Sans Serifs, einschließlich Trade Gothic und Helvetica – und als die A. M. Cassandres Peignot in den Vereinigten Staaten erschien, versuchte er sich einmal sogar an ihr. In den vierziger Jahren benutzte er die Futura fett für Buchgestaltung und oft auch für Reklamezwecke, wie in der typografischen Werbung für Benzedrine, die aus dem Kleinbuchstaben **b** der fetten Futura bestand, die so vergrößert war, dass sie die ganze Seite ausfüllte. Durch ihre fast perfekte Geometrie war dieses skulpturhafte Futura-Schriftzeichen ein äußerst wirksames Identifizierungsmerkmal, besonders in einer derartigen Größe.

Für eine Reihe von Anzeigen für Stafford-Stoffe wählte Rand Minuskeln in der Futura, die er für den Firmennamen mit weitem Zwischenraum setzte, für alle weiteren Überschriften und Texte benutzte er dieselbe Schrift in normalem Abstand und kleineren Größen. Wenn diese Schriftzeichen in Futura in wechselnden Farben gedruckt und von Rands unverkennbaren, abstrakten Fotoillustrationen unterstützt waren, vermittelte diese Werbung ein Flair von Modernität.

Ähnliches gilt auch für den Titel *jazzways* und die Wortmarke für den Hybrid einer Buch-Zeitschrift, die sich mit Musik befasste und perfekt zu Rands witzigem, von Paul Klee inspiriertem Titelbild mit vier abstrakten Instrumenten passte, die modernen Jazz symbolisieren sollten. Für ein Buch mit Gedichten und Aufsätzen von Hans Arp setzte Rand ebenfalls eine weit gesperrte Futura fett ein, sodass die Buchstaben **a-r-p** praktisch über das Titelblatt tanzten.

Dennoch, auch wenn Rand die Futura oft benutzte, war es doch nicht seine bevorzugte Schrift. Er schätzte sie, weil sie sehr »funktionell (war), ohne Schnörkel, Kringel und Lockenwickler«, aber nach etwa zehn Jahren war er ihrer überdrüssig. Stattdessen bevorzugte er das Dick und Dünn der klassischen Bodoni, ebenfalls ohne Lockenwickler.

9

Paul Rand: Anzeige für ›Coronet Brandy‹, 1945–1948.

CORONET
makes the lighter highball
...because Coronet itself
is lighter...kinder...
cleaner-tasting!
lighter with soda...
lighter with ginger ale...
lighter with cola...
CORONET
VSQ
Fine Brandy
CORONET BRAND
Paul Rand

10

10

oben: Paul Rand: Covergestaltung für Hans Arp: *On my way. Poetry and essays 1912–1947* (Documents of Modern Art/MoMa), New York: Wittenborn, Schultz, Inc., 1948.

unten links: Paul Rand: Covergestaltung für László Moholy-Nagy: *The new vision and abstract of an artist* (Documents of Modern Art/MoMa), New York: Wittenborn, Schultz, Inc., 1949.

unten rechts: Paul Rand: Covergestaltung für Guillaume Appollinaire: *The Cubist Painters. Aesthetic Mediations* (Documents of Modern Art/MoMa), New York: Wittenborn, Schultz, Inc., 1944.

11

Paul Rand Covergestaltung für Alfred A. Knopf: Modern Art USA, 1956.

12

Paul Rand: Jazzways, Umschlag für die Zeitschrift *Architectural Forum*, März 1945.

13–14

Paul Rand: Anzeigen für Stafford Fabrics, 1942–1944.

Rudi Blesh
Modern Art USA
Men, Rebellion, Conquest
1900-1956

11

jazzways
a year book
of hot music
One dollar

12

THE NEW YORK TIMES MAGAZINE, APRIL 23, 1944. 3
the
stafford stallion
has gone
to war
fabrics by stafford
fabrics with a pedigree
...hanging by a thread
Whether it's parachutes or the most distinctive patterns to be found in men's neckwear...you'll find they're sired by the Stafford Stallion. This is the symbol of Stafford Fabrics...those famous textiles woven in Pennsylvania and printed in the little Connecticut town for which they are named. Tomorrow you'll see new marvels produced by today's wartime research...fabrics for both men and women...for shirts, sportswear, smart costumes for town and country...all stamped with the spirit and stamina of the Stafford Stallion, your assurance, now and always, of fabrics with a pedigree.
GOODMAN & THEISE, INC., New York, Stafford Springs, Conn., Scranton, Pa.

13

design for leisure...stafford robes for men
In color that vies with autumn's richest parade...
or in soberer tones of quiet luxury... whichever you choose,
you'll find it in the suave variety of patterns and colors in Robes by Stafford™.
Robes by Stafford of Celanese* rayon yarn, each bearing the proud mark
of the Stafford Stallion, are woven in the Pennsylvania hills and
authentically printed in the little New England town for which they are named.
Available at better men's and department stores.
GOODMAN & THEISE, INC.
robes by stafford

14

The building market in 1 package
architects & engineers
realty owners & managers
builders & contractors
lending institutions
public officials
distributors & dealers
The Architectural F
FORUM
F

15

15

Paul Rand: Anzeige für die Zeitschrift *The Architectural Forum*, 1943.

16

Paul Rand: *Thoughts on Design*. New York: Wittenborn & Company, 1947.

17

Paul Rand Covergestaltung zu Ann und Paul Rand: *Sparkle and spin. A book about words*, New York: Harcourt, Brace and Co., 1957.

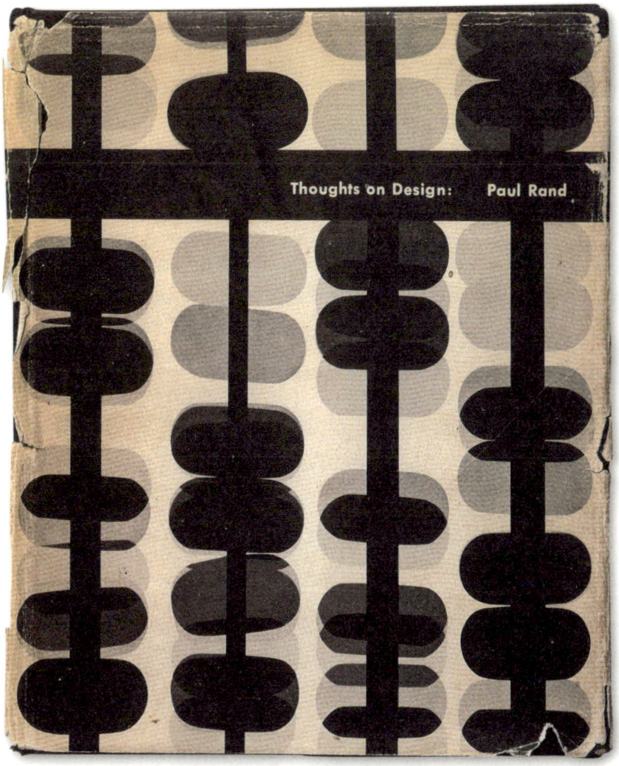

16

17

18

Bradbury Thompson Covergestaltung für *Painting Toward Architecture*, hrsg. von Henry-Russell Hitchcock. Meriden, Connect.: Miller, 1948.

19

Bradbury Thompson: horsepower.

20

Bradbury Thompson: *Alphabet as Image*, 1948.

21

Bradbury Thompson: *Seven Inspirations*. Symbols translated into graphic design by the author, from paintings by Miró, Braque, Helion, Le Corbusier, Tunnard, Léger, and Gris, 1948.

18

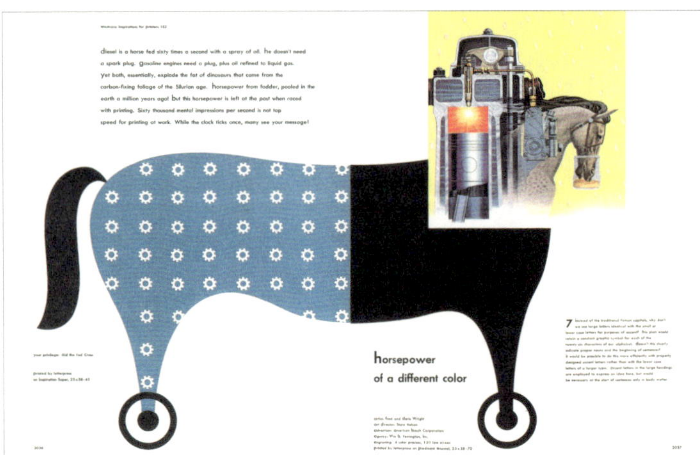

19

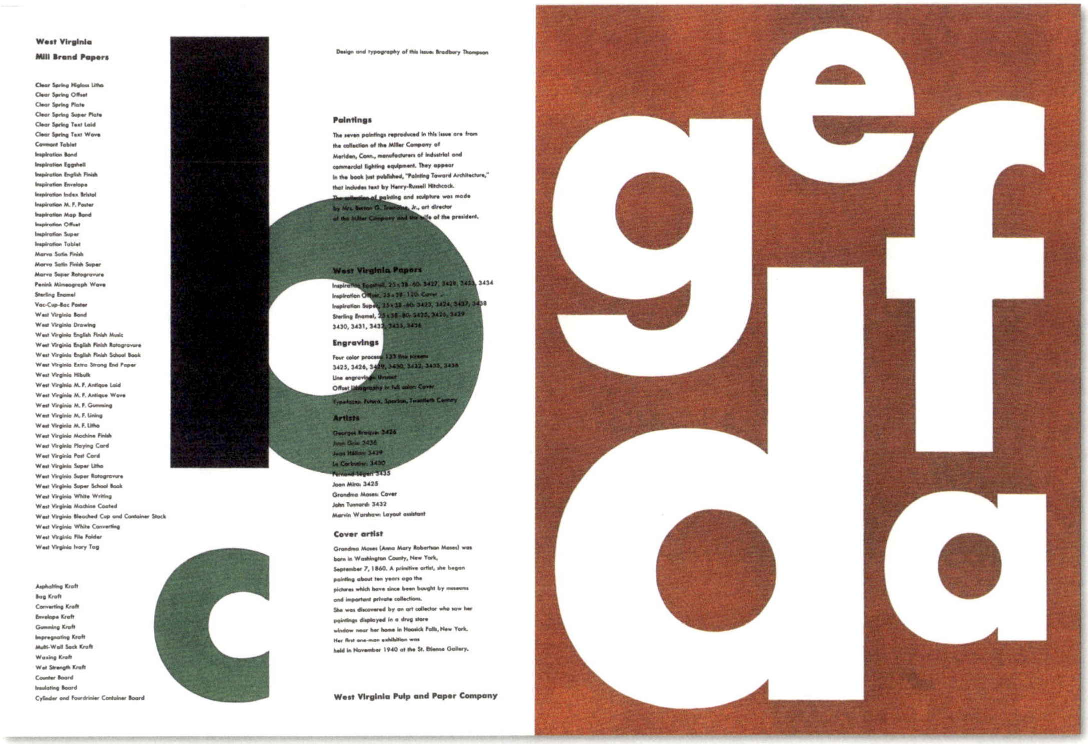
West Virginia
Mill Brand Papers
Clear Spring Higloss Litho
Clear Spring Offset
Clear Spring Plate
Clear Spring Super Plate
Clear Spring Text Laid
Clear Spring Text Wove
Covmont Tablet
Inspiration Bond
Inspiration Eggshell
Inspiration English Finish
Inspiration Envelope
Inspiration Index Bristol
Inspiration M. F. Poster
Inspiration Map Bond
Inspiration Offset
Inspiration Super
Inspiration Tablet
Marva Satin Finish
Marva Satin Finish Super
Marva Super Rotogravure
Penink Mimeograph Wove
Sterling Enamel
Vac-Cup-Bac Poster
West Virginia Bond
West Virginia Drawing
West Virginia English Finish Music
West Virginia English Finish Rotogravure
West Virginia English Finish School Book
West Virginia Extra Strong End Paper
West Virginia Hibulk
West Virginia M. F. Antique Laid
West Virginia M. F. Antique Wove
West Virginia M. F. Gumming
West Virginia M. F. Lining
West Virginia M. F. Litho
West Virginia Machine Finish
West Virginia Playing Card
West Virginia Post Card
West Virginia Super Litho
West Virginia Super Rotogravure
West Virginia Super School Book
West Virginia White Writing
West Virginia Machine Coated
West Virginia Bleached Cup and Container Stock
West Virginia White Converting
West Virginia File Folder
West Virginia Ivory Tag
Asphalting Kraft
Bag Kraft
Converting Kraft
Envelope Kraft
Gumming Kraft
Impregnating Kraft
Multi-Wall Sack Kraft
Waxing Kraft
Wet Strength Kraft
Counter Board
Insulating Board
Cylinder and Fourdrinier Container Board
b
c
Design and typography of this issue: Bradbury Thompson
Paintings
The seven paintings reproduced in this issue are from the collection of the Miller Company of Meriden, Conn., manufacturers of industrial and commercial lighting equipment. They appear in the book just published, "Painting Toward Architecture," that includes text by Henry-Russell Hitchcock.
The collection of painting and sculpture was made by Mrs. Burton G. Tremaine, Jr., art director of the Miller Company and the wife of the president.
West Virginia Papers
Inspiration Eggshell, 25 x 38 - 60: 3427, 3428, 3433, 3434
Inspiration Offset, 25 x 38 - 120: Cover
Inspiration Super, 25 x 38 - 60: 3423, 3424, 3437, 3438
Sterling Enamel, 25 x 38 - 80: 3425, 3426, 3429
3430, 3431, 3432, 3435, 3436
Engravings
Four color process: 133 line screen:
3425, 3426, 3429, 3430, 3432, 3435, 3436
Offset lithography in full color: Cover
Typefaces: Futura, Spartan, Twentieth Century
Artists
Georges Braque: 3426
Juan Gris: 3436
Jean Hélion: 3429
Le Corbusier: 3430
Fernand Léger: 3435
Joan Miro: 3425
Grandma Moses: Cover
John Tunnard: 3432
Marvin Warshaw: Layout assistant
Cover artist
Grandma Moses (Anna Mary Robertson Moses) was born in Washington County, New York, September 7, 1860. A primitive artist, she began painting about ten years ago the pictures which have since been bought by museums and important private collections.
She was discovered by an art collector who saw her paintings displayed in a drug store window near her home in Hoosick Falls, New York.
Her first one-man exhibition was held in November 1940 at the St. Etienne Gallery.
West Virginia Pulp and Paper Company
g e f i d a

20

c
e
f
b
d
g
7 Inspirations for printing layouts
combining abstract painting and modern type faces
with realistic copy about these ancient topics:
a Humor
b Appetite
c Travel
d Thirst
e Architecture
f Exercise
g Decor
a
Copyright 1948 by West Virginia Pulp and Paper Company

21

[440]

big performance
at economy price
the newly designed ADDO-X quality Viking model 154

[441]

44E
ask now for "on-your-job" proof
that "addo-x" economy priced
model 44E will save you money

LADISLAV SUTNAR UND FUTURA

Die Futura wurde in den Vereinigten Staaten eingeführt, ehe der moderne tschechische Designer Ladislav Sutnar 1939 in New York City eintraf. Doch ihr Status erreichte eine neue Dimension, nachdem Sutnar ihr Schriftbild zum Wahrzeichen der Industriekataloge gemacht hatte, die er zwischen 1941 und 1960 für den Sweet's Catalog Service schuf.

Sutnar favorisierte Minuskeln in Futura fett und halbfett, deren Funktionalität, Lesbarkeit und Charakter er schätzte. In seinem Buch *Catalog Design Progress*, einem klugen Leitfaden zum Katalogdesign, dominiert die Futura als typografisches Gegenstück zu Sutnars fast obsessivem Gebrauch geometrischer Symbole für die Kapitel- und Absatzmarkierung. Das Schriftbild war Teil einer Gleichung, zu der auch Form, Farbe und Zeile gehörten, die, wie Sutnar es nannte, für die Benutzer von Sweet's Katalogen »Wegweiser (waren), die rasch erkennbare Informationen zur Identifizierung liefern«.

Sutnar war kein später Anwender der Futura, sondern bereits begeisterter Anhänger als er noch in der Tschechoslowakei arbeitete, wo er ab 1929 für Drustevni Prace, Prags größtes Verlagshaus, Bucheinbände und Titelseiten für Zeitschriften entwarf. VGL. S.272 Obwohl Sutnar viel über den Designprozess schrieb und veröffentlichte, äußerte er sich nie explizit über die Vorzüge der Schrift Futura. Doch sie stand ganz im Einklang mit seinem Credo darüber, was er als gutes visuelles Design bezeichnete: »Das Ziel ist nicht, beliebt und erfolgreich zu sein, indem man nostalgisch der Vergangenheit huldigt oder sich auf die simple Ebene eines angeblichen öffentlichen Geschmacks begibt«, schrieb er. Und was das Wichtigste ist: die Schrift Futura kam nie aus der Mode.

22
Ladislav Sutnar: Handzettel für Add-o, um 1956–1959 aus: Visual Design in Action, 1961.

23

23
Ladislav Sutnar & Knud Lönberg-Holm: Catalog Design Progress, New York: Sweet's Catalog Service 1950.

24

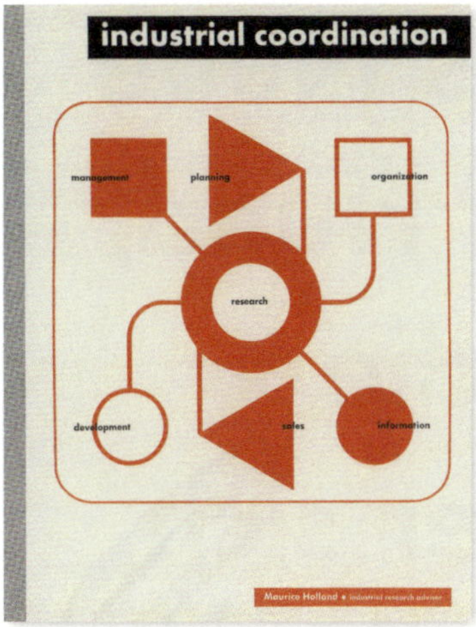

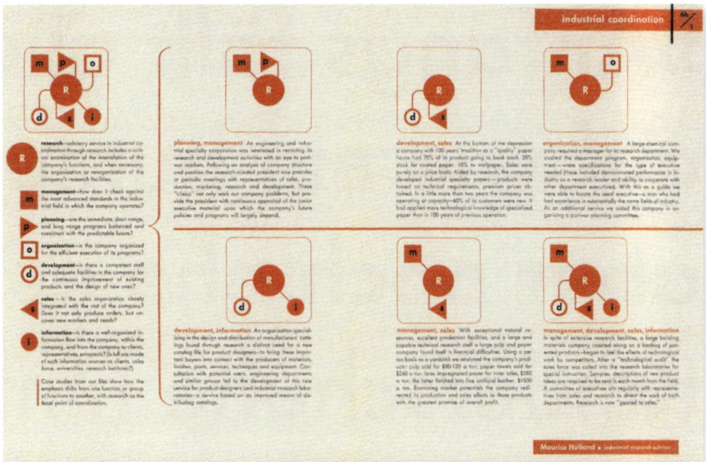

25

26

24

Ladislav Sutnar (Gestaltung) Titel und Doppelseite für *industrial coordination*, ein Katalog für Maurice Holland, Sweet's Catalog Service, New York: Holland, um 1947.

25

Katalog *Honeywell customized controls*, New York/Minneapolis: Sweet's Catalog Service for Honeywell, um 1952; Gestaltung: Knud Lönberg-Holm, Ladislav Sutnar.

26

Ladislav Sutnar: Anzeige *Fiat Volunteer*, in: Catalog Design Progress, 1950.

»Anfangs fällt alles Neue auf wie ein bunter Hund, aber noch ehe es die Kinderschuhe hinter sich gelassen hat, ist es für das bewusste Auge unsichtbar geworden.«

Herausgeber VANITY FAIR.

VANITY FAIR: DIE AMERIKANISCHE ZEITSCHRIFT, DIE FUTURA VORANBRACHTE

Der einflussreichste Förderer der Futura in den Vereinigten Staaten war die Zeitschrift *Vanity Fair*, Condé Nasts renommierte Monatszeitschrift für Kultur, Kunst und Literatur. Nicht nur, dass Dr. Mehemed Fehmy Agha, der in der Ukraine geborene hoch angesehene künstlerische Leiter, das Magazin in der Futura erscheinen ließ, nein, er ging sogar noch einen Schritt weiter und schaffte in den Überschriften von *Vanity Fair* sämtliche Großbuchstaben ab. Das Ergebnis – nur Minuskeln – war zwar irritierend, aber gleichzeitig auch auf elegante Weise modern.

Das ›Experiment‹, das nur fünf Ausgaben umfasste, definierte den fortschrittlichen Stil von *Vanity Fair*.

Genauso schnell wie die Großbuchstaben verschwunden waren, waren sie jedoch plötzlich in der Ausgabe vom März 1930 wieder da, zusammen mit einem erklärenden Leitartikel der Herausgeber unter dem Titel *Eine Anmerkung zur Typographie*. Obwohl in diesem Zusammenhang der Inhalt wichtiger war als das Schriftbild, gingen die Herausgeber davon aus, dass ein Schriftbild, das die Neue Typografie der europäischen Avantgarde repäsentierte, sich am besten für einen solchen Versuch eigne.

»Typographie ohne Großbuchstaben wurde bald nach dem Großen Krieg (i. e. dem Ersten Weltkrieg) in Europa eingeführt und hat sich seitdem nach Westen ausgebreitet«, so die Herausgeber. »Sie wird weniger in Fließtexten verwendet, ist aber außerordentlich beliebt in den Fällen, wo die Art der Präsentation von extremer Wichtigkeit ist. Durch den intensiven Wettstreit der Reklamen, wo jeder kleinste optische Unterschied sich sofort bemerkbar macht, haben deshalb auch die Amerikaner schon Bekanntschaft mit der modernen Typographie gemacht.«

Diesem Absatz folgte ein besonders scharfsinniger ›raison d'être‹, warum die Futura überhaupt geschaffen werden musste: »Jede Kunstform, und besonders jede Kunstform, die so utilitaristisch ist wie die Typographie, passt sich bewusst oder unbewusst der besonderen Stimmung der lebenden und zeitgenössischen Zivilisation an.«

In welcher Weise experimentelle Typografie eine anpassungsfähige Kraft ausübt, erklärten die Herausgeber wie folgt: »Anfangs fällt alles Neue auf wie ein bunter Hund, aber noch ehe es die Kinderschuhe hinter sich gelassen hat, ist es für das bewusste Auge unsichtbar geworden ... *Vanity Fair* glaubt, genau zu wissen, was es durch den fortgesetzten Gebrauch der neuen Typographie bewirkt. Durch das Verändern einer der Konventionen der neuen Typographie, indem wir zum Gebrauch von Großbuchstaben in den Überschriften zurückkehren, gehorchen wir Erwägungen, die jede ›Stilrevolution‹ überleben werden. Hier geht es darum zwischen Attraktivität und Lesbarkeit abzuwägen, oder auch zwischen Form und Inhalt, und da *Vanity Fair* keine neue Bildungsmaßnahme starten möchte, stimmt es für die Rückkehr der Großbuchstaben in den Überschriften zugunsten der Lesbarkeit, und stellt damit Inhalt über Form.«

Die Leserschaft, an die sich diese Erklärung richtete, war nicht am Erwerb von Schriften interessiert, aber ihr wurde die Wichtigkeit des Anliegens vor Augen geführt. Für die Designer und Produktionsleiter, die Schriften kauften und benutzten, wurde die Futura in der amerikanischen Fachpresse beworben und gefördert, durch Artikel und Beispiele in *PM/AD*, in Zeitschriften wie *American Printer* und *Print*, aber kaum etwas war ähnlich eindrucksvoll wie der Gebrauch von Futura (mit oder ohne Großbuchstaben) in *Vanity Fair*.

27
Jean Carlu (Gestalter) Cover *Vanity Fair*, Sept. 1930.

T, Futura Lichte.

O, Futura Lichte.

MOND

WE CAME IN PEACE FOR ALL MANKIND

Das Internet ist voll von Hinweisen auf die Verschwörungstheorie, dass die NASA Stanley Kubrick dafür bezahlt habe, einen gefälschten Film über die Mondlandung der Apollo 11 zu drehen, der der Welt gezeigt wurde, während die Astronauten in Wirklichkeit die Erde in einer kleinen Umlaufbahn umkreisten, bis sie wieder zurückkehren durften. Ein Anhänger dieser Theorie würde vielleicht auch nicht zögern, hinzuzufügen, dass die Edelstahlplakette, die an der Leiter des Landemoduls angebracht war und verkündete: »Hier setzten Menschen vom Planeten Erde zum ersten Mal den Fuß auf den Mond. Juli 1969 AD. Wir kamen in Frieden für die gesamte Menschheit« in der Futura gesetzt war, weil sie Kubricks favorisierte Schrift war.

Es scheint nirgendwo dokumentiert zu sein, warum ausgerechnet die Futura die erste Schrift auf dem Mond sein sollte, aber es ist nicht auszuschließen, dass ihre markante

Verwendung auf dem Poster für *2001: A Space Odyssey*, Kubricks Meisterwerk über die Weltraumforschung, das nur ein Jahr vor der Mondlandung Furore machte, die Inspiration lieferte. Vielleicht fand die NASA den Namen ›Futura‹ auch angemessen, um an ihre futuristischste Unternehmung zu erinnern.

CB

UNITED
STATES

CHRISTOPHER BURKE

WIE KAM DIE FUTURA AUF DEN MOND?

Die Plakette der Apollo 11 wurde entworfen und hergestellt von der Technischen Division des Manned Spacecraft Centre, Houston, unter Leitung von Jack Kinzler und David McCraw. In dieser Abteilung arbeiteten viele Techniker mit besonderen Fähigkeiten in der Metallbearbeitung. Zwei identische Exemplare dieser Plakette wurden jeweils auf einer Seite am unteren Teil der Leiter angebracht, der später als Abschussrampe für das Landemodul diente und daher auf dem Mond zurückblieb.

Bald darauf erfuhr die Schriftgießerei Bauer von dem außerirdischen Abenteuer ihrer bekanntesten Schrift. Wolfgang Hartmann, der Enkel von Georg Hartmann und Direktor von Bauers spanischer Tochtergesellschaft Neufville, ließ Kopien der NASA-Plakette anfertigen. Eine davon überreichte er bei einer Messe dem Minister für Tourismus, worauf er gebeten wurde, den spanischen ›Staatsoberhäuptern‹ ebenfalls eine zu überreichen, nämlich Francisco Franco und Prinz Juan Carlos. Wolfgang Hartmann erklärte ihnen, dass die Schrifttype, die die NASA für die Plakette benutzt hatte, in Spanien gegossen worden war, wie jeglicher Bleisatz der Bauerschen Giesserei, der seit dem Zweiten Weltkrieg in die Vereinigten Staaten geliefert wurde.

1
Landung des ›Eagle‹.
Aufname von Collins,
Apollo 11-Mission, NASA 1969.

»I said, ›Well, the first thing I'm caught up in is the idea we should have a plaque. We ought to have something with words on it indicating the crew's names and when they landed and where they came from.‹ So my first suggestion was we ought to build something that we could put that information on. So I got an action item out of the committee saying, It's up to you. You go do it.«

JACK A. KINZLER
Interview mit Paul Rollins
›Oral History 2 Transcript‹
Seabrook, Texas 16.1.1998.

UNI
STA

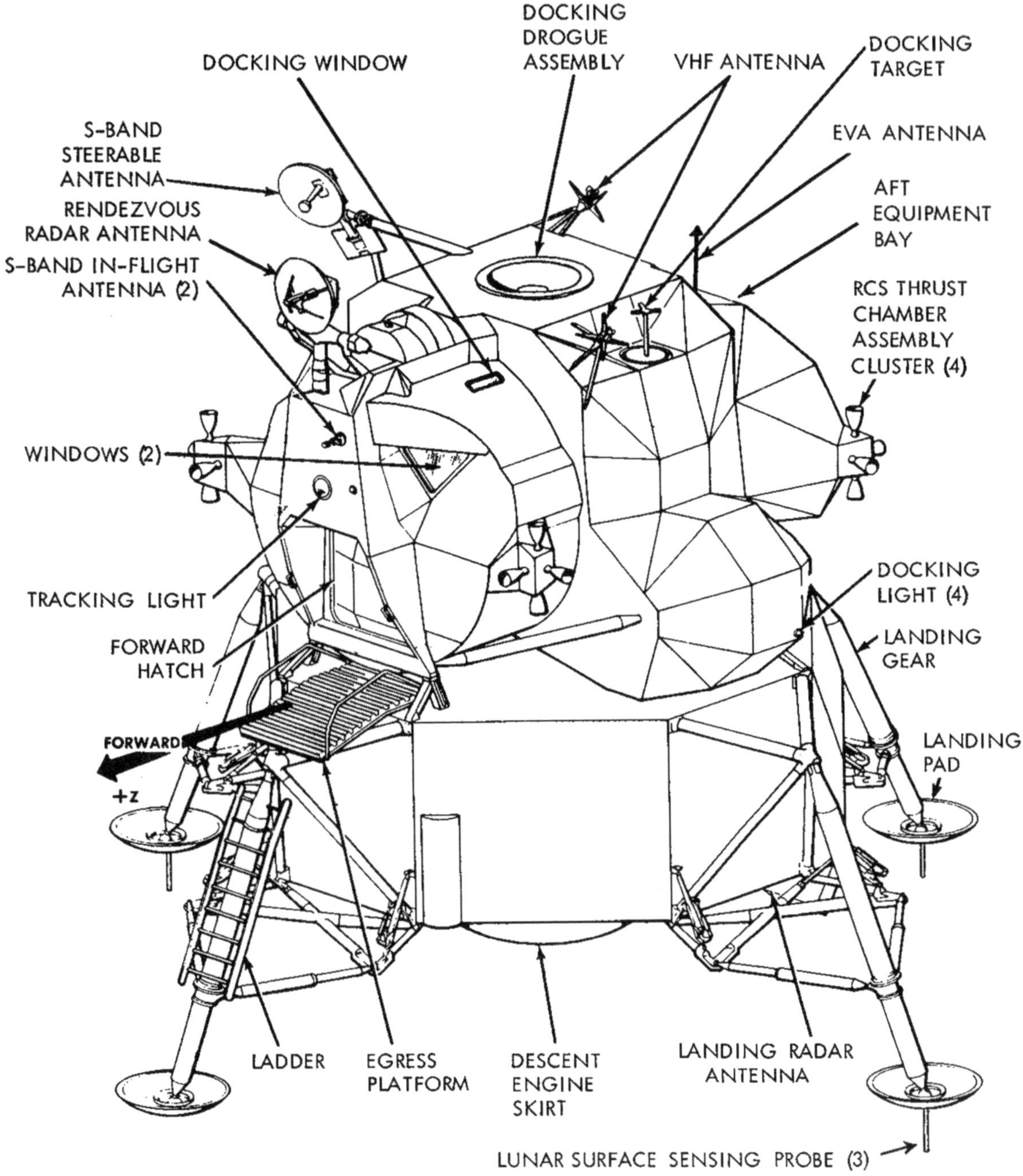

3

APOLLO LUNAR MODULE

2

S. 357 – Der Astronaut Edwin E. Aldrin verlässt die Raumkapsel und steigt die Leiter herab zur Mondoberfläche. Foto von Armstrong, NASA 1969.

3

Apollo Mond Modul, Infografik, S. 97 aus: Presse Kit, Apollo 11 Mission vom 6. Juli 1969.

4

Ein Techniker hält die Apollo 11 Plakette mit dem aufklappbaren Schutz vor endgültiger Installation an der Leiter des sogenannten ›Eagle‹, Juli 1969.

5

(IN) In der Pressemitteilung vom 6. Juli 1969, also 10 Tage vor Abflug wird penibel festgelegt, was Armstrong – im Falle der erfolgreichen Landung auf dem Mond – als erste Handlung zu vollziehen habe, nämlich die Enthüllung der Plakette, deren Botschaft auch die gesamte Mission der Reise symbolisiere.
Diese Plakette befindet sich am Fuße des ›lunar landing vehicle‹, welches dann letztlich auch auf dem Mond verblieb und trägt die Inschrift: »Here men from the planet earth first set foot upon the moon, july 1969, A. D.« und darunter »We came in peace for all mankind«. Darüber die Abbildungen der beiden Hemisphären der Erde. Alles in Futura versal gesetzt eingraviert. Darunter die Unterschriften von Präsident Nixon und den drei Astronauten Armstrong, Collins und Aldrin. In einem kurzen Videomitschnitt konnte die Enthüllung durch Armstrong weltweit mitverfolgt werden.
Nach seinem Tod im August 2012 entdeckte seine Witwe Carol in einem Schrank ihres Mannes eine weiße Stofftasche, in der sich u. a. auch eben jene Videokamera befand, mit der Armstrong die Landung auf dem Mond dokumentiert hatte. Heute ist dieser späte Fund als Dauerleihgabe im National Air and Space Museum.

4

5

6

Typography—Sans Serif
Futura

Futura is recommended for a number of reasons. The typeface is quite legible and is versatile enough for catalog listings as well as brochure applications. The precision letterforms have a technological character and make it a natural for certain NASA projects.

The Futura face is designed with a small x-height and will require special attention when specifying the size. In the comparison of typefaces enclosed in this section, you will note that 11 pt. Futura is comparable in appearance to 10 pt. Helvetica.

When the Futura face is being used, always specify Futura Demibold headings. Do not mix Helvetica Medium headings with Futura text settings.

ABCDEFGHIJKLMNOPQRSTUVWXYZ
abcdefghijklmnopqrstuvwxyz
1234567890$(&?!%.,:;-)

ABCDEFGHIJKLMNOPQRSTUVWXYZ
abcdefghijklmnopqrstuvwxyz
1234567890$(&?!%.,:;-)

Futura Demibold
The main purpose of letters is the practical one of making thoughts visible. Ruskin says that all letters are frightful things, and to be endured only upon occasion, that is to say, in places where the sense of the inscription is of more importance than external ornament. This is a sweeping statement from which we need not suffer unduly, yet it is doubtful if there is art in individual letters. Letters in combination may be quite satisfying and in a well-composed page beautiful as a whole. The main purpose of letters is the practical one of making thoughts visible. Ruskin says that all letters are frightful things, and to be endured only upon occasion, that is to say, in places where the sense of the inscription is of more importance than external ornament.
Futura Demibold
Ruskin says that all letters are frightful things, and to be endured only upon occasion, that is to say, in places where the sense of the inscription is of more importance than external ornament. This is a sweeping statement from which we need not suffer unduly, yet it is doubtful if there is art in individual letters. Letters in combination may be quite satisfying and in a well-composed page beautiful as a whole. The main purpose of letters is the practical one of making thoughts visible. Ruskin

Futura Demibold
The main purpose of letters is the practical one of making thoughts visible. Ruskin says that all letters are frightful things, and to be endured only upon occasion, that is to say, in places where the sense of the inscription is of more importance than external ornament. This is a sweeping statement from which we need not suffer unduly, yet it is doubtful
Futura Demibold
Ruskin says that all letters are frightful things, and to be endured only upon occasion, that is to say, in places where the sense of the inscription is of more importance than external ornament. This is a sweeping statement from which we need not suffer unduly, yet it is doubtful if there is art in individual letters. Letters in combination may be quite satisfying and in a well-composed page beautiful as a whole. The main purpose of letters is the

5.4

8

9

Reproduction Art: Logotype

This page contains camera-ready reproduction artwork for the NASA logotype. This artwork may be reduced or enlarged photographically.

For additional supplies of reproduction art, contact the graphics coordinator at NASA Headquarters.

7

6

It's ugly, but it gets you there. Anzeige für den VW-Käfer in den USA von DDB 1969.

7

(IN) Das NASA Graphics Standards Manual aus dem Jahr 1976 des New Yorker Design Studios Danne & Blackburn mit dem ›worm‹-Logo ist eine Ikone des Corporate Designs und wurde erst kürzlich in einem Reprint neu aufgelegt.

8

(IN) NASA Graphics Standard Manual, Januar 1976. Interessanterweise wurde mit dem neuen Erscheinungsbild zwar die Helvetica als wichtigste Corporate-Schrift vorgestellt, doch gleich auf der nächsten Seite wird die Futura in light und demibold wegen ihres ›technologischen Charakters‹ für besondere Projekte und Drucksachen der NASA empfohlen.

10

11

9

Das offizielle Apollo-11-Crew
Foto: Neil A. Armstrong, Michael Collins
Edwin ›Buzz‹ Aldrin Jr. (von li.).

10

(IN) Das 254-Seiten starke original Presse Kit der NASA zur Apollo 11 Mission vom 6. Juli 1969. Interessanterweise ist der Briefkopf der National Aeronautics and Space Administration (NASA) und die Beschriftung zahlreicher Infografiken und technischen Zeichnungen in Futura gesetzt. Dazu gesetzt das berühmte NASA-Logo, genannt ›the meatball‹ des Angestellten James Modarelli von 1959. Die eigentliche Pressemitteilung ist in Schreibmaschinenschrift gesetzt und es tauchen verschiedene Groteskschriften auf. Von einem einheitlichen Erscheinungsbild kann noch keine Rede sein.

11

Das offizielle Emblem der NASA-Apollo-11-Mission: der Adler ›the eagle‹, der mit einem Friedenszweig zwischen seinen Klauen auf dem Mond landet. Darüber in negativen Versalien in Futura fett gesetzt: Apollo 11 – im Hintergrund der blaue Planet Erde. NASA, 1969.

12

Apollo Mond Landeplätze, Infografik, S. 83 aus: Presse Kit, Apollo 11 Mission vom 6. Juli 1969.

13

Der Fußabtritt des Astronauten Neil Armstrong gräbt sich in die Oberfläche des Mondes und hinterlässt Spuren.

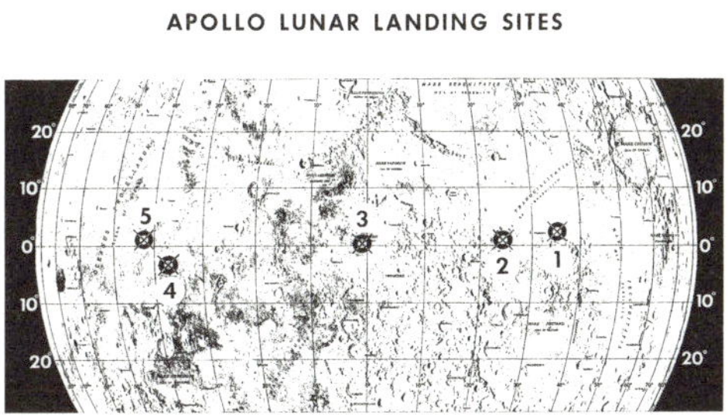

12

13

»It's Futura Extra Bold. It was Stanley's favourite typeface.«

TONY FREWIN
Stanley Kubricks persönlicher
Assistent im Interview mit Jon Ronson,
The Guardian 27.3.2004.

14
Plakat von Robert McCall für den Film *2001: a space odyssey* von Stanley Kubrick, 1968. Titel und Untertitel in Futura. Im Film hingegen wurde für den Titel eine modifizierte Gill Sans verwandt.

e

e, Futura Extra Bold.

SCHRIFTEN VON PAUL RENNER

1927 **Futura mager**
Futura halbfett
Futura Schmuck
Bauersche Giesserei

1928 **Futura fett**
Bauersche Giesserei

1928 **Plak; fett, schmalfett, engfett**
D. Stempel AG

1929 **Futura Black**
Bauersche Giesserei

1930 **Futura dreiviertelfett**
Futura schräg mager
Futura schräg halbfett
Futura schmalfett
Bauersche Giesserei

1930 **Europe**
Deberny & Peignot

1931 **Futura Lichte**
Futura schräg dreiviertelfett
Bauersche Giesserei

1933 **Futura Buchschrift**
Futura Schlagzeile
Bauersche Giesserei

1937 **Futura schmal halbfett**
Bauersche Giesserei

1937 **Ballade mager**
Ballade halbfett
H. Berthold AG

1938 **Futura schräg fett**
Bauersche Giesserei

1939 **Futura Buchschrift schräg**
Bauersche Giesserei

1939 **Renner-Antiqua**
Renner-Kursiv
D. Stempel AG

1950 **Futura schmalmager**
Bauersche Giesserei

1953 **Steile Futura halbfett**
Steile Futura kursiv halbfett
Steile Futura fett
Bauersche Giesserei

1954 **Steile Futura kursiv fett**
Futura kräftig
Bauersche Giesserei

1958 **Steile Futura mager**
Bauersche Giesserei

1 – 48
Auswahl Probeabzüge der
Paul Renner-Schriften von 1927–1941.

WEILMÜNSTER
NIEDERLANDE
ABCDEFGHIKL
MNOPQRSTU
VWXYZÄÖÜ
ŒÆ.-:!'(§?*«»
gpqyJjÇç,,;†
1234567890

Corps 72 Magere Futura / 23. August 1927

abcdefghijklm

nopqrstuvwxy

zæœçſßchck&

àáâäèéêëïîìí

òóôöùúûü

ąăãåćčďđěęłľ

ñňøõőŕřșśšťțůű

Corps 84 Magere Futura / 12. Oktober 1927

FUTURA PAUL RENNER

Kreuznach Ebernburg

84391 Flughafen 21083

Bauerſche Gießerei

ABCDEFGHIJKLMNO

PQRSTUVWXYZ

ÄÖÜÆŒÇØ$

abcdefghijklmmnnop

qrsſtuvwxyzäöüchck

fffiflftſſſiſtß áàâåãèéêë

.,-:;!?(' »«*†§&&

1234567890

1234567890

Corps 36 Magere Futura / Korrektur 10. Januar 1928

3. VOLKS-KONZERT
ŒDENBURG
28. JANUAR 1832
Die Braut von Messina
Goldene Medaille
362 Kunſtgewerbe 168
Rüdesheim am Rhein
Frankfurter Hof

Corps 48 Magere Futura / Korrektur 11. Januar 1928

DIE ZAUBERFLÖTE
MERGENTHEIM
ABCDEFGHIJKLM
NOPQRSTUVWX
YZÖÄÜŒÆÇ
1234567890
1234567890
.,-:;!?(§†*' «»&
agmnr&

Corps 60 Magere Futura / 18. Juni 1928

Gutenberg-Muſeum

Richard Wagner

Hotel Schweizerhof

Winterfahrplan

abcdefghijklmnop

qrsſtuvwxyzæœç

chckfffiflſſſiſtß

äüöáàâéèêëìíîï

òóôùúûãõñå

Corps 60 Magere Futura / 18. Juni 1928

Offenbach a. M.

Wiſſenſchaft

Der Konfektionär

abcdefhiklmnor

stuvwxzæœ

àáâäéèêëìîí

òóôöùúûü

ckchfffiflftſſſiſſtſtß&

Corps 72 Magere Futura / 23. August 1928

ABCDEFGHIJ
KLMNOPQR
STUVWXYZ
ÆŒÇÄÖÜ
1234567890
.,-:;!?'*(†§«»
ĄĐĘŁĽŞŢ

Corps 84 Magere Futura / 12. Oktober 1928

MORGENLIED
QUO VADIS
DREHBÜNHE
Wilhelm Bufch
Rigoletto
Zeitungshalter
Präsidium

Corps 84 Magere Futura / 12. Oktober 1928

ABCDEFGHIJKLMN

OPQRSTUVWXYZ

ÄÖÜÆŒÇØ$

aabcdefgghijklmm

nnopqrsſtuvwxyz

æœchckçfffiflftſſſiſtß

äáàáâäòóôöøùúûü

.,-:;!?('†§*«»&&

1234567890

1234567890

abdegpqréèêëàáâä

åã1238

Corps 48 halbfette Renner Futura * Korrektur 19. Dezember 1927.

BILDER-GALERIE

FRÜHJAHRS-MODE

RASENSPORT

Homburger Kurhaus

Zeichen-Atelier

Maſchinen-Bauſchule

Photographie

Handel und Induſtrie

17 Meiſterwerke 36

5291 Ödenburg 680

Corps 48 halbfette Renner Futura * Korrektur 19. Dezember 1927

AN DER SPITZE DER EUROPÄISCHEN SCHRIFTEN STEHEN DIE RÖMISCHEN Versalien, aufgebaut aus Kreis, Dreieck und Geviert, den denkbar einfachsten und denkbar gegensätzlichsten Formen. Seltsam strahlt die vornehme und edle Schlichtheit dieser Schrift in unsere Zeit, wie ein letzter Schimmer von der hellen Geistigkeit des alten Roms. Das Einfache

A B C D E F G H I K L M N O P Q R S T U

163429 J V W X Y Z Æ Œ Ç 372108

a b c d e f g h i j k l m m n n o p q r s ſ t

u v w x y z ch ck ff fi fl ft ſſ ſi ſt ß æ œ ç å

à á ä â ã ò ó ô ö õ . , - : ; ! ' ? (§ † & & * « »

1 2 3 4 5 6 7 8 9 0 1 2 3 4 5 6 7 8 0

abdegpqràáâäåãèéêë1238

Corps 20 Halbfette Renner-Futura / Korrektur 30. Dezember 1927

RENNER FUTURA
WÜRZBURG
POST MESSE
ABCDEFGHIJKLM
NOPQRSTUVW
XYZÄÖÜÆŒÇ
.,:;-!?(«»†§*&
1234567890
1234567890

Corps 60 halbfette Futura / Korrektur 2. März 1928

Zeitungs-Verleger
Fichtel & Sachs
Frankfurt a. d. O.
Berliner Stadion
abcdefghijklmno
pqrsſtuvwxyz
æœçchckſſſiſlſtſſi
ſtßíîìïóòôöùúûü

e

Corps 60 halbfette Futura / Korrektur 2. März 1928

KURGARTEN
EISENACH
Mode-Bazar
Rheinſtein
Taſchenbuch
Hamburg
Sängerfest

Corps 84 Halbfette Futura / 16. März 1928

ABCDEFGHI
JKLMNOPQ
RSTUVWXY
ZÆŒÄÖÜ

.,-:;!?«»'*†§&&

1234567890

1234567890

Corps 84 Halbfette Futura / 16. März 1928

abcdefghijkl

mmnnopqrr

sſtuvwxyz

æœçchck

äöüèéêë

ffiflftffiftß

ø$

Corps 84 Halbfette Futura / 16. März 1928

abcdefghijkl

mmnnopqrr

sſtuvwxyz

fffiflftſiſſſtß

chckæœç&&

Øø$

Corps 72 Halbfette Futura / 22. März 1928

HANNOVER
MELDUNG
Koln am Rhein
Talsperre
Schriftgießer
Odenwald
Mannheim

Corps 72 Halbfette Futura / 22. März 1928

A B C D E F G H I J K L M N

O P Q R S T U V W X Y Z

Æ Œ Ç Ä Ö Ü Ø $

a a b c d e f g g h i j k l m m

n n o p q r s ſ t u v w x y z

ch ck ff fi fl ft ſſ ſi ſt ß

æ œ à á â ä å à á â ä ã é è

ê ë ì í î ï ñ ò ó ô ö õ ø ù ú û ü

& . , - : ; ! ? ’ (§ † « » * &

1 2 3 4 5 6 7 8 9 0

E F ſt

Corps 36 fette Renner Futura / Korrektur 23. November 1927

BAUERSCHE GIESSEREI
FRANKFURT A. M.

Die Zauberflöte
Johannes Gutenberg
Wilhelm Tell
Über den Wellen
Feſtvorſtellung
Mülheim an der Ruhr
Opernhaus
Äther Öffnung

Corps 36 fette Renner Futura / Korrektur 23. November 1927

KÖLN AM RHEIN
GEOGRAPHIE
Romeo und Julia
Rigoletto
Doppelquartett
Winterfeſt
Alt-Heidelberg
Odenwald
.,-:;!?(§†*'»«&&
1234567890
JKOSZkckſſſiſſſtß

Corps 48 Fette Renner Futura - Korrektur 3. Dezember 1927

ROTHENFELS
HAMBURG
Zeitschriften
Gutenberg
Schornstein
Expreß-Zug
Barcelona
Flugwoche

Corps 72 Fette Futura / 2. Mai 1928

Zentral-Hotel
Reichswehr
Wochenend

abcdefghijkl

mnopqrsſtuv

wxyzæœç

fffiflftſiſſſtß

chckäöüàáâ

èéêìîíïòóôùúû

Corps 60 Fette Futura - 26. Mai 1928

abcdefghij

klmnopqrſ

stuvwxyz

æœ&chck

ffifflftſiſſſtß

áàâäéèêìíî

òóôöùúûü

Corps 84/72 Fette Futura / 3. Juli 1928

HERMELIN
MEXIKO
QUINTA
Offenbach
Sonate
Winterfeſt
Panzer

Corps 84/72 Fette Futura / 3. Juli 1928

BETON- U. EISENKONSTRUKTION
NEUZEITLICHE BAUKUNST

Der Ring des Nibelungen
Siegfried Götterdämmerung
Sonate in S-dur
Deutſches Tennis-Turnier
Hamburg Amerika
Olympiſche Spiele 1928
Winter-Feſt

A B C D E F G H I J K L M N O P Q R
S T U V W X Y Z Æ Œ Ç
Ä Ö Ü Á Ã Å È É Ê Ë Í Ñ Ó Ø Õ $ Ú
a a b c d e f g g h i j k l m m n n o
p q r s ſ t u v w x y z æ œ ç ä ä ö ü
ch ck ff fi fl ft ſi ſſ ſt ß & &
à à á á â â å å ã ã è é ê ë ì í î ï
ñ ñ ò ó ô õ ø ù ú û
. , - : ; ! ? ' († § * « » & &
1 2 3 4 5 6 7 8 9 0

J K S Z e k ck s ſ ſſ ſi ſt ß

Corps 20 Fette Renner Futura - Korrektur 6. Dezember 1928

INDUSTRIE
MANIFEST
HOMBURG
Kanalisation
Hildesheim
Autowerke
Gartenlaube

Corps 72/60 Futura-Black — Korrektur 4. September 1929

OBERURSEL A. T.
GRIECHENLAND
ÖDIPUS ÄTHER
Rheinland-Feier
24. Juli 1930
MainzWiesbaden
Genoſſenſchaft
ch ck ff fi fl ft ſſ ſi ſt ß
1234567890

Corps 60 Dreiviertelfette Futura - 21. Juli 1930

ABCDEFGHIJ

KLMNOPQRS

TUVWXYZÆ

ŒÇÄÖÜœæç

abcdefghijkl

mnopqrsſtuv

wxyzchckﬀﬁﬂ

ftſſſiſtßäàáâë

èéêïìíîöòóôüù

Corps 72/60 dreiviertelfette Futura - 1. August 1930

Byrd's Flug über den Südpol
Frankfurter Stadtparlament
Naſſauiſche Landesbank
Goethe-Denkmal zu Weimar
Hamburger Pferde-Lotterie
Deutscher Buchdrucker-Verein
Kurhaus Münſter am Stein
Erzeugnisse der Industrie
28. Juni 1769 14. Februar 1903
United States of America
Australia and New-Sealand
f æ ch ck ſ ſi ſt ß fi ft † § ? ( ) 3 5 8

Corps 36 magere Futura Kursiv - Korr. 10. Januar 1930

NORDERNEY QUAST
BAD MERGENTHEIM
XYLOPHON ZITHER
1872 CARLTON 1905
Berliner Stadt-Theater
Rundfunk-Ausſtellung
Hagen in Westfalen
Printed in Germany
Colt Manufacturing

Corps 48 Halbfette Futura Kursiv - 23. Oktober 1929

A B C D E F G H I J J K L M

N O P Q R S T U V W X Y

Z Ä Ö Ü Æ Œ Ç æ œ ç

a b c d e f g h i j k l m n o p

q r r s ſ t u v w x y z ä ö ü

ch ck ff fi fl ft ſſ ß ſt ſi

£ Ø ₵ $ ø

*. , - : ; ! ?) ' * § † » « & &*

1 2 3 4 5 6 7 8 9 0

Corps 48 Halbfette Futura Kursiv — 24. Oktober 1929

(Gesangs-Quartett)

Miniſterialerlaß § 17

Bücher, Deckel Eifel

Freytag; Imker Jod

Suppé 93658 Wàffe

Keſſel Oſten! Reflex

O Q

SUNDAY TIMES
Milchkuranſtalt
Rettungs-Wache
Beton u. Tiefbau
Philipp Hofmann
Central-Bahnhof
Wiſſenſchaftler

Corps 84 Schmalfette Futura - 14. Juli 1930

BAUER TYPE FOUNDRY INC.
CAROLUS-DRUCKEREI
Bayrische Hypothekenbank
Arabische Vollblut-Pferde.
Fortſchritte, Erkennungsdienſt
Genoſſenſchaft; (Iphigenie)
John Miller & Son, New York
Küſtengebiet »Louiſiana«
Technik! Unterkunft? Wecker
Xenia Zähler Ärzte-Verband
17240 Öhre § 832 Überfluß
I b

Bauersche Gießerei, Frankfurt a. M. 29. Dezember 1936 Futura-Buchschrift 36 Punkt

VOLKSTAGE
WESTFALEN
REISENDER
1930 MUND
KING 2564

Corps 84 Lichte Futura • 2. März 1931

SONNE. WESPE
Arzt Bach Licht
Dame! Emden
Farbe Hufland
Rom Jota Kino
Mord 89 Irene
$ 21.35 List Ruf
(Teppich) Ulk

72 Punkt Schlagzeilen-Futura - 30. August 1932

ADLERWERKE FRANKFURT A. M.
THE SATURDAY EVENING POST
Bohrung Choral, Deutz; Frucht
Excellenz Gruft Hoffnung Irrtum
Jahrmarkt Kampf London $ 45
Madison Square 126. New York
Oxford Philadelphia Railroad
(United States of America)
3896 William Vrous 1078

A B C D E F G H I J K L M N O
P Q R S T U V W X Y Z $
a b c d e f g h i j k l m n o p q
r s t u v w x y z ff fi fl ft
ä é ò û &
. , - : ; ! ? (' 1 2 3 4 5 6 7 8 9 0

Bauersche Gießerei, Frankfurt a. M. 31. März 1937 Fette Futura Kursiv 28 Punkt

WARENHAUS
KOLB & DEPHIR
Rheinstahl 916
Villa Urban
Zelt 2579.10
Sunday Times

Bauersche Gießerei, Frankfurt a. M. 1. April 1937 Fette Futura Kursiv 60 Punkt

Naſſauiſche Landesbank;
Erfinder – Flughafen
Drexel-Lichtſpiele. Jülich
Chrysanthemen, Haftung.
Auguſt Marſchall & Reuß
(Bockenheimer Warte)
£ 5276.40 $ 891 ¢ 60
. , - : ; ! ? ([„ " » « – ' * § †
1 2 3 4 5 6 7 8 9 0

Bauersche Gießerei, Frankfurt a. M. 15. Februar 1939 Futura-Buchschrift-Kursiv 48 Punkt

Advertising is a branch of human activtiy which emphasizes its selfish motive and admits it openly. The more a people is inclined by its education and mode of thinking to lay the chief weight on ideal viewpoints and to keep material matters in the background, by so much the less is

THE GENTLE HINT OF STYLE
SHOPS AND BAZARS OF BOSTON
GRAPHIC ARTS EXPOSITION
LIGHT ON A GROUNDED SUBJECT

International Studio of Philadelphia
Etching of contemporary films
A favorite pattern of the modern bride
The Spanish Interior Decoration
South Eastern Railway

BAUERSCHE GIESSEREI FRANKFURT A. M.

ABCDEFGHIJKLMNOPQRSTUVWXYZ
abcdefghijklmnopqrstuvwxyz
ÄÇÖÜÆŒáàâäçéèêëíìîïóòôöúùûü
æœ ch ck ff fi fl ft ß ´ ` ^ ¨
.,-:;!?)’·&1234567890

AUS DEN KIRCHEN HOLT MAN ALLE HEILIGEN IKONEN UND RELIQUIEN UND ÜBERALL DORT,

wo eine Bresche in die Mauer geschlagen ist, hängt man dann eines der Heiligenbilder hin, damit es besser als irdische Waffen den Sturm der Ungläubigen abwehren solle. Gleichzeitig versammelt Kaiser Konstantin die Senatoren, die Kommandanten und Heerführer um sich.

Bauersche Gießerei | 23. Juli 1951 | Futura schmal mager 28 Punkt

Hamburg arme gar
geboren Organe ab
Hammer graue Orb
nur Obernburg bar

H O a b e g m n o r u

Bauersche Gießerei, Frankfurt a. M. 30. September 1938 Normale Renner-Grotesk 48 Punkt

BERLINER ZEITSCHRIFTENVERLAG

FONDERIE BAUER / NEW YORK

Amtsgericht Frankfurt am Main

Bau- und Siedlungs-Geſellſchaft.

Kriegs-Winterhilfswerk 1940

(Erſtlings-Ausſtattungen)

Teerprodukte, Chemiſche Induſtrie

Deutſche Lufthanſa; Königsberg

J. Eckhard & Hänſlin, Worms

Operntexte: „Undine" Richard IV.

Mühle! Quäker Paßzwang?

§652 £ 810.62 $ 3790 ₵ 25

Bauersche Gießerei, Frankfurt a. M. 7. Dezember 1939 Normale Renner-Grotesk 36 Punkt

Hamburg Obmann
genau ebnen gerne
Horn am Orangen
ungarn Herborn er
Orbra um Hanauer

H O a b e g m n o r u

Bauersche Gießerei, Frankfurt am Main 8. März 1939 Normale Renner-Kursiv 48 Punkt

ABCDEEFGHIJKKLMMNOP
QRSTUVWWXYZ
abcdefghijklmnopqrstuv
wxyzy&.,:-;!?('†§*
1234567890

ABCEGJKPRSTVWWXYZ
acdeikpqstvwx
&?§234569

Bauersche Gießerei, Frankfurt a. M. 2. Mai 1939 Normale Renner-Kursiv 28 Punkt

A B C D E E F G H I J K L M N

O P Q R S T U V W W X Y Z

Ä Ö Ü Æ Œ Ç $ £ ¢

a b c d e f g h i j k k l m n o p

q r s ſ t u v w x y y z

æ œ ch ck ck ç ff fi fl ft ſſ ſi ſt ß ß

. , - : ; ! ? (§ † * ' „ " &

1 2 3 4 5 6 7 8 9 0

A G M N W V W v w y

Bauersche Gießerei, Frankfurt a. M. — 30. Januar 1941 — Magere Normal-Kursiv 28 Punkt

49
Heft mit Schriftproben, Bauersche Giesserei, 1950er Jahre.

Aa Bb Cc Dd
Ee Ff Gg Hh
Ii Jj Kk Ll Mm
Nn Oo Pp Qq
Rr Ss Tt Uu Vv
Ww Xx Yy Zz
ä ö ü ﬁ ﬂ 1 2 3
4 5 6 7 8 9 0

ISABEL NAEGELE

DIE ANATOMIE DER FUTURA

Untrügliche Zeichen zur Identifikation der Futura und geeignet für einen Schrift-Schnell-Check sind folgende Buchstaben: **a**, **j**, **t**, **u**, **M**, **C** und die Ziffer **1**.

Das einäugige kleine **a** wurde zum Markenzeichen der deutschen Groteskschriften. Dabei war es keineswegs eine neue Erfindung, sondern bislang vor allem als Spielform in den ›Kursiven‹ der Antiqua bekannt. Die konzeptionelle Radikalität der Formensprache der Futura mit dem eingeschossigen kreisrunden kleinen **a** und dem zweigeschossigen **g** hat aber seinerzeit Zeichen gesetzt und wurde als Erfolgsmodell von einigen renommierten zeitgenössischen Schriftgießereien in eigene Schriftschöpfungen übernommen, wie z. B. von Ludwig & Mayer in die Erbar.[1]

Das kleine **j** ist eines der wenigen Zeichen, das bis auf den ursprünglich eckigen ›Punkt‹ zugunsten einer runden Punktform, von der Ur-Futura beibehalten wurde. Besonderes Kennzeichen: ohne Bogen. Das gilt übrigens auch für das kleine **t**, mit der charakteristischen geringen Oberlänge. Das kleine **t** und **f** zeichnen sich zusätzlich durch einen asymmetrischen Querstrich aus. Das kleine **u** ist symmetrisch und ohne Abstrich. Das versale **M** verfügt in den Schnitten mager, Buchschrift und halbfett über einen spitzen Scheitel und Spitze, wie auch **A** und **N**.

Das versale **C** ist gekennzeichnet durch eine geometrisch runde Form. Die Winkel an den Endungen des **C** und **c** sind vertikal, im 90 Grad Winkel zur Grundlinie beendet. Den Besonderheiten der deutschen Schrift und den häufigen Buchstaben-Kombinationen **Ch**, **Ck**, **ch**, **ck** ist damit Rechnung getragen. Bei den Ziffern fällt die **1** mit dem horizontalen Aufstrich und diagonalen Abschluss auf.

KLASSIFIKATION

Alles braucht seine Ordnung. So auch die unüberschaubare Zahl der Schriften. In Deutschland hat sich das Deutsche Institut für Normung (DIN) dafür zuständig erklärt. Die Klassifizierung nach DIN 16518 ordnet die Futura innerhalb der Gruppe 1.6 der serifenlosen Linear-Antiqua und weiter der geometrischen Linear-Antiqua zu. Genau betrachtet nahm die Ur-Futura allerdings in den Breiten auch Proportionen der humanistischen Grotesk auf. Charakteristisch sind die deutlichen Breitenunterschiede der Lettern. So entsprechen die Proportionen der schmalen Versalien **E**, **F**, **L**, **S** im Verhältnis zu den breiten Versalien **A**, **M**, **N**, **O**, **Q** eher den humanistischen Größenverhältnissen.

Nach der Willbergschen Matrix[2] wird nach Formprinzip und Stil unterschieden. Hier gilt die Futura formal als typischer Vertreter der Grotesk mit geometrischen Formprinzipien, d. h. mit gleichmäßigen Strichstärken, konstruierten Formen und **R** mit diagonalem Abstrich.[3]

Die französische Klassifikation nach Maximilien Vox orientiert sich historisch und verzeichnet die Futura bei den ›Linéales‹.

ANATOMISCHE DETAILS

»So lange wir groß- und kleinbuchstaben nebeneinander verwenden, steht der künstler vor der aufgabe, in diesen beiden ganz verschiedenen alphabeten das gleiche formale motiv durchzuführen. Da die form der römischen versalien kaum anzutasten ist, liegt es nahe, das motiv ihres formenkontrastes auch auf die kleinbuchstaben zu übertragen.«[4]

Mit diesen Worten erklärte Paul Renner 1930 seine Konzeption für den Entwurf der Futura. Er ließ sich für die Konstruktion der Großbuchstaben vom Formenrepertoire der Capitalis Monumentalis, bestehend aus Kreis, Quadrat und Dreieck, inspirieren. Die besondere Innovation Renners ist die Übertragung dieser Formensprache auf die Kleinbuchstaben und, daraus resultierend, die harmonische Verbindung von Majuskeln und Minuskeln. So bestehen z. B. das **a**, **b**, **p** und **q** ›nur‹ aus einem Kreis und einem Strich.

Die geometrische Klarheit und das Weglassen alles Überflüssigen sind die Kennzeichen der Futura. Paul Renner bringt das in einem Brief an die Bauersche Giesserei 1940 so auf den Punkt: das Besondere der Futura sei, dass sie »in allen Buchstaben auf das geometrische Substrat zurückgreift und damit der Schrift eine so strenge Geschlossenheit in der Zeile verleiht.«[5]

Auch wenn das »geometrische Substrat« für die endgültige Form deutlich überarbeitet wurde, so unterscheidet tatsächlich die Geschlossenheit der Schriftzeichen sowohl in den Versalien **E**, **F**, **G**, **S**, Ziffern **2**, **3**, **4**, **5** als auch den Minuskeln **a**, **e**, **g**, **s** das Wort- und Schriftbild deutlich von den konkurrierenden Groteskschriften der Zeit wie der Johnston oder Erbar.

Als Linear-Antiqua verzichtet sie auf die Serifen und vermeidet jeglichen Auf- und Abstrich bei den Minuskeln wie dem **l** und **t**. Entsprechend sind sie von jeder Handschriftlichkeit befreit und gelten als »ehrlicher Ausdruck des technischen Prozesses«. Eine Besonderheit, wenn auch keine Erfindung, ist das aufrechte einäugige **a**.[6]

Die Futura war Renners erster Schriftentwurf, doch mit dem Auge des geübten Typografen hatte er sich schon in seinen frühen Schriften mit den optischen Phänomenen in der Buchtypografie beschäftigt. Mit Heinrich Jost und seinem Team in der Bauerschen Gießerei wurde über zwei Jahre an den schriftgestalterischen Details gefeilt, ehe die Schrift 1927 veröffentlicht wurde. Dabei blieben zwar einige radikalere Alternativen auf der Strecke, aber der langanhaltende Erfolg der Schrift gibt dem damaligen Pragmatismus recht: »Der künstlerische wert einer schrift hat sich allein vor dem menschlichen auge zu bewähren, also in der sphäre der anschauung und nicht in der sphäre mathematischer begriffe.«[7]

Mit der optischen Korrektur des Kreises zu Gunsten der vertikalen Ausdehnung sind die Punzen von **a**, **b**, **d**, **g**, **o**, **p** und **q** entsprechend nicht mehr rund, sondern optisch ausgeglichen oval. Die Strichstärken der Einläufe sind in manchen Schnitten zum Stamm hin streng genommen nicht mehr monolinear, sondern etwas verjüngt.

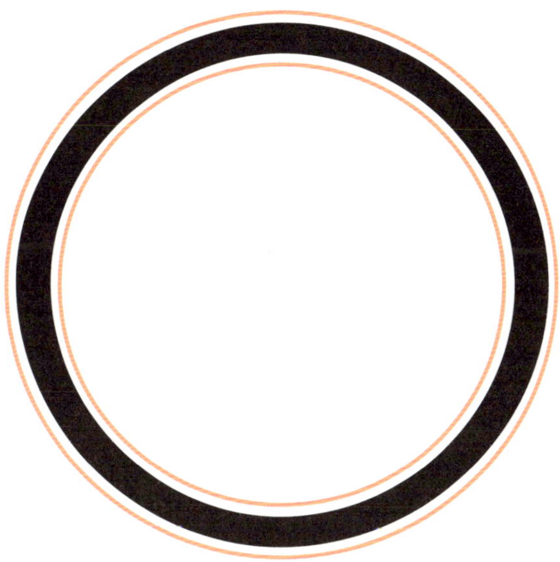

Oben: Optische Korrektur des versalen fetten Os. Um eine optische Monolinearität zu erzielen wurde der waagerechte Anteil schmaler gehalten als der senkrechte. An der breitesten horizontalen Stelle sollte die Rundung sogar etwas breiter sein. Unten: Die Futura mager ist tatsächlich nahezu monolinear.

Ursprüngliche Konstruktion des a, mit Kreis und Strich vor der optischen Korrektur.

Nach optischer Korrektur: die Punzen beschneiden den Stamm. Eingeschossiges kleines a.

Vergleich der Punzen kreisrund vs. oval.

Punze höher als breit, die ovalen Punzen beschneiden den Stamm.

Identisches Konstruktionsprinzip von b, p, d und q, nur die Unterlängen sind deutlich kürzer als die Oberlängen.

Bögen verjüngen sich zum Stamm, obere und untere Einläufe gleich.

Bögen verjüngen sich zum Stamm, Einschnitte nahezu identisch.

u und n gleichbreite Binnenform. Nahezu symmetrische Binnenflächen.

Keine Bögen bzw. Abstriche am kleinen t, f und j. Asymmetrischer Querstrich bei t und f.

Das kleine L überragt das versale i, und ist minimal magerer.

Oberlängen über die Versalhöhe hinausragend.

Eszett-Ligatur vereint das lange s mit einem kurzen s. Strich wie beim f.

Senkrechter Abschluß beim großen und kleinen C.

Sehr weit geschlossenes kleines e, horizontaler Querbalken, schräger Abschluss.

Schräge Abschlüsse beim S, die Winkelung variiert diskret.

Geometrisch runde Form bei C, G und Q.

Senkrechter Abschluss beim C, erlaubt eine enge Zurichtung mit den Buchstaben h und k.

Das G mit sehr geschlossener Form und senkrechtem Abschluss. G, C und S enden in unterschiedlichen Winkeln.

Horizontaler Abschluss beim diagonalen Schweif des Qs.

Spitze Scheitel und Spitzen ragen bei V, A und W über die Versalhöhe bzw. Grundlinie hinaus.

W besteht aus zwei verschmälerten V-Formen.

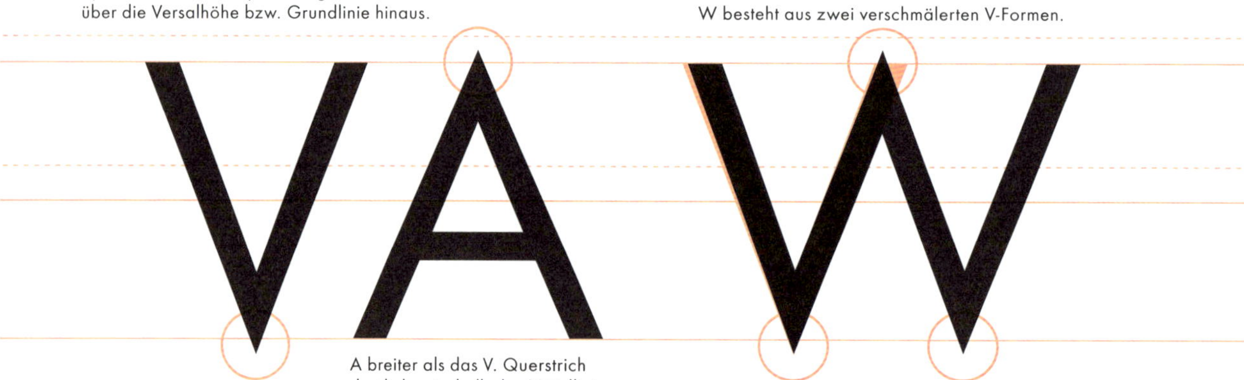

A breiter als das V. Querstrich deutlich unterhalb der Mittellinie.

Die Diagonalen verjüngen sich minimal zum Schnittpunkt hin.

Spitzer Wendepunkt oben und unten.
Die Winkel der Diagonalen variieren von Z zu z.

Oberer und unterer Arm gleichlang.

Strichkontrast von Stamm zu Querbalken. Querbalken etwas tiefer als mittlerer Arm beim E.

L und F schmaler als E, mittlerer Arm auf gleicher Höhe deutlich über der Mittellinie.

erlänge

Die Bögen von R und P gehen tiefer als beim B. Diagonales gerades Bein beim R.

U symmetrisch, J mit kleinerem Innenradius.

Obere Hälfte beim B größer als beim E. Der untere Bauch des B ist breiter.

Waagerechte Nase bei der 1 mit schrägem Anstrich.

Spitze Wendepunkte bei 2 und 4. Geschlossene 4 mit niedrigem Querstrich ergibt eine Dreiecksform.

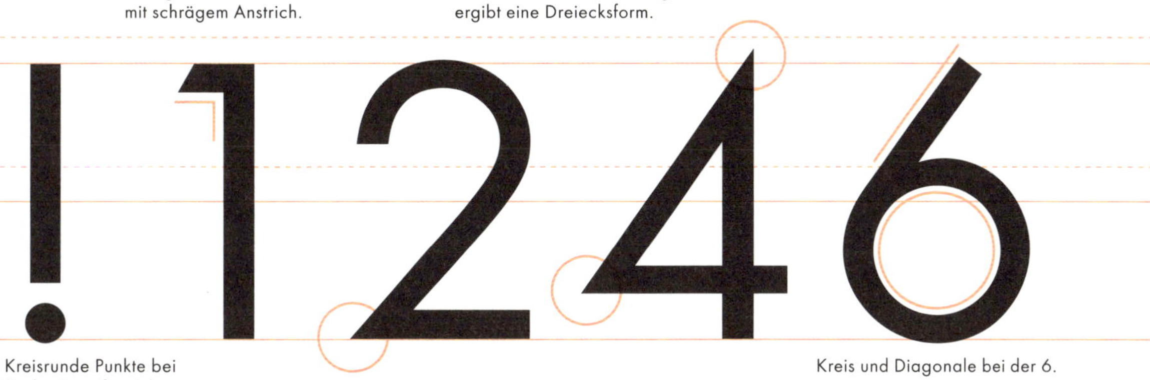

Kreisrunde Punkte bei Punkt, Ausrufezeichen und Fragezeichen.

Kreis und Diagonale bei der 6.

Ligaturen in der Futura medium und mager. Oben: f-i, f-l und f-t-Ligaturen. Die f-t-Ligatur ist ein Überbleibsel bzw. Alternate aus der Ur-Futura. Unten: f-f und f-f-i-Ligaturen.

Renner formulierte die Grundlage für diesen optischen Ausgleich in seinem Beitrag »Das Formproblem der Druckschrift« 1930 so: »Überall dort, wo zwei kräftige balken sich rechtwinklig oder gar im spitzen winkel schneiden, bildet sich eine zone, die von der irradiation nicht oder minder aufgehellt wird. Da entstehen dunklere flecken […].«[8]

Mit der ersten Überarbeitung erhielten die Versalien **A**, **N**, **M**, **V**, **W** und **v**, **w** 1925 jeweils einen spitzen Apex/Vertex in den Garnituren mager, Buchschrift und halbfett. Die horizontalen Arme bei **E** und **F** sind alle gleich lang.

Das versale ›runde‹ **G** verfügt über einen horizontalen Endstrich und das runde **Q** zeichnet sich durch einen diagonalen Schweif aus.

Die x-Höhe ist gemessen an Schriften der 1920er/30er Jahre vergleichsweise hoch und erklärt auch die verhältnismäßig gute Lesbarkeit. Renner entschied sich schon früh für eine optische ›Stärkung‹ der Kleinbuchstaben, indem er die Oberlängen zahlreicher Minuskeln wie **b**, **d**, **f**, **h**, **k**, **l** und **ß** besonders betonte und über die Versalhöhe hinausragen ließ. Er ließ sich dabei von Schriftbeispielen der humanistischen Minuskel inspirieren.[9] Entsprechend gehen die Oberlängen deutlich über die Versalhöhe hinaus. Dazu Renner rückblickend: »So habe ich z. B. in der Futura die Großbuchstaben etwas niedriger gehalten als die Oberlängen der Kleinbuchstaben. Wieviele Briefe habe ich nach dem erscheinen der Schrift bekommen, in denen ich beschworen wurde, diesen einzigen Fehler der Schrift zu verbessern.«[10]

Zusammengefasst lässt sich aus der Anatomie der Futura ein Teil des Erfolgsgeheimnisses ablesen. Die Futura beeindruckt einerseits durch konzeptionelle Strenge und geometrische Konstruktionsprinzipien und ist doch andererseits im Detail ›elegant ungeometrisch‹[11] – das Produkt intensivster Feinjustierung.

FUTURA IST FUTURA?

Anfang der 1970er Jahre wurde die Futura in Deutschland von den Firmen Berthold und Linotype für den Fotosatz aufbereitet. Dem Zeitgeschmack und Einflüssen aus der Schweizer und Ulmer Typografie geschuldet, wurden engere Laufweiten als es dem Bleisatz mit seinen eher lichten Laufweiten technisch möglich war, gefordert. Die Werbetypografie mit dem Bedürfnis nach weiterer gestalterischer Unabhängigkeit tat ihr übriges dazu. Doch bei aller Freiheit, die den Typografen der Zeit für die Weißräume gegeben wurde und den innovativen Möglichkeiten, die der Gestaltung geboten wurden, musste doch in Kauf genommen werden, dass im Fotosatz unabhängig vom Schriftgrad generell nur von einer Zeichen-Grundform ausgegangen wurde, die fotomechanisch skaliert wurde. Lediglich das Kerning, der Weißraum zwischen den Schriftzeichen, ließ sich automatisch einstellen.[12]

Ende der 1970er Jahre begann die Ära der Digitalisierung; Mitte der 1980er Jahre waren die meisten Fonts digitalisiert. Die Vielzahl der kursierenden digitalisierten Versionen der Futura u. a. von Linotype, Bitstream, Berthold, URW++ und Elsner+Flake mit nicht unerheblichen Abweichungen in Details der Schriftzeichen und Laufweite, verwirren den Laien, erklären sich aber rückblickend aus der Frage nach den jeweiligen Vorlagen für die entsprechenden Digitalisierungen. Daher ergeben sich bei gleichem Namen der Schrift und Schriftgrad im Detail je nach Anbieter nicht unerhebliche Abweichungen. Mikrotypografisch betrifft dies kleine Differenzen in Radien und Proportionen der Schriftzeichen aber mit nicht unerheblichen Differenzen in Versalhöhe, Strichstärke und Laufweite ergibt sich daraus auch makrotypografisch ein divergierendes Schriftbild bzw. Grauwert im Mengensatz, bzw. einfach gesagt: der Mengentext »läuft unterschiedlich«. Hans Andree hat dies in seiner vergleichenden Analyse der fünf gängigsten digitalen Versionen der Futura Buchschrift mit einer Bleisatzversion so beschrieben: »Welche digitalen und analogen Vorlagen der Futura dabei jeweils zu Grunde lagen und mit welchen technischen Methoden die Zeichen für die weitere Bearbeitung konvertiert wurden, ist mit Sicherheit unterschiedlich gehandhabt worden und ist schriftgeschichtlich schwer nachzuvollziehen.«[13]

Im Verlauf dieser Bearbeitung fielen auch einzelne Garnituren ganz weg, bzw. wurden umbenannt. Das betrifft die Futura kräftig bzw. dreiviertelfett, die sehr dicht beeinanderlagen. Die Bezeichnung der Schnitte in englischer Sprache tut ein Übriges zur Verwirrung. So entspricht die Futura halbfett heute Futura ND medium und die Futura dreiviertelfett am ehesten der Futura ND demi bold.

Durch das Open-Type-Format können u. a. heute um die 65.000 Zeichen und damit mehrere Glyphen für ein Zeichen, sogenannte Alternates, belegt werden. Nach Architype Renner von The Foundry (1997) greift Futura ND alternate (2015) von Neufville Digital (ein Joint Venture zwischen Bauer Types SL, Fundición Tipográfica Neufville und Visualogik) auf frühere Bleisatzversionen zurück und führt die Futura mit zahlreichen Alternates einerseits zurück zu ihren Anfängen und verbindet sie doch mit den technischen Anforderungen an eine Schrift unserer Zeit.

A A A A A A A A A A A A A A A A A A A A

B B B B B B B B B B B B B B B B B B B B

C C C C C C C C C C C C C C C C C C C C

M M M M M M M M M M M M M M M M M M M M

Q Q Q Q Q Q Q Q Q Q Q Q Q Q Q Q Q Q Q Q

R R R R R R R R R R R R R R R R R R R R

Z Z Z Z Z Z Z Z Z Z Z Z Z Z Z Z Z Z Z Z

a a a a a a a a a a a a a a a a a a a a

b b b b b b b b b b b b b b b b b b b b

c c c c c c c c c c c c c c c c c c c c

n n n n n n n n n n n n n n n n n n n n

o o o o o o o o o o o o o o o o o o o o

t t t t t t t t t t t t t t t t t t t t

l l l l l l l l l l l l l l l l l l l l

Futura ND light/mager
Futura ND book/buch
Futura ND medium/halbfett
Futura ND demibold/dreiviertelfett
Futura ND bold/fett
Futura ND extrabold
Futura ND extrabold oblique
Futura ND bold oblique/fett schräg fett
Futura ND demibold oblique/dreiviertelfett schräg
Futura ND medium oblique/halbfett schräg
Futura ND book oblique/schräg buch
Futura ND light oblique/schräg mager
Futura ND Cn light oblique/schräg schmalmager
Futura ND Cn medium oblique/schräg schmalhalbfett
Futura ND Cn bold oblique/schräg schmalfett
Futura ND Cn extrabold oblique
Futura ND Cn extrabold
Futura ND Cn bold/schmalfett
Futura ND Cn medium/schmalhalbfett
Futura ND Cn light/schmalmager

FÜR DIE ELEMENTARE TYPO-GRAPHIE
ist nach Aussagen ihrer vielen Anhänger unsere
VENUS
die geeignetste Schrift
Der bekannte und berühmte Bauhausmeister
L. MOHOLY-NAGY
urteilt in „Offset-, Buch- und Werbekunst" Nr. 7:
Als Auszeichnungs- und Titelschrift besitzen wir dagegen annähernd brauchbare, gute Schriften, deren geometrische und fonetische Urform, wie Quadrat oder Kreis, ohne Verzerrungen zur Geltung kommt. Das ist die Venus-Grotesk
BAUERSCHE GIESSEREI
FRANKFURT A. MAIN W13

50

ERIK SPIEKERMANN
FERDINAND ULRICH

FUTURA UND IHR UMFELD

Schriften für den Buchdruck waren aus einer Bleilegierung, einem weichen und sehr schweren Metall. Sie wurden nach Gewicht verkauft und nutzten sich schnell ab. Jede neue Schrift war eine große Investition und ein Risiko, sowohl für den Käufer in der Druckerei als auch für den Hersteller, die Schriftgießerei, denn Schriften waren auch damals schon dem Zeitgeist ausgesetzt. Wie in der Mode die Rocksäume, wechseln auch in der Typografie die Trends. Sind es heute Wochen oder gar Tage, bis eine neue Schrift als digitaler Font ausgeliefert werden kann, so dauerte es damals Jahre von der Idee über den Entwurf bis zur Herstellung. Neue Bleisatzschriften wurden frühzeitig angemeldet, noch bevor es eine Skizze gab. Damit war ein Name registriert und die Absicht, diese Schrift zu produzieren, mehr nicht. Es ist heute nicht mehr nachzuvollziehen, wer welche Idee zuerst gehabt hat und wann genau eine Schrift in ihrer ersten Version auf den Markt kam.

Die Idee einer Grotesk, die ohne Schnörkel und ohne historischen Ballast auftrat, lag in der Luft. Als die *Typografischen Mitteilungen* 1925 Jan [Iwan] Tschicholds (1902–1974) Aufsatz zur »Elementaren Typographie« veröffentlichten, war darin noch nicht explizit die Rede von geometrischen Serifenlosen. ›Absatz 4‹ in Tschicholds Manifest forderte: »Elementare Schriftform ist die Groteskschrift aller Variationen.« Sogenannte statische Groteskschriften erfreuten sich seit Beginn des 20. Jahrhunderts immer größerer Beliebtheit. Allen voran die Venus (1907) von Bauer und die Breite Grotesk (1890) der Leipziger Schriftgießerei Schelter & Giesecke, die beide häufige Anwendung durch Herbert Bayer, Joost Schmidt und László Moholy-Nagy fanden – auch weil diese Schrift im Setzkasten der Bauhausdruckerei lag – sowie die Akzidenz Grotesk der Berliner H. Berthold AG.

51

52

Neben dem ideologischen Überbau unterlag auch die Ausstattung der Druckereien dem »Normativen Zwang des Faktischen«:

50

S.478 – Venus, Schriftprobe ›Schmuck‹ der Bauerschen Giesserei, ca. 1927.

51

S.479 – Herbert Bayer: Jubiläumsausstellung zum 60. Geburtstag von Wassily Kandinsky, Plakat, 1926, gesetzt in der breiten Grotesk.

52

S.479 – H. Berthold AG: Die ›klassische‹ Grotesk, Probe Nr. 462, Berlin/Stuttgart o. J.

53

Vergleich der Universalschrift von Herbert Bayer, der Schablonenschrift von Josef Albers und der Systemschrift von Kurt Schwitters mit Paul Renners Futura in Heinrich Josts kritischem Artikel ›Zweifel‹ in Klimschs Jahrbuch (Frankfurt a. M.), Bd. 21, 1928.

54

Josef Albers: Schablonenschrift, 1923–26, in: Offset, Buch- und Werbekunst 1926 (Sonderheft Bauhaus).

55

Herbert Bayer: Entwurf von Grotesk-Minuskeln, (vermutl. 1926).

56

S.482 – Ludwig & Mayer: Die schöne Erbar Grotesk, Frankfurt a. M. (vermutl. 1929).

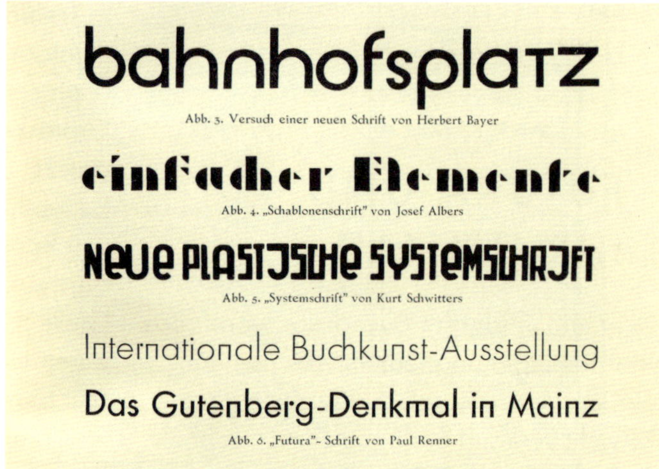
bahnhofsplatz

Abb. 3. Versuch einer neuen Schrift von Herbert Bayer

einfacher Elemente

Abb. 4. „Schablonenschrift" von Josef Albers

NEUE PLASTISCHE SYSTEMSCHRIFT

Abb. 5. „Systemschrift" von Kurt Schwitters

Internationale Buchkunst-Ausstellung

Das Gutenberg-Denkmal in Mainz

Abb. 6. „Futura"- Schrift von Paul Renner

53

54

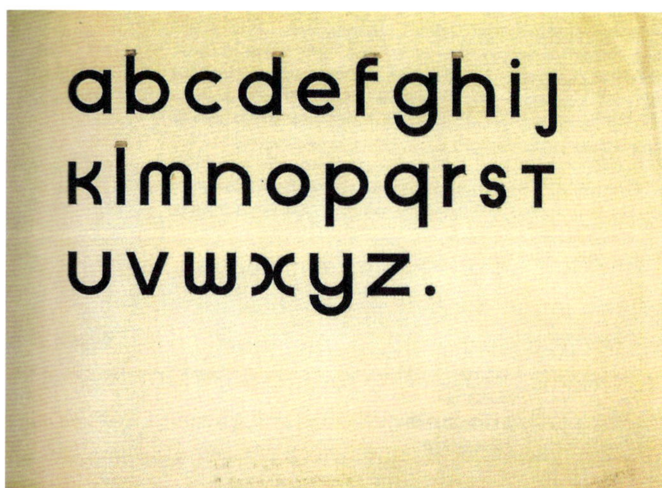

55

schwere Bleischriften ließen sich schlecht transportieren, also waren die lokalen Schriftgießereien im Vorteil. Dessau lag näher an den Schriftgießereien in Berlin, Dresden und Leipzig als an Frankfurt oder Offenbach. Sollte eine neue Schrift auch im Ausland Erfolg haben, wurde sie nicht in gegossener Form exportiert, sondern von neuen Matrizen in einer Niederlassung gegossen. Ende der zwanziger Jahre waren deutsche Schriftgießereien weltweit vertreten, von Süd- und Nordamerika bis nach Wien und Sankt Petersburg.

Zurück zum Überbau: von Grund auf mit Lineal und Zirkel gezeichnet waren die Alphabete von Bayer (1900–1985) und Schmidt (1893–1948) am Bauhaus Dessau. Wie auch bei ihrem Kollegen Moholy-Nagy (1895–1946), korrespondierten die Vorstellungen der beiden Gestalter mit den Ansichten der Neuen Typografie. Zwischen 1925 und 1930 zeichnete Bayer zahlreiche Varianten seines ›Alfabets‹, das erstmals 1926 in einer Bauhaus-Sonderausgabe der Fachzeitschrift *Offset*, Ausgabe 7, einer breiteren Öffentlichkeit präsentiert wurde. Besonders in den dort abgedruckten Kleinbuchstaben kann man gewisse Parallelen zur Futura erkennen. In späteren Veröffentlichungen wurde das Alphabet schließlich als Universalschrift bekannt, in Blei gegossen wurden Bayers und auch Schmidts Entwürfe jedoch nie. Sie waren optisch nicht korrigiert und für den Mengensatz aus Gründen der Leserlichkeit schlicht nicht geeignet.

Heute steht die Futura stellvertretend für die Gattung der serifenlosen Grotesk. Das heisst aber nicht, dass sie die erste Schrift ihrer Art war. Jede Schriftgießerei hatte Mitte der zwanziger Jahre ihre eigene Version dieses Stils und die Debatte »Welche Schrift war zuerst da?« lässt sich auch mit dem Blick in die Archive nicht eindeutig beantworten.

In den Karteikarten des Vereins der Schriftgießereien, die Hans Reichardt gesammelt hat, findet sich die Anmeldung der Bauerschen Schriftgiesserei für eine geometrische Serifenlose am 26. Februar 1926. Von den Erstschnitten der Futura mager und halbfett erfolgte im November des darauffolgenden Jahres der erste Abzug der gegossenen Lettern. Auf der Karteikarte heißt es: »Lt. Brief vom 14.11.1927«. Klimschs Jahrbuch führt die Futura demnach erstmals 1928 auf.

Betrachtet man das Anmeldedatum der Erbar Grotesk von Jakob Erbar durch die ebenfalls in Frankfurt am Main ansässige Schriftgießerei Ludwig & Mayer, scheint das Rätsel gelöst: der magere Schnitt wurde am 10. August 1927 verzeichnet und ist damit ein Jahr jünger als die Futura. Der erste Abzug soll im September des selben Jahres gedruckt worden sein – in Klimschs Jahrbuch der Druckindustrie erscheint die Erbar, wie auch ihre Konkurrentin, erst 1928. Das ist kein Wunder: immerhin werden darin die Neuvorstellungen des vergangenen Jahres gezeigt und das sicherlich mit einigen Monaten Verspätung durch den damals sehr langwierigen Herstellungsprozess. Das Datum des Briefes sorgt jedoch wieder für reichlich Verwirrung: Demnach war die Erbar bereits im Oktober 1925 angekündigt worden. Aber was bedeutet das? Lag solch ein Entwurf in der Luft

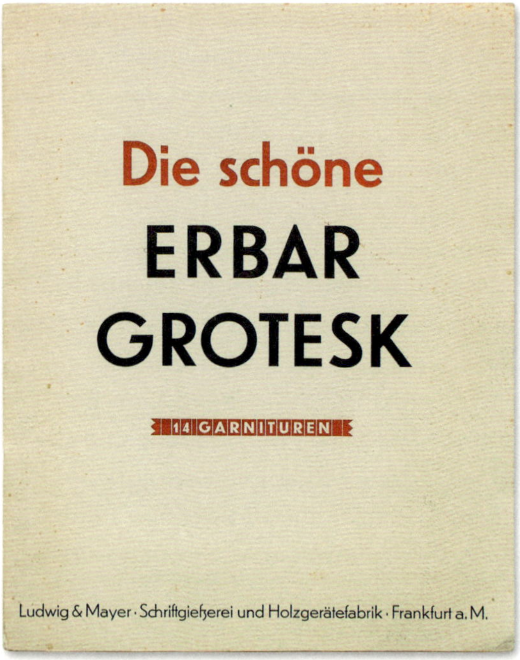

56

oder hatten sich die Entwerfer über die Schulter geschaut?

Christopher Burke beschreibt in seiner Renner-Biografie eine Vorlesung des Schriftentwerfers an der Kölner Werbeschule – Erbar war dort Lehrbeauftragter –, in der auch frühe Entwürfe der Futura zu sehen waren.[14] Mit ersten Skizzen hatte Renner 1924 begonnen, aber auch Erbar soll nach eigener Aussage schon früher an seiner Grotesk gearbeitet haben.[15]

Renner hatte die Alphabete der Bauhaus-Lehrer wohl registriert. Die Entwürfe einer Schablonenschrift von Josef Albers (1888–1976) hat er jedenfalls mit Sicherheit gesehen. Zu nah ist sein Zierschnitt für die Futura, genannt Black, daran angelehnt und beruht ebenso auf der Idee unterbrochener Flächenkonstruktionen. Renners Entwurf ist jedoch raffinierter und einfacher. Albers' Schablonenschrift war 1926 ebenfalls in der bereits genannten *Offset*-Ausgabe zu sehen, der Erstabzug der Futura Black erfolgte 1929, ab 1930 war der Schnitt erhältlich. 1931 überarbeitete wiederum Albers seinen Entwurf: vereinfacht und auf zehn Grundformen basierend entwickelte er die sogenannte Kombinationsschrift und ließ sie von der Metallglas AG in Offenburg, Baden, aus Glas für Reklamezwecke herstellen.

Wieviel Einfluss der Zeitgeist hatte, zeigt die Tatsache, dass selbst Rudolf Kochs (1876–1934) Kabel von der Offenbacher Schriftgießerei Gebrüder Klingspor schon im Juni 1927 – somit zwei Monate vor der Erbar Grotesk – angemeldet wurde (zunächst nur der leichte Schnitt), wenngleich der Erstabzug erst im Oktober des selben Jahres erfolgte. Die meisten Quellen führen die Kabel erst 1928 auf. Das Datum gilt dem halbfetten Schnitt der Familie, der Groben Kabel. Der Name bezieht sich auf das transatlantische Telefonkabel, das 1927 verlegt worden war.

57

Neben Schriften wie Koch Antiqua (1922) und Locarno (1922) wirkt die Kabel etwas sonderbar in Rudolf Kochs Werk. Doch bleibt der Schriftentwerfer seinem Stil in einigen Buchstabenformen treu; so in den Kleinbuchstaben **a** und **g** – Eigenarten, die Koch in der Marathon (1929) erneut aufführt. Koch hat eine moderne Schrift geschaffen, die das Konzept der geometrischen Grotesk mit Elementen des Art Déco vereint. Diese Idee hat einige leicht manirierte Buchstabenformen zur Folge, welche die Schrift für den Mengensatz nicht besonders empfehlen. Auch die Futura hatte anfänglich noch einige rein geometrisch konstruierte Buchstabenformen (**a**, **g**, **m**, **n**, **r**), die bald jedoch durch konventionellere Formen ersetzt wurden.

Im Vergleich zur Futura hat die Kabel eine sehr niedrige Mittellänge – die Kleinbuchstaben sitzen beinahe unterhalb der optischen Mitte. Ebenso charakteristisch sind die schräg auslaufenden Abstriche, besonders deutlich in den Großbuchstaben **K** und **R**, die dem Schriftbild einen lebhaften Duktus geben.

Eine Reihe von Zierschnitten folgte: während der lichte Schnitt Zeppelin (erschienen 1930; 1928 war das größte bis dahin gebaute Luftschiff nach seinem Erfinder auf den Namen Graf Zeppelin getauft worden) in einem breiteren und einem dünnen Strich die Formen der Kabel wiederholt, entfernt sich Prisma (1931, aus fünf parallel laufenden Linien) von dem eigentlichen Alphabet. Eine wirkliche Bereicherung für die Kabel-Familie stellen die Rundbuchstaben (1930) dar, die für alle geradestehenden Schnitte in Großbuchstaben, Ziffern und einigen Sonderzeichen von 6 bis 96 pt erhältlich waren, sowie bis 60 cic als Plakatschrift. Die Rundbuchstaben unterstreichen einmal mehr den Art Déco-Hintergrund der Schrift und verleihen, in den Worten des Herstellers, »dem Satzbild einen eigenartigen neuen Charakter und schönen, ruhigen Rhythmus.«[16] Es folgten sogar noch Rundbuchstaben zur Zeppelin.

58

1928 schickte auch die große Frankfurter Schriftgießerei D. Stempel AG ihre erste geometrische Grotesk ins Rennen: Elegant Grotesk, von Hans Möhring (1894–1958). Die Schrift zeichnet sich durch die vielen spitz zulaufenden Formen in den Großbuchstaben aus, besonders markant in **A**, **M**, **N**, die – anders als bei der Futura – auch in den fetten Graden dieses Merkmal beibehalten und macht damit ihrem Namen alle Ehre. Auch die Übergänge der Striche bei **K** und **R** sind spitz und berühren den Stamm dabei nur leicht. Elemente des Art Déco finden sich hier ebenso, zum Beispiel die niedrige Taille in **G**, **K** und **R**, die deutlich unterhalb der Mittellinie ansetzt.

Die Elegant gibt es in zwei Versionen, die sich grundlegend in den Kleinbuchstaben unterscheiden. In Version I wird das Spiel der spitzen Zuläufe fortgeführt: wo runde Formen in An- oder Abstriche münden, beispielsweise in **a**, **b**, **d** und auch in **m**, **n** und **r** hat Möhring spitze Dreieckähnliche Übergänge gezeichnet. Version II hingegen ist mit gewöhnlichen, stumpfen Übergängen ausgestattet. Weitere Unterschiede lassen sich auf dem einäugigen bzw. zweigeschossigen **a** ablesen und im geringfügig offeneren **e**.

FÜR ELEGANTE, MODERNE MENSCHEN DER WENDIG-GESCHMEIDIGE UND ÜBERRASCHEND SCHNELLE WAGEN

EXCELSIOR

ER IST VON KLASSISCHER FORMUNG UND SIEGHAFTER KRAFT · ER IST DER
59 **MODERNSTE SPORTWAGEN DER WELT**

Bei Stempel war die Elegant in den Schnitten mager (eigentlich leicht), normal, halbfett und fett sowie entsprechenden Kursiven erhältlich. Erwähnenswert bleibt noch der lichte Schnitt, ein Versalalphabet aus einer Doppellinie gezeichnet, mit unregelmäßigen Unterbrechungen und Übergängen. Im Ausland, bei Caslon Machinery Ltd., wurde die Schrift als Elegant Sans vertrieben, bei Stephenson Blake Type Foundry als Guildford Sans.

Obwohl Berthold mit der ›AG‹, wie die Akzidenz Grotesk liebevoll genannt wird, bereits gut aufgestellt war, erschien ab 1929 der Hausschnitt Berthold-Grotesk als Antwort auf die Forderung (und damit den Markt) der Neuen Typografie. Die Berthold-Grotesk hat wie die Kabel eine niedrige Mittellänge. Obwohl die Oberlängen dadurch sehr lang wirken, sind die Unterlängen im Verhältnis recht kurz geraten. Vor allem das große **M** fällt auf, mit außergewöhnlich schräg angesetzten Schenkeln und einem Scheitel, der genau zwischen Mittellänge und Grundlinie reicht. Anhand des **G** mit einem tief angelegten Schaft lässt sie sich in den Versalien zudem gut von Futura und Erbar unterscheiden.

Im Ziffernsatz, besonders in der **2** mit dem Schwanenhals und in der **7** mit der kleinen Serife, sieht man die Nähe zur großen Cousine Akzidenz Grotesk, aus dessen Schatten die heute weitgehend unbekannte Berthold-Grotesk nie so recht hervortreten konnte.

Deutlich mehr Aufmerksamkeit bekam Arno Dreschers (1882–1971) Super-Grotesk, von deren halbfettem Schnitt die Dresdner Schriftguss AG (ehemals Brüder Butter) 1930 den ersten Abzug machte. In kleinen Graden ist die Super-Grotesk schwer von der Futura zu unterscheiden, so ähnlich sind sich viele Buchstabenformen. Wichtige Unterschiede finden sich im Ziffernsatz, in den Proportionen der Großbuchstaben und in einigen Details; beispielsweise im senkrechten Schaft des Versal-**G**. Einen dreiviertelfetten Schnitt (sitzt zwischen halbfett und fett), den man vor allem aus der Futura kennt, hat Drescher ebenso für die Super-Grotesk gezeichnet.

Bis 1939 entwickelte Drescher die Super-Grotesk zu einer gut ausgebauten Familie mit schmalen Garnituren sowie den Zierschnitten Super-Reflex und Super-Elektrik – Varianten der fetten Super-Grotesk mit integrierten Linien, die reflektierende Lichter simulieren Super-Blickfang und Capitol waren von diesen Buchstabenformen etwas weiter entfernt, wurden in Schriftmustern der Schriftguss AG aber ebenso als verwandt angepriesen.

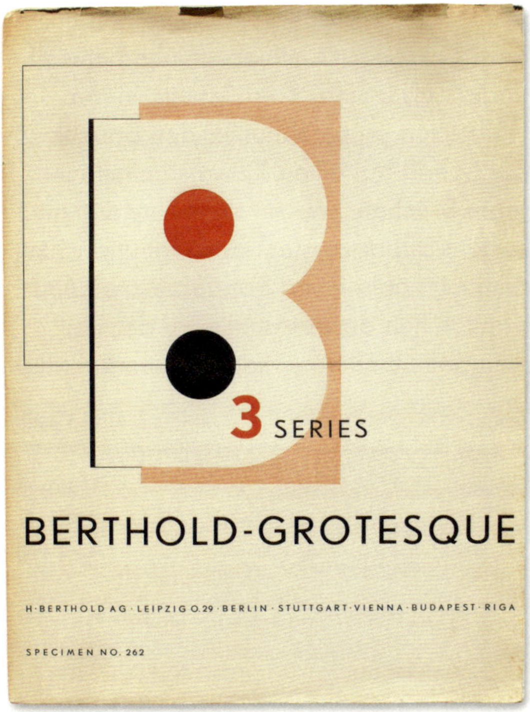

60

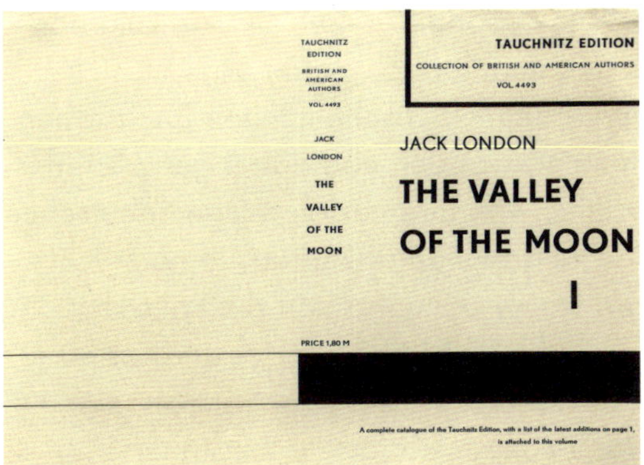

61

62

57

S. 482 – Schriftmuster der Kabel (1928), in Klimschs Jahrbuch (Frankfurt a. M.), Jg. 21, 1928.

58

S. 483 – links: Gebrüder Klingspor: Die Rundbuchstaben zur leichten Kabel, Offenbach a. M., 1930
rechts: Gebrüder Klingspor: Die Rundbuchstaben zur fetten Kabel, Offenbach a. M., 1930.

59

Schriftmuster der Elegant-Grotesk in halbfett und ›leichter Schnitt‹ in Klimschs Jahrbuch (Frankfurt a. M.) Jg. 23, 1930.

60–61

H. Berthold AG: Berthold-Grotesk, Berthold-Series, Nr. 3, Probe Nr. 262, Berlin o. J.

62

Schriftmuster Super-Grotesk normal und halbfett, in Klimschs Jahrbuch (Frankfurt a. M.), Jg. 28, 1935.

63

S. 486 – Vogue extra bold.

64

S. 486 – Vogue mit den Sätzen Special No. 2-4 und 6-8.

65

S. 487 – Schriftmuster Rund-Grotesk, Klimschs Jahrbuch (Frankfurt a. M.), Jg. 26, 1933.

Mit der Enteignung der Schriftguss AG in der DDR ging der Schriftbestand und somit auch die Super-Grotesk in den Besitz des VEB Typoart über. Fortan entwickelte sie sich zu einer der meistbenutzten Schriften in Ostdeutschland; sie zierte die Briefköpfe von Verlagshäusern (Volk und Wissen) und Bildungseinrichtungen (Hochschule für industrielle Formgestaltung Halle) und wurde eine beliebte Textschrift. Die Ähnlichkeit zu Renners Schrift und ihre große Popularität brachte ihr unter westdeutschen Typografen den Spitznamen ›Ost-Futura‹ ein.

Die ab 1929 von der Intertype Corporation in Brooklyn, New York, erhältliche ›vielseitige‹ Vogue besteht zunächst aus einem festen Standardsatz, mit einem recht generischen Aussehen, das nur in wenigen Buchstaben einen eigenen Stil ausdrückt (das **Q** schiebt seinen Schweif, anders als im mageren Schnitt, in der Halbfetten senkrecht unter den Bauch). Die Schrift hat einen Ziffernsatz mit mehreren Brüchen, wie sie der US-Markt mit seinem Duodezsystem benötigt und ist zudem mit zahlreichen Sonderzeichen und Kapitälchen ausgestattet – zu der Zeit eine Seltenheit unter serifenlosen Schriften.

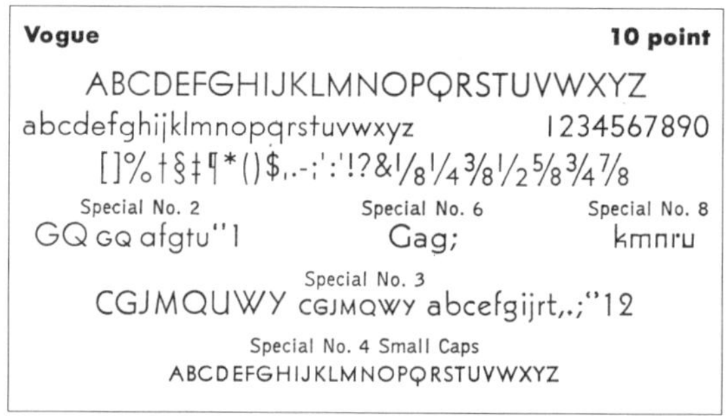

64

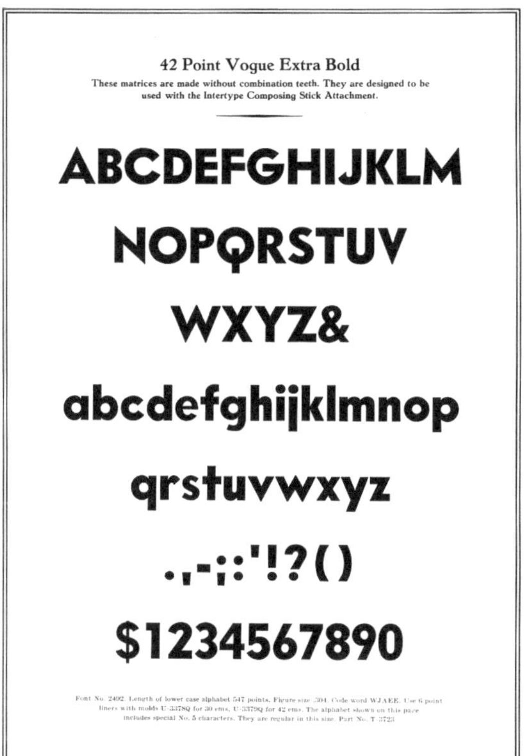

63

Ein besonderes Charakteristikum der Schrift liegt jedoch darin, dass sie sich durch den Wechsel einzelner Buchstaben stetig verwandelt und dabei ganz offensichtlich von ihren erfolgreichen deutschen Vorgängerinnen abkupfert. Je nach Lust und Laune schlüpft sie in die Rolle der Futura (Special No. 2) oder der Kabel (Special No. 3). Mit dem Satz Special No. 8 können sogar die konstruierten Futura Alternativ-Buchstaben **k**, **m**, **n**, **r** und **u** hinzugefügt werden. Heute würde man von stylistic sets sprechen.

Der Austausch von Schriften und Lizenzen war unter Schriftgießereien im Bleisatz (und auch später im Fotosatz) ein gängiges Geschäftsmodell. Ein gutes Beispiel dafür ist eine geometrische Grotesk, die ab 1931 zunächst als Polar Grotesk bei J. John Söhne in Hamburg erschien. In den Versalien ist sie der Futura nicht unähnlich, von den Buchstaben **A**, **M**, **N**, **V** und **W** gibt es zudem stumpfe Alternativen. Einen starken eigenen Charakter entwickelt die Schrift durch ihre Kleinbuchstaben. Markant sind vor allem das einäugige **a**, dessen Abstrich die runde Binnenform bricht sowie das **g** mit einer kurz geschnittenen Schleife und die schrägen Abstriche in den Unterlängen von **p** und **q**. Unter den vielen Ligaturen, mit denen die Polar Grotesk ausgestattet ist, sticht das **ß** am stärksten heraus. Wie bei der Erbar hat es eine Ober- und Unterlänge und wirkt nicht nur dadurch ein wenig wie ein Fremdkörper in der Schrift.

Ein Jahr später war genau dieser Entwurf als Rund-Grotesk bei C. E. Weber in Stuttgart erhältlich. Zu den wenigen Unterschieden gehört das **f** mit Unterlänge und ein **M** bei dem der Scheitel nur bis zur Mittellänge reicht. Ab 1937 erschien die Schrift wieder im ›Polar-Design‹ unter dem Namen Kristall-Grotesk bei Wagner & Schmidt in Leipzig. Auch im Ausland wurde sie vertrieben: in Dänemark als Krystal Grotesk, bei José Iranzo in Spanien als

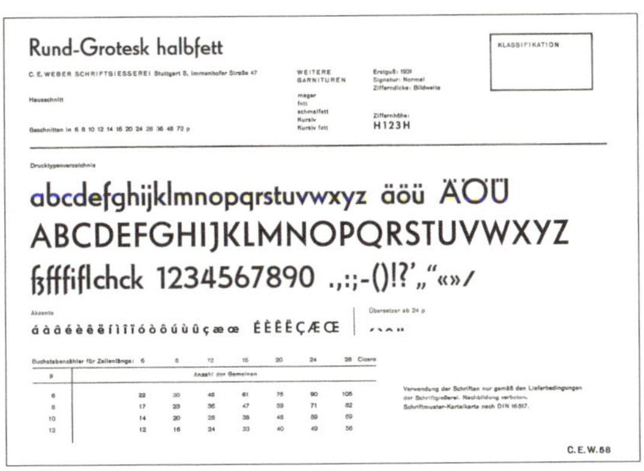
Rund-Grotesk halbfett

C. E. WEBER SCHRIFTGIESSEREI Stuttgart S, Immenhofer Straße 47

Hausschnitt

Geschnitten in 6 8 10 12 14 16 20 24 28 36 48 72 p

WEITERE GARNITUREN
mager
fett
schmalfett
Kursiv
Kursiv fett

Erstguß: 1931
Signatur: Normal
Zifferndicke: Bildweite

Ziffernhöhe:
H123H

KLASSIFIKATION

Drucktypenverzeichnis

abcdefghijklmnopqrstuvwxyz äöü ÄÖÜ
ABCDEFGHIJKLMNOPQRSTUVWXYZ
ßffffiflchck 1234567890 .,:;-()!?'„“«»/

Akzente
á à â é è ê ë í ì î ï ó ò ô ú ù û ç æ œ ÉÈÊËÇÆŒ

Übersetzer ab 24 p

Buchstabenzähler für Zeilenlänge:

p	6	8	12	16	20	24	28 Cicero
	Anzahl der Gemeinen						
6	22	30	45	61	75	90	105
8	17	23	36	47	59	71	82
10	14	20	28	38	45	59	69
12	12	16	24	33	40	49	56

Verwendung der Schriften nur gemäß den Lieferbedingungen der Schriftgießerei. Nachbildung verboten. Schriftmuster-Karteikarte nach DIN 16517.

C. E. W. 58

65

Predilecta und bei der schwedischen Schriftgießerei Berling unter dem Namen Saxo.[17]

Zu den wohl gelungensten Schriften ihrer Zeit gehört die Neuzeit-Grotesk von Wilhelm Pischner (1904–1989)

66

gezeichnet und von der D. Stempel AG ab 1930 veröffentlicht, obwohl sie am Anfang nur zwei Schnitte umfasste. Aus Reichardts Karteikarten geht dieses Datum hervor, in späteren Schriftmustern heißt es jedoch: »Die Magere Neuzeit-Grotesk […] war 1928 fertiggestellt.«[18] Fünf Jahre lang war die Schrift nur in mager und fett zu bekommen, ohne Kursive. In Klimschs Jahrbuch erstmals 1932 erwähnt, heißt es zudem: »Diese bisher nur in Linotype-Matrizen vorhandene Schrift ist jetzt auch als Handsatztype und in den großen Graden erhältlich.«[19] In Abständen von jeweils fünf Jahren wurde die Schrift erst durch halbfette und leichte (1935) sowie

67

schmalfette und schmalhalbfette (1940) Garnituren erweitert. Die entsprechenden kursiven Schnitte entstanden erst in den 1950er Jahren.

Die Neuzeit-Grotesk zeichnet sich im Kontrast zu ihren Zeitgenossen vor allem durch eine gehobene Mittellänge aus. Durch die ebenso kürzeren Ober- und Unterlängen wirkt sie dadurch präsenter im Schriftbild. In Schriftproben weist die Schriftgießerei darauf hin, dass »die serifenlose Antiqua, in Deutschland allgemein als sog. Groteskschrift bekannt, [...] heute zum elementaren Bestandteil jeder Druckerei« gehöre, wobei das französische Wort »sans sérif [...] dem Wesen dieser

Schriftart viel eher gerecht« würde.[20] Folglich wird die Stempel Gothic, wie die Neuzeit im englischsprachigen Ausland zunächst aufgeführt wird, in Stempel Sans umbenannt.

Markante Buchstaben sind **J**, **R**, **S** und vor allem die Kleinbuchstaben **a** und **u** mit ihren Alternativen (mit zweigeschossigem **a** und einem **u** mit Stamm) sowie die Ziffer **3**. Insgesamt greift die Neuzeit ein Design vorweg, dass Jahre später in der ITC Avant Garde zitiert wird; große Weißräume in den Buchstaben und wenig Platz zwischen ihnen. Fast in Vergessenheit geraten, wurde sie 1970 als DIN 30640 vom Deutschen Institut für Normung wiederbelebt.

Zu Beginn der dreißiger Jahre wollten immer mehr Schriftgießereien ein Stück vom geometrischen Grotesk-Kuchen abhaben. Schelter & Giesecke veröffentlichten 1932 die Rhythmus, die sich in vielen Buchstaben Inspiration von Erbar und Kabel borgt und in den Ziffern eindeutig auf die hauseigene Breite Grotesk geschielt hat. Ein Jahr später meldete Wilhelm Woellmers Schriftgießerei in Berlin ihre Schrift Atlantis Grotesk an, die nur in mager, halbfett und fett und ganz ohne Kursive erhältlich war. Wie bei der Neuzeit wird das Schriftbild der Atlantis durch eine hoch ansetzende x-Höhe bestimmt, zudem läuft sie schon im Normalschnitt sehr viel schmaler als die meisten Groteskschriften ihrer Zeit. In den Niederlanden entwickelten Sjoerd de Roos (1877–1962) und Dick Dooijes (1909–1998) die Nobel, die um 1929 von der Lettergieterij Amsterdam veröffentlicht wurde. Die Antwort auf Futura, Erbar und Kabel in den Vereinigten Staaten war die Metroblack No. 2 von William A. Dwiggins, die ab 1931 bei der New Yorker Mergenthaler Linotype Co. erschien.

Ab 1933 verändert sich in vorauseilendem Gehorsam auch die deutsche Druckindustrie und damit die Schriftenlandschaft. In Klimschs Jahrbuch von 1935 sieht das so aus: Die Textbeiträge widmen sich fast ausschließlich der sogenannten ›Deutschen Schrift‹ und unter den Schriftproben wimmelt es nur so von gebrochenen Schriften. Fraktur und Schwabacher, vor allem aber Gotische dominieren den Band. Im Jahresrückblick von 1934 schreibt der Schriftentwerfer und Publizist Friedrich Bauer lobend über die gotische Schrift: »Keine andere [Schrift] bietet dem künstlerischen Schaffen so viele Möglichkeiten.«, und erkennt zugleich: »Als Buchschrift wird sie nur in besonderen Fällen in Frage kommen, dann aber ihre Wirkung nicht verfehlen.«[21] Ausgerechnet seine Schrift, die Friedrich-Bauer-Grotesk, ist eine von nur zwei geometrischen Serifenlosen, die im Jahrbuch von 1935 vorgestellt werden.

Bericht der Handelskammer in Berlin
Spezialgeschäft für Feinkostwaren
Deutsche Gewerbeausstellung
MODENSCHAU IN DRESDEN 68

Bei J. D. Trennert & Sohn erschien sie zunächst nur in den Garnituren mager, halbfett und fett sowie einem besonderen lichten Schnitt, der an Ziegel-Schriftzüge an Hausfassaden erinnert. Fast sechs Jahre nach der Veröffentlichung der Futura zielt auch die Friedrich-Bauer-Grotesk auf diesen Stil, hat dabei aber alle Kinderkrankheiten ihrer vielen Vorgängerinnen überwunden und gesellt sich als reife, überzeugende geometrische Grotesk in diesen Kreis. Sie bringt zudem viele eigene, bis dahin nicht gesehene Buchstabenformen mit. Darunter ganz besonders **C** und **S** mit den unterschiedlich ansetzenden An- und Abstrichen.

Eine Schrift, die damals nicht unbedingt zum kommerziellen Umfeld der Futura gehörte, hier aber als Einfluss genannt werden muss, ist die DIN-Schrift. DIN Engschrift und ihre jüngere Schwester DIN Mittelschrift, gemeinsam besser bekannt als DIN 1451, sind im besten Sinne konstruiert und gehören chronologisch eigentlich an den Anfang dieses Beitrags. 1936 wurde die DIN-Schrift in einer hauseigenen Publikation vorgestellt, aber ihre Geschichte reicht weit zurück: 1905 steckte sie als Anleitung zur Beschriftung von Fahrzeugen der Königlich Preußischen Eisenbahnverwaltung noch in den Kinderschuhen.[22] Betrachtet man das strenge Gitter, auf dem die DIN-Schrift ursprünglich konstruiert wurde, liegt die Vermutung nahe, dass auch Bayer und Schmidt von dieser Raster-Idee beeinflusst waren.[23] Als Autobahnschrift ist sie zweifelsfrei die meistgesehene geometrische Groteskschrift.

In Schriftmustern deutscher Schriftgießereien wurde noch in den frühen 1930er Jahren das Mischen von gebrochenen Schriften mit geometrischen Serifenlosen nahegelegt, doch die Veröffentlichung der Friedrich-Bauer-Grotesk markiert zugleich das vorläufige Ende dieser populären Schriftgattung in Deutschland.

66

S.487 – Stempel AG: Schriftprobe Neuzeit-Grotesk, Frankfurt a. M. o. J. (vermutl. 1950er Jahre).

67

S.488 – D. Stempel AG: Neuzeit-Grotesk. Elf Garnituren, Frankfurt a. M. o. J. (vermutl. 1960er Jahre).

68

S.489 – Klimsch Jahrbuch, Bd. 28, Frankfurt a. M. 1935.

69

Genzsch und Heyse: Friedrich Bauer Grotesk, Hamburg o. J. (vermutl. 1950er Jahre).

69

»Elementare Schriftform ist die Groteskschrift aller Variationen.«

JAN TSCHICHOLD

DIE FUTURA BEREIST DIE WELT

1927, drei Jahre nach Erstellung der ersten Skizzen, wurden die ersten Güsse der Futura an die Kunden geliefert: es waren die Garnituren mager und halbfett. Der Vertrieb der Schriften baute bereits auf festen Säulen, verfügte die Bauersche Giesserei in Deutschland und im europäischen Ausland doch über ein breites Vertreternetz mit gut sortiertem Lager, so dass Bestellungen innerhalb kürzester Frist ausgeliefert werden konnten.

Im Ausland waren es meist Fachhändler, die neben Buchdruckschriften auch Buchdruckmaschinen und sonstiges Zubehör für Satz und Druck verkauften. Die Futura wurde sehr schnell die beliebteste Schrift. So scheint die Aussage eines Vertreters in Stockholm aus dem Jahre 1962 besonders bezeichnend: »Futura verkauft sich wie Niagara, sie erzeugte damals einen Wasserfall von Aufträgen, man brauchte dazu nicht viel zu tun.«

Jedoch produzierte die Bauersche Giesserei die Futura nicht allein. Sie verfügte über eine Niederlassung in Spanien, die Fundición Tipográfica Neufville, SA. Diese Firma hatte sich einen ausgezeichneten Ruf erworben, nicht nur durch den Guss der Bauer-Schriften, sondern auch durch die Vertretung anderer führender deutscher Firmen, u. a. der Schnellpressenfabrik Heidelberg, Roland, Koenig & Bauer, Goebel, Hoh & Hane, Krause. Gleich nach Erscheinen der Schrift wurden die Matrizen der Futura nach Spanien geliefert und auch dort gegossen, so dass die Bleibuchstaben der Futura bald in den Setzkästen fast aller Druckereien des Landes lagen. Weiterhin wurde eine Vereinbarung mit dem Mutterhaus getroffen, dass die Schriften auch nach Portugal und Lateinamerika exportiert werden konnten.

Von großer Bedeutung war die Niederlassung in Spanien auch für den amerikanischen Markt, denn nachdem die USA Importe aus Deutschland 1941 verboten hatte, konnten die Aufträge von Spanien aus geliefert werden.

1927, in dem Jahr, in dem die Futura mit den ersten drei Garnituren erschien, wurde eine Filiale in New York gegründet, die Bauer Types Foundry. Dort wurde die Futura vor allem durch die künstlerischen und werblichen Anwendungen gleich von Anfang an ein großer Erfolg. 1938 zeigte das New Yorker Museum of Modern Art die Ausstellung Bauhaus 1928–1938, die von, László Moholy-Nagy und Herbert Bayer organisiert wurde – auch dieser Ausstellungskatalog wurde in Futura gesetzt. FIG.6 S.329 Schon bald darauf wurde die Futura von Agenturen für den Satz von Anzeigen und Katalogen großer Unternehmen vorgeschrieben.

Eine weitere wichtige Station war Frankreich. Charles Peignot, Direktor der Schriftgiesserei Deberny & Peignot, der die neuen Tendenzen in der Typografie erkannt hatte, setzte sich auf Anraten seines künstlerischen Beraters Maximilien Vox Ende 1929 mit der Bauerschen Giesserei in Verbindung und schloss einen

Lizenzvertrag für den Guss der Futura ab. Peignot erhielt das Recht, die Futura unter dem Namen EUROPE zu giessen und in frankophone Länder zu verkaufen. Die Europe-Futura wurde so die bestverkaufte Handsatzschrift in Frankreich. FIG.2 S.290

Kurz nach dem zweiten Weltkrieg kam die Futura auch nach Südamerika. Nachdem hohe Einfuhrzölle für Buchdruckmaterial erhoben worden waren, erwarb Serra Hermanos, eine bedeutende Händlerfirma in Buenos Aires, die u. a. die Buchdruckmaschinen der Heidelberger Schnellpressenfabrik und schon lange die Schriften der Bauerschen Giesserei vertreten hatte, eine Gießerei in Argentinien, um die Futura, aber auch andere Schriften im eigenen Land giessen zu können.

Um 1960 kamen die ersten Fotosatzmaschinen auf den Markt, die historisch gesehen das Endes des Schriftgießereigeschäftes bedingten. Dazu gab es in der Bauerschen Giesserei in den sechziger Jahren noch keine Anzeichen: Die Nachfrage nach Handsatzschriften, insbesondere nach der Futura, war noch immer so gross, dass die Produktionsmittel der verschiedenen Giessereien nicht ausreichten, um die Aufträge pünktlich auszuliefern. Deshalb wurde mit der englischen Gießerei Stephenson & Blake die Herstellung von Matrizen für die Futura vereinbart, die mit den eigenen Gießmaschinen gegossen wurde.

Mit der Mission Apollo 11 gelingt im Juli 1969 die erste Mondlandung und zur Erinnerung hinterlässt die Mannschaft der NASA eine Plakette mit einer Inschrift auf dem Erdtrabanten, deren Text in Futura gesetzt ist – damit ist die Anwendung der Futura sicherlich auf ihrem Höhepunkt angekommen. FIG.5 S.359

Im Jahre 1972 musste die Produktion von Handsatzschriften der Bauerschen Giesserei eingestellt werden; sie wurde in Barcelona von der Fundición Tipográfica Neufville, SA fortgesetzt. Die spanische Firma hatte in dieser Zeit auch die Rechte an den Schriften anderer Gießereien erworben, so die der Fundición Tipográfica Nacional, Fonderie Typographique Française, Ludwig & Mayer, Lettergietterij Amsterdam und Fonderie Dib. Beim Kauf der Fonderie Typographique Française übernahm sie auch deren Mitarbeiter und gründete 1974 eine Filiale in Chennevières sur Marne bei Paris unter dem Namen Neufville France. Die Futura wurde noch weitere 20 Jahre in Frankreich verkauft, allerdings nicht mehr als Europe, da Deberny & Peignot in Konkurs geraten war, sondern unter ihrem ursprünglichen Namen.

Die Leiterin der Filiale, Madame Sarah Benhamou, war in Algerien geboren. Sie setzte sich besonders dafür ein, dass Schriften, unter ihnen die Futura, in grossen Mengen in Algerien, Marokko und Tunesien verkauft wurden. Der Export des spanischen Stammhauses war im Jahre 1982 so hoch, dass 80% der Produktion von Handsatzschriften, gegossen mit 120 Giessmaschinen, ins Ausland geliefert wurde.

Ein Versuch die Schriften im mittleren Orient, an erster Stelle in Ägypten, Yemen, Syrien und Libanon, zu verkaufen, wurde nach Übernahme der libanesischen Gießerei Dib unternommen. Dort verfügte der frühere Inhaber der Firma, Georges Dib, über sehr gute persönliche Kontakte zu einheimischen Druckereien. Leider konnten diese Kontakte nicht weiter gepflegt werden, denn Georges Dib erkrankte und konnte nicht mehr reisen.

Neufville France musste im Jahre 1995 nach zwanzig Jahren erfolgreicher Tätigkeit schließen. Dann begann in Barcelona der Einstieg in das digitale Geschäft. Die Herstellung von Fonts war damals in Spanien noch wenig üblich, beherrscht wurde sie in Holland. So entwickelte sich eine bis heute erfolgreiche Zusammenarbeit mit der Firma Visualogik. Unter dem Namen Neufville Digital werden heute verschiedene Schriften, unter ihnen 36 Fonts der Futura, erfolgreich verkauft. Vor allem durch die Vergabe von Lizenzen an die Hauptakteure der digitalen Welt, wie Monotype, Linotype, Bitstream, Adobe, ParaType, URW++, Elsner & Flake, Berthold oder FontDeck findet die Futura heute eine sehr grosse Verbreitung. Bei einigen dieser Firmen steht die Futura Jahr für Jahr an erster Stelle der Verkaufsrangliste.

Bis 2008 wurden Schriften in Barcelona noch in Blei gegossen. Dann ging der letzte Schriftgiesser in Pension, ohne Nachfolger. Die vierte Generation der Familie Hartmann setzt nun ihre Aktivitäten mit dem Verkauf von ausschließlich digitalen Schriften fort, jetzt unter dem Namen Bauer Types, SL. Renners Futura bleibt dabei wichtigster Umsatzträger, sie ist eben die Schrift unserer Zeit, gestern in Blei, heute digital.

1
Vgl. Hermann Zapf: Sachverständigen-Gutachten für das Landgericht Frankfurt a.M. 1979.

2
Diese Matrix publizierte Hans Peter Willberg erstmals in: Hans Peter Willberg: *Wegweiser Schrift. Erste Hilfe mit dem Umgang mit Schriften. Was passt – was wirkt – was stört,* Mainz 2001 – Konzepte von Indra Kupferschmid und Max Bollwage sind dabei wohl eingeflossen.

3
Indra Kupferschmid: *Buchstaben kommen selten allein. Ein typografisches Handbuch,* Sulgen/Zürich 2004.

4
Paul Renner: *Das Formproblem der Druckschrift.* In: Imprimatur (München), Bd. I, Jan. 1930, S. 27–33.

5
Paul Renner, Brief an die Bauersche Giesserei Hödingen 14. März 1940.

6
Ausführlich hat sich Albert-Jan Pool mit seinem Vortrag zum ›grotesken einäugigen **a**‹, Atypi 2014, Barcelona mit dem Thema beschäftigt.

7
Paul Renner: *Das Formproblem der Druckschrift.* In: Imprimatur (München), Bd. I, Jan. 1930, S. 27–33.

8
Ebenda.

9
Paul Renner: *Drei Jahre Futura.* In: Type specimen Futura: die Ergänzungsgarnituren. Frankfurt/M.: Bauersche Giesserei, 1930/31.

10
Paul Renner: *Aus der Geschichte der neuen deutschen Typografie.* Vortrag Paul Renners auf der Jahresversammlung des Grafischen Gewerbes in Freiburg i. Br. 1947. Kopie eines maschinenschriftlichen Manuskripts, 13 S.

11
Christopher Burke: *Futura, Biographie einer Schrift,* in: Harzmuseum der Stadt Wernigerode (Hrsg.): Paul Renner, dem Schöpfer der Futura zum 125. Geburtstag. Kat. Harzmuseum Wernigerode 2003.

12
Kritik der reinen Futura/Katharina Strauer. (Hrsg. von Hans Andree und Rolf Zander. Hochschule für Bildende Künste Hamburg, Seminar Typografie) 2003.

13
Ebenda.

14
Christopher Burke: *Paul Renner. The Art of Typography.* London 1998, S. 88f.

15
Ebenda.

16
In: Klimschs Jahrbuch (Frankfurt/M.), 1930, S. 185.

17
Philipp Bertheau: *Buchdruckschriften im 20. Jahrhundert. Atlas zur Geschichte der Schrift,* Darmstadt 1995; Berry, W. Turner/ W. Pincus Jaspert/Johnson, A. F.: *The encyclopedia of type faces,* London: Blandford Press, 1991, S. 300; siehe dazu die undatierte Probe (vermutl. 1959/1960) D. Stempel AG: Neuzeit-Grotesk. Elf Garnituren, Frankfurt/M. o. J.

18
Siehe dazu die undatierte Probe (vermutl. 1959/1960) D. Stempel AG: Neuzeit-Grotesk. Elf Garnituren, Frankfurt/M. o. J.

19
In: Klimschs Jahrbuch (Frankfurt/M.), Ausg. 25, 1932, S. 201

20
Siehe dazu die bereits genannte, undatierte Probe der Neuzeit Grotesk.

21
Friedrich Bauer: *Die gotische Schrift.* In: Klimschs Jahrbuch (Frankfurt/M.), Ausg. 27, 1934, S. 27f.

22
Albert-Jan Pool: *FF DIN. The history of a contemporary typeface,* in: Spiekermann, Erik und Jan Middendorp (Hrsg.): Made with FontFont. Type for independent minds, Amsterdam 2006, S. 68.

23
Ebenda, S. 70.

70
S. 496f. – Schriftmuster für die schmalfette Futura, 8 Cicero, nach 1950.

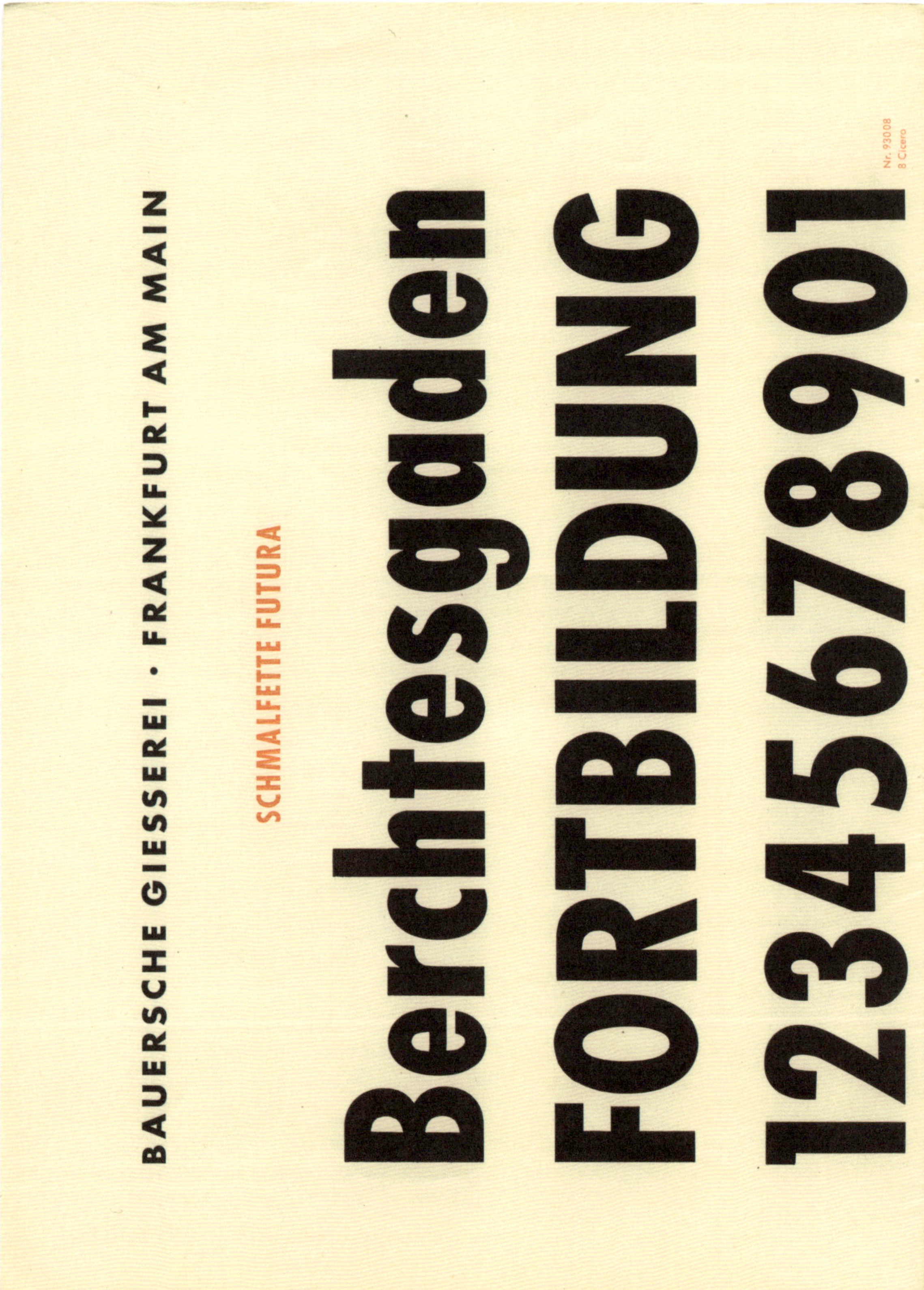
BAUERSCHE GIESSEREI · FRANKFURT AM MAIN
SCHMALFETTE FUTURA
Berchtesgaden
FORTBILDUNG
12345678901
Nr. 93008
8 Cicero

Ornamentik
BARCELONA
123456789

Nr. 93010
10 Cicero

FUTURA

WEGBEGLEITER DER FUTURA

1867

K

Breite Grotesk
Hausschnitt
G: Schelter & Giesecke

1880
Schelter Grotesk
Hausschnitt
G: Schelter & Giesecke

1903
Royal-Grotesk
Hausschnitt
G: H. Berthold AG

1907

V

Venus Grotesk
Hausschnitt
G: Bauersche G.

Schmale Steinschrift
G: Schelter & Giesecke

1908
Reform-Grotesk
Hausschnitt
G: D. Stempel

1909

n

Feder Grotesk
Jakob Erbar
G: Ludwig Mayer

1913

b

Koralle
1913–1931
Hausschnitt
G: Schelter & Giesecke

Industria
Hermann Zehnpfundt
G: Schriftgiesserei
Emil Gursch

1914
Akzidenz-Grotesk
G: H. Berthold AG

1916

J

Johnston
Underground
Edward Johnston
G: London Transport

1922
Universal
G: Grafotechna

1924

r

AaCc

Futura
Erste Entwürfe von
Paul Renner

o

Edel Grotesk
Hausschnitt
G: Ludwig Wagner AG

1925

a

Erbar
1925–1931
Jakob Erbar
G: Ludwig & Mayer
(erste Zeichnungen 1922)

1926

Schablonenschrift
Josef Albers
(Entwurf)

x

Universalschrift
Herbert Bayer
(Entwurf)

CHRONOLOGIE

9. Aug. 1878 PR wird in Werningerode geboren. – Er studierte Architektur und Malerei, anschließend wird er Maler in München.
Ab Nov. 1899 erste Vignetten Renners im Münchner *Simplicissimus*.
1904 Romaufenthalt PR.
1905 Niederlassung Renners in Schleißheim bei München.
1906 Paul Renner besucht die Debschitz-Schule in München.

1907 Renners Werke werden im Münchner Glaspalast ausgestellt.
1907 Gründung des deutschen Werkbundes.
1907–1917 PR arbeitet als Hersteller und Ausstatter im Münchner Georg Müller Verlag.
1910 PR tritt dem DWB bei.
1911 PR gründet zusammen mit Emil Preetorius die ›Münchner Schule für Illustration und Buchgewerbe‹.

1914–1919 PR ist stellv. Direktor der ›Münchner Lehrwerkstätten‹.
1914 Erster Weltkrieg.
1915–17 PR im Kriegsdienst in Landsberg/Lech.
1918 Ende erster Weltkrieg.
1919 Gründung des Staatlichen Bauhauses in Weimar.
1922 Renner publiziert *Typographie als Kunst*
1922/23 RP ist als Buchgestalter für die Dt. Verlagsanstalt in Stuttgart tätig.

1924 Die Zeitschrift *Gebrauchsgraphik* erscheint erstmals.
1924 Begegnung mit S. Buchenau und J. Hegner, die ihn beauftragen ›die Schrift unserer Zeit‹ zu entwerfen; PR zeichnet erste Entwürfe der Futura.
1924/25 Heinrich Jost legt Renners Futura-Entwürfe Georg Hartmann von der Bauerschen G. in FFM vor; Es folgen Versuchsschnitte und ein erster Probegrad.

1925 Berufung Renners an die Kunstschule in FFM.
1925 Umzug des Bauhauses nach Dessau.
1925 Ausstellung der Frankf. Kunstschule mit Vorproben der Renner-Futura.
1925/26 Renner arbeitet mit dem Städtischen Hochbauamt zusammen.
1926 Eröffnung des Bauhaus Dessau.
1926 Renner leitet die Münchner Berufsschule für das Graphische Gewerbe.

1927

o

AaCc
Futura mager

AaCc
Futura halbfett

Futura Schmuck

g

Kabel
Rudolf Koch
G: Gebr. Klingspor

Gill Sans Serif
Eric Gill
G: Monotype

1928

o

AaCc
Futura fett

r

Plak
Paul Renner
G: D. Stempel AG

G

Lux
Jakob Erbar
G: Ludwig & Mayer

a

Elegant-Grotesk
1928–1940
Hans Möhring
G: D. Stempel AG

1929

S

AaCc
Futura Black

t

Nobel
1929–1931
Sjoerd de Roos /
Dick Dooijes
G: Lettergieterei
Amsterdam

Berthold-Grotesk
1929–1935
Hausschnitt
G: H. Berthold AG

Vogue
Hausschnitt
G: Intertype Corporation

Stephenson Blake
Hausschnitt
G: Intertype Corporation

Bernard Gothic
Lucian Bernhard
G: American

1930

r

AaCc
Futura schräg mager

AaCc
Futura schräg halbfett

AaCc
Futura dreiviertelfett

AaCc
Futura schmalfett

AaCc
Europe
Paul Renner
G: Deberny & Peignot

phonetisches alphabet
Jan Tschichold
(Entwurf)

Super-Grotesk
Arno Drescher
G: Schriftguss AG
ehem. Brüder Butter

Zeppelin
Rudolf Koch
G: Gebr. Klingspor

Neuzeit-Grotesk /
DIN 30640
1930–1954
Wilhelm Pischner
G: D. Stempel AG

1931

n

AaCc
Futura schräg
dreiviertelfett

AC
Futura Licht

P

Prisma
Rudolf Koch
G: Gebr. Klingspor

Polar-Grotesk
Hausschnitt
G: J. John Söhne

Metro
William A. Dwiggin
G: Mergenthaler Linotype

Semplicita
G: Nebiolo

1927 Gründung und Eröffnung der Meisterschule für Deutschlands Buchdrucker, Schule der Stadt München und des Deutschen Buchdrucker-Vereins, Renner ist auch hier Direktor.
1927 Futura erscheint.
1927 Gründung ›ring neue werbegestalter‹.
1927 Weißenhofsiedlung Stuttgart.

1928 Jan Tschicholds Publikation *Die Neue Typographie. Ein Handbuch für zeitgemäß Schaffende* erscheint.

1929 ›Schwarzer Freitag‹ an der New Yorker Börse/ Weltwirtschaftskrise.

1931 Renner publiziert *Mechanisierte Grafik: Schrift, Typo, Foto, Film, Farbe.*

1932	1933	1937	1938	1950

FUTURA

1933

V

AaCc

Futura Buchschrift

ɩ

AaCc

Futura Schlagzeile

1937

e

AaCc

Futura schmalhalbfett

1938

I

AaCc

Futura fett schräg

1939

t

AaCc

Futura Buchschrift schräg

1950

X

AaCc

Futura schmalmager

WEGBEGLEITER DER FUTURA

1932

b

Rhythmus
Hausschnitt
G: Schelter & Giesecke

ff

Rund-Grotesk
Hausschnitt
G: C.E.Weber

1933

Friedrich-Bauer-Grotesk
Friedrich Bauer
G: Trennert & Sohn

1936

Spartan Classified
Linotype Staff
G: Mergenthaler Linotype & ATF

Acier Noir
A.M.Cassandre
G: Deberny & Peignot

1937

d

Twentieth Century
1937–1947
Sol Hess
G: Monotype

Kristall-Grotesk
Hausschnitt
G: Wagner & Schmidt

1938

Fundamental
1938
Arno Drescher
G: Ludwig & Wagner

CHRONOLOGIE

1932 Renner publiziert *Kulturbolschewismus?*
1932 Renner publiziert *Die Kunst der Typographie*
1932 Umzug des Bauhauses nach Berlin.
1932 NSDAP wird stärkste Partei bei den Reichtagswahlen.

30. Jan. 1933 Hitlers ›Machtübernahme‹
1933 Renner erhält den Auftrag zur Gestaltung der deutschen Sektion auf der 5. Mailänder Triennale für die er mit dem ›Gran Diploma d'honore‹ und dem Offizierskreuz der italienischen Krone ausgezeichnet wird. Wohnungs- und Bürodurchsuchung bei Renner, Suspension von seiner Position als Schulleiter, Verhaftung, Freilassung, schließlich endgültige Entlassung.

1937 Berufung an das Preisgericht der Pariser Weltausstellung für Buchgewerbe.

1939 Renner publiziert *Die Kunst der Typographie*
1939 Beginn des Zweiter Weltkrieges.
1945 Ende des Zweiten Weltkrieges.
1945 Rehabilitierung als Direktor der Meisterschule für Deutschlands Buchdrucker.
1947 Renner publiziert *Das moderne Buch* und *Ordnung und Harmonie der Farben.*

1950er Jahre Futura mager, halbfett und fett erscheinen bei Intertype; später erscheint die Buchschrift bei Linotype.

1953

O

AaCc

Steile Futura halbfett

AaCc

Steile Futura fett

r

AaCc

Steile Futura kursiv halbfett

1954

i

AaCc

Steile Futura kursiv fett

o

AaCc

Futura kräftig

1958

U

AaCc

Steile Futura mager

AaCc

Steile Futura kursiv mager (Entwurf)

1966

S

Neuzeit S
Wilhelm Pischner
G: Linotype

Forma
Aldo Novarese
G: Nebiolo

1970

C

ITC Avant Garde Gothic
D: Tom Carnase,
Herb Lubalin,
Ed Benguiat,
G: ITC

1980

Olympische Spiele Moskau
Kyrillisch

1985

Q

URW Grotesk
Hermann Zapf
G: URW++

25. April 1956 Paul Renner stirbt in Hödingen am Bodensee.

1960er Jahre Lizenzvergabe für Fotosatz u. a. an Linotype, Monotype, Photon, Berthold und Bobst. **1961** kommen die Transfer-Folien für Anreibebuchstaben (›Letraset‹) auf den Markt, die bis in die 1980er Jahre für Druck-Vorlagen im Gebrauch sind.

1969 Apollo 11 Mission; Armstrong betritt als erster Mensch den Mond. Zurück bleibt eine Plakette gesetzt in FUTURA.

1972 Verkauf der Futura-Rechte an Fundición Tipográfica Neufville, SA. **1978** Philipp Luidl und Günter Gerhard veröffentlichen eine Publikation über Paul Renner als Jahresgabe der Typographischen Gesellschaft München.

FUTURA

WEGBEGLEITER DER FUTURA

CHRONOLOGIE

1987

k

AaCc

Futura
G: Linotype

1988

o

Odessa
Peter O'Donnell
G: ITC/Fontek

r

Avenir
Adrian Frutiger
G: Linotype

1990

Q

DTL Nobel
1990–1993
Fred Smeijers,
Andrea Fuchs
G: Dutch Type Library

1991

f

AaCc

Futura Futuris
+Vladimir Yefimov,
Isabella Chaeva
G: ParaType

h

Century Gothic
Sol Hess
G: Monotype

1992

a

Proxima Sans
1992–1994
Mark Simonson
G: Umbrella Type

1995

п

AaГг

Futura Futuris Cyrillic
+Vladimir Yefimov,
Isabella Chaeva
G: ParaType

1995 Umbenennung von ›Neufville‹ in ›Bauer Types‹.

1997

g

AaCc

Architype Renner
+David Quay, Freda Sack
G: The Foundry

1997 Zusammenarbeit von ›Bauer Types‹ und ›Visualogik‹.
1998 Charles Leonard veröffentlicht *Paul Renner and Futura. The Effects of Culture, Technology, and Social continuy of the Design of Type for Printing.*
1998 Christopher Burke veröffentlicht *Paul Renner. The Art of Typography.*

1999

fl

AaCc

Futura ND
+Marie-Thérèse Koreman
G: Neufville Digital

F

FF Super-Grotesk
Svend Smital
(nach Arno Drescher)
G: FontFont

2000

e

AaCc

Futura BQ
+Dieter Hofrichter
G: Berthold

AaCc

2003
Futura EF
G: Elser+Flake

Gotham
Tobias Frere-Jones
G: Hoefler & Co.

2001

T

Drescher Grotesk
Nicolai Gogol
(nach Arno Drescher)
G: Bitstream

2002

R

Neutraface
Christian Schwartz
(nach Versal-Vorlagen von Richard Neutra)
G: House Industries

2003 Ausstellung zum 125. Geburtstag von Paul Renner im Harzmuseum der Stadt Wernigerode.

2006

s

AaCc

Futura No. 2
G: URW++

a

LL Brown
2007–2011
Aurèle Sack
(nach Johnston, Super-Grotesk)
G: Lineto

2009

e

Planeta
Dani Klauser
G: Gestalten

2010

g

Brandon Grotesque
2010–2012
Hannes von Döhren
G: HVD Fonts

2011

Semplicita
Patrick Griffin
G: Canada Type

2013

k

FF Mark
Hannes von Döhren,
Christoph Koeberlin
G: FontFont

2014

Neology deco
Nick Shinn
G: Font-Shop

2011 Futura-Ausstellung in der Galerie Anatome (Paris) und französische Publikation *Futura: Une gloire typographique* von Alexandre Dumas de Rauly, éditions Norma und Michel Wlassikoff.

2015

t

AaCc

Futura ND Alternate
+Marie-Thérèse Koreman
G: Neufville Digital

Anmerkung: Für die Datierung der einzelnen Schriftschnitte und Schriftfamilien wurde das Erscheinungsdatum zugrunde gelegt. Berücksichtigt wurden persönliche Briefe aus den Archiven und Anzeigen aus der *Gebrauchsgraphik*. Ferner das offizielle Anmeldedatum, das Absendedatum des ersten Abzugs, von der Schriftgießerei erhobenes Erscheinungsdatum und datierte Probeabzüge.

ANHANG

BIOGRAFIEN

Ute BRÜNING (UB)
*1949, Kunsterzieherin, Studium Kunst- und Wirtschaftsgeschichte sowie Niederlandistik, Publikationen zur Geschichte des Grafikdesign, darunter *Das A und O des Bauhauses*, Bauhaus-Archiv Berlin 1995. In Berlin tätig als Webdesignerin und Kunsthistorikerin.

Christopher BURKE [CB]
*1967, England.
Typograph, Schriftdesigner und Designhistoriker. Research Fellow am Department für Typographie und Graphische Kommunikation der Universität Reading, UK. Design der vier Schriften Celeste, Celeste Sans, Pragma und Parable. Autor zweier Bücher: *Paul Renner, die Kunst der Typographie* (1998) und *Jan Tschichold und die Neue Typographie* (2007). Mitherausgeber von *Isotype: Design im Kontext, 1925–1971* (2013) und *Geschichte der Monotype Corporation* (2014).

Carina DANZER
*1982 in Frankfurt am Main.
Sie ist als wissenschaftliche Volontärin am Bauhaus-Archiv/Museum für Gestaltung, Berlin tätig. Zuvor studierte sie Kunstgeschichte an der Universität Heidelberg und Muséologie an der Ecole du Louvre in Paris. Ihre 2015 an der Goethe-Universität Frankfurt vorgelegte Dissertation erforscht das Wirken des Kunsthistorikers Fritz Wichert (1878–1951). Während ihrer Promotion war sie Stipendiatin der Polytechnischen Gesellschaft Frankfurt am Main und wurde mit dem Johann-Philipp-von-Bethmann-Studienpreis ausgezeichnet.

Petra EISELE (PE)
*1966 in Rottweil a. N., Studium der Kunstgeschichte und Germanistik; vierjähriges Forschungsprojekt zum Thema ›bauhaus medial‹ – zur medialen Rezeption des Bauhauses, Universität Trier; Promotion an der Universität der Künste Berlin zur postmodernen Designentwicklung seit den sechziger Jahren (Stipendium der IKEA-Stiftung); 2000–2003: Wissenschaftliche Mitarbeiterin für Geschichte und Theorie des Design an der Bauhaus-Universität Weimar; Dozentin an der Züricher Hochschule der Künste (ZHdK), Departement Design; seit 2006 Professorin für Designgeschichte und Designtheorie an der Hochschule Mainz; 2008: Gründungsmitglied und Vorstand der Gesellschaft für Designgeschichte (GfDg); seit 2011 Mitglied Institut Designlabor Gutenberg, Hochschule Mainz, seit 2012 kuratorische Tätigkeit; zahlreiche Gastvorträge und Ausstellungskonzeptionen sowie Publikationen, u. a. *Klassiker des Produktdesign* (2014).
www.designlabor-gutenberg.de

Wolfgang HARTMANN
*1936 in Frankfurt am Main.
Studium der Rechtswissenschaften in Genf und Betriebswirtschaftslehre in München und Frankfurt. ADG Programm im IESE Barcelona (Business School). Ausbildung in der Bauerschen Giesserei von 1958 bis 1963. Mitglied des Beirats der Bauerschen Giesserei und EMDA bis 1972. Mitglied des Vorstandes des Vereins deutscher Schriftgiessereien. Ab 1963 Geschäftsführer der Fundición Tipográfica Neufville, SA und Präsident von Neufville France bis 1995. Geschäftsführer von Bauer Types SL sowie von Abezeta SA bis 2005, anschliessend Präsident. Vorsitzender des Ausschusses der Schriftgiessereien der ATypI, später Vorsitzender der Landesdelegierten sowie Vizepräsident der ATypI. Präsident von ASAG (Asociación de Suministradores de Artes Gráficas). Vorstandsmitglied der deutschen Handelskammer in Spanien. Senator der Internationalen Gutenberg Gesellschaft Mainz.
www.bauertypes.com

Steven HELLER
*1950, Studium an der Universität von New York und School of Visual Arts, N. Y. Steven Heller ist Co-Chairman und Mitbegründer des MFA Design: Designer als Autor und Unternehmer, sowie Mitbegründer des MFA in Designerkritik (Dcrit) des MFA Design Programs Interaction an der School of Visual Arts, war Senior Director und Art Director für die New York Times sowie Herausgeber der AIGA VOICE; er ist Mitherausgeber von Print, Eye und Baseline Magazine. Als Autor, Co-Autor und Herausgeber hat er zahlreiche Artikel und mehr als 170 Bücher veröffentlicht, insbes. zur Geschichte und Praxis des Grafik-Design, der Illustration und Satire. Außerdem kuratierte er Ausstellungen, u. a. The Art of Simplicissimus, Art Against War, Malik Verlag, sowie Typographic Treasures: W. A. Dwiggins. Ehrungen: 2016 Eric Carle Award; 2014 Ladislav Sutnar Award und Ehrendoktor Fine Arts der Universität Westböhmen, Tschechische Republik; 2013 Ehrendoktor Fine Arts durch das College for Creative Studies, Detroit; 2011 Smithsonian National Design Award for Design Mind; 1999 AIGA Medal für seine Lebensleistung; 1998 Preisträger, Art Director Hall of Fame, Herschel Levitt Award der Society of Illustrators.
www.Hellerbooks.com,
www.printmag.com/daily-heller

Stephanie KAPLAN
*1975 in Pretoria, Südafrika.
Lgj. Mitglied an der Freien Kunstschule Schwäbisch Hall, danach Grundstudium Gestaltung an der Freien Kunstschule Stuttgart. Später Studium Kommunikationsdesign an der Fachhochschule Mainz, u. a. bei Prof. I. Naegele und H. P. Willberg. 2001 Praktika bei Projekttriangle Design Studio/Stuttgart. Von 2003–2007 tätig als freie Grafikerin in Frankfurt am Main und Amsterdam. Mittlerweile in Basel. Durch die enge Zusammenarbeit mit ›designlabor gutenberg‹ bleibt der Kontakt ›Mainz‹ erhalten. Gestaltung: u. a. *Texte zur Typografie. Positionen zur Schrift.* (m. I. Naegele; 2012).

Klaus KLEMP
*1954; Professor für Designtheorie und Designgeschichte, HfG Offenbach.
Nach einem Studium in den Fächern Design, Kunstgeschichte und Geschichtswissenschaften in Dortmund, Münster und Marburg war Klaus Klemp von 1989 bis 2006 Leiter der Kulturabteilung der Stadt Frankfurt am Main sowie Leiter der städtischen Galerien im Karmeliterkloster und im Leinwandhaus. 1995 bis 2005 war er zudem Mitglied im Präsidium des Rates für Formgebung. Seit 1998 war er Lehrbeauftragter für Designgeschichte und -theorie sowie für Public Design an verschiedenen Hochschulen, seit 2008 Honorarprofessor an der Hochschule RheinMain in Wiesbaden. 2006 wurde er Ausstellungsleiter und ist bis heute Kurator für Design am Museum Angewandte Kunst in Frankfurt am Main. Seit Wintersemester 2014/15 ist er ordentlicher Professor für Designtheorie und Designgeschichte an der HfG Offenbach. Er veröffentlichte zahlreiche Publikationen zu Architektur, Design, Bildende Kunst.

Iva KNOBLOCH (IK)
*1964; Studium der Kunstgeschichte an der Karlsuniversität Prag und der Université de Genève. Arbeitet als Kuratorin der Sammlung für Druckgrafik am Museum für Dekorative Kunst in Prag. Lehrt Geschichte des Grafikdesign an der Akademie für Kunst, Design und Architektur in Prag. Editionen und Schriften: Ladislav Sutnar: *Prag – New York, Design aktuell* (Prag 2003), Ladislav Sutnar: *Mentale Vitamine* (Prag 2010), Ladislav Sutnar: *Amerikanische Venus* (Prag 2011), Václav Cigler: *Design* (gemeinsam mit Hubatová-Vacková) (Prag 2016), Václav Cigler: *Design in Tschechien* 1900–2000 (Prag 2016).

Andreas KOOP
*am Pfingstsonntag 1970 in Sonthofen im Allgäu. Nach einer kaufmännischen Aus- und Weiterbildung das Diplom an der sfg Ravensburg und später einen MAS am Institut ›Design-2context‹ an der ZHDK Zürich. Tätig als Kommunikationsdesigner, dazu auch als Autor (*NSCI*, *Die Macht der Schrift* etc.), Kolumnist für die *Novum*, Dozent und Designforscher. Inhaber der designgruppe koop, deren Arbeiten vielfach national und international ausgezeichnet wurden und zum Ziel haben, nicht nur Nutzen, sondern auch Sinn zu stiften. Mitglied des Projektbeirats ›Bundesdesign ecodesign‹ und im Entwicklungsteam für die Neukonzeption der Design-Studiengänge an der FHV in Dornbirn, wo auch ein Institut für Designforschung entstehen soll. Initiator des interdisziplinären Kongresses ›Stadt. Land.Schluss.‹, der denselben Antrieb hat wie auch die Arbeit des Büros: nämlich der Glaube an »die Gestaltbarkeit der Welt« und ein damit einhergehender Imperativ, sie nicht nur schöner, sondern auch besser zu machen.

Annette LUDWIG (AL)
*Karlsruhe, Studium der Kunstgeschichte, Neueren Deutschen Literaturwissenschaft und Baugeschichte an der Universität Karlsruhe (TH). Magister. Mehrfach ausgezeichnete Promotion über die ›Brüder Rasch‹ an der Schnittstelle zwischen utopischer Architektur, Typografie und Design. Kuratorin, zuletzt 2002–2010 an den Städtischen Museen Heilbronn. Seit 2008 Lehrbeauftragte am Zentrum für Angewandte Kulturwissenschaften des Karlsruher Instituts für Technologie (KIT) und an der Akademie für wissenschaftliche Weiterbildung (AWWK). Seit 2010 Direktorin des Gutenberg-Museums Mainz, dort Konzept zur inhaltlichen und baulichen Neuausrichtung des ›Weltmuseums der Druckkunst‹. Etablierung des neuen Schwerpunktes Typografie; Konzeption und Kuratierung zahlreicher z. T. prämierter Sonderausstellungen, zahlreiche Vorträge und Veröffentlichungen zu Themen des 19. bis 21. Jahrhunderts. Jurytätigkeit. U. a. 1. Vorsitzende der Gesellschaft der Bibliophilen (München), Beirat Stiftung Saarländischer Kulturbesitz (Saarbrücken), Kuratorium zur Vergabe des Gutenberg-Preises Mainz und Leipzig, Präsidiums-Mitglied Internationale Gutenberg-Gesellschaft.

Isabel NAEGELE (IN)
*in Plainfield NJ/USA; Studium der Visuellen Kommunikation an der HfG-Offenbach. Studium der Humanmedizin und Promotion an der Goethe-Universität Frankfurt. Tätigkeit als Ärztin und Gestalterin mit Schwerpunkt Kultur. Arbeitsstationen bei Intégral Ruedi Baur, Paris und Studio Dumbar, Den Haag und der HGB-Leipzig Fachklasse ›Corporate Design‹. Seit 1998 intensive Zusammenarbeit mit dem ›Dialog im Dunkeln‹ und Ruedi Baur für Signaletik-Projekte. Seit 1999 Professorin für Typografie und Gestaltungsgrundlagen an der Hochschule Mainz. Zahlreiche Auszeichnungen und Publikationen, u. a. *Texte zur Typografie* und *Neue Schriften. New Typefaces.* (zus. m. Petra Eisele u. Annette Ludwig). Seit 2011 Konzeptionen für Ausstellungen zur Typografie und Zusammenarbeit mit dem Gutenberg-Museum. Leiterin des Instituts Designlabor Gutenberg. Bekennender Futura-Fan.
www.designlabor-gutenberg.de

Erik SPIEKERMANN
*1947 in Stadthagen; Studium Kunstgeschichte in Berlin; 1979 Gründung MetaDesign Berlin (u. a. für Audi, Skoda, Volkswagen, Springer Verlag, Heidelberg, Leitsysteme für die BVG und Flughafen Düsseldorf), mit weiteren Büros in London und San Francisco; 1989 Gründung Font-Shop (mit Joan Spiekermann), dem ersten Versand für Computerschriften; 2002 Gründung Edenspiekermann (mit Susanna Dulkinys), heute mit Büros in Amsterdam, Berlin, Los Angeles, San Francisco und Singapur. Kolumnist (u. a. Blueprint, Form); Schriftdesigner (u. a. FF Meta, ITC Officina, FF Info, FF Unit, FF Real, LoType, Berliner Grotesk und viele Unternehmensschriften für The Economist, Cisco, Bosch, Deutsche Bahn, Mozilla, Autodesk); Autor zahlreicher Publikationen über Schrift und Typografie; Honorarprofessur an der HfK Bremen; Ehrendoktor vom Pasadena Art Center. 2006 Gerrit Noordzij Preis der Königlichen Akademie Den Haag; 2011 Designpreis der Bundesrepublik für sein Lebenswerk durch den Rat für Formgebung; Empfänger der 25. TDC Medaille und viele weitere Auszeichnungen. 2013 Gründung p98a berlin.
www.spiekermann.com,
www.p98a.com

Ferdinand ULRICH
*1987 in Schönebeck/Elbe; aufgewachsen in den USA und Deutschland; Studium visuelle Kommunikation an der Universität der Künste Berlin u. a. bei Erik Spiekermann, David Skopec und Siegfried Zielinski sowie Typografie an der Carnegie Mellon University in Pittsburgh/PA, USA (mit einem Stipendium der deutsch-amerikanischen Fulbright-Kommission); Seit 2012 Assistent von Erik Spiekermann (ab 2013 im Studio p98a) sowie selbständige gestalterische Tätigkeit (u. a. für das Bauhaus-Archiv Berlin); 2012–2015 künstlerischer Mitarbeiter bei Anna Berkenbusch an der Burg Giebichenstein Kunsthochschule Halle; seit 2013 Redakteur für FontShop (Essays und Schriftrezensionen); 2015 Lehrauftrag an der UdK Berlin; seit 2015 Forschungstätigkeit (PhD Typographic Research) an der University of Reading, GB. Zahlreiche Vorträge und Veröffentlichungen in den USA, England und Deutschland.
www.ferdinandulrich.com,
www.p98a.com

Michel WLASSIKOFF
ist Grafikdesign- und Typografie-Historiker. Diplom an der École des Hautes Études en Sciences Sociale (EHESS). Er unterrichtet an der École Estienne in Paris, an der ESAG Penninghen und an der HEAD in Genf. Veröffentlichungen: *Signes de la collaboration et de la résistance* (Édition Autrement, 2002), *Histoire du graphisme en France* (Les Arts décoratifs/ Dominique Carré Éditeur, 2005, 2008), *Mai 68 l'affiche en héritage* (Éditions Alternatives, 2008), *Futura. Une gloire typographique* (in Zusammenarbeit mit Alexandre Dumas de Rauly, Éditions Norma, 2011). Publikation von Beiträgen für www.garamond.culture.fr und verantwortlich für die Plattform www.signes.org, die sich der Geschichte des Grafikdesign und der Typografie widmet. Er kuratiert darüber hinaus Ausstellungen über das zeitgenössische und historische Grafikdesign, unter anderem für das Centre Pompidou, das Memorial der Shoah und das Design-Festival in Chaumont, Frankreich.

BIBLIOGRAFIE

Paul Renner: Texte (chronologisch)

RENNER, Paul: *Typografische Regeln*. In: Börsenblatt für den deutschen Buchhandel (Leipzig) 84. Jg., März 1917, Nr. 65, S. 265–266.

RENNER, Paul: *Der Künstler zur Rechtschreibreform*. In: Archiv für Buchgewerbe und Gebrauchsgraphik (Leipzig), Bd. 57, 1920, H. 5/6, S. 102.

RENNER, Paul: *Münchner Typographie*. In: Archiv für Buchgewerbe und Gebrauchsgraphik (Leipzig), Bd. 57, H. 5/6, 1920, S. 112–120.

RENNER, Paul: *20 Jahre Münchner Typographie*. München 1920.

RENNER, Paul: *Künstler und Gewerbe*. In: Das Werk. Mitteilungen des Deutschen Werkbundes (Berlin), Februar/März 1921.

RENNER, Paul: *Typographie als Kunst*. München: Georg Müller, 1922.

RENNER, Paul: *Das Ende des Historismus*. In: Gebrauchsgraphik (Berlin), 1. Jg., September 1925, H. 9, S. 45–48.

RENNER, Paul: *Entbehrliche Künste, notwendige Kunst*. In: Die Bücherstube (München), 4. Jg. 1925, S. 238–246.

RENNER, Paul: *Neue Ziele des Schriftschaffens*. In: Die Bücherstube (München), 4. Jg. 1925, H. 1, S. 18–28.

RENNER, Paul: *Revolution der Buchschrift*. In: Gutenberg-Festschrift zur Feier des 25jährigen Bestehens des Gutenbergmuseums in Mainz 1925, hrsg. von A[loys] Ruppel. Mainz 1925, S. 279–282.

RENNER, Paul: *Die Zukunft unserer Druckschrift*. In: Typographische Mitteilungen (Leipzig), 22. Jg., 1925, H. 5, S. 86–87.

RENNER, Paul: *Bildungskrise*. In: Die Form (Berlin), 1. Jg., H. 10, 1925, S. 205–206.

RENNER, Paul: in: *Kampf um München als Kulturzentrum*. Sechs Vorträge von Thomas Mann, Heinrich Mann, Leo Weismantel, Willi Geiger, Walter Courvoisier und Paul Renner. München: Pflaum, o. J. [1926], S. 49.

RENNER, Paul: *Vom Stammbaum der Schrift*. In: Das Neue Frankfurt (Frankfurt/M.), H. 4, Februar 1927, S. 85–87.

RENNER, Paul: *Rede des Oberstudiendirektors Paul Renner bei der Eröffnung der Meisterschule für Deutschlands Buchdrucker*. In: Börsenblatt für den deutschen Buchhandel (Leipzig), 95. Jg., Februar 1927, H. 36, S. 179–180.

RENNER, Paul: *Futura. Die Schrift unserer Zeit*. Specimen der Bauerschen Giesserei Frankfurt am Main, o. J. [1927], S. 4.

RENNER, Paul: *Die Schrift unserer Zeit*. In: Die Form (Berlin), 2. Jg., 1927, H. 4, S. 109–110.

RENNER, Paul: *Die alte und neue Buchkunst. Zur internationalen Buchausstellung Leipzig*. In: Die Literarische Welt (Berlin), 3. Jg., Freitag, 17.09.1927, S. 3.

[RENNER, Paul:] *Paul Renner über seine Schrift ›Futura‹*. In: Börsenblatt für den deutschen Buchhandel (Leipzig), 94. Jg., 20. Sept. 1927, Nr. 220, S. 1134–1135.

RENNER, Paul: *Zu den Arbeiten von Ferdinand Kramer*. In: Die Form (Berlin), 2. Jg., 1927, H. 10, S. 320–322.

RENNER, Paul: *Über die Schrift der Zukunft*. In: Typographische Mitteilungen (Berlin), 25. Jg., August 1928, H. 8, S. 189–192.

RENNER, Paul: *Gegen den Dogmatismus in der Kunst*. In: Die Form (Berlin), 3. Jg., 1928, H. 11, S. 313–324.

RENNER, Paul: *Kunst, Natur, Technik*. In: Münchner Mitteilungen für künstlerische und geistige Interessen (München), 2. Jg., 8. Dezember 1928, H. 49, S. 745–747.

RENNER, Paul: *Kunst und Technik im Buchgewerbe*. Vortragsreihe des Deutschen Buchgewerbevereins im Winter 1928. 2. Vortrag ›Type und Typographie‹. In: Archiv für Buchgewerbe und Gebrauchsgraphik (Leipzig), Bd. 65, 1928, H. 6, S. 453–467.

RENNER, Paul: *Asymmetrie im Buchdruck und in der modernen Gestaltung überhaupt*. In: Die Form (Berlin), 5. Jg., 1930, H. 3, S. 57–59.

RENNER, Paul: *Das Formproblem der Druckschrift*. In: Imprimatur (München), Bd. I, Jan. 1930, S. 27–33.

RENNER, Paul: *Das Lichtbild*. Rede zur Eröffnung der internationalen Ausstellung ›Das Lichtbild‹ München 1930, am 5. Juni, gehalten von Paul Renner. In: Die Form (Berlin), 5. Jg. 1930, H. 14, S. 377–378.

RENNER, Paul: *Das Lichtbild*. Rede zur Eröffnung der internationalen Ausstellung ›Das Lichtbild‹ München 1930. München: F. Bruckmann AG, o. J. [um 1930]/Typo: Paul Renner.

RENNER, Paul: *Drei Jahre Futura*. In: Type specimen Futura: die Ergänzungsgarnituren. Frankfurt/M.: Bauersche Giesserei, 1930/31.

RENNER, Paul: *Wie müssen die Arbeitskräfte des Buchdruckgewerbes ausgebildet werden?* In: Deutscher Buchdrucker-Verein. Zeitschrift für Deutschlands Buchdrucker Hauptversammlung 1930 (Berlin), 42. Jg., 1930, Nr. 75, S. 753–755.

RENNER, Paul: *Mechanisierte Grafik: Schrift, Typo, Foto, Film, Farbe*. Berlin: Hermann Reckendorf, 1931.

RENNER, Paul: *Modern, traditionell, modisch*. In: Imprimatur, hrsg. von der Gesellschaft der Bücherfreunde zu Hamburg, 3/1932, S. 65–85.

RENNER, Paul: *Kulturbolschewismus?* Zürich/München/Leipzig: Eugen Rentsch, 1932.

RENNER, Paul: *Verkehrswerbung, deutsche Lebensform und Kulturpropaganda*. In: Die Form (Berlin), 7. Jg. 1932, S. 233–247.

RENNER, Paul: *Gegen den Schematismus in der Typografie*. In: Klimschs Jahrbuch des graphischen Gewerbes (Frankfurt/M.), 1933, S. 25–31.

RENNER, Paul: o. T. *[Auseinandersetzung über den gegenwärtigen Stand des Grafik-Design]*. In Gebrauchsgraphik (Berlin), 10. Jg., Januar 1933, H. 1, S. 34–35.

RENNER, Paul: *Das Geheimnis der Darstellung in der Bildenden Kunst*. In: FUTURA Buchschrift. Specimen 1937.

RENNER, Paul: *Die Kunst der Typographie*. Berlin: Frenzel & Engelbrechter, 1939.

RENNER, Paul: *Erinnerungen aus meiner Georg-Müller-Zeit*. In: Imprimatur (München), hrsg. von der Gesellschaft der Bücherfreunde zu Hamburg, 7. Jg., 1940, o. Pg.

[RENNER, Paul:] *Vom Georg-Müller-Buch bis zur Futura und Meisterschule. Erinnerungen Paul Renners aus dem Jahrzehnt 1918 bis 1927.* In: Imprimatur (München), Jg. IX., 1940, S. 1–12. [Beilage]

RENNER, Paul: *Das Ende des Schriftstreites.* In: Die Literatur (Stuttgart), 44. Jg., Februar 1942, H. 5, S. 187–189.

RENNER, Paul: *Vom Georg-Müller-Buch bis zur Futura und Meisterschule.* In: Gebrauchsgraphik (Berlin), 20. Jg., Mai 1943, H. 5, o. Pg.

RENNER, Paul: *Kunststil und Kunstismen.* Beilage der Zeitschrift Gebrauchsgraphik zum 65. Geburtstag Paul Renners (Berlin), 20. Jg., Mai 1943, H. 5, 4 S.

RENNER, Paul: *Aus meinem Leben.* Frankfurt/M.: Bauersche Giesserei, o. J. [ca. 1945].

RENNER, Paul: *Schrift und Rechtschreibung.* In: Pandora (Ulm), 1946, S. 31–37.

[RENNER, Paul:] *Interview mit Paul Renner.* In: Der Druckspiegel (Frankfurt/M.), 2. Jg., Mai 1947, S. 6–7.

RENNER, Paul: *Das moderne Buch.* Lindau: Jan Thorbecke, 1947.

RENNER, Paul: *Typografische Regeln.* Lindau: Jan Thorbecke, 1947.

RENNER, Paul: *Diktatur in der öffentlichen Kunstpflege.* In: Die Pforte (Urach), 1. Jg. 1947, H. 2, S. 160–181.

RENNER, Paul: *Psychoanalyse und moderne Kunst.* In: Zeitschrift für Kunst (Leipzig), 1. Jg. 1947, H. 4, S. 68–71.

RENNER, Paul: *Ordnung und Harmonie der Farben. Eine Farbenlehre für Künstler und Handwerker.* Ravensburg: Maier, 1947.

RENNER, Paul: *Mensch und Maschine.* In: Grafische Berufsschule (Leipzig), 14. Jg., März 1948, H. 1, S. 1–2.

RENNER, Paul: *Die moderne Typographie wird funktionell sein.* In: SGM (Schweizer Graphische Mitteilungen/Zollikofer & St. Gallen), 67. Jg., Juli 1948, H. 7, S. 310–312.

RENNER, Paul: *Fraktur und Antiqua.* In: SGM (Schweizer Graphische Mitteilungen/Zollikofer & St. Gallen), 67. Jg., August 1948, H. 8., S. 345–347.

RENNER, Paul: *Die Kunst der Typographie.* 2. Aufl. Berlin: Druckhaus Tempelhof, 1948.

RENNER, Paul: *Die Farbe als Kunstmittel der Formgebung.* In: SGM (Schweizer Graphische Mitteilungen/Zollikofer & St. Gallen), 67. Jg., November 1948, H. 11., S. 451–456.

RENNER, Paul: *Kleine Farbenlehre.* In: SGM (Schweizer Graphische Mitteilungen/Zollikofer & St. Gallen), 67. Jg., Dezember 1948, H. 12, S. 487–488.

RENNER, Paul: *Funktionelle Typografie.* Ein Kapitel aus dem Buche ›Mechanisierte Grafik‹. Frankfurt: Deutscher Typokreis, 1953.

RENNER, Paul: *Der Künstler in der mechanisierten Welt.* Hrsg. v. Max Gleißner, München: Akademie für das Grafische Gewerbe 1977.

Paul Renner: Manuskripte

RENNER, Paul: *Was ist modern.* Maschschr. Manuskript/Archiv Haushofer Schröder.

RENNER, Paul: *Die moderne Buchform.* Masch.schr. Manuskript/Archiv Haushofer Schröder.

RENNER, Paul: *Vom echten und falschen Zeitstil.* Masch.schr. Manuskript/Archiv Haushofer Schröder.

RENNER, Paul: *Der Kampf um die neue Kunst.* Masch.schr. Manuskript Archiv Haushofer Schröder.

RENNER, Paul: *Tyrannei der Maschine.* Masch.schr. Manuskript/Archiv Haushofer Schröder.

RENNER, Paul: *Zum Raumproblem in der bildenden Kunst.* Masch.schr. Manuskript/Archiv Haushofer Schröder.

RENNER, Paul: *Kunstdenkmäler.* Masch.schr. Manuskript/Archiv Haushofer Schröder.

RENNER, Paul: *Die monumentale Inschrift.* Masch.schr. Manuskript/Archiv Haushofer Schröder.

RENNER, Paul: *Neue deutsche Typographie.* Masch.schr. Manuskript/Archiv Haushofer Schröder.

RENNER, Paul: *Aus der Geschichte der neuen deutschen Typografie.* Vortrag von Paul Renner auf der Jahresversammlung des Grafischen Gewerbes in Freiburg i. Br. 1947, 13 S./Gutenberg-Museum Mainz.

Texte über Paul Renner (chronologisch)

CONRAD, Rudolf: *Frankfurt-Offenbach und die Deutsche Schriftentwicklung seit der Jahrhundertwende/Frankfurt-Offenbach and the Development of German Type Since the Beginning of the New Century.* In: Gebrauchsgraphik (Berlin), 3. Jg., März 1926, Nr. 3, S. 38–48.

HOFFMANN, Hermann: *Reform und Bolschewismus.* In: Zeitschrift für Deutschlands Buchdrucker und verwandte Gewerbe (Leipzig), Jg. 38, Heft 23, 1926, S. 191.

RODENBERG, Julius: *Neues aus den Werkstätten der Schriftgießereien.* In: Gutenberg Jahrbuch. Mainz: Gutenberg-Gesellschaft, 1927, S. 215–251.

WIEYNCK, Heinrich: *Probleme der Druckschriftgestaltung.* In: Gutenberg-Jahrbuch. Mainz: Gutenberg-Gesellschaft, 1927, S. 7–11.

GUÉGAN, Bertrand: *Le Futura.* In: Arts et métiers graphique, Juli 1928, Nr. 6, S. 388–389.

[Bauer Type Foundry Inc.:] *Futura Black. Introducing the latest Member of the Futura Family, a Unique and Powerful Letter for Display.* New York: Bauer Type Foundry Inc., um 1929.

BAUER, Konrad: *Heinrich Jost.* In: Gebrauchsgraphik (Berlin), 7. Jg., April 1930, Nr. 7, S. 41–56.

K. R.: *Die ›Zeitschrift‹ im neuen Gewand.* In: Zeitschrift für Deutschlands Buchdrucker und verwandte Gewerbe (Leipzig) 1930, Nr. 1, S. 1–2.

EHMCKE, Fritz Helmuth: *Wandlung des Schriftgefühls.* In: Hans H. Bockwitz (Hrsg.): Buch und Schrift – Schriftprobleme. Jahrbuch des Deutschen Vereins für Buchwesen und Schrifttum zu Leipzig (Leipzig), IV. Jg., 1930, S. 101–106.

HAUSMANN, Raoul: *Das Buch als Gegenstand der Gebrauchsgraphik.* In: Gebrauchsgraphik (Berlin), 6. Jg., Juni 1930, Nr. 7, S. 50–55.

JOST, Heinrich: *Zweifel.* In: Klimschs Jahrbuch des graphischen Gewerbes (Frankfurt/M.), 1933, S. 6–15.

CONRAD, Rudolf: *Heinrich Jost als Typograph.* In: Klimschs Jahrbuch des graphischen Gewerbes (Frankfurt/M.), 1933, S. 34–41.

Probleme über Probleme. In: Typographische Mitteilungen (Berlin), 30. Jg., 1933, H. 2, S. S. 35–44.

Sch., Ttt.: Das deutsche Buchgewerbe auf der V. Triennale in Mailand. In: Gebrauchsgraphik (Berlin), 10. Jg., 1933, H. 6, S. 70–71.

MEINER, Annemarie: *Die Münchner Renaissance.* In: Gutenberg Jahrbuch 1935. Mainz: Gutenberg-Gesellschaft, 1935, S. 313–325.

BAUER, Conrad Friedrich: *Werden und Wachsen einer deutschen Schriftgießerei.* Zum hundertjährigen Bestehen der Bauerschen Giesserei Frankfurt am Main 1837–1937, Frankfurt/M.: Bauersche G., 1937.

HÖLSCHER, Eberhard: *Zu den neuen Futura-Proben.* In: Gebrauchsgraphik (Berlin), 14. Jg., Juli 1937, H. 7, S. 46–49.

BEALL, Lester/SANDUSKY, L.: *The Bauhaus Tradition and the New Typography.* In: PM (New York), vol. 4, Juni/Juli 1938, no. 7, S. 1–34.

MEGAW, Denis: *Twentieth-Century Sans Serifs Types.* In: Typography, Winter 1938, Nr. 7, S. 27–35.

GRUBER, L. Fritz: *Some German Types and Their Evolution.* In: Art & Industry (London), August 1939, S. 74–77.

HÖLSCHER, Eberhard: *Paul Renner.* In: Gebrauchsgraphik (Berlin), 20. Jg., Mai 1943, H. 5, S. 6–11.

JOST, Heinrich: *Paul Renner. Siebzig Jahre.* In: Der Druckspiegel (Frankfurt/M.), 3. Jg., 1948, Nr. 9, S. 9.

HUNTER MIDDLETON, Robert: *Historical Development of Sans Serif Type.* In: Graphic Arts abc (Chicago), vol. 2, 1949, S. 82–91.

OLSEN, Mogens Greve: *Omkring en visit hos Paul Renner.* Kopenhagen: Rasmussen, 1953.

ETTENBERG, Eugene M.: *A Typeface for Our Times.* In: American Artist (New York), Juni 1954, S. 44–47; 98–99.

Paul Renner. In: Gebrauchsgraphik (Berlin), 31. Jg., Januar 1954, H. 1, S. 16.

BAUER, Konrad: *Der Schöpfer der Futura.* In: Linotype Post (Berlin), 1954, Nr. 21, S. 3–7.

KÄUFER, Josef: *Paul Renner. Mahner und Erzieher.* Sonderdruck aus: Der ›Druckspiegel‹, Folge 6.

SCHAUER, Georg Kurt: *Das Bauhaus und Paul Renner.* In: Deutsche Buchkunst 1890 bis 1960 (Bd. 1.), Hamburg: Maximilian-Gesellschaft, 1963.

BECK, Heinrich: *Paul Renner.* In: Berufen und bewährt. Vier verdienstvolle Typographen und Berufspädagogen, Bielefeld: Graph. Bildungsarbeit Bezirk Bielefeld, 1967.

WILLBERG, Hans Peter: *Schrift im Bauhaus. Die Futura von Paul Renner (Monographien und Materialien zur Buchkunst II).* Neu-Isenburg: Tiessen, 1969.

RENNER, Paul: *Der Künstler in der mechanisierten Welt.* München: Akademie für das grafische Gewerbe, 1977.

LUIDL, Philipp/LANGE, Günter Gerhard (Hrsg.): *Paul Renner.* Eine Jahresgabe der Typographischen Gesellschaft München. München: Typographische Gesellschaft, 1978.

LUIDL, Philipp: *München – Mekka der Schwarzen Kunst. Die typografische Avantgarde der Zwanziger Jahre: Renner, Tschichold, Trump.* In: Die Zwanziger Jahre in München (Schriften des Münchner Stadtmuseums 8), hrsg. von Christoph Stölzl, Katalog zur Ausstellung im Münchner Stadtmuseum, Mai bis September 1979, München: Münchner Stadtmuseum, 1979, S. 195 ff.

BULLOCK, Nicholas: Modern Design and Municipal Patronage. Frankfurt 1924–1930. In: Oxford Art Journal (Oxford), Vol. 2, April 1979, Nr. 2, S. 21–24.

GERHARDT, Claus: *Die Entstehung der funktionellen Typographie in den zwanziger Jahren in Deutschland.* In: Gutenberg Jahrbuch 1982, Mainz: Gutenberg-Gesellschaft, 1982, S. 282–295.

BEAUCAMP, Eduard et al. (Hrsg.): *Städelschule Frankfurt am Main. Aus der Geschichte einer deutschen Kunsthochschule.* Frankfurt/M.: Kramer, 1982.

LUIDL, Philipp: *Kursiv oder schräg.* In: tgm Werkstattbrief, Nr. 5, München: Typographische Gesellschaft, 1985.

PONOT, René: *Les années trente et l'innovation typographique française.* In: Communication et langages (Paris), 1988, Nr. 78, S. 15–28.

LANE, John A.: *Futura in 26 Letters.* München: Typostudio Schumacher-Gebler, 1989.

STRESOW, Gustav: *Gedenkblatt für Heinrich Jost.* In: Philobiblon (Stuttgart), 33. Jg., 1989, S. 218–226.

LEMOINE, Serge: *Merz, Futura, DIN et cicéro.* In: Art & pub. Art & publicité 1890–1990, Kat. Centre Georges-Pompidou, Paris 1990.

Paul Renner. In: Typographische Gesellschaft München: Hundert Jahre Typographie, hundert Jahre Typografische Gesellschaft München: tgm, 1990.

CAFLISCH, Max: *Die Schriften von Renner, Tschichold und Trump* (tgm-Bibliothek). München: tgm, 1991.

HELLER, Steven: *Ladislav Sutnar. The Czech Years.* In: Print (New Haven, Conn.), Januar/Februar 1991, Nr. 435, S. 50–55.

OWEN, William: *Fortune Magazine Was a Visual Encyclopedia of American Business Life.* In: Eye (London), 1. Jg., Winter 1991, Nr. 2.

NEUMANN, Eckhard: *Frankfurter Typografie. Bemerkungen zur Futura und zur angeblichen Kramer-Grotesk.* In: Der Charme des Systematischen, hrsg. von Claude Lichtenstein, Kat. Museum für Gestaltung/Frankfurt/Dessau. Giessen: Anabas, 1991.

SPIEKERMANN, Erik: *Futura – a typeface of its time.* In: Type & Typographers. London: Architecture and Technology Press, 1991, S. 84–88.

AYNSLEY, Jeremy: *Gebrauchsgraphic as an Early Graphic Design Journal, 1924–1938.* In: Journal of Design History (Oxford), 5. Jg., 1992, Nr. 1, S. 53–72.

Tradition und Avantgarde. Buchkunst der Zwanzigerjahre. In: Wittmann, Reinhard: Hundert Jahre Buchkultur in München. München: Hugendubel, 1993, S. 130–135.

RÜCK, Peter: *Die Sprache der Schrift. Zur Geschichte des Frakturverbotes von 1941.* In: Jürgen Baurmann/Hartmut Günther und Ulrich Knoop (Hrsg.): Homo Scribens. Perspektiven der Schriftlichkeitsforschung. Tübingen: Niemeyer, 1993, S. 231–271.

MEGGS, Philipp B./CARTER, Rob: *Typographic Specimens. The Great Typefaces.* New York: Van Nostrand Reinhold, 1993.

HELLER, Steven: *Sutnar.* In: Eye (London), 4. Jg., Sommer 1994, Nr. 15, S. 44–57.

HEINE, Peter: *›Futura‹ Without Future. Kurst Schwitters' Typography for Hannover Town Council, 1929–1934.* In: Journal of Design History (Oxford), 7. Jg., 1994, Nr. 2, S. 127–140.

STRESOW, Gustav: *Paul Renner und die Konzeption der Futura.* In: Buchhandelsgeschichte, H. 2, 1995, Beilage zum Börsenblatt für den deutschen Buchhandel (Frankfurt/M.), Nr. 51, 27. Juni 1995, S. B41–B51.

BURKE, Christopher: *The Authorship of Futura.* In: Baseline International Typographics Journal (East Malling), 1997, Nr. 23, S. 33–40.

BARRON, Stephanie/ECKMANN, Sabine/AFFRON, Matthew: *Exiles + Emigrés. The Flight of European artists from Hitler,* Kat. Los Angeles County Museum of Art; the Montreal Museum of Fine Arts; Neue Nationalgalerie, Berlin. New York: H. N. Abrams, 1997.

BURKE, Christopher: *Paul Renner. The Art of Typography.* London: Hyphen Press, 1998.

MOSLEY, James: *The Nymph and the Grot: The Revival of the Sans Serif Letter.* London: Friends of the St. Bride Printing Libr., 1999.

BURKE, Christopher/KINROSS, Robin (Hrsg.): *The Dispute between Max Bill and Tschichold of 1946, with a Later Contribution by Paul Renner.* In: University of Reading/Department of Typography & Graphic Communication: Typography Papers 4, Reading: University of Reading/Department of Typography & Graphic Communication, 2000.

NESBITT, Alexander: *Futura.* In: Texts on Type: Critical Writings on Typography, hrsg. von Steven Heller und Philip B. Meggs. New York: Allworth Press, 2001, S. 82–87.

Harzmuseum der Stadt Wernigerode (Hrsg.): *Paul Renner, dem Schöpfer der Futura zum 125. Geburtstag,* Kat. Harzmuseum Wernigerode 2003.

STRAUER, Katharina: *Kritik der reinen Futura (Zum Buch 4),* hrsg. von Hans Andree und Rolf Zander/Hochschule der Bildenden Künste Hamburg/Seminar Typografie. Hamburg: Material, 2003.

WALTHER, Rudolf: *Die Richtung ändern. Paul Renner über den Vorwurf des ›Kulturbolschewismus‹ (1932).* In: Süddeutsche Zeitung (München), Freitag, den 28.06.2004.

LEONHARD, Charles: *Paul Renner and Futura. The Effects of Culture, Technology, and Social Continuity on the Design of Type for Printing.* MA-Thesis, Georgia State University, Atlanta, 2005.

FRUTIGER, Adrian: *The History of Linear Sans Serif Types.* In: Linotype Matrix (Bad Homburg), 4. Jg., 2005, Nr. 1.

DODD, Robin: *From Gutenberg to opentype. An illustrated history of type from the earliest letterforms to the latest digital fonts.* Vancouver: Hartley & Marks, 2006.

BOUIGE, Caroline: *Futura puissance 104,* In: Étapes (Paris) Nr. 153, Februar 2008.

LEONARD, Charles: *Paul Renner and Futura. The Effects of Culture, Technology, and Social continuy oft he Design of Type for Printing.* Saarbrücken: VDM, 2008.

HANSERT, Andreas: *Georg Hartmann (1870–1954). Biografie eines Frankfurter Schriftgießers, Bibliophilen und Kunstmäzens.* Wien/Köln/Weimar: Böhlau, 2009.

NERDINGER, Winfried/HOCKERS, Hans-Günter (Hrsg.): *München und der Nationalsozialismus.* Katalog des NS-Dokumentationszentrums München. München: Beck, 2015.

Weiterführende Literatur (alphabetisch)

ALBERS, Josef: *Zur Ökonomie der Schriftform.* In: Albers, Josef: Zur Ökonomie der Schriftform. In: Offset, Buch- und Werbekunst (Leipzig), 1926, Nr. 7 (sog. Bauhaus-Heft), S. 395.

ALBINUS, Philipp: *Grundsätzliches zur Neuen Typographie.* Berlin: Verl. d. Bildungsverbandes der Deutschen Buchdrucker, 1929

ANNA, Susanne (Hrsg.): *Das Bauhaus im Osten: Slowakische und tschechische Avantgarde 1928–1939,* Kat. Stiftung Bauhaus Dessau u. a., Ostfildern-Ruit: Hatje, 1997.

BAUER, Konrad Ferdinand: *Elementare Typographie.* In: Klimschs allgemeiner Anzeiger für Druckereien (Frankfurt/M.), 52. Jg., 1925, Nr. 8, S. 3.

BAUER, Konrad Friedrich: *Zukunft der Schrift.* In: Klimschs Druckereianzeiger (Frankfurt/M.), 54. Jg., 1927, H. 56, S. 1329–1330.

BAUER, Konrad: *Heinrich Jost.* In: Gebrauchsgraphik (Berlin), 7. Jg., April 1930, H. 4, S. 47.

BAUER, Conrad Friedrich: *Werden und Wachsen einer deutschen Schriftgiesserei.* Zum hundertjährigen Bestehen der Bauerschen Giesserei Frankfurt am Main 1837–1937, hrsg. im Jubiläumsjahr 1937, Frankfurt/M.: Bauersche Giesserei, 1937.

BAUER, Conrad Friedrich: *Aventur und Kunst. Eine Chronik d. Buchdruckgewerbes von der Erfindung der beweglichen Letter bis zur Gegenwart.* Frankfurt/M.: Bauersche Giesserei, 1940.

BAUMEISTER, Willi: *Neue Typographie.* In: Die Form (Berlin), 1. Jg., Juli 1926, H. 10, S. 215–217.

BAYER, Herbert: *Versuch einer neuen Schrift.* In: Offset, Buch- und Werbekunst (Leipzig), 1926, Nr. 7 (sog. Bauhaus-Heft), S. 398 ff.

BAYER, Herbert: *typografie und werbsachengestaltung.* In: bauhaus (Dessau), Jg. 2, 1928, S. 10.

BEHNKEN, Klaus/WAGNER, Frank (Hrsg.): *Inszenierung der Macht. Ästhetische Faszination im Faschismus,* Kat. NGBK, Berlin: Nishen, 1987.

BERRY, W. Turner/ JASPERT, W. Pincus/ JOHNSON, A. F.: *The encyclopedia of type faces,* London: Blanford, 1993.

BERTHEAU, Philipp: *Buchdruckschriften im 20. Jahrhundert.* Atlas zur Geschichte der Schrift, Darmstadt: Technische Hochschule, 1995.

BONFILS, Robert: *La Gravure et le Livre*, Paris: Edition Estienne, 1938.

BOTHE, Rolf (Hrsg.): *Kunstschulreform 1900–1933*. Bauhaus Weimar, Dessau, Berlin, Kunstschule Debschitz, München, Frankfurter Kunstschule, Akademie Breslau, Reimann-Schule Berlin [Ausstellungskatalog Bauhaus-Archiv Berlin 1977], Berlin: Mann, 1977.

BREUER, Gerda (Hrsg.): *Kramer, Ferdinand. Design für variablen Gebrauch*. Tübingen/Berlin: Wasmuth, 2014, S. 194–195.

BRINGHURST, Robert: *The solid form of language. An essay on writing and meaning*. Nova Scotia: Gaspereau Press, 2004.

BROOS, Kees: *Das kurze, aber heftige Leben des ›rings neue werbegestalter‹*. In: Ausst.kat. Typographie kann unter Umständen Kunst sein.

BRÜNING, Ute (hrsg. für das Bauhaus-Archiv Berlin): *Das A & O des Bauhauses*. Bauhauswerbung: Schriftbilder, Drucksachen, Ausstellungsdesign, Kat. Leipzig: Ed. Leipzig, 1995.

BURKE, Christopher/KINDEL, Eric/WALKER, Sue: *Isotype: design and contexts, 1925–1971*. London: Hyphen, 2013.

CONRAD, Rudolf: *Frankfurt-Offenbach und die Deutsche Schriftentwicklung seit der Jahrhundertwende/Frankfurt-Offenbach and the Development of German Type Since the Beginning of the New Century*. In: Gebrauchsgraphik (Berlin), 3. Jg., März 1926, H. 3, S. 41.

CONRAD, Rudolf: *Heinrich Jost als Typograph*. In: Klimschs Jahrbuch des graphischen Gewerbes (Frankfurt/M.) 26. Jg., 1933, S. 39.

DEXEL, Walter: *Reklame im Stadtbilde*. In: Das Neue Frankfurt (Frankfurt/M.), 1. Jg., 1927, H. 3, S. 45ff.

DIEHL, Robert: *Heinrich Jost* (Deutsche Buchkünstler und Gebrauchsgraphiker der Gegenwart), Leipzig: Verlag des Deutschen Buchgewerbevereins, 1926.

EHMCKE, F. H.: *Schrift. Ihre Gestaltung und Entwicklung in neuerer Zeit*. München: Wagner, 1925.

EHMCKE, Fritz Helmuth: *Wandlung des Schriftgefühls*. In: Hans H. Bockwitz (Hrsg.): Buch und Schrift – Schriftprobleme. Jahrbuch des Deutschen Vereins für Buchwesen und Schrifttum zu Leipzig, IV. Jg., Leipzig 1930, S. 13.

FRANZEN, Brigitte: *Die Großstadt – ein gewaltiges Merzkunstwerk? Versuch über Kurt Schwitters und die Architektur*. In: Ausst.kat. Neues Bauen der 20er Jahre. Gropius, Haesler, Schwitters und die Dammerstock-Siedlung in Karlsruhe 1929, Badisches Landesmuseum Karlsruhe u. a., Karlsruhe 1997, S. 123–138.

HALLER, Rudolf/KINROSS, Robin (Hrsg.): *Otto Neurath: Bildstatistik nach Wiener Methode in der Schule (1933)*. In: Otto Neurath. Gesammelte Bildpädagogische Schriften. Wien: Hölder-Pichler-Tempsky, 1991.

HANSERT, Andreas: *Georg Hartmann (1870–1954). Biografie eines Frankfurter Schriftgießers, Bibliophilen und Kunstmäzens*. Wien/Köln/Weimar: Böhlau, 2009.

HEINE, Werner: *Der kurze Frühling der Moderne, oder – Futura ohne Zukunft. Kurt Schwitters' typografische Arbeiten für die Stadtverwaltung Hannover 1929–1934*. In: Ausst.kat. Typographie kann unter Umständen Kunst sein.

HOCHULI, Jost: *Das Detail in der Typografie. Buchstabe, Buchstabenabstand, Wort, Wortabstand, Zeile, Zeilenabstand, Kolumne*. München/Berlin: Deutscher Kunstverlag, 1990.

HOFFMANN, Hermann: *Reform und Bolschewismus*. In: Zeitschrift für Deutschlands Buchdrucker und verwandte Gewerbe (Leipzig), 38. Jg., 1926, H. 23, S. 191.

JOST, Heinrich: *Zweifel*. In: Klimschs Jahrbuch des graphischen Gewerbes (Frankfurt/M.), 1933, S. 6.

Kampf um München als Kulturzentrum. Sechs Vorträge von Thomas Mann, Heinrich Mann, Leo Weismantel, Willi Geiger, Walter Courvoisier und Paul Renner. München: R. Pflaum, o.J. [1926]

KANDINSKY, Wassily: *Punkt und Linie zu Fläche. Beitrag zur Analyse der malerischen Elemente* (Bauhaus-Buch Nr. 9). München: A. Langen, 1926.

KANDINSKY, Wassily: *Über das Geistige in der Kunst*. Mit einer Einführung von Max Bill. 10. Aufl. Bern: Benteli, 1980.

KAPR, Albert: *Schriftkunst. Geschichte, Anatomie und Schönheit der lateinischen Buchstaben*, Dresden: Verlag der Kunst, 1996.

Kf.: *Eine Bauausstellung auf der Frankfurter Frühjahrsmesse*. In: Das Neue Frankfurt (Frankfurt/M.) Februar/März 1927, H. 4, S. 90–91.

KLEMP, Klaus: *design in frankfurt 1920–1990*, hrsg. von Matthias Wagner K. [Ausstellungskatalog Museum Angewandte Kunst Frankfurt/M.], Stuttgart: av edition, 2014.

KLEMP, Klaus/WAGNER K., Matthias/FRIEDL, Friedrich/ZIZKA, Peter (Hrsg.): *Alles neu! 100 Jahre neue Typografie und neue Grafik in Frankfurt am Main*, Kat. Museum Angewandte Kunst Frankfurt/M. Stuttgart: av edition, 2016.

KOOP, Andreas: *Die Macht der Schrift. Eine angewandte Designforschung*. Sulgen/Zürich: Niggli, 2012.

KNOBLOCH, Iva (Hrsg.): *Ladislav Sutnar v. textech. (Mental vitamins)*, Praha: Kant, 2010.

KUPFERSCHMID, Indra: *Buchstaben kommen selten allein. Ein typografisches Handbuch*, Sulgen/Zürich: Niggli, 2003.

LANGE, Günter Gerhard: *Weg, Werk und Zeitgenossen Paul Renners*. In: Paul Renner. Eine Jahresgabe der Typografischen Gesellschaft München, hrsg. von Philipp Luidl, unter Mitarbeit von Günter Gerhard Lange. München: tgm, 1978.

LEMOINE, Serge: *Merz, Futura, DIN et cicéro*. In: Ausst.kat. Kurt Schwitters, Centre Georges Pompidou Paris, Paris 1994/95.

Lentos Kunstmuseum Linz (Hrsg.): *Ahoi Herbert! Bayer und die Moderne*, Weitra: Verl. Bibliothek der Provinz, 2009.

LICHTENSTEIN, Claude (Hrsg.): *Ferdinand Kramer. Der Charme des Systematischen. Architektur, Einrichtung, Design*. Gießen: Anabas, 1991.

LIHOTZKY, Grete: *Rationalisierung im Haushalt*. In: Das Neue Frankfurt (Frankfurt/M.), April/Juni 1927, H. 5, S. 120–123.

LISSITZKY, El: *Topographie der Typographie*. In: Merz, Nr. 4 (Juli) 1923.

LUDWIG, Annette: *Die Architekten Brüder Heinz und Bodo Rasch. Ein Beitrag zur Architekturgeschichte der zwanziger Jahre*, Tübingen/Berlin 2009.

LUPTON, Ellen/MILLER, J. Abbott (Hrsg.): *Dreieck, Quadrat und Kreis. Bauhaus und Design-Theorie heute*. Basel/Boston/Berlin: Birkhäuser, 1994.

M[AY], E[rnst]: *Reklamereform*. In: Das Neue Frankfurt (Frankfurt/M.), 1927, H. 3, S. 64.

[MEYER, Peter:] *Mechanisierte Grafik*. In: Das Werk (Zürich), 19. Jg. April 1932, S. 118–120.

MOHOLY-NAGY, Ladislaus: *Zeitgemäße Typographie – Ziele, Praxis, Kritik*. In: Gutenberg-Festschrift zur Feier des 25jährigen Bestehens des Gutenbergmuseums in Mainz 1925, hrsg. von A[loys] Ruppel. Mainz 1925, S. 307–317.

MOHOLY-NAGY, László: *Zeitgemäße Typographie (Ziele, Praxis, Kritik)*. In: Offset-, Buch und Werbekunst (Leipzig; Sonderheft ›Bauhaus‹) 1926, Nr. 7, S. 375–385.

MOHOLY-NAGY, László: *(Antwort auf) Im Kampf um neue Gestaltungsfragen*. In: Typografische Mitteilungen. Zeitschrift des Bildungsverbandes der Deutschen Buchdrucker (Berlin), 30. Jg., Januar 1933, S. 3.

Neue Reklame in Frankfurt am Main. In: Das Neue Frankfurt (Frankfurt/M.), 1. Jg., 1927, H. 3, S. 61.

NOSBISCH, Werner: *Die neue Wohnung und ihr Innenausbau. Der neuzeitliche Haushalt*. In: Das Neue Frankfurt (Frankfurt/M.), 1927, H. 6, S. 129–133.

OSTERER, Heidrun/STAMM, Philipp (Hrsg.): *Adrian Frutiger. Schriften*. Gesamtausgabe. Basel: Birkhäuser, 2008.

PICARD, Tobias: *Durch den Kopf des Auftraggebers denken. Der Gestalter Hans Leistikow*, in: Archiv für Frankfurts Geschichte und Kunst (Bd. 69), hrsg. von Dieter Rebentisch und Evelyn Hills. Frankfurt/M. 2003, S. 99–126

PORSTMANN, Walter: *Sprache und Schrift*, Berlin: Verein Deutscher Ingenieure, 1920.

RASCH, Heinz und Bodo (Hrsg.): *Gefesselter Blick*. 25 kurze Monografien und Beiträge über neue Werbegestaltung, mit Unterstützung d. ›Ringes d. Werbegestalter d. Schweizer Werkbundes‹ u. a., Stuttgart 1930, Reprint Baden (CH): Müller, 1996.

REICHEL, Peter: *Der schöne Schein des Dritten Reiches. Faszination und Gewalt des Faschismus*. München/Wien: Hanser, 1991.

RÖSSLER, Patrick (Hrsg. für das Bauhaus-Archiv Berlin): *Herbert Bayer: Die Berliner Jahre – Werbegrafik 1928–1938*, anlässlich der Ausstellung ›Mein Reklame – Fegefeuer‹. Herbert Bayer. Werbegrafik 1928–1938. Berlin: Vergangenheitsverl., 2013.

ROSSMANN, Zdeněk: *Typographische Entwürfe*, Prag: State Institute for professional Schools, 1936.

SALDEN, Hubert (Hrsg.): *Die Städelschule Frankfurt am Main von 1817 bis 1995*, Mainz: Schmidt, 1995.

SARKOWICZ, Hans (Hrsg.): *Hitlers Künstler. Die Kultur im Dienst des Nationalsozialismus*. Frankfurt a. M./Leipzig: Insel, 2004.

SCHAUER, Georg Kurt: *Das Bauhaus und Paul Renner*. In: Deutsche Buchkunst 1890 bis 1960 (Bd. 1), Hamburg: Maximilian-Gesellschaft, 1963.

SCHREIBER, Justina: *Die Avantgarde der Buchstaben. Vor 80 Jahren erfand Paul Renner die Futura. Nach einer steilen Karriere treibt die Schrift ihren Fans noch heute Tränen in die Augen*. In: Süddeutsche Zeitung (München), 16. 03. 2006 (Beilage Wochenende).

SCHWITTERS, Kurt: *Der Rhythmus im Kunstwerk*. In: Hannoversches Tageblatt, 17. 10. 1926.

SCHWITTERS, Kurt: *Anregungen zur Erlangung einer Systemschrift*. In: i 10. Internationale Revue (Amsterdam), 1. Jg. August/September 1927, H. 8/9, S. 312–316.

SCHWITTERS, Kurt: *Das literarische Werk*, 5 Bde., München 2005 (zuerst Köln 1973).

SCHWITTERS, Kurt: *Wir spielen, bis uns der Tod abholt*. Briefe aus fünf Jahrzehnten. Gesammelt, ausgewählt und kommentiert von Ernst Nündel, Frankfurt/Main und Berlin 1986.

SCHWITTERS, Kurt: *Typographie und Werbegestaltung*, bearbeitet v. Volker Rattemeyer und Dietrich Helms unter Mitarbeit von Konrad Matschke, Landesmuseum Wiesbaden u. a., Wiesbaden 1990.

SELLE, Gert: *Geschichte des Design in Deutschland*. Aktualisierte und erw. Neuaufl. Frankfurt/M.: Campus, 2007.

SEMBACH, Klaus-Jürgen: *Stil 1930/Style 1930*. Tübingen: Wasmuth, 1971.

SPIEKERMANN, Erik/MIDDENDORP, Jan (Hrsg.): *Made with FontFont. Type for independent minds*, Amsterdam: BIS Publ., 2006.

Städtische Kunstgewerbeschule Frankfurt am Main: I. Ausstellung. Grafische, malerische, plastische Kräfte (Nr. 23) [Ausstellungskatalog Kunstgewerbemuseum / Neue Mainzer Strasse 49, Frankfurt/M.], Frankfurt/M. 1925.

STRESOW, Gustav: *Gedenkblatt für Heinrich Jost*. In: Philobiblon (Stuttgart), 33. Jg., 1989, S. 219.

STRESOW, Gustav: *Paul Renner und die Konzeption der Futura*. In: Buchhandelsgeschichte (Frankfurt/M.), 2/1995 [Beilage Börsenblatt für den Deutschen Buchhandel, Nr. 51, 27. Juni 1995, B 44].

SYLVESTROVÁ, Marta/JINDŘICH, Toman (Hrsg.): *Zdeněk Rossmann. Horizonty modernismu (Horizons of modernism: Zdeněk Rossman, 1905–1984)*, Brno: Moravská Galerie, 2015.

TSCHICHOLD, Iwan: *Elementare Typographie*. Faksimile-Ausgabe der Ausg. von 1925, Mainz: Hermann Schmidt, 1986.

TSCHICHOLD, Iwan: *Elementare Typographie*. In: Typographische Mitteilungen (Leipzig), 122. Jg., Oktober 1925, H. 10, S. 198–200.

TSCHICHOLD, Jan: *Die neue Typografie. Ein Handbuch für zeitgemäss Schaffende*. (Org. Berlin: Bildungsverband der Deutschen Buchdrucker, 1928); 2. Aufl. Berlin/West: Brinkmann & Bose, 1987.

TSCHICHOLD, Jan: *Noch eine neue Schrift. Beitrag zur Frage der Ökonomie der Schrift.* In: Typografische Mitteilungen (Berlin), 27. Jg., März 1930, H. 3, Beilage.

TSCHICHOLD, Jan: *Schriftmischungen.* In: Typographische Monatsblätter (Bern), 3. Jg. 1935, H. 2, S. 32–37.

VOX, Maximilien: *Charles Peignot et son temps [Charles Peignot und seine Zeit].* In: Communication et Langages (Paris) Nr. 14, Juni 1972, S. 58–59.

WANETZKY, Harald: *Typotektur. Architektur und Typografie im 20. Jahrhundert – der Modellfall einer Zusammenführung.* Diss. Freiburg i. Br. 1995.

WICK, Rainer: *Bauhaus – Kunstschule der Moderne.* Ostfildern-Ruit: Hatje Canz, 2000.

WILLBERG, Hans Peter: *Ungedruckte Illustrationen von Willi Baumeister. Schrift im Bauhaus. Die Futura von Paul Renner* (Monographien und Materialien zur Buchkunst II). Neu-Isenburg: Tiessen, 1969.

WILLBERG, Hans Peter: *Wegweiser Schrift. Erste Hilfe mit dem Umgang mit Schriften. Was passt – was wirkt – was stört,* Mainz: Hermann Schmidt, 2001.

WINGLER, Hans Maria (Hrsg.): *Kunstschulreform 1900–1933,* Berlin: Mann, 1977.

WINGLER, Hans M.: *Das Bauhaus 1919–1933. Weimar, Dessau, Berlin und die Nachfolge in Chicago seit 1937.* 6. Aufl. Köln: DuMont, 2009.

WINGLER, Hans Maria/ DROSTE, Magdalena: *Herbert Bayer. Das künstlerische Werk 1918–1938* [Ausstellungskatalog Bauhaus-Archiv Berlin], Berlin: Mann, 1982.

REGISTER

Die Begriffe Futura und Bauersche Giesserei sowie Paul Renner wurden bei diesem Register nicht berücksichtigt.

A

B

C

D

E

F

G

T

U

V

W

Z

ABBILDUNGS-NACHWEIS

Zahlreiche Abbildungen basieren auf dem reichen Bestand des Gutenberg-Museums und der Gutenberg-Bibliothek in Mainz. Darüber hinaus hat der Rechtsnachfolger der Bauerschen Giesserei, Herr Wolfgang Hartmann, Bauer Types, SL, die Abbildungsrechte für den Druck großzügig zur Verfügung gestellt.

Alle anderen Abbildungen und Copyrights wurden von folgenden Institutionen und Personen freundlicherweise zum Abdruck genehmigt:

Archiv Baumeister, im Kunstmuseum Stuttgart 128 (Inv.-Nr. ab-ty-0095; CC-Lizenz CC BY-NC-SA)
Archiv Andrea Haushofer München 27 (©Foto: E. Wasow), 43, 45, 48f., 67, 203, 214, 218, 227, 233f., 301
Archiv Erik Spiekermann Berlin 478, 479, 482, 484f., 487–489
Bauhaus-Archiv, Museum für Gestaltung Berlin 187f., 190, 479, 480
Badisches Landesmuseum 151
Bibliothèque de l'École Estienne/Archiv Signes Paris 289f., 292–294, 296–298, 304f., 310–314
Collection Etienne Robial 307
DDB Worldwide Inc. 360
Friedrich Vordemberge-Gildewart © Museum Wiesbaden und Stiftung Vordemberge-Gildewart, Rapperswil (CH) 162
Gutenberg-Museum Mainz
Historisches Bildarchiv Wolff & Tritschler Offenburg 71, 73
Historisches Museum Hannover 138 (©Foto: Wilhelm Ackermann), 167 (©Foto: Wilhelm Hauschild)
Historisches Museum Wien 248, 235, 263
Institut für Stadtgeschichte (ISG) Frankfurt am Main 60, 86f., 139 (©Foto: Hannah Reek)
Institut für Zeitgeschichte (IFZ) München 238f. (©Foto: Andreas Koop)
Klimschs Jahrbuch des graphischen Gewerbes Frankfurt am Main 480 (©Foto: Erik Spiekermann)
Klingspor Museum Offenbach am Main 4–15, 38–41, 45, 78, 216, 218f., 222f., 326f., 331, 483, 490
Kurt Schwitters Archiv 152f., 155
Kurt und Ernst Schwitters Stiftung 148–150, 152, 156, 159
Ladislav Sutnar Family 270–273 (©Foto: UPM Prag), 340, 342, 343
Lilo Tschichold: 199 (©Foto: Christopher Burke), 202–205 (©Foto: Christopher Burke), 209 (©Foto: Christopher Burke)
Moravian Gallery Brno 277
Münchner Stadtmuseum 240
Museum Angewandte Kunst (MAK) Frankfurt am Main 67, 94, 97, 112
Museum Dekorative Künste Prag (©Foto: UPM Prag): 270–273, 275, 278
NASA 354, 357–361, 365
NS-Dokumentationszentrum München 240 (©Foto: Isabel Naegele)
Otto and Marie Neurath Isotype Collection, University of Reading 254, 257–260
Pavel Rossmann 275 (©Foto: UPM Prag), 276 (©Foto: Moravian Gallery Brno)
Sammlung Axel Mauruszat Berlin 193
Sammlung Bertram Schmidt-Friderichs Mainz 220f.,
Sammlung Freese Frankfurt am Main 120, 186, 190, 200, 206
Sammlung Christos Nikolas Vittoratos Frankfurt am Main 92f., 177
Sprengel Museum Hannover
148 Fig. 1, 2 Sprengel Museum Hannover, Leihgabe Kurt und Ernst Schwitters Stiftung, Hannover (Inv.-Nr. obj06837851a-m)
149 Sprengel Museum Hannover, Leihgabe Kurt und Ernst Schwitters Stiftung Hannover (Inv.-Nr. obj06837851a-m)
150 Fig. 4 (Sprengel Museum Hannover, Kurt Schwitters Archiv (Inv.-Nr. KSA 2011,1)
150 Fig. 5 Sprengel Museum Hannover, Leihgabe Kurt und Ernst Schwitters Stiftung, Hannover (Inv.-Nr. obj06837408)
151 Fig. 8 Sprengel Museum Hannover, Kurt Schwitters Archiv (Inv.-Nr. SH 77, 1996)
152 Fig. 9 Sprengel Museum Hannover, Leihgabe Kurt und Ernst Schwitters Stiftung, Hannover (Inv.-Nr. obj838492)
152 Fig. 10 Sprengel Museum Hannover, Kurt Schwitters Archiv (Inv.-Nr. SH 2015, 0179)
153 Sprengel Museum Hannover, Kurt Schwitters Archiv (Inv.-Nr. 215)
155 Sprengel Museum Hannover, Leihgabe NORD/LB Kulturstiftung (Inv.-Nr. D9557)
156 Sprengel Museum Hannover, Leihgabe Kurt und Ernst Schwitters Stiftung, Hannover (Inv.-Nr. obj0683419)
159 Fig. 14 Sprengel Museum Hannover, Leihgabe Kurt und Ernst Schwitters Stiftung, Hannover (Inv.-Nr. obj06825135)
Stadt Karlsruhe, Kulturamt, Stadtarchiv & Historische Museen, Abtlg. Stadtarchiv 150 Fig. 6 (Sign. Stadt AK7/Nl Pflästerer 25)
Zeitschrift das Neue Frankfurt 65, 68Bf., 70, 72, 74–77, 78, 79 (©Foto: Hannah Reek), 91
Zeitschrift Die Form 229–230
Zeitschrift die neue linie Berlin 238
Zeitschrift Gebrauchsgraphik Berlin 168, 172, 174, 238
Zeitschrift Graphische Nachrichten Berlin 182, 183, 184, 203, 204
Zeitschrift Typographische Mitteilungen Berlin 82, 123,
VG Bild-Kunst © VG Bild-Kunst, Bonn 2016 55 Fig. 31, 118, 160 Fig. 17, 185, 186 Fig. 14, Fig. 15, Fig. 18, 188, 190, 329, 479 Fig. 51
119 (© The Josef and Anni Albers foundation/VG Bild-Kunst, Bonn 2016)

© Reproduktions-Fotografien und Illustrationen, sofern nicht anders angegeben, liegen beim Institut Designlabor Gutenberg (IDG), Hochschule Mainz.

Die umfangreichen Bestände des Gutenberg-Museums und der Gutenberg-Bibliothek wurden nicht eigens (mit Inventar-Nummern) ausgewiesen. Sämtliche Rechte liegen beim Gutenberg-Museum.

Die Herausgeber und der Verlag haben sich bemüht, alle weiteren Inhaber von Abbildungsrechten ausfindig zu machen. Personen und Institutionen, die möglicherweise nicht erreicht wurden und Rechte an verwerteten Abbildungen beanspruchen, werden gebeten, sich mit dem Verlag in Verbindung zu setzen.

DANKSAGUNG

Die Herausgeberinnen danken allen, die dieses Projekt ermöglicht und unterstützt haben. Unser Dank gilt den Autorinnen und Autoren, Kolleginnen und Kollegen, die mit ihrer Expertise, ihren Texten und Einschätzungen einen wichtigen Beitrag geleistet haben.

–

Darüber hinaus danken wir namentlich folgenden Personen und Leihgebern (ohne spezielle Reihenfolge) für Ihr Vertrauen und Ihre konkrete Unterstützung:

Andrea Haushofer (Archiv Andrea Haushofer, München), Dr. Annemarie Jaeggi (Bauhaus-Archiv/Museum für Gestaltung Berlin), Prof. Dr. Klaus Klemp (MAK Frankfurt am Main), Wolfgang Hartmann (Bauer Types, SL, Barcelona), Katharina Pennoyer/Lore Kramer, Frankfurt am Main, Bernd Freese (Sammlung Freese, Frankfurt am Main), Dr. Stefan Soltek und Martina Weiß (Klingspor-Museum Offenbach), Lilo Tschichold, Monika Stöckl-Reinhard und Karl Zimmermann (Hessisches Landesmuseum/Haus für Industriekultur Darmstadt), Erik Spiekermann, Dr. Christopher Burke, Michel Wlassikoff und Alexandre Dumas de Rauly, Dr. Christos Nikolas Vittoratos (Sammlung Vittoratos, Frankfurt am Main), Kerstin Preiss (BSZ Alois Senefelder München), Renate Flagmeier (Werkbund-Archiv – Museum der Dinge Berlin), Robin Kinross, Paul Barnes, Hans Dieter Reichert, Hans Reichardt.

–

Den nachfolgenden Archiven und Institutionen danken wir für die wissenschaftliche Begleitung:

Archiv Baumeister im Kunstmuseum Stuttgart.
Archiv Andrea Haushofer, München.
Bauer Types, SL, Barcelona.
Bauhaus-Archiv Museum für Gestaltung, Berlin.
Bernd Freese (Sammlung Freese, Frankfurt am Main).
Bibliothèque de l'École Estienne/Archive Signes, Paris.
Collection Etienne Robial.
Deutscher Werkbund Berlin.
Frankfurter Museumsbibliothek/Staatliche Hochschule für Bildende Künste Städelschule, Frankfurt.
Germanisches Nationalmuseum Nürnberg
Gutenberg-Bibliothek im Gutenberg-Museum, Mainz.
Haus für Industriekultur/Hessisches Landesmuseum Darmstadt.
Herzogin Anna Amalia Bibliothek, Klassik Stiftung Weimar.
Historisches Museum Wien.
Hochschul- und Landesbibliothek RheinMain, Wiesbaden.
Institut für Stadtgeschichte, Frankfurt am Main.
Institut für Zeitgeschichte (IFZ) München-Berlin, München.
Klingspor Museum, Offenbach am Main.
Kunstbibliothek am Kulturforum/Staatliche Museen zu Berlin/Stiftung Preußischer Kulturbesitz.
Kurt und Ernst Schwitters Stiftung, Sprengel Museum Hannover.
Kurt Schwitters-Archiv, Sprengel Museum Hannover.
Kramer Archiv, Frankfurt am Main.
Ladislv Sutnar Family.
Moravian Gallery (MG) Brno.
Münchner Stadtmuseum.
Museum der Dekorativen Künste Prag (UPM).
Museum Angewandte Kunst/MAK mit Sammlung Albinus Frankfurt am Main.
Museum Wiesbaden, Nachlass Vordemberge-Gildewart, Nachlass Bodo Rasch.
NS-Dokumentationszentrum München.
Otto and Marie Neurath Isotype Collection, University of Reading.
Sächsische Landesbibliothek/Staats- und Universitätsbibliothek Dresden.
Sammlung Freese, Frankfurt am Main.
Sammlung Schmidt-Friderichs, Mainz.
Sammlung Vittoratos, Frankfurt am Main.
Sprengel Museum Hannover.
Stadt Karlsruhe, Kulturamt, Stadtarchiv & Historische Museen.
Technische Informationsbibliothek, Leibniz Universität, Hannover.
Universitätsbibliothek, Johannes Gutenberg-Universität, Mainz.
Victoria & Albert Museum London.
Werkbundarchiv – Museum der Dinge, Berlin/Sammlung Deutscher Werkbund Berlin.
Wissenschaftliche Stadtbibliothek Mainz.

–

Unser Dank richtet sich an alle Mitarbeiterinnen und Mitarbeiter des Gutenberg-Museums und der Gutenberg-Bibliothek; insbesondere Natalja Lurje und Norbert Kaut (Bibliothek), Rainer Huth (Druckladen), Frank Obitz (Haustechnik), Uta Böhnert (Leihverkehr), Martina Illner und Petra Nikolic M. A. (Presse- und Öffentlichkeitsarbeit), Annette Lang-Edwards (Restauratorin), Petra Bermeitinger und Tanja Dörflinger (Vorzimmer Direktorin). Für finanzielle Unterstützung ist das Gutenberg-Museum der Internationalen Gutenberg-Gesellschaft e. V., der Stiftung Moses und dem Förderverein Gutenberg e. V. (Gutenberg Stiftung) zu großem Dank verpflichtet.

–

Seitens der Hochschule haben uns der Präsident, Prof. Dr. Gerhard Muth, sowie Dr. Sabine Hartel-Schenk, Stefan Klein, Sabine Jackwerth von der Bibliothek, Klaus Völker von der Offset-Druckerei und Marion Gleissner von der Buchbinderei mit Rat und Tat zur Seite gestanden – auch ihnen: herzlichen Dank.

–

Nicht zuletzt danken wir den Tutoren des Studiengangs Kommunikationsdesign, namentlich Florian Schimanski, Bianca Rother, Tobias Wenz, Carina Willenbrink, Daniel Wolfrath, Erdem Yildirim u. v. a. für die Scan- und Reproarbeiten.

–

Unser Dank gilt weiterhin der Firma BauerTypes für die Nutzungsrechte an der Futura ND und Futura ND alternate sowie allen Schriftgestaltern für die Abdruckerlaubnis ihrer Fonts.

–

Für die Umsetzung der Ausstellung FUTURA. DIE SCHRIFT. danken wir buero.us, Marc Ulm und LESS, Mainz.

–

Ganz besonders möchten wir uns bei Bertram Schmidt-Friderichs vom Verlag Hermann Schmidt bedanken, der das Projekt begeistert begleitet hat.

–

Unser herzlicher und ganz besonderer Dank gilt Stephanie Kaplan für ihr großes Engagement und ihre typografische Leidenschaft bei der Umsetzung dieser Publikation.

Datierung:
Für die Datierung der einzelnen Schriftschnitte und Schriftfamilien wurde – soweit möglich – das Erscheinungsdatum zugrunde gelegt. Da die meisten Schriftproben-Hefte jedoch nicht datiert sind, wurde eine Datierung nach folgenden Parametern versucht: offizielles Anmeldedatum, Absendedatum des ersten Abzugs, von der Schriftgießerei erhobenes Datum, Datum der Probeabzüge, Anzeigen in der Zeitschrift Gebrauchsgraphik, Korrespondenz.

IMPRESSUM

Die Publikation
»FUTURA. DIE SCHRIFT.«
erscheint anlässlich der gleichnamigen Ausstellung im Gutenberg-Museum Mainz
3. Nov. 2016 – 30. März 2017

Herausgeber
Petra Eisele,
Annette Ludwig,
Isabel Naegele

Ein Kooperationsprojekt des Gutenberg-Museums Mainz (Dr. Annnette Ludwig) und des Designlabor Gutenberg/Hochschule Mainz (Prof. Dr. Petra Eisele, Prof. Dr. Isabel Naegele)

www.gutenberg-museum.de
www.hs-mainz.de

Landeshauptstadt Mainz

Gutenberg Museum Mainz

DESIGNLABOR GUTENBERG

KONZEPTION & REDAKTION
Petra Eisele, Annette Ludwig, Isabel Naegele

KORREKTORAT
Sandra Mandl

ÜBERSETZUNG
Dipl. Dolm. Nicola Fischer, Christine Naegele

GRAFISCHE KONZEPTION & GESTALTUNG
Stephanie Kaplan, Isabel Naegele

SATZ / ILLUSTRATIONEN
Stephanie Kaplan

REPRODUKTIONEN
Florian Schimanski, Bianca Rother, Tobias Wenz, Carina Willenbrink, Daniel Wolfrath, Erdem Yildirim

SCHRIFTEN
Futura ND
Futura ND alternate
Architype Renner

PAPIER
120 g/m² Salzer Touch White
70 g/m² DuO Demeter

DRUCK
Gutenberg Beuys, Langenhagen

VERARBEITUNG
Schaumann, Darmstadt

Printed in Germany with Love.

ISBN 978-3-87439-893-0

Bibliografische Informationen der Deutschen Nationalbibliothek. Die Deutsche Nationalbibliothek verzeichnet diese Publikation in der Deutschen Nationalbibliografie; detaillierte Informationen sind im Internet über http://dnb.d-nb.de abrufbar.

»Die Zukunft sollte man nicht vorhersehen wollen, sondern möglich machen.«
Antoine de Saint-Exupéry

Bücher haben feste Preise!
In Deutschland hat der Gesetzgeber zum Schutz der kulturellen Vielfalt und eines flächendeckenden Buchhandelsangebotes ein Gesetz zur Buchpreisbindung erlassen. Damit haben Sie die Garantie, dass Sie dieses und andere Bücher überall zum selben Preis bekommen: Bei Ihrem engagierten Buchhändler vor Ort, im Internet, beim Verlag. Sie haben die Wahl. Und die Sicherheit. Und ein Buchhandelsangebot, um das uns viele Länder beneiden.

verlag hermann schmidt
Gonsenheimer Straße 56
55126 Mainz
Tel. 06131/50600
Fax 06131/506080
info@verlag-hermann-schmidt.de
www.verlag-hermann-schmidt.de
facebook: Verlag Hermann Schmidt
twitter: VerlagHSchmidt